北京大学课程思政教材建设立项项目

发展心理学
——个体、家庭和社会

Developmental Psychology

苏彦捷 主编

北京大学出版社
PEKING UNIVERSITY PRESS

图书在版编目(CIP)数据

发展心理学：个体、家庭和社会 / 苏彦捷主编. -- 北京：北京大学出版社，2025.6. -- (北京大学心理学教材系列). -- ISBN 978-7-301-36438-3

Ⅰ.B844

中国国家版本馆 CIP 数据核字第 2025GQ6360 号

书　　　名	发展心理学：个体、家庭和社会
	FAZHAN XINLIXUE: GETI、JIATING HE SHEHUI
著作责任者	苏彦捷　主编
责任编辑	赵晴雪
标准书号	ISBN 978-7-301-36438-3
出版发行	北京大学出版社
地　　　址	北京市海淀区成府路 205 号　100871
网　　　址	http://www.pup.cn　　新浪微博：@北京大学出版社
电子邮箱	zpup@pup.cn
电　　　话	邮购部 010-62752015　发行部 010-62750672　编辑部 010-62752021
印　刷　者	北京市科星印刷有限责任公司
经　销　者	新华书店
	730 毫米×980 毫米　16 开本　18.5 印张　彩插 1　385 千字
	2025 年 6 月第 1 版　2025 年 6 月第 1 次印刷
定　　　价	59.00 元

未经许可，不得以任何方式复制或抄袭本书之部分或全部内容。
版权所有，侵权必究
举报电话：010-62752024　电子邮箱：fd@pup.cn
图书如有印装质量问题，请与出版部联系，电话：010-62756370

前　言

本书以发展心理学学科经典知识体系为基础，包含生理、认知和社会性发展三大模块。每一章选取不同的角度，力求内容的完整性、全面性、前沿性和指导性。

为了更好地启发学习者对毕生发展这一问题的深入思考，本书从个体层面、群体层面和理论层面帮助学习者树立健康和具有适应性的人生观、价值观和世界观。将专业知识的获取和对日常事件的反思结合，进行"实时、时时、时事、世事"的案例研讨，潜移默化地加强学习者对生命历程的认识和理解。

在个体层面，我们强调毕生发展的思想，特别是在生命全程中个体都是可塑的，除了快速生长的前两年和长达 15 年的青少年发展阶段，还要关注成年中期与成年晚期个体不断发展变化的能力，建立积极向上、乐观面对自我与外界的人生观。

在群体层面，我们关注所在文化群体和发展的微观环境，特别是家庭与社会的统一。家庭是社会的缩影，家庭中的各种矛盾、问题集中反映和折射了整个社会的发展现状。书中相关章节对家庭、社会层面热点话题的诠释，一方面，使学习者进一步思考如何在家庭中、社会中更好地成就自己，成为一个理性、有担当的独立个体。另一方面，总结提炼心理发展的普遍性和独特性，为更好地理解和应用奠定基础。

在理论层面，每一章的内容都编写了题为"做自己的发展心理学家：家事国事天下事，事事有'心'"的小节，以此启发学习者将发展心理学的内容和国家发展、科技进步、社会责任等关联起来，将"怎样培养人？为谁培养人？培养什么样的人？"等教育的重要思考融入课堂、融入教材、融入教学的每个环节。

本书是在完成北京市课程思政示范课程、北京大学课程思政示范课程"发展心理学"的建设过程中逐渐成型的。教材的蓝本是我多年教授"发展心理学"和"发展心理学专题"课程的讲义,在此基础上,由我和我的研究生集体撰写完成。参与编写的作者都上过本科生"发展心理学"和研究生"发展心理学专题"课程,或做过这两门课程的助教,对相关内容的解读既有学生学习的视角,又有做助教时的进一步思考,特别是每个专题最后的"做自己的发展心理学家"的实践栏目,是我们实际的课堂讨论内容的总结与扩展,可以说,本书是集体智慧的结晶:第1章(刘思燚)、第2章(苏瑞)、第3章(王伊宁)、第4章(李明苹、竺翠、郑重)、第5章(张悠然)、第6章(林悦、李明苹)、第7章(王晓斐、潘学飞)、第8章(苏金龙)、第9章(陶格同)、第10章(王一伊、乔钰然)、第11章(王研维)、第12章(王启忱)、第13章(李泽伟)、第14章(高世欢、李明苹)。

教学过程虽然为我们完成这本书打下了重要基础,但形成文字还是经历了重重修改,如今终于要成书面世,接受同行专家和读者的检阅,我们既开心终于完成了一项工作,也期待读者们的反馈和建议。

发展心理学和我们的日常生活密切相关,无论是以学术追求为志,还是为应用实践做标,都可以从中获取所需。学无止境,教亦如此。教材同样需要不断更新迭代,如果读者在阅读和学习过程中发现有需要修改和商榷的问题,敬请不吝赐教。

苏彦捷
2025年3月

目 录

1 开启个体生命发展之旅 ……………………………………………… (1)
   第一节   从普莱尔到埃里克森：发展心理学的前世今生 ………… (2)
   第二节   先天与后天之争：发展心理学的学科体系 ……………… (6)
   第三节   跨越百年的变迁：研究手段的演变 ……………………… (11)

2 发展的基础：理解脑发育 ……………………………………………… (20)
   第一节   神经系统的基本结构和功能单位：神经元 ……………… (20)
   第二节   脑的发育过程：髓鞘化与皮质成熟 ……………………… (24)
   第三节   脑的可塑性：毕生发展 …………………………………… (28)

3 探索世界的基石：感知觉发展 ………………………………………… (39)
   第一节   感官奇迹：新生儿的能力 ………………………………… (39)
   第二节   所见即所知？视觉的发展 ………………………………… (42)
   第三节   所闻即所得？听觉的发展 ………………………………… (48)
   第四节   探索大千世界：其他感知觉的发展 ……………………… (50)

4 从蹒跚学步到银发活力：运动能力的发展 …………………………… (56)
   第一节   早期运动发展 ……………………………………………… (56)
   第二节   学龄期与青少年期运动发展 ……………………………… (62)
   第三节   成年期与老年期的运动变化 ……………………………… (66)

5 从感官探索者到逻辑思考者：皮亚杰认知革命四重奏 ……………… (71)
   第一节   依赖回应的感知运动阶段 ………………………………… (71)

第二节　开始思考的前运算阶段 ………………………………………… (74)
　　第三节　灵动思维的具体运算阶段 ……………………………………… (77)
　　第四节　演绎推理的形式运算阶段 ……………………………………… (80)
　　第五节　是非功过后人说：对皮亚杰认知发展理论的评价 …………… (83)

6　人脑与电脑：认知发展的信息加工理论 …………………………………… (87)
　　第一节　信息加工理论 …………………………………………………… (87)
　　第二节　从信息加工角度解释概念理解的发展 ………………………… (90)
　　第三节　执行功能的发展 ………………………………………………… (94)
　　第四节　记忆及记忆策略的发展 ………………………………………… (98)

7　沟通交流工具的掌握与运用：语言能力的发展 ………………………… (106)
　　第一节　语言的概念与界定 ……………………………………………… (106)
　　第二节　语言结构的发展 ………………………………………………… (108)
　　第三节　语言的功能 ……………………………………………………… (121)
　　第四节　数字技术对儿童语言发展的影响 ……………………………… (123)
　　第五节　音乐对语言发展的影响 ………………………………………… (125)
　　第六节　你会说外语吗？二语学习 ……………………………………… (126)

8　形成爱的联结：依恋的发展 ……………………………………………… (131)
　　第一节　儿童的第一种社会关系：依恋 ………………………………… (131)
　　第二节　依恋的类型与测量 ……………………………………………… (136)
　　第三节　婴儿的气质与依恋 ……………………………………………… (141)

9　成长过程中的喜怒哀乐：情绪发展 ……………………………………… (147)
　　第一节　情绪的分类与测量 ……………………………………………… (148)
　　第二节　情绪的经典理论 ………………………………………………… (154)
　　第三节　个体情绪的发展 ………………………………………………… (158)

10　探索个体的道德发展 ……………………………………………………… (170)
　　第一节　什么是道德 ……………………………………………………… (170)
　　第二节　道德观从何而来 ………………………………………………… (173)
　　第三节　道德发展的经典理论 …………………………………………… (176)
　　第四节　道德发展的生理基础 …………………………………………… (183)

11　你知道我在想什么吗：心理理论的发展 ………………………………… (188)
　　第一节　心理理论的概念及研究范式 …………………………………… (188)
　　第二节　心理理论的毕生发展 …………………………………………… (193)

第三节　认知因素对心理理论发展的影响 …………………………(198)
　　第四节　早期社会环境对心理理论发展的影响 ……………………(201)

12　在家庭中成长：父母教养与个体的社会化 ………………………(207)
　　第一节　父母教养方式及其在个体发展中的作用 ……………………(207)
　　第二节　演化视角下的父母养育 ………………………………………(215)
　　第三节　数字时代下的家庭教养 ………………………………………(221)

13　成长道路上的同行者 …………………………………………………(230)
　　第一节　在互动中成长：同伴活动 ……………………………………(230)
　　第二节　在互动中走向成熟：同伴社会化进程 ………………………(240)
　　第三节　为什么他更受欢迎？社交能力是答案 ………………………(243)
　　第四节　从玩伴到挚友：友谊的功能与变化 …………………………(248)

14　天才还是庸才：非典型发展 …………………………………………(255)
　　第一节　非典型发展：个体发展的特殊情况 …………………………(256)
　　第二节　"社交达人"：威廉姆斯综合征 ………………………………(260)
　　第三节　来自星星的孩子：孤独症谱系障碍 …………………………(268)
　　第四节　威廉姆斯综合征与孤独症谱系障碍的异同 …………………(281)

1

开启个体生命发展之旅

纪录片《人生七年》(Seven Up)讲述了十四个英国人从小到大不同成长节点的故事。他们有的来自儿童福利院,有的来自富裕家庭;他们有着截然不同的身高、体重、相貌、性格……通过这部每隔七年播出一次的纪录片,我们可以看到个体在生命旅程中的变化。

个体的发展是一个奇妙又复杂的过程。从呱呱坠地的婴儿到活泼俏皮的少年,从意气风发的青年到内敛沉稳的中年,再到鸡皮鹤发的老年,人的一生会经历生理、心理、社会角色等各个方面的转变。发育生物学致力于从分子到细胞,再到个体整体,由从微观到宏观的角度探讨人类生理发育、老化的过程及其机制;而发展心理学则致力于从心理与行为的角度探讨人类从受精卵到生命终结的变化及其机制,包括生理发展、认知发展与社会性发展。

在发展过程中,遗传与环境两方面的各种因素会影响我们的成长。如在《人生七年》纪录片中,不同的主角拥有不同的父母,这决定了其遗传物质的差异;而从出生前到出生后他们所享有的家庭氛围、社会经济地位(social economic status),以及一生中经历的家庭生活、学校生活、工作生活都将影响他们的发展历程。学习本章,你将初步认识发展心理学的学科历史和架构,以及当前的研究热点。此外,你还将看到生活中那些与发展心理学有关的现象或话题。实际上,我们在日常生活中,无时无刻不在接触着与发展心理学相关的事件。比如,学校与家庭教育在个体发展过程中的作用分别是什么,男性与女性是否真的在学业表现上有显著的性别差异,小孩什么时候进行二语学习是最好的,等等。

希望你在学习本章内容后,能更客观地看待个体发展的过程与结果,获得认识自我与世界的新视角。

第一节　从普莱尔到埃里克森：发展心理学的前世今生

发展心理学是心理学的一大分支。个体发展一直是科学家关注的热点话题，在科学心理学诞生之前，就已经有很多学者发表了自己对个体发展规律的见解。本节将系统介绍发展心理学的诞生与发展、我国发展心理学的学科发展历程，以及发展心理学的经典理论。

一、什么是发展心理学

发展心理学（developmental psychology）是心理学的子学科之一，旨在研究个体心理能力的发生、发展规律，以及种系的演化规律。前者为狭义发展心理学的研究内容；后者为广义发展心理学的研究内容，又称比较心理学（comparative psychology）。通常我们所说的发展心理学指的是狭义的发展心理学，即研究个体从产前期至出生、成长和衰亡毕生发展过程中心理能力的变化。在这一过程中，个体的生理特点、认知能力、社会性多个方面都会发生变化，这种变化并非完全同步，也并非在整个过程中都保持完全相同的速度，并且存在很大的个体差异，发展心理学旨在探索这种变化的一般规律和个体差异。而发展心理学研究又通常以年龄为线来探索这些变化的规律性，因此产生了不同的研究方向，如婴幼儿心理学、儿童心理学、青少年心理学、中年心理学与老年心理学；若以研究主题区分，则可分为生理发展、认知发展、人格与社会性发展、非典型发展等（表1.1）。按照年龄划分的研究为纵向视角，按照研究主题划分则为横向视角。在纵向视角中，研究者一般将人类个体发展划分为八个阶段：产前期（从受孕到分娩），婴幼儿期（出生到3岁），学前期（3~6岁），儿童期（6~12岁），青春期（12~20岁），成年早期（20~40岁），成年中期（40~60岁），成年晚期（60岁到生命终结）。但是，在不同文化、不同时代背景下，个体发展阶段的划分并不严格遵循以上标准，按照这一年龄标准进行发展阶段的划分只是一个粗略的描述。在横向视角中，研究者关注不同领域心理能力的变化，如在认知发展领域中，研究者关注个体数量感的发展（Feigenson et al., 2004; Nieder, 2020）；在人格与社会性发展领域，研究者关注个体道德观念的发展（Wang et al., 2022; 尚思源，苏彦捷，2020）。

表1.1　《心理发展与教育》杂志发文关键词分析

聚类编号	聚类规模	轮廓系数	平均年	关键词
0	52	0.721	2012	孤独感，青少年，同伴依恋，亲子关系，歧视知觉，影响因素，攻击，父母冲突，依恋，认知发展。

(续表)

聚类编号	聚类规模	轮廓系数	平均年	关键词
1	41	0.869	2011	发展,情绪,儿童,数字线估计,家庭功能,心理理论,人格,错误信念认识。
2	30	0.722	2014	大学生,手机成瘾,道德认同,网络使用,认知失败,家庭社会经济地位,青少年,网络成瘾,网络偏差行为。
3	29	0.878	2012	中介作用,创伤后应激障碍,中小学生,创伤后成长,应对方式,外源性注意,数字加工,时间进程,心理社会适应,亲社会行为。
4	24	0.849	2013	执行功能,心理健康,3～5岁儿童母亲,学习动机,中职生,潜在剖面分析,贫困大学生,态度,内在觉知,自我反思,言语能力,2～3.5岁儿童,灵活转换,学业成就。
5	20	0.835	2013	感恩,学业成就,初中生,群体态度,学习投入,学校依恋,环境因素,汉语儿童,生活事件,默读流畅性,父母情绪调节困难,压力,日常性学业复原力。
6	19	0.868	2014	抑郁,父母心理控制,攻击行为,亲子支持,性别差异,交叉滞后,争论,互惠效应,一般攻击模型,对立违抗障碍儿童,同伴接纳/拒绝,COMT基因Val158Met多态性。
7	17	0.94	2013	学前儿童,特质理解,信任,分配公平性,竞争或合作,能力特质,基数,序数,策略使用,学龄前儿童,可信度特质,倒数,数感。
8	9	0.899	2014	朋友支持,教师支持,情绪行为适应,心理控制,从教动机,政策满意度,压力事件,焦虑代际传递,教师职业认同。
9	7	0.999	2011	中华人民共和国,心理学研究,创新,朱智贤,发展心理学,心理学家,儿童心理学,儿童青少年。
10	6	0.972	2013	职业幸福感,职业认同,幼儿教师,职业压力,心理资本。
11	6	0.987	2009	效度,信度,验证性因素分析,心理一致感,青少年。
12	3	0.99	2014	情绪行为适应,任务难度,网络偏差行为。

资料来源:刘燊 等,2022。

在学科发展历史中，发展心理学家最开始只关注从出生到青少年阶段个体的发展，因为这个阶段个体的发展是迅速的、多样的，能够帮助我们理解心理能力的获得与发展究竟源于遗传还是环境这样的问题。此后，随着研究的深入，发展心理学家逐渐认识到发展贯穿个体的一生，而非局限于儿童与青少年阶段，因此拓宽了发展心理学研究的年龄范围。

二、发展心理学的学科历史

发展心理学诞生之前，学者对个体发展的关注大多集中在生命早期，如婴幼儿和儿童期。随着人们对个体发展的认识越来越深入，只关注早期发展的儿童心理学演变为关注毕生发展的毕生发展心理学。发展心理学有着怎样的历史？早期学者对个体发展持何种看法？

1. 儿童心理学的诞生与发展

艾宾浩斯曾说："心理学有着漫长的过去，但只有短暂的历史。"这句话用在发展心理学上同样合适。人们对于个体发展的探索始于久远的过去，如我国古时就已将个体发展分为"豆蔻""及笄""弱冠"等阶段，当个体达到一定年龄时，完成相应的礼仪后则进入了下一个阶段。另外，阶段性的划分标准对男性和女性又存在一定差异，这说明古人已尝试理解个体发展的普遍规律和群体差异了。西方哲学家也对个体发展有着自己的理解。柏拉图认为，儿童所拥有的知识是天生的；而亚里士多德则认为，个体的知识来源于后天的经验与学习。洛克(John Locke)与卢梭(Jean-Jacques Rousseau)则在儿童教养的问题上存在分歧。洛克认为，教养者应该尽可能多地给孩子正确的示范，以达到让他们学习的目的；而卢梭则认为儿童通过对外界的自由探索和与他人的互动来学习，因此强调教养者应该给儿童自由探索的机会。以上观点都是基于理论推断而非实证研究。直到1882年，普莱尔(William T. Preyer)出版了第一本有关儿童发展的专著——《儿童心理》(The Mind of Child)，这本书系统、详细地阐述了儿童心理发展的研究与理论，其中不乏普莱尔对自己的孩子的观察和实验研究。我们通常认为，《儿童心理》的出版是科学儿童心理学的诞生标志，普莱尔也被认为是科学儿童心理学这门学科的创始人。19世纪末至20世纪初，儿童发展作为一门学科逐渐进入更多研究者的视野，对于相关理论的实证研究也开始出现。达尔文利用观察法记录了婴儿每天的发展变化；弗洛伊德、华生也对儿童展开了相应的研究，并据此提出了各自的理论。

2. 从儿童心理学到发展心理学

科学儿童心理学的诞生催发了更多有关个体发展的研究和理论。继普莱尔之后，霍尔(Granville S. Hall)认为，对个体心理发展的研究不应只局限于儿童，还应拓展到青少年和老年阶段。之后，埃里克森(Erik H. Erikson)提出了心理社会发展理论，认为心理发展应该是贯穿生命全程的，而非仅仅局限在儿童和青少年阶段，即毕生发展观。埃里克森的理论将毕生发展分为八个阶段，每个阶段都有其对应的矛盾与任务，每个阶段矛盾的顺利解决是获得良好发展结果的前提(表1.2)。随着理论的完善与丰富,研究者基于此构建了发展心理学的学科架构。霍林沃斯(Harry L. Hollingworth)于1930年出版了《发展心理学概论》,强调发展心理学不应只研究儿童,这是第一本有关毕生发展心理学的著作。另一位发展心理学家古迪纳夫(Florence L. Goodenough)则更为系统、科学地阐述了研究毕生发展心理学的重要性,于1935年和1945年出版了《发展心理学》一书。发展心理学逐渐替代儿童心理学,成为一个众人皆知的学科。

表1.2 埃里克森的心理社会发展阶段

年龄阶段	主要矛盾	充分解决	未充分解决
0～1.5岁	信任与不信任	基本信任感。	不安全感、焦虑。
1.5～3岁	自主与自我怀疑	获得胜任感,如有能力控制自己的身体、完成某些事情。	感到无力,无法完全控制事物。
3～6岁	主动与内疚	相信自己是发起者、创造者。	缺少自我价值感。
6岁至青春期	勤奋与自卑	丰富的社交技能和认知技能。	缺乏自信心,有失败感。
青少年期	同一性与角色混乱	有舒适的自我感觉,明白自己是谁,欣赏并接受自己。	碎片化的、变化不定的自我感,不清楚自己是谁。
成年早期	亲密与孤独	有能力与他人建立亲密的、有承诺的关系。	感到孤独、隔绝,否认对亲密感的需求。
成年中期	繁殖与停滞	更关注家庭、社会与后代。	固着于自我放纵,缺乏对未来的定向。
成年晚期	自我整合与绝望	获得圆满感,对自己的一生感到满意。	感到无用、无价值、沮丧。

3. 发展心理学在我国的发展路径

在我国,发展心理学的发展始于1919年前后,当时若干国外的儿童心理学文献被翻译为中文,陈鹤琴、黄翼、孙国华等人做了大量工作。1949～1958年,我国心理学家向苏联学习,但最终以被批判告终。进入60年代,发展心理学迎来了第一个繁荣期。1962年,朱智贤出版了我国第一本发展心理学教科书《儿童心理学》;同期,左任侠引入了皮亚杰等西方心理学家的理论观点。60年代中至70年代末,发展心理学处于停滞时期。1978年后,各高校恢复心理学专业招生,心理学整个学科的发展进入空前活跃期。到现在,发展心理学在中国心理学界已经成为一个庞大而又有丰富内涵的子学科。1978～2008年,四本心理学中文核心期刊《心理学报》《心理科学》《心理发展与教育》《心理科学进展》每五年有关发展心理学主题的论文发表数量为84、249、349、442、309和

548，足见发展心理学学科发展之繁荣(林崇德，2019)。

第二节 先天与后天之争：发展心理学的学科体系

发展心理学包含四个经典的学科问题：遗传与环境(或称先天与后天)、主动与被动、一般与特殊、连续与阶段。这四个问题反映了发展心理学学科体系构建的基本逻辑，发展心理学的研究均是围绕这四个基本问题展开的。本节将介绍发展心理学的四个学科问题，讨论现代发展心理学在这四个学科问题上的学科框架与目标。

一、发展心理学的学科问题

发展心理学的研究围绕上述四个问题，融合了有关心理能力获得与发展的基本要素。即心理能力从何而来，又受到什么驱力进而发展变化，变化的过程呈现出怎样的模式？最后，这种变化在人群中呈现出何种规律，这种规律是否具有普适性？以下将逐一描述这些问题并列举相关研究案例。

1. 遗传与环境

"个体的发展是由遗传还是环境决定的"是一个极具争议的话题。心理能力是由遗传基础决定，进而在发展过程中程序性地表达出来，还是由后天成长环境中的各种复杂因素所塑造，这是一个十分有趣而又复杂的问题。20世纪70年代末，美国心理学家托马斯·布沙尔(Thomas J. Bouchard)开始对双胞胎进行研究(Bouchard et al., 1990)。他对分开抚养的同卵双胞胎和在同一个家庭中长大的异卵双胞胎进行测验，测验内容涵盖人格特质、智力等多个方面。结果发现，分开抚养的同卵双胞胎在人格特质、智力等方面的相似性均高于在同一个家庭中长大的异卵双胞胎。这个研究揭示了遗传基础对个体发展的重要影响，但也不能说个体发展的结果全然由遗传基础决定：同卵双胞胎的智力相关系数在0.7左右，说明其中存在着一些变异，而这种变异很有可能是不同抚养环境所带来的。

英国科学家弗朗西斯·高尔顿(Francis Galton)是遗传决定论的典型代表。他在其表哥达尔文(Charles R. Darwin)所提出的演化论思想影响下，开创了优生学(eugenics)这一学科(McGue, 2008)；认为个体的心理特征(如智力等)皆由基因决定，在个体发展过程中，个体心理能力的显现均是基因程序性表达的结果。而主张环境决定论的理论则以行为主义(behaviorism)为典型代表，行为主义学家约翰·华生(John B. Watson)认为个体行为皆由后天的环境因素塑造，所有的复杂行为都是建立在简单反射的基础上的，而学习的过程则是由一个新的刺激替代先前刺激进而建立新的条件反射的过程(Watson, 1918)。华生曾说过："给我一打健康的婴儿和一个我自己可以给予特殊培养的环境。在其中任意选择一人，我可以将其训练成我想要培养的任一种专家：医生、律师、艺术家、大商人，甚至是乞丐、小偷，而不管他的天赋、爱好、能力、倾向性，及其种族和父母的职业。"这足以说明,行为主义理论几乎无视了遗传因素对个体发展的影响。美国心理学家斯金纳(Burrhus Frederic Skinner)在经典行为主义理论的基础上,进一步发展并完善了个体学习的理论与过程,提出了操作性条件作用(operant conditioning)的概念(Skinner,1985)。

在现代发展心理学研究的视角下,无论是遗传决定论还是环境决定论,都不足以解释个体的发展过程。人类复杂的心理过程与行为表现的发展同时受到两种因素的影响,但不同因素在不同发展阶段、不同心理能力上的影响各异。比如,一项探讨儿童青少年阶段学业发展影响因素的研究(Von Stumm et al.,2019)通过全基因组分析发现,基因与家庭社会经济地位都可以显著预测个体在小学和中学阶段的学业表现。但基因与环境交互影响个体心理发展的过程十分复杂,不像上述例子描述的那样简单。环境因素可能会影响基因表达,而基因表达的结果又可能会使个体倾向于选择或者获得某种特定环境,这两种因素会在这个过程中影响个体心理发展。因此,对于此类问题的探讨,应该充分考量遗传因素和环境因素本身,以及它们之间的复杂关系。

更通俗地讲,遗传基础为我们的心理发展提供了各种可能性,类似于一个可移动的区间;而环境因素则决定了我们在这个区间内最终能落到何处。即遗传基础提供的是发展的可能性,而环境因素提供的是发展的现实基础。我们应该客观、辩证地看待二者的关系及其在个体发展过程中的作用。

2. 主动与被动

无论是遗传决定论还是环境决定论,都认为个体是被动地受到不同因素的作用而得以发展,这一解释忽视了个体在发展过程中的主动性。个体在发展过程中会主动地作用于环境因素,受到改变的环境因素则会反过来作用于个体使其产生某些变化。比如,个体在婴儿期就能通过哭声来获得照料者的注意,以此获得食物或者安抚,这就是一个典型的个体在生命早期主动作用于环境的例子。随着年龄的增长,我们主动控制与改变发展轨迹的能力也会变得更强。因此,个体在自身发展过程中会呈现出被动-唤起-主动(passive-evocative-active)三种模式。

首先,处于生命早期的个体几乎没有能力控制或者改变环境,只能被动地接受遗传物质与环境因素所带来的影响。通常,还在子宫中发育的胎儿都是这种被动式发展的状态。其次,唤起式的发展状态处于被动接受与主动掌控之间,处于这种状态的个体既受到遗传与环境因素的影响,又能自己主动改变某些因素。比如,容易型气质的儿童与父母、老师能更好地相处,而在这个过程中父母与老师也能更多地给予积极的回应,因此容易型气质的儿童可能得到更好的发展。最后,主动式发展过程中,个体有足够的能力去选择、掌控或者改变环境,从而获得自己期待的发展结果。

比如,现在大家所熟知的原生家庭这一概念。很多人认为原生家庭对个体发展所带来的影响是不可忽视的,特别是消极影响,可能伴随个体一生。诚然,个体无法选择自己的出身,只能相对被动地接受生而具有的遗传基础与家庭环境对自己的影响。但只关注这一方面的影响就相当于忽视了个体的主动性。随着年龄的增长,我们能够获得选择或者改变环境的能力,个体能够主动地掌控自己的发展轨迹,这一过程能够消减原生家庭可能带来的消极影响。

3. 一般与特殊

从群体水平来看,心理发展通常遵循相似的规律,我们将其称为心理发展的一般性(或普遍性)。发展心理学则致力于揭示这样的一般规律,进而帮助个体适应发展,获得更好的发展结果。但是这种普遍的发展规律可能在不同群体中存在细微的差异,这是由于不同群体所处的文化、自然环境等存在差异。比如,有关中美儿童心理理论(theory of mind,ToM)发展差异的研究(Liu et al., 2016)发现,中国家长在教养过程中更倾向于谈及儿童的行为结果,如"你再这样做今天就不许看电视了",而西方家长则更倾向于谈及自己的心理状态,如"你这样做的话我会生气"。中国儿童需要通过行为结果推测为什么会产生这样的结果,而西方儿童则可以直接获知对方的心理状态,因此两种文化环境下的儿童心理理论发展存在年龄差异:中国儿童早期心理理论发展相对较慢,但后期该能力更突出;西方儿童早期心理理论发展相对较快,后期发展速度与早期持平。

但个体的心理发展无法全部用一般性的规律解释。每一个个体都有其独特的生活经历,个体差异也是发展心理学研究中不可忽视的一个重要方面,我们将其称为发展的特殊性。个体在发展过程中,先天的遗传基础、家庭结构、父母教养方式、所处的文化背景、所经历的生活事件、自己对生活的期待等方面都存在很大差异。因此,个体的心理发展是多元化的,我们希望在一般性的规律中窥见个体差异的根源与结果。一方面,我们希望探索个体差异的来源是什么,以及这些来源对个体心理发展的影响孰轻孰重;另一方面,我们也希望探索差异巨大的个体之间的发展结果有何不同,以及心理发展不同方面的个体差异是否也存在联系。

4. 连续与阶段

从生物学角度出发,个体的发育有赖于细胞分裂与分化,现代的成像技术已经能够捕捉和记录这种细胞甚至分子层面的变化。从微观角度来看,这种变化是连续的量变(quantitative changes);而从宏观视角来看,这种变化更像是阶段性的质变(qualitative changes),如从受精卵发育为器官健全的胎儿。谈及心理发展,同样也有类似的讨论。个体心理发展究竟是连续性的还是阶段性的,即发展过程中所发生的变化是量变还是质变。其实,毕生发展过程中,我们经历着量变与质变的交替。细微的量变积累从而产生质变,由质变发展进入下一个阶段后,又开始进行量变的积累。

比如,从不能自主产生言语的婴儿到学会说话,这看似是一个质变的飞跃,但这个质变过程前有量变的积累过程。婴儿期的个体虽然还不能自主产生有意义的言语,但是其可以从周围人的口语中学习不同语音符号的含义,随着时间的推移,其对言语的理解能力越来越强,这就是一个典型的量变积累的过程。而最终能开口说话并且进行有意义的言语输出,这就是在量变的基础上发生的质变过程。皮亚杰的认知发展阶段论很好地阐明了心理发展的连续性与阶段性的关系。皮亚杰将个体早期心理发展分为四个阶段：感觉运动阶段、前运算阶段、具体运算阶段、形式运算阶段（详见"从触摸到思考：认知发展阶段论"一章）。个体在每一个阶段的认知能力都有其特点，进入下一个阶段后产生质的飞跃，但这样的质的飞跃依赖于在每一个阶段的量的积累；在皮亚杰的理论中，这样的积累依赖于个体通过动作获取外部世界知识的过程，即建构的过程（Piaget，1962）。

二、现代发展心理学的学科框架与目标

现代发展心理学在此前所积累的研究证据与理论框架上，发展出了更丰富的内涵和更广阔的外延。如今，越来越多的人开始关注个体发展的相关问题，发展心理学力求在抓牢基础研究的前提下，将更多的理论转化为更具应用价值的成果，以解决家庭教养、学校教育、社会政策制定等与发展心理学相关的现实问题。

1. 现代发展心理学的学科框架

现代发展心理学的学科框架可以从两个角度进行阐述：一个是横向视角，即从不同领域的心理发展展开；另一个是纵向视角，即按照年龄发展轨迹展开。

从横向视角来看，发展心理学可被划分为生理发展、认知发展、人格与社会性发展、非典型发展四大板块。不同板块针对个体发展的不同层面展开研究。在生理发展领域，研究者主要探讨个体某些生理学特征或技能发展的规律。其中，脑发育是心理学与神经科学领域的一个重要议题。2021年正式启动的"中国脑计划"中，青少年脑智发育就是该研究计划中的一个方面。在认知发展领域，研究者关注个体认知能力发生发展的规律及其机制，通俗而言，我们可以将其理解为"智力发展心理学"。其中，研究者既关注一般性的认知能力发展，如感知觉、注意、记忆等认知能力的发展，也关注特殊认知能力的发展，如推理能力、数量认知、心理理论等。在人格与社会性发展领域，研究者将个体放在社会群体中探讨个人特质与社会行为的发展规律及其机制。比如，经典的气质分类标准将婴幼儿分为容易型、困难型、慢热型和混乱型。但气质类型并不是一成不变的，在发展过程中可能会发生变化，并且气质类型没有好坏之分，重点在于是否适应当前的环境。非典型发展则关注非典型发展人群（如孤独症谱系障碍、注意缺陷多动障碍、对立违抗障碍等患儿）的发展，并从发展的视角寻求有效的干预措施，帮助非典型发展群体更好地适应社会生活（Dawson et al., 2023）。

从纵向视角来看，发展心理学的研究领域被划分为针对不同年龄群体的各个子学科，如婴幼儿心理学、儿童心理学、青少年心理学、中年心理学与老年心理学。在发展心理学学科发展的早期，研究者大都关注婴幼儿与儿童的心理发展，因为这个阶段个体心理的发展变化是迅速的，能够给研究者更多个体心理发展规律的有用信息。随着研究的深入，研究者认识到发展是贯穿毕生全程的，而不仅局限于生命早期，于是开始对更

大年龄的群体展开研究。比如,在老年心理学领域,一些研究结论能够推翻社会大众对老年人的刻板印象:老年人在决策过程中会更谨慎,其在审视决策条件时会更多地用鼠标回扫材料;而年轻人在决策过程中则更加直接,思考时间与鼠标回扫次数都更少。这似乎与大众所认为的"老年人更容易受骗"这一印象相反(Peng et al.,2016)。由此可见,对不同年龄群体的研究不仅可以拓宽发展心理学的研究视野、建立心理能力的毕生模型,更能帮助我们理解不同年龄群体的心理发展状态,促进家庭与社会和谐。

在美国心理学会(American Psychological Association,APA)发展心理学子学科旗舰期刊《发展心理学》(*Developmental Psychology*)中,每一期都会按照横向与纵向视角划分出不同模块。比如,在2022年8月刊(58卷8期)中,就包含了语言发展(language development)、儿童社会认知(children's social cognition)、家庭与家庭外因素在儿童发展结果中的作用(the roles of family and extra-familiar factors on children's outcomes)、青少年发展(adolescent development)、青少年晚期到成年期的发展(development from late adolescence to adult)。其中既包含按照横向视角划分的不同领域,也包含按照纵向视角划分的不同年龄阶段。但要注意的一点是,在实际研究中,不同领域或者不同年龄阶段的研究往往是相互联系的。比如,在心理理论相关研究中,往往既涉及个体的社会性发展也涉及认知发展,因为心理理论这一能力本身就是进行社会交互的基础,其中又包含推理这一认知成分,因此心理理论领域的研究往往同时涉及认知与社会性发展两个主题。

有关发展心理学的教科书大都按照年龄展开叙述,这对初学发展心理学的读者而言更易懂。而本书将从横向视角出发,按照心理发展的不同领域展开讲解,将不同领域的研究与理论相结合,便于对发展心理学有初步了解的读者进一步建立相对完备的学科框架。

2. 现代发展心理学的学科目标

心理学的学科目标是描述、解释、预测、控制人类行为,现代发展心理学的学科也与之相似,即描述个体心理发展的规律与模式、探索个体心理发展的机制、测量个体心理发展水平、提出适用于不同年龄段的发展指导策略及对非典型发展个体的干预手段。

首先,现代发展心理学希望通过不同的研究方法与技术,描述个体心理发展的规律与模式,包括语言与认知能力、人格与社会认知能力、生理发展水平等。比如,儿童在18个月到两岁之间会出现词汇爆发期。在这个阶段,个体的词汇量呈现爆发式增长的趋势,并且还能够学会使用组合不同词汇。在获知个体心理发展的规律与模式后,发展心理学研究者希望进一步探索心理发展规律的内在机制是什么。依旧使用词汇爆发期的例子,研究者发现个体在生命早期存在词汇爆发式的增长阶段,但是其内在机制是什么呢?结合前面提到的发展心理学的学科问题,我们可以提出至少四个问题:①词汇爆发期是由遗传因素决定的,还是由后天人类特有的社会环境与教养方式塑造的?②词汇爆发期的产生是个体完全被动地受到环境影响,还是个体主动地探索与学习的过程?

③词汇爆发期的具体年龄段是否具有普适性,在不同群体中有差异吗?④词汇爆发期看似是一个阶段性的变化,这种变化需要何种积累才能发生?在实际的研究工作中,不同领域的研究者倾向于从各自的学科视角来理解这种语言发展现象。比如,教育心理学工作者尝试从学习的角度来探讨,而行为遗传学工作者则关注个体语言发展的遗传基础。如果站在交叉学科研究的视角,则能够更为全面地看到心理能力发展的内在机制。在厘清心理能力发展的规律与机制之后,研究者则希望利用这些结论开发测量心理能力的工具,以及指导个体发展的手段与策略。虽然心理发展存在一些普适性的规律,但不同个体之间的差异是巨大的,我们需要利用可靠的工具测量不同个体的发展水平,并予以适宜的指引,这样才能更好地促进个体的发展。特别是对于非典型发展个体,理解其规律与机制、准确测量发展水平,是帮助非典型个体更好地适应自身与社会的重要基础。

第三节 跨越百年的变迁:研究手段的演变

从达尔文与皮亚杰常用的观察法,到现代研究者采用的交叉学科研究方法,在百年的发展历程中,得益于技术与理论的革新与进步,发展心理学的研究手段发生了翻天覆地的变化。本节将系统介绍发展心理学研究的常用方法和设计,以及现代交叉学科研究的相关方法和手段。

一、发展心理学的常见研究方法与设计

发展心理学作为心理学的子学科,研究方法和研究设计与一般的心理学研究方法和设计具有相似性。而作为探讨个体发展的一个学科,其又发展出了具有独特性的一些手段。

(一)常见研究方法

发展心理学的常见研究方法有观察法、调查法、测验法、实验法。这些方法各有优劣,可应用于不同的研究领域。在实际研究中,研究者应该根据研究主题、研究目的等综合考量,选取最适宜的方法来揭示个体发展的规律。

1. 观察法

观察法(observational method)是发展心理学的经典方法之一。在早期儿童心理学的研究中,研究者多用该方法,如皮亚杰在其著作中列举的研究,许多都源于他对孩子的观察。对个体的行为进行观察并不是随意的,在进行观察前,研究者需要有详细的计划,如希望观察的目标群体和目标行为是什么、是否需要设置特别的情境,以及如何对数据进行编码等。

观察法又分为实验室观察与自然观察两种。实验室观察是在研究者提前设置的实

验情境中对个体的行为进行观察。例如,在班杜拉的儿童社会学习研究中,为儿童呈现成年人打击人偶的情境,随后观察儿童是否会模仿成年人对人偶做出暴力行为。此外,经典的依恋研究——旷场实验,也是在实验室完成的观察。而在自然观察过程中,研究者大多不对被观察个体或情境进行干预。观察法相比于其他研究方法,如测验法、实验法等,更具生态效度(ecological validity),能够记录个体在日常生活状态下的行为表现,但也存在某些局限:①观察法只能观察并记录个体的多种行为表现,无法像实验法那样通过实验操纵探究不同行为间的因果关系;②观察过程和观察数据的编码与处理可能更容易受到研究者的主观因素影响;③观察法的取样通常只能覆盖小部分群体,并且只能短暂地观察发展过程中的某一个小片段,得到的信息较为有限。因此,观察法通常在研究初期发挥作用,帮助研究者初步确定哪些行为或者心理能力是需要被关注的;此外,在某些无法采用实验法或者测验法完成的研究中,也通常采用观察法,如动物个性的测量(金睐,2011)。

2. 调查法

调查法(survey method)是指按照统计抽样的基本原则对总体中的部分人群进行调查,以获知某些信息,并以此推断总体情况的方法。调查法主要分为两种,一种是问卷调查法,以纸笔作答、线上问答等形式让被试回答研究者提前设置好的相关问题;另一种是访谈法,研究者与被试一对一地进行交流,访谈的结构与内容则需要研究者提前进行规划,如研究关心的重要话题是什么、在访谈过程中要设置多少问题来获得重要信息等。

调查法的优势在于获取数据较为便捷,相比于观察法与实验法,可以在短时间内获得大量信息;缺点是不能保证数据质量,以及被试进行作答时可能受到社会赞许性(social desirability)等的影响。此外,与观察法类似,调查法获得的是横断数据,同一时间节点的数据无法推知不同行为和心理能力之间的因果关系。

3. 测验法

测验法(test method)与问卷调查法看似很像,都是让被试对提前设置好的问题进行作答,但实际上差别很大。问卷调查法所使用的问题会根据研究目的灵活改变与调整,并且可以由研究者自己根据情况编写;但测验法所使用的题目是标准化的心理测验,如瑞文推理测验、韦氏智力测验等。并且与标准化测验配套的还有一般人群在该项测验上的常模(norms),测验结果需要与常模进行对比。

标准化测验的编制需要经过复杂的调研、抽样、计算、修订等过程。在心理测量这一学科中,测验的编制通常包含确定测量的构念、制订编制计划、编写测验题本、数据收集与项目分析、合成测验、测验标准化、鉴定测验质量、编写测验说明书八个步骤。

测验法的优势在于所有心理测验都是相对标准严谨的,获取数据后可直接与常模进行比较和分析,结果可信。但是测验法不如观察法和调查法灵活,且实施标准化测验的要求更为严苛。

4. 实验法

实验法(experimental method)是现代发展心理学研究最常用的方法之一。实验法通过操纵某些变量(称为自变量)的水平,以观测结果变量(称为因变量)是否随之发生改变。实验法可以清晰地揭示不同变量之间的因果关系,并得到定量关系,是心理学研究者所推崇的研究方法之一。此外,实验法的实验操纵通常是十分严谨的,从实验环境的布置、被试的选取、实验材料的编制、实验程序和变量水平的确定、无关变量的控制,到结果分析与讨论整个过程都有相对标准化的要求。因此,通常而言,实验法得到的结果是比较可信的。在发展心理学研究中,有一些经典的实验范式,如视觉偏好范式、习惯化-去习惯化范式被广泛运用于各类研究。此外,如视崖实验、错误信念实验等经典研究也时常作为实验心理学的教学案例。

实验法也有缺点,相比于观察法与调查法,实验法缺乏生态效度,这也是为研究者所诟病的一点。在严格的实验情境下所得到的不同变量间关系的结论是否能够推广到实际生活情境中,这一点是有待商榷的。

(二)常见研究设计

既然发展心理学关注的是心理能力随年龄的发展变化,那么在实际研究中,研究者应该通过怎样的设计去捕捉这种变化是一个很重要的问题。直观地来看,我们可以直接横向比较处于不同年龄段的人群在心理能力上的差异,以此推测心理能力随年龄发展的模式;或者对人群进行追踪,在同一人群的不同发展阶段进行测试,纵向地比较不同年龄阶段心理能力的差异,以此推测心理能力的发展变化规律。以上两种方法是最基本的发展心理学研究设计,在此基础上还有很多变式,能够满足不同的研究需求。

1. 横断设计

横断设计(cross-sectional design)是一种常用的发展心理学研究设计。在横断设计研究中,研究者会选择具有代表性的处于不同年龄段的人群,比较其心理能力的差异,以此推测心理发展规律。这种方法十分便捷,时间跨度较短,对研究者而言,时间成本相对较低。但有一个明显的缺点,横断设计是对不同人群的比较,无法知悉同一个体在发展上的连续性与质变。除此之外,横断设计的研究可能存在同辈效应(cohort effect),即不同年龄群体间的差异是其所生活的时代背景所导致的,而非真正的心理发展产生的差异。比如,研究青少年、成年早期、成年中期与成年晚期个体对电子产品的使用习惯。假如结果发现处于不同年龄阶段的群体对电子产品的使用习惯不同,如老年人使用电子产品大多是为了通信,而年轻人使用电子产品不仅是为了通信,还能购物、看新闻、玩游戏等。从表面上看,似乎年龄较小的个体会更多地依赖于电子产品,但如果考虑到同辈效应,可能这种差异是不同年龄群体生活的时代背景所导致的,而非真正的发展差异。年龄较小的群体出生在信息时代,从小就习惯于各种便捷的电子产品,而年龄较大的群体出生的时代只有很少的机会能接触到计算机、手机等电子产品。因此,在面对横断设计的研究结果时,如何去解读心理发展的规律,需要考虑更多可能存在的变异。

2. 纵向设计

纵向设计(longitudinal design)又称追踪设计,指对某一群体的被试进行长时间追踪,多次测量其某一心理能力,并比较不同时间点所测得结果的差异,以此推测心理发展规律的研究设计。纵向设计也是发展心理学研究中常用的研究设计之一。其优点是能够捕捉同一群体在发展上的连续性与质变,并且不存在同辈效应。此外,纵向设计还能探讨不同心理能力之间的因果关系。作为"因"的心理能力会导致作为"果"的心理能力的发展变化,从时间维度上来看,"因"应该处于前,"果"应该处于后的位置。因此,在纵向设计中,我们可以通过在不同时间点测量、记录被试的心理能力,并进行分析,推知不同心理能力发展变化的因果关系。虽然与横断设计相比,纵向设计能够避免很多不足,但由于纵向设计的时间跨度相对较大,因各种原因而流失的被试相对更多,并且研究者需要付出的人力和时间成本也会更大。短一点的纵向设计通常持续几周、几个月,长的纵向设计会持续几年甚至几十年。因此,完成一个高质量的纵向设计研究是十分不易的。除此之外,由于纵向设计需要对被试进行多次测量,被试对实验材料或者实验程序会越来越熟悉,可能存在练习效应(practice effect)。在多次测量的过程中,被试可能会形成固定的反应模式或者产生某种反应策略,因此最终获得的被试表现不一定能精确反映其心理发展水平。

3. 聚合交叉设计

聚合交叉设计(sequential design)是一种结合横断设计与纵向设计的研究设计。采用聚合交叉设计的研究通常选取几个处于不同年龄阶段的群体,同时对这几个群体进行一定时间跨度的追踪(图1.1)。这样的研究设计同时拥有横断与纵向设计的优势,既能排除同辈效应的影响,又能减小被试流失对结果造成的影响;与纯粹的纵向设计相比,所需人力与时间成本更少,是现代发展心理学研究者更偏好的一种方法。

如图1.1所示,在聚合交叉设计中,多个年龄群体在测试的不同时间点会达到相同的年龄。这样一来,我们可以比较同一代际群体的心理能力随年龄发展的变化(纵向比较),也可以对不同代际群体在相同时间节点的心理能力进行比较(横向比较),还可以比较不同代际群体在心理能力随年龄发展模式上的差异。

4. 微观发生法

微观发生法(micro-genetic method)本质上是纵向设计的一种。微观发生法在短期内对个体的行为进行多次、精细地追踪记录和分析,以此研究心理能力发展的内在机制。通过这种方法,我们可以获知心理能力发展变化的多维度信息,比如精度、速率、路径等(辛自强,林崇德,2002)。

较大时间尺度的纵向研究能够粗略地刻画心理能力的发展规律,但无法推知更精细的心理发展模式,比如心理能力的获得与转变过程大概在哪个时间节点发生,以及是

图 1.1 聚合交叉设计示意

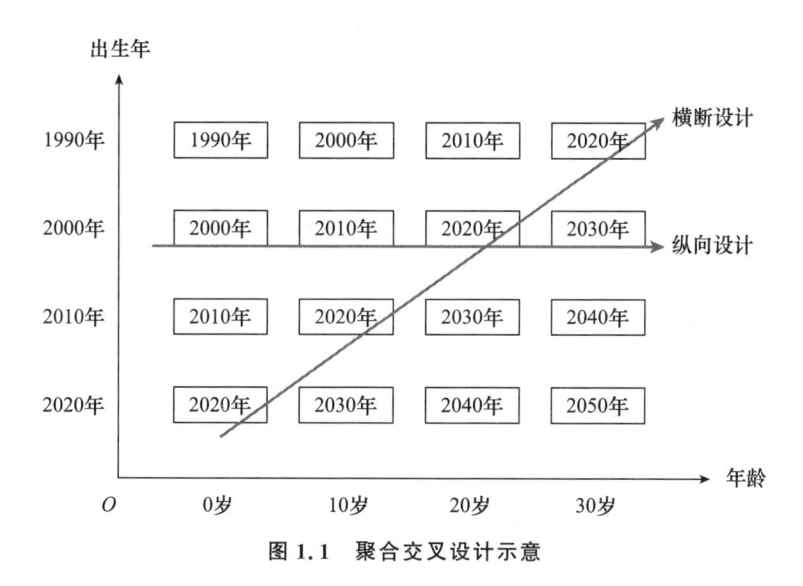

如何发生的,这样的问题需要借助微观发生法来回答。微观发生法能够聚焦某一个具体的、跨度较小的时间段,比如一周、一个月,对被试个体的行为表现进行连续追踪,记录行为变化。正因如此,这种方法需要花费大量的时间与精力,但其获得的结果既可以定量也可以定性地描述个体的心理发展。需要注意的是,微观发生法通常用于研究即将发生或正在发生的心理能力,对于已经发展得十分成熟的心理能力,通常没有必要去追踪其发展变化。

二、多学科交叉研究技术

随着科技的发展,发展心理学的研究手段日益更新。现代发展心理学研究除了利用经典的、已十分成熟的研究设计和方法以外,还借鉴了行为与认知神经科学的多种新技术、新方法。比如,眼动(eye movement)、脑电图(electroencephalogram,EEG)、功能性磁共振成像(functional magnetic resonance imaging,fMRI)、功能性近红外光谱技术(functional near-infrared spectroscopy,fNIRS)等广泛应用于发展心理学研究;此外,机器学习、大数据分析等方法也逐渐进入研究者的视野。多学科的交叉研究为发展心理学提供了全新的动力,新的学科领域应运而生。行为遗传学(behavioral genetics)与发展认知神经科学(developmental cognitive neuroscience)就是两个典型的代表。

行为遗传学旨在探讨遗传因素和环境因素对个体行为与心理能力的影响,以及二者的交互作用(白云静 等,2005)。正如我们在本章第一节提到的,个体的发展同时受到遗传与环境两种因素的影响,且存在交互作用。行为遗传学将遗传学的相关技术手段与心理学的研究方法相结合,对人类行为与心理能力的遗传基础展开探讨。基于现代计量遗传学手段和分子生物学技术,行为遗传学能从基因水平解释个体行为与心理能力的差异。比如，一项研究发现催产素受体基因（oxytocin receptor gene，OXTR）的遗传多样性通过原始情绪系统（primary emotional system）对个体的特质共情水平产生影响（Liu et al.，2021）。而从发展心理学的视角来看，行为遗传学则可以为我们理解心理能力的发生和发展提供不一样的思路。发展行为遗传学（developmental behavioral genetics）是发展心理学与行为遗传学的交叉学科，旨在探讨遗传与环境因素在个体行为与心理能力发展过程中的作用及其机制（张文新 等，2012）。发展行为遗传学的研究手段和方法与行为遗传学相差无几，更多地关注个体行为与心理能力随年龄的发展变化。

发展认知神经科学是20世纪末、21世纪初新兴的一门学科（董奇，2011）。随着神经科学、分子生物学等学科技术的兴起与成熟，发展心理学也将相应技术应用到其研究中，发展认知神经科学应运而生。发展认知神经科学主要采用EEG、fMRI等技术，研究个体行为与心理能力发生、发展的神经基础。例如，EEG是一种能较为精确地记录神经电活动的技术，具有高时间分辨率的特点，能够反映个体认知加工过程中的神经电活动过程。但该项技术的空间分辨率较低，大多数情况下无法反映具体参与认知加工过程的脑区；而fMRI则与之相反，具有较高的空间分辨率，能够较为精准地反映参与认知加工的脑区。fMRI是基于对大脑血氧含量的探测而反映脑区活动的，该过程从开始到能被探测到通常有一小段时间的延迟，因此该项技术的时间分辨率较低。除此之外，还有脑磁图（magnetoencephalography，MEG）、经颅直流电刺激（transcranial direct current stimulation，tDCS）、经颅磁刺激（transcranial magnetic stimulation，TMS）等。

在现代发展心理学研究中，研究者更加重视学科交叉，从不同的学科视角看发展心理学研究能够为我们提供更广阔的思路。比如，有研究者提出，可以从神经、生态、社会三个角度交叉解读青少年发展（Choudhury et al.，2023）。在发展心理学的发展过程中，数学、物理学、生物化学、分子生物学、计算科学、统计学等学科都是不可或缺的力量，数学与统计学能够为我们提供定量研究手段，如统计检验、计算建模等；生物化学与分子生物学能够帮助我们从更微观的水平理解个体发展；计算科学则能够从技术层面解决实际问题。学科交叉是新时代科学研究的必然趋势，我们应当牢牢把握这一点，加强不同学科之间的沟通，打破专业壁垒，促进学科交叉融合，拓宽研究思路，为发展心理学添砖加瓦。

做自己的发展心理学家　家事国事天下事，事事有"心"

纪录片《人生七年》中的主人公分别来自不同的地区，所处的社会阶层也有很大差别。有的人成长于富裕家庭，有的人来自儿童福利院；有的人成为出租车司机，有的人当了教师。纪录片记录了不同人群中代表性个体的一生历程，结合本章内容，我们可以发现纪录片中人物的发展会受到各种内在因素和外在因素的影响，比如基因、物质条件、所在地区、家庭关系、朋辈关系、所经历的重大事件等。个体的发展绝不仅仅局限于某一因素,而是多种因素叠加、融合、互相作用而呈现出的独特效果。在物质条件越来越好的现代化社会,人们开始更多地思考自身发展,以及与群体和社会的关系。近年来,我们经常在社交网络上看到诸如"社恐""原生家庭""MBTI""双减""三孩政策"等热门话题,这都与发展心理学相关。发展心理学的知识或许可以帮助我们更加客观、理性地看待这些问题。例如,如果有人问你"原生家庭对你的影响有多大?这种影响是好的还是不好的?"你会如何回答?这个问题的答案对不同的人来说很不一样,影响因素很多,比如与原生家庭的关系、所在地区、接受的教育,甚至和同龄人的对比等。从这个例子,我们可以更清楚地看到所谓影响因素不是唯一的,也不是永恒不变的,发展也不是一个有唯一解的问题。美国心理学家尤里·布朗芬布伦纳(Urie Bronfenbrenner)提出了社会生态系统理论(social bioecological system theory),该理论认为个体生活在一套具有层次的、相互作用的生态系统中(Bronfenbrenner,1974)。从微观到宏观可分为微观系统、中间系统、外层系统、宏观系统、时序系统五层(图1.2),每一系统都会对个体产生直接或间接的影响。微观系统(microsystem)指的是个体直接接触、交流的系统,如学校、家庭等;中间系统(mesosystem)是不同微观系统之间的联系或相互作用;外层系统(exosystem)则指个体并未直接参与但对个体发展产生影响的系统,如父母的工作状态与环境等;宏观系统(macrosystem)是文化与社会环境,对前三个系统如何作用于个体发展产生影响;最后,时序系统(chronosystem)指的是随着个体的发展,前四个系统所发生的变化,如个体升学、毕业、结婚、生子、退休等。从布朗芬布伦纳的理论来看,个体的发展是一个复杂的、多个系统相互嵌套影响的过程。我们在做科学研究的时候,也会尽量从多个角度考虑问题的可能解释。个体的发展也要从多个角度去看待,去探索更多可能性,并在探索过程中获得自我同一性(Erikson,1956)。

  实际上,发展心理学随处可见,利用本章所学内容我们可以去思考很多有关自身和现实的问题,比如职业规划、亲密关系、家庭与工作的平衡、社会交往和晚年生活等。在科学技术高速发展的现代化社会,对自己保持清晰的认识是很重要的,希望发展心理学知识能够帮助你获得对自我、对世界的新的认识。

  在本章开始时,我们就提到本书将会分为生理发展、认知发展、社会性发展,以及非典型发展四大部分。后面的内容将会依次展开,用模块化的形式为你展现发展心理学的学科知识和理论框架。在开始下一章的学习之前,你可以思考一下这四个部分可能会涉及什么内容,以及为什么我们会将人的发展大致划分为这四个部分?对于不同领域的研究,我们关注什么问题,以及怎样解决这些问题?

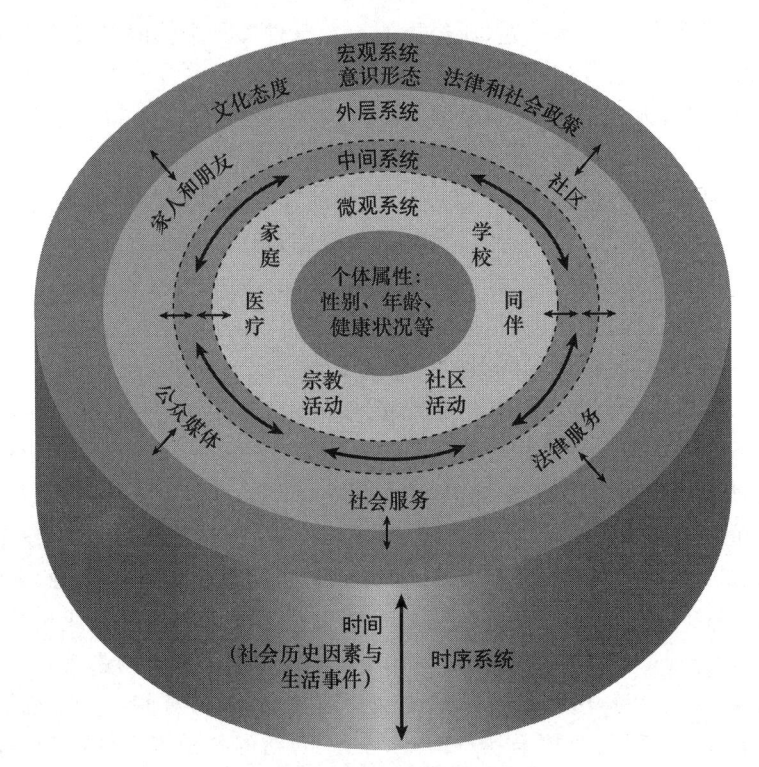

图 1.2　社会生态系统理论示意

（引自 Lopez et al., 2021）

思 考 题

1. 发展心理学的诞生标志是什么？我国第一本发展心理学教科书出版于哪一年？
2. 发展心理学的学科问题有哪些？分别有什么含义？
3. 你认为埃里克森提出的心理社会发展阶段现在是否仍然适用？如果你认为不适用，可能会在哪些地方更新？
4. 发展心理学的研究方法有哪些？分别有什么优点和缺点？
5. 你身边有哪些与发展心理学相关的问题或事件？你对此有什么看法或解释？

名 词 解 释

比较心理学（comparative psychology）：以不同演化阶梯上的物种为研究对象（包含人类），旨在从种系发展的角度探索心理能力的演化规律。

操作性条件作用（operant conditioning）：区别于传统的条件作用，操作性条件作用强调个体学习是主动式的行为诱发某种奖励或惩罚结果，进而提高或降低行为频率。其与经典条件反射的最大区别是,操作性条件作用是自发的学习过程,而经典条件反射是诱发的学习过程。

常模(norms):特定人群在测验中所测量到的心理能力的分布情况。比如,心理测量学家认为人的智力是呈正态分布的。根据标准化智力测验的结果,我们可以推知自己的智力水平在人群中的大概位置。

词汇爆发期(vocabulary spurt):在18~24月龄,儿童能理解和表达的口语词汇迅速发展,这一阶段被称为词汇爆发期。

练习效应(practice effect):由于实验材料或程序的多次重复,被试的成绩提高或降低的现象。

社会经济地位(social economic status):心理学研究中常关注的一个构念,分为主观社会经济地位和客观社会经济地位。用于反映个体经济状态在其所在人群中的水平。

社会赞许性(social desirability):社会大众期许的行为表现。在研究中,被试可能根据社会赞许性做出更符合大众期待的行为。

生态效度(ecological validity):也称外部效度,是指实验结果能够推广到实际现实情境中的程度。

同辈效应(cohort effect):不同年龄群体所生活的时代、环境因素等导致的代际间的系统性差异,而非年龄发展导致的差异。

行为主义(behaviorism):心理学经典流派之一,认为个体的心理能力与行为表现皆是由强化过程塑造的。

优生学(eugenics):认为人的心理能力完全由遗传因素决定,并且可以通过选择配偶来改善后代的基因,提高后代的素质。

自我同一性(ego-identity):一种自我与外部世界达到和谐统一的心理状态,个体对自我和未来都有清晰的认识,认识到"我是谁"这一问题。可分为同一性合闭、同一性延缓、同一性获得与同一性弥散四种状态。

小 结

发展是贯穿毕生的,即从受精卵形成到生命结束。发展心理学的学科目标是描述个体发展的轨迹、解释个体发展的可能机制、预测个体发展并对个体发展做出合理及适时的指导与干预。

发展心理学的学科问题有四个,分别是遗传与环境、主动与被动、一般与特殊、连续与阶段,这四个问题基本涵盖了发展心理学的学科框架和内容。

发展心理学的研究方法主要有观察法、调查法、测验法、实验法,研究设计主要有横断设计、纵向(追踪)设计、聚合交叉设计、微观发生法。现代发展心理学进行学科交叉研究主要衍生出两个方向,行为遗传学与发展认知神经科学,多采用学科交叉技术开展研究,如眼动、脑电图、脑磁图、功能性磁共振成像、功能性近红外光谱技术等。

布朗芬布伦纳的社会生态系统理论认为,个体发展受到多个嵌套系统的影响,该系统可分为五层,分别为微观系统、中间系统、外层系统、宏观系统、时序系统。

第一章参考文献

2

发展的基础:理解脑发育

《科学》(Science)杂志在庆祝创刊125周年时,邀请了全球几百位科学家列出他们认为当今世界最重要的前沿科学问题,归纳为125个,其中18个问题属于脑科学。包括记忆的储存与恢复、孤独症的成因、神经元放电序列的编码准则、人工智能是否会取代人类等,都是大家关心且至今未被解决的重大问题。大脑是人类智慧的集结,也是已知的宇宙中最复杂的产物,但我们对大脑的认知却很晚。比如我们常说"心想事成""心外无物",在很长的历史时期中,我们都以为是心在操控着人类的思维。因此,对大脑的研究也被称作自然科学的"终极疆域"之一。

虽然人类大脑的重量只有1.4千克,占总体重的2%左右,但单单脑一个器官的耗氧量就占据了人体总耗氧量的四分之一(Aguirre,2019),单位质量的代谢成本是肌肉的10倍,占人体代谢负荷的20%(Rolfe,1997)。大脑是人体发育时间最长的器官,经历的变化也比其他器官都要多。本章将围绕脑的发育,尤其是大脑结构和功能发育展开,初步认识人体这个最复杂且最重要的器官。

阅读本章,我们会更加清楚地了解神经细胞怎样编码和传导信息、信息如何从一个神经元交互到另一个神经元,这个小"细胞"是如何通过神经元的发育达到髓鞘化,从而促进大脑皮质的成熟,在分娩前发育成一个拥有聪明大脑的"小人儿"。本章还将从毕生发展的角度,介绍大脑年龄的相关研究,让我们对大脑的可塑性有新的认识。

第一节 神经系统的基本结构和功能单位:神经元

神经系统是心理活动的主要物质基础,人的一切心理活动(如感知、意志、记忆、思维等)都是通过神经系统的活动来实现的。人的神经系统可以分为中枢神经系统(central nervous system,CNS)和周围神经系统(peripheral nervous system,PNS)两部分。周围神经系统包括躯体神经系统(somatic nervous system;含12对脑神经和31对脊神经)和自主神经系统(autonomic nervous system,ANS)。中枢神经系统包括脊髓和脑,脑是中枢神经系统中最重要的部分,所有复杂的心理活动都与大脑密切相关。

神经系统的基本结构和功能单位是神经元。它是一种特异化的、聚集和传导电活动的细胞,是神经系统中参与信息加工与信息传递的物质。人脑中大约有 1000 亿个神经元,几乎占据了人体中全部神经元数量的 90%(林崇德,2018)。

神经元又称神经细胞,由胞体、树突、轴突构成。但是,在不同的细胞中,这些结构会表现出不同的形式。胞体包括细胞核和为细胞生命过程提供保障的结构,主要负责整合信息和维持细胞的存活,是神经元的代谢中心,不同种类神经元的胞体有很大的差异。树突是从胞体分出来的结构,有一个或多个,呈树枝放射状,负责接收来自其他神经元的信号,并将信号传至胞体。轴突(又称神经纤维)只有一个,是一条既长又细的管道,负责信号传递。

根据树突和轴突与胞体的不同关系,神经元被分为三大类。图 2.1(c)是多极神经元,也是神经系统中最常见的一种细胞。这种神经元的胞体发出一根轴突,但是却发出很多根树突。双极神经元[图 2.1(b)]的胞体发出一根轴突,在和轴突相对的另一个方向再发出一根树突,双极神经元主要存在于感觉系统(如视觉和听觉系统),它们收集环境中的刺激,把接收到的信息传至中枢神经系统。最后一类是单极神经元[图 2.1(a)],主要存在于躯体感觉系统(触觉、痛觉等),它们的胞体只有一个分支,在离开胞体不久后就分为两支,轴突和树突位于同一方向。和双极神经元类似,单极神经元也把环境中的信息传至中枢神经系统。这些感觉信息最终被中枢神经系统四周的树突所收集。多数单极神经元的树突收集作用在皮肤上的痛觉、温度变化和其他感觉,其他单极神经元则收集来自关节、肌肉和内脏的信息。

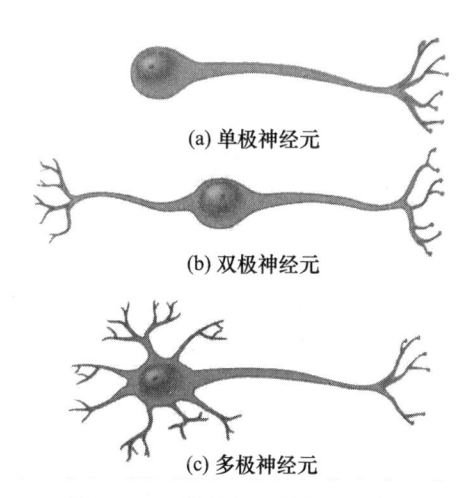

图 2.1　三类神经元的主要形态

(引自 Gazzaniga, Ivry, & Mangun, 2011)

神经元一旦形成就会立刻开始迁移。在神经发生的末期，也就是孕中期，大部分神经元都已就位，大脑的主要结构已经成型。但是从某种意义上来说，这仅仅是大脑发育的开始。尽管神经元的数目已经齐全，但功能还很幼稚。此时的神经元仅有一个纤细的轴突和几个短短的树突，这就好比地球上有 60 亿人，每个人都有一台电脑，但电脑之间没有网络连接，虽然已经潜藏着巨大的沟通可能，但还有待开发。

大脑发育过程中最主要的任务就是形成突触（图 2.2）。突触是神经元末端与另一个神经元的树突或胞体之间的一个小间隙，也是两个神经元之间的纽带。一旦轴突完成了延伸，就会发出许多分支，与或近或远的、释放相同诱导剂的上百个靶神经元接触，诱导突触形成。突触形成是一个漫长的过程，会跨越整个孕期和出生后的第 1 年，有些区域的发育甚至会延续到出生后的第 2 年。一个神经元可以接收来自数十个甚至数百个其他神经元的信息，并与其形成大量的突触。在巅峰期，皮层的每个神经元可以形成约 1500 个突触，这意味着在胎儿 2 个月到出生后两年，大脑始终保持着平均每秒产生 180 万个突触的速度（Lise, 1999; 2020）。不同位置神经元的突触形成的时间也不同，脊髓中的突触形成于胚胎发育的第 5 周，而大脑最表层的突触形成的时间则相对较晚，在第 7 周，迟于其他部分。

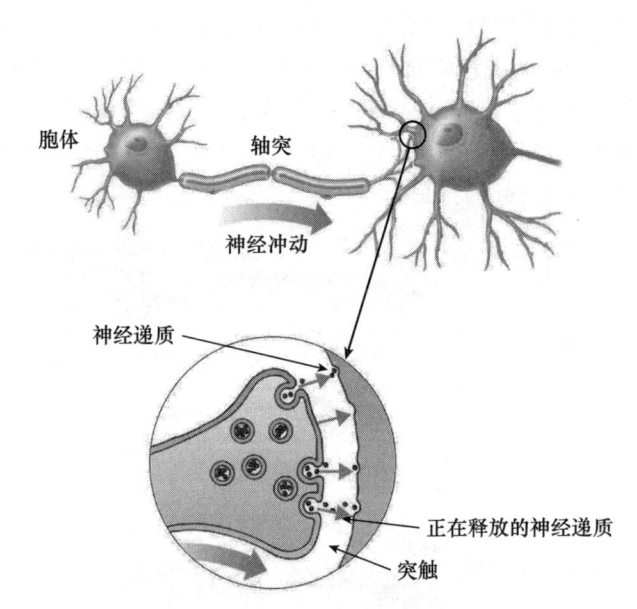

图 2.2 突触和神经递质
（引自 Goldstein, 2021）

为了适应大量突触的形成，神经元必须迅速扩大树突的表面积，绝大多数的树突是在出生后才开始生长的。期间，大脑的发育就像是植物的树根，为了吸收土壤中更多的养分，不断生出越来越多茂密的侧根。实际上，婴幼儿早期产生的突触数目远远大于最终的需要水平,被称为突触增殖。原本只与特定神经元形成连接的那些神经元,与其他神经元随意连接,因此,原始的大脑回路是弥散性的,内部的一些联系也是杂乱无章的,无法构成联通的神经网络,过多的重叠、交错使信息的传递既不准确也不高效。如果此时你的身边刚好有一个出生不久的小宝宝,不妨拿个玩具逗逗他,你会发现他不仅在开心地笑,全身上下都会跟着止不住地抖动。这就好比我们每个人都有一部手机,但当你从电话簿中选定了号码只想打给妈妈时,她却未必是唯一一个接到电话的人。既然如此,大脑为什么要产生这么多额外的突触,为什么不在一开始就形成精准的通路?

达尔文提出的自然选择理论中的"用进废退"是很好的解释:精减突触就是帮助机体神经回路适应环境需求的一种极其高效的方法,又被称为突触修剪。大脑会驱使突触相互竞争,好比一个进化的过程,只有最有用、最被需要的或是通过竞争的才是"最合适"的。在神经发育过程中,电活动是衡量突触有用与否最可靠的标准。高度活跃的突触能够接收更多的电活动并释放更多的神经递质,从而更有效地刺激突触后膜的受体。相反,不那么活跃的突触不能激发出足够的电活动来稳定自身,因而逐渐退化,直至消失。在青少年早期,突触的密度会达到峰值,削减和变化发生在青少年的中期和晚期。这个过程会持续,直到突触密度减少到成人水平(Huttenlocher, 1994)。青春期的孩子每天会失去大量的突触,这听起来似乎很残酷,但实则具有两面性:清除弱势突触、改变旧连接的强度、剪断不需要的连接,以及强化优势突触、建立新连接的过程使思维随着年龄的增长变得更加高效和协调,原本杂乱无章的神经回路经过分拣转化为更加精准清晰、独立高效的信息传递通道(Elkind, 1999);但也正是因为突触数量的大量缩减,使我们的信息加工能力不再那么灵活且富有创造性。要注意的是,突触修剪与年老时突触的退化是两个概念。

了解了神经元的基本结构,下面我们来探讨神经元的基本功能。神经元具有兴奋和传导两种功能。神经元受到刺激并产生兴奋是一种对刺激的反应能力,表现为神经冲动。神经冲动是由刺激引起而沿着神经纤维传导的电位活动,能将信息从一个神经元传至另一个神经元。神经冲动在轴突中传导的速度和轴突的大小有关。在最细小的轴突上,神经信号大约以每秒0.5米的速度缓慢前行,而在最粗大的轴突上,传导速度可达每秒120米(Solso et al., 1995; 2007)。脑内总是活跃地进行着电化学活动,一个兴奋的神经元发放神经冲动的频率可高达每秒1000次。神经元发放的次数越多,对突触下游细胞的作用就越大。这些发放活动可以通过脑电图和事件相关电位(event-related potential, ERP)来记录,测量大脑各个区域的电活动水平;也可以对动物的单个神经元的活动进行单细胞记录。

动作电位从胞体发出,沿轴突一直传送至突触末梢,并刺激其释放神经递质,这就是神经元内部的信息传导过程。在每个神经元中,信息都是以电刺激的形式传输的,我们称之为动作电位。动作电位的传导遵循着全或无的法则,即动作电位要么不产生,要么产生额定强度的动作电位。一旦产生,它将沿着轴突一直传导至末端。在传导过程中,动作电位的强度总是保持不变。在轴突分支处,动作电位也分为几支,但每一支的强度并不减弱。动作电位是沿轴突的方向传导的,如果动作电位产生于轴突的中部,那么它将沿着轴突向两个方向传导。然而,在有机体中,动作电位总是产生于轴突靠近胞体的一端,因此它们在轴突中的传导只有一个方向。

那么,神经元之间的信息传递是如何进行的?当信号传至轴突末端时,为了保证信号在传递时顺利通过突触间隙,轴突的突触前膜会释放一种被称为神经递质(图2.2)的化学物质。神经递质分子在狭窄的突触间隙内扩散,与突触后神经元树突上的特异性受体相结合,继而激发接收信号的神经元产生电活动。神经回路中的每个神经元都是通过这种反复变换的电化学方式传递信号;否则,一个神经元轴突末端与另一个神经元的树突或胞体之间的信号传递将被突触间隙阻断。

覆盖整个神经元的细胞膜的内侧与外侧的典型电位差为-70毫伏,只要神经元中没有信号,这个值就保持不变,称为静息电位,并且只要神经元处于静息状态,这个电位差就会继续存在。也正是因为细胞膜两侧的离子呈不均衡分布,使整个电位差能够升高或降低。使电位差降低的突触称为兴奋性突触,而使电位差升高的突触称为抑制性突触(Anderson,2010;2012)。

举一个简单的例子:由三个神经元和一块肌肉组成的手碰针尖撤回反射。感觉神经元是探测痛觉刺激的,当受到有害刺激物的刺激时(如手指接触到一根针),树突会把信息沿着轴突传导至脊髓中的突触末梢(单极神经元)。感觉神经元的突触末梢释放神经递质,激发中间神经元,并把信息沿着轴突一直传递下去。中间神经元的突触末梢再释放神经递质,激发运动神经元,信息被传导至运动神经元的突触末梢。随后,运动神经元的轴突把神经和肌肉连接起来,让肌细胞收缩,于是手指从针头上缩回。

第二节 脑的发育过程:髓鞘化与皮质成熟

胎儿大脑在发育过程中,神经元会长出许多突触,进行信息的传递。在神经元突触进行连接的过程中,负责传送电流的轴突会对其进行髓鞘化,旁边的胶质细胞在轴突传递信息时开始产生蜡样的髓鞘以提高信息传递质量。因此,神经元之间信息传递的速度和效率取决于髓鞘,髓鞘发育不良将会影响儿童智力的发展。

髓鞘由80%的脂类(包括15%的胆固醇)和20%的蛋白质组成,由一种特殊的胶质细胞产生,这些细胞在生命的初期对营养的质量非常敏感(Lise,1999;2020)。髓鞘化是指神经元轴突的伸长、联结和包裹绝缘体的整个过程。大脑或神经纤维束包含了数千种不同的轴突,感觉神经系统在接收到感觉刺激的时候,神经元的轴突开始伸长,末梢会长出更多的突触以便和其他的神经元联结。在这个过程中,大脑分泌一种叫髓磷脂的物质,包裹负责传递神经电流的神经轴,形成绝缘体,以便下一次感觉刺激传进来的时候,避免造成对其他感觉信息的干扰。髓鞘形成的另一个重要的功能就是加快电信号的传递。神经元之间电信号的传导依靠的不是电子流，而是离子流——含带正电荷的钙、钠、钾离子，以及带负电荷的氯离子的可溶盐。但是神经细胞膜容易发生渗漏。当电信号沿着轴突传递时，某些离子会发生渗漏，从而降低传输的效率。髓鞘的形成恰好封堵了渗漏。实际上，在髓鞘生成前，很多纤维就是由离子渗漏过多导致冲动无法传递至突触末梢。此外，也正是因为这些渗漏导致那些未经髓鞘包裹的轴突产生动作电位的速度不够快，不足以传递有用的信息。神经纤维被髓鞘包裹，加速了信息从大脑到身体其他部位的传播速度，髓鞘化的质量决定了神经元的工作效率。髓鞘化良好，神经电流通行的速度可达每秒120米；而髓鞘化不良，则容易产生神经电流信息的损失，即所谓的漏电现象。就如电线外层的绝缘体，如果绝缘体老化或损坏，就会漏电，电流不能准确快速地传送至目的地。所以，尽管大脑中的神经元已经有了许多的分支，也形成了大量的突触，构建了完整的基础神经通路，但只要没有髓鞘的包裹，轴突形成的这些回路就无法顺利运转。

虽然髓鞘化在出生后的第一年内进展迅速（Herschkowitz，2000），但大脑的某些区域可能到15～16岁还未完成髓鞘化（Soweel et al.，1999；Rapoport et al.，2001；Kennedy et al.，2002）。这又是一个漫长的过程，髓鞘的逐渐增厚和不断成熟需要经历好几个阶段，不同区域的髓鞘生成也存在显著差异。随着大量突触的形成，髓鞘生成对脑区的功能构建非常重要，同时髓鞘生成的速度也决定着功能发挥的速度。大脑中不同区域髓鞘的形成主要受基因的调控，基本是按照系统发育的顺序进行：原始脑区中控制基本自主神经和反射功能的轴突纤维形成髓鞘的时间在前，而高级脑区中控制复杂认知的纤维在后。

智能的生物学基础是脑的结构和功能，出生时发育良好的脑是后天进行智能开发的物质基础，是心理活动最重要的器官。特别是大脑皮层前额叶和海马，是与智能活动直接相关的重要脑区。胎儿六七个月时，脑的基本结构就已具备。出生时脑细胞已分化，细胞构筑区和层次分化已基本完成，大多数沟回都已出现，脑岛已被邻近脑叶掩盖，脑内基本感觉运动通路已髓鞘化。大脑的髓鞘化程度是脑细胞成熟状态的一个重要指标。整个皮层广度的变化和髓鞘化程度密切相关。

与此同时，大脑半球也在快速生长，两侧皮层逐渐增厚，并朝着大脑顶部扩展。这一过程中，连接两侧半球的重要桥梁——胼胝体开始形成。同时，大脑半球也在不断地朝后方扩展，逐渐包裹丘脑。最后，丘脑会被深深地埋在两个半球中间。胎儿在24周时就已经基本上具有和成人大脑一样的沟和回，以及皮层的六层结构，这是大脑形态上的初步发展，但仍不具备功能，结构也尚未成熟：表面还很光滑，仅有几个主要的脑沟（sulcus）或称凹陷正在生成，这些结构赋予了人类大脑皮层特征性的、高度卷曲的外观。这些脑沟使大脑在生长过程中不断地高度折叠，在保持适当颅骨容量的前提下有效地扩大了表面积。这也是人脑与低等哺乳动物的脑之间显著的物理差别之一。脑沟之间向外隆起的部分称为脑回（gyrus），其中的灰质就是大脑进行高度复杂思考的场所，而那些深而明显的脑沟被称为脑裂(fissures)。

　　脑可以被分为两个结构相似的部分,即左右大脑半球(cerebral hemispheres)。脑半球的表面覆盖着大脑皮质(cerebral cortex),这是一层薄薄的灰色黏稠物质,属于端脑的一部分,密布着神经元胞体和短而无髓鞘的轴突。大脑皮质,又叫大脑皮层或新皮质,是脑的高级部位,也是脑中最晚进化出来的部分。当大脑皮层开始出现时,左右大脑半球迅速生长,绝大多数的神经元也都已存在,神经元之间的联系更加复杂,但并不是所有的突触联结都已经发育完全,也不是所有的神经元都已髓鞘化。因此,胎儿的大脑仍然是未成熟的脑。

　　大脑皮层通过垂直排列在大脑表面下的神经束来处理信息。每个神经束都包含了成千上万个细胞(图2.3),它们作为一个个特殊的处理单元发挥功能,相当于计算机电路板上的一枚枚芯片。一项功能越重要,分配给该功能的大脑皮层区域就越大,如猴子前爪的操作功能(猴子依靠前爪的运动来进食、爬树);相应地,大脑皮层的面积越大,能承载的处理单元就越多,越能完成一些更为复杂的任务。一些生物,如鱼类,基本不存在大脑皮层;另一些动物,如鸟类,虽然有大脑皮层,但复杂程度较低;而哺乳动物,如猫、狗、鼠、牛、马,尤其是灵长类动物,如黑猩猩,都有着发展完善且结构复杂的大脑皮层。从生物进化阶梯的角度来看,大脑皮层虽然在许多哺乳动物中非常小且原始,但对于人脑来说,却是一个占比很大的部分,使我们具备了认知的能力,可以从事知觉、言语、复杂动作、思维、语言加工和生成等加工过程。同时,大脑皮层的褶皱也更深、更多,使大脑表面积及"芯片"的数量成倍地增长。随着婴儿系统发育的进展,大脑沟回的数目和深度不断增加,这一过程从孕晚期一直持续到婴儿出生后的第一年。在人脑中,大脑皮层的表面积约为2500平方厘米(Anderson,2010;2012),相当于4张A4纸的大

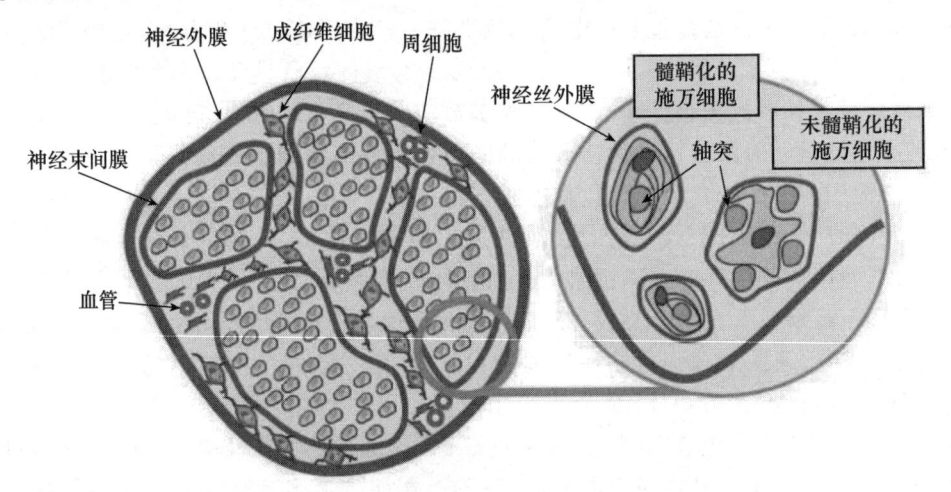

图2.3　神经中由一层髓鞘物质包裹着一束神经纤维(轴突)

(引自 Magaz et al., 2018)

小。大脑的发育,尤其是大脑皮层的发育,是胎儿在子宫内的9个月无法完成的,出生前与出生后大脑的变化也存在巨大差异,由于树突的大量生长,婴儿大脑皮层的厚度在出生后的第一年里会增加两倍之多(Lise,1999;2020),但这些变化大多停留在微观层面,即从外表看变化甚微,但内部数以亿计的细胞早已发生了翻天覆地的变化。

如图2.4所示,脑以对侧的方式处理信息,即身体的右半部分往往与脑的左半球连接,而身体的左半部分与脑的右半球连接。对于大多数人,语言功能主要由左半球掌管,而右半球在视觉上举足轻重,用于理解图形、想象物体旋转,以及在全新的环境中找到正确的路。连接两侧半球之间的大量轴突形成了一个被称为胼胝体的解剖结构。实际上,左右半球的不同远不止于此。左脑在顺序和符号处理(不仅是语言,还包括数学和音乐)中,会显示出明显的优势;右脑更多涉及情感,并在处理问题时表现出同步性和整体性。我们常说,左脑是理性脑,右脑是感性脑,但这并不意味着二者可以完美地相互补充,对大多数人而言,右脑还是被左脑支配的。

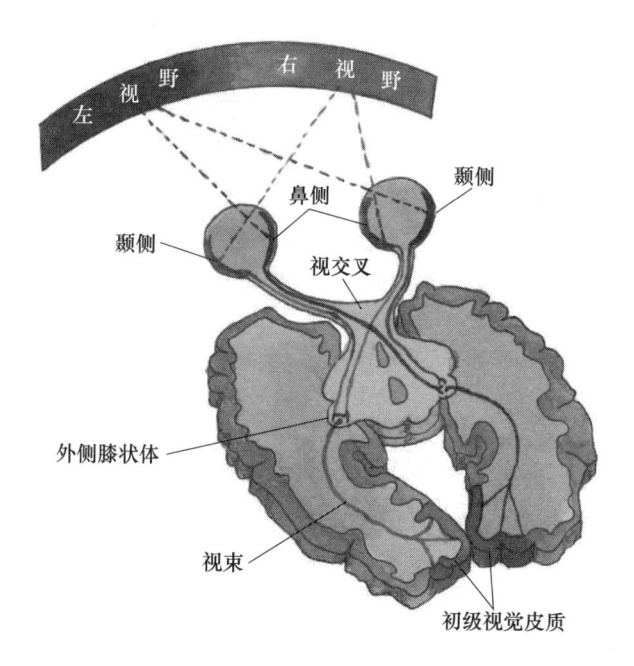

图 2.4 大脑处理视觉信息的通路示意
(引自 Williams,2018)

有趣的是,婴儿出生时右脑是更占优势的,右侧的大脑皮层比左侧更早开始形成表面沟回。这和婴儿的发育次序有关,因为空间视觉对学习爬、追逐玩具等非常有用。两岁左右,左脑开始逐渐赶上进度,言语能力迅速发展,孩子开始萌发自我意识、表达自我意愿。直到4岁左右,两个半球可以顺畅地交流,将感性与理性更好地整合在一起。

布罗德曼(Brodmann,1909)根据细胞类型的不同,将人的大脑皮层分为 52 个不同的脑区,不同脑区存在功能上的差异。如图 2.5 所示,大脑皮层根据功能可以分为四个脑叶:额叶、顶叶、枕叶和颞叶。

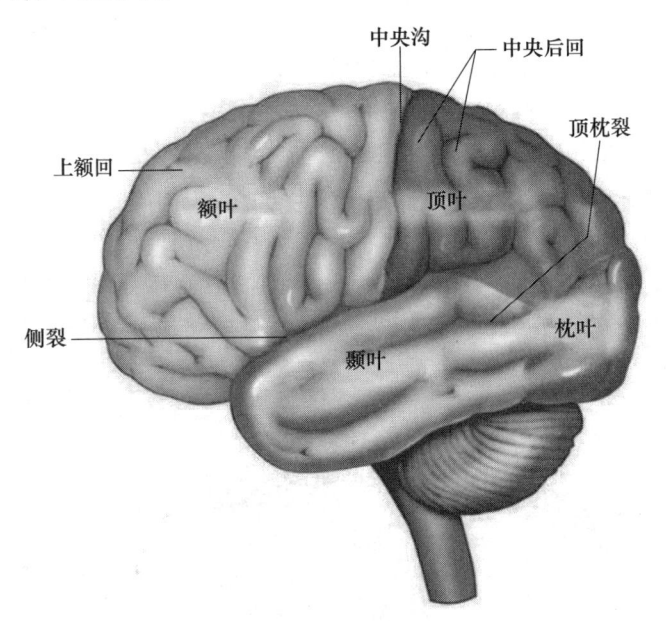

图 2.5 脑的四叶

(引自 Patton & Thibodeau,1993)

这些区域就是由前面提到的大脑的主要褶皱或脑沟划分出来的。枕叶(occipital lobe)涵盖了初级视觉区。顶叶(parietal lobe)掌控着某些知觉功能,包括空间加工和身体表征,还参与注意的控制。颞叶(temporal lobe)接收枕叶的输入并参与物体的识别,包括初级听觉区和参与语言加工的韦尼克区。额叶(frontal lobe)有两个主要功能:前面的部分被称为前额叶皮层(prefrontal cortex),控制着更高级的加工过程,如计划;背面的部分负责初级运动加工。

儿童脑成熟的一个重要标志就是脑皮质细胞的电活动频率 α 波与 θ 波基本消失。大脑皮层抑制机能的发展是大脑机能发展的重要标志之一,抑制性反射(一个刺激引起原来反应的停止或减少)对儿童来说有很大的意义,可以提高儿童对外界变化着的环境的适应能力。

第三节 脑的可塑性:毕生发展

大脑神经网络有一个极有利于适应环境的特性,那就是可塑性。来自环境的刺激,包括与其他人的互动,都在不断改变大脑的神经网络。从我们出生的那一刻起,大脑就开始探索周边的世界和环境,信息也在不断地塑造大脑的结构和功能,使我们适应环境的需求。发育期的神经网络具有高度可塑性。因此,环境引起的电活动可以主导神经网络的增生、巩固和修剪——保存合适有用的连接,剪除冗余无用的连接。所以,每个人不同的成长经历,都储存在神经网络的结构之中,构成因人而异的性格和认知能力。值得注意的是,大脑神经网络的形成和修剪过程都是在出生后几年的关键期完成的,婴幼儿期的教育对一个人的智力发育甚至比入学后还重要。神经网络的可塑性不限于发育期,成年大脑仍保存了相当强的可塑性,环境信息的输入可以有限地改变网络结构和功能,这也是成年大脑进行各种认知功能的必要机制。有限的可塑性可以让发育早期经验和学习的烙印得以保存,同时使大脑仍具有进一步学习记忆和适应新环境的能力。虽然可塑性在成年后会因为脑细胞的损失、智力的衰退、精力的衰减而逐渐下降,造成认知能力的降低,但所谓"活到老、学到老"还是很有道理的,因为有限的神经网络可塑性依然存在。

可塑性是大脑最重要的属性之一。已有充分的研究证据表明,大脑中的各个感觉分布终身可以调整,只要出生时是完整的个体,人类的感觉分布会随着技能和经验的积累而持续发展。近年来,认知神经科学研究十分注重从动态的视角来研究大脑,研究大脑受发展与经验的影响而出现的结构、功能上的变化,也就是大脑的可塑性问题。可塑性这一概念最初源自医学,是指器官组织修复或改变的能力(Heckhausen & Singer, 2001)。器官组织的这种修复和改变的能力可以保证其应对变化的外部环境。大脑可塑性与灰质和白质密度(和体积)的改变有关,也与控制专业任务的大脑区域激活模式的改变有关。继医学领域提出了可塑性这一概念以后,认知神经科学研究者迅速将其纳入,并拓展了最初的含义,将脑的可塑性界定为大脑改变其结构和功能的能力(Kolb & Whishaw, 1998)。

早期有关大脑可塑性的观点一致认为,中枢神经系统在发育过程中具有可塑性;一旦发育成熟,其可塑性就会逐渐消失;对于脑损伤患者而言,其脑损伤的时间越早,大脑自发恢复和补偿效应也越强。事实上,对于脑损伤患者而言,并非脑损伤越早,皮层可塑性越强。我们的大脑从未停止改变和调整以达到最优神经回路,只是在幼年时期这个过程的发生比较迅猛。近年的研究发现,大脑不仅在发育过程中会表现出极强的可塑性,而且在发育成熟以后,大脑皮层仍然存在可塑性;不仅在动物身上,在人类身上也有所发现;不仅在个体发展的早期,在个体发展的中、晚期也有所发现。也就是说,不论是在动物还是人类毕生发展的进程中,中枢神经系统都具有一定的可塑性(Nelson et al., 2001)。

例如,一只小猫出生时,它的视觉皮层包含对特定方向做出反应的特征觉察器。所谓特征觉察器就是对特定类型的刺激(如方向、运动和长度)有相应的神经元。通常,小猫的视觉皮层包含对所有方向都做出反应的神经元,这些方向从水平到倾斜再到垂直,当小猫成年时,对方向响应的神经元会在特定刺激出现时被激活。但如果小猫只在垂直的环境中成长会发生什么呢?戈尔茨坦(E. Bruce Goldstein)在《认知心理学》一书中就此问题提到过一个十分有趣的实验。1970年,布莱克莫尔(Colin Blakemore)和库珀(Graham Cooper)让小猫在控制后的空间环境中成长,墙壁上只有垂直的黑白条纹(图2.6),长大后,它会拍打一根移动的垂直木棍,但忽略水平木棍。

图 2.6　生长在垂直条纹环境中的小猫
(引自 Goldstein,2021)

通过监测小猫大脑皮层中神经元信号的活动,发现视觉皮层由于生长环境的影响已经被重塑,它包含了主要对垂直方向做出反应的神经元,而没有对水平方向做出反应的神经元。同样,在只有水平方向刺激的环境中长大的小猫,其视觉皮层中也只包含主要对水平方向的刺激做出反应的神经元。因此在成长过程中,小猫的大脑已经朝着对所处环境最有益的方向进行了重塑。这并不是巧合,研究者在后来对猴子和雪貂视觉皮层中单个神经元的活动进行研究时,也证实了这一点(Coppola et al., 1998; De Valois et al., 1982)。类似的情况同样发生在人的身上,虽然人类所处的环境不会像科学家塑造的那样极端,但我们也是在"直线直角"环境中生活的人,因为我们的住宅、办公、娱乐等多数场所的设计都是如此,所以相比斜向或者对角线,在横向和纵向上会表现出更好的视力。一项研究表明,加拿大的印第安人因为长期居住在传统的帐篷里,他们看夹角会比我们这些住在"直线直角"环境中的人视力更好。

生理学家罗森茨威格(Mark Rosenzweig)曾做过一个非常著名的实验:选择一批遗传素质差不多的老鼠,将它们任意分成三组,见表2.1。

表 2.1　罗森茨威格的实验分组

组别	环境类型	环境描述
第一组	标准环境	三只老鼠被关在笼子里一起喂养,空间足够大,总有适量的食物和水。

(续表)

组别	环境类型	环境描述
第二组	贫乏环境	单独喂养,三面不透明的笼子,光线昏暗,几乎没有刺激。
第三组	丰富环境	十几只老鼠一起被关在一个宽敞明亮的笼子里,提供秋千、滑梯、木梯、小桥和各种"玩具"。

经过几个月特定环境的培养,罗森茨威格发现处于丰富环境的老鼠最"贪玩",处于贫乏环境的老鼠最"老实"。之后,将老鼠的大脑进行解剖,结果显示,在丰富环境中生活的老鼠比在贫乏环境中的老鼠大脑更大,大脑皮质更厚,这是因为处于丰富环境中的老鼠的神经元之间的联结更为广泛,神经突触的数量更是高出20%~50%(Greenough & Black, 1992;Rosenzweig, 1984)。也就是说,额外的感觉刺激与社会刺激强化了老鼠大脑中的连接,环境越丰富、体验越充足、刺激越多,大脑突触的发育就越好,信息交换的速度更快。而且,如果在刺激丰富的环境中养育的动物被转移到刺激缺乏的环境中,其大脑的复杂连接将会减少(Thompson, 1993)。

除了动物实验,戈尔茨坦在书中还提到了一个关于人脑的实验:研究者利用fMRI技术发现,基于经验的可塑性同样适用于人类。最开始研究者发现颞叶中有一个被称为梭状回(fusiform face area, FFA)的区域,这个区域包含了大量对人类面孔非常敏感的神经元。Gauthier等人(1998)分别测试了FFA对人类面孔和Greeble刺激的激活水平,如图2.7(a)所示,以考察该区域对人类面孔的反应是否由基于经验的可塑性造成。Greeble刺激是由计算机生成的,基本结构相同,但各组成部分的形状不同(就像人类面孔一样,基本结构相同,但五官因人而异)。图2.7(b)左侧的条形图表明,"Greeble新手"(几乎没见过Greeble刺激的人)的FFA对人类面孔的反应更敏感。之后,研究者让被试参加了一个为期4天的"Greeble刺激识别训练项目",通过让被试对每个Greeble刺激进行命名,帮助其成为"Greeble专家"。从图2.7中可以看出,经过训练的被试的FFA对Greeble刺激的反应与对人类面孔的反应不存在显著差异。这说明,FFA包含的神经元不仅对人类面孔产生了反应,也会对其他复杂的客体产生反应,但究竟对哪种客体响应最强?这取决于个体的经验。研究者还测试了汽车和鸟类专家,结果发现,其FFA中的神经元不仅能够对人类面孔产生响应,也能够对汽车(对汽车专家而言)和鸟类(对鸟类专家而言)产生响应(Gauthier et al., 2000)。本质上,这和在垂直条纹环境中长大的猫对垂直方向响应的神经元数量增加是一样的,训练人类识别Greeble刺激、车辆和鸟类会导致FFA对这些客体的响应更强,而对人类面孔有很强的响应则是因为人类面孔的感知经验,当下的生活环境需要我们具备面孔识别的能力。

特定年龄的个体的大脑神经可塑性不同。在不同年龄阶段,大脑面对同样的经验会做出不同的反应。通常认为,5岁前是神经发育最关键的时期,也是大脑可塑性和改造性最强的阶段。语言学习就是最有力的证明:成年人的大脑左侧裂受损,将会导致不

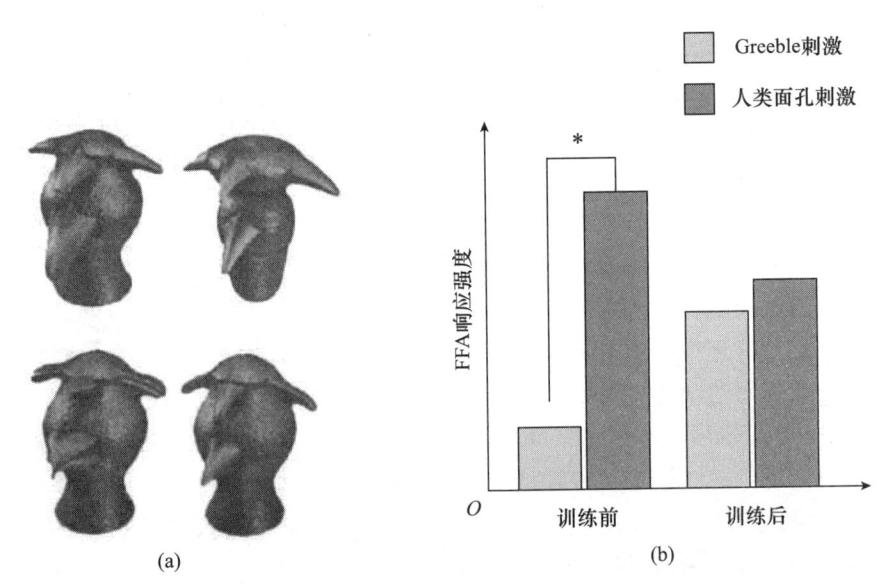

图 2.7　Gauthier 等人(1998)的实验所使用的 Greeble 刺激及结果示意

(引自 Gauthier, Williams, Tarr, & Tanaka, 1998)

可逆转的失语症,但受伤者若是儿童,其语言功能大概率能极好地恢复;甚至在因难以治愈的重大疾病而不得不完全切除大脑左半球的极端情况下,有些儿童仍然能学会说话、阅读,甚至写作,但必须基于一个非常重要的前提,那就是手术的治疗干预必须在语言学习关键期的初期进行。也就是说,5岁前切除大脑半球的孩子基本能够完全康复,而那些到青春期才进行手术或治疗的孩子则会丧失全部语言能力。

但如果认为只有儿童的大脑才具有高度的可塑性,就显得十分片面了。儿童期大脑极高的可塑性所伴随的是较低的大脑信噪比,以及未达到最优化的大脑各区域的连接,所以大脑的运作是十分低效的。虽然正常成年人的大脑个体差异很大,但在某些功能方面同样具有高度的可塑性。比如,有研究者让正常成年人接受为期三个月的"三球杂耍游戏"训练,结果发现,大脑视觉运动区的灰质(主要是胞体和树突)体积显著增加(Draganski et al., 2004)。另一项研究发现,二三十岁重新回归社会的哥伦比亚游击队队员,经过两到三年的阅读训练后,其大脑负责阅读的区域的白质显著增多(Carreiras et al., 2009)。香港大学的研究者曾做过一个实验,让正常大学生像婴儿一样学习用新的词汇对颜色方块重新命名,研究发现,经过不到两个小时的训练,大脑负责颜色加工的 V2/3 区域灰质体积显著增加。同样说明了正常的成年人大脑仍具有高度可塑性(Kwok et al., 2011)。

当然,这种与生俱来的可塑性并不仅仅局限于健康人,很多患者甚至是残疾人也可以通过大脑的重塑和改造来应对身体的变化和缺陷。这样的例子并不少见:

一个名为卡梅伦(Cameron Mott)的九岁女孩患有癫痫,为了治病不得不将整个左脑切除。左脑是控制人体运动的,手术虽然成功切除了左脑,控制住了癫痫,但卡梅伦出现了瘫痪的迹象,大概率面临运动能力的丧失。但令人惊讶的是,随着时间的流逝,卡梅伦并没有瘫痪,她的行动能力逐渐恢复。这一切都源于大脑以超出医生想象的速度发生了再生,不可思议的可塑性使右脑的神经元产生了更多新的连接,补偿性地替代左脑的部分功能。

我们都知道,盲人的触觉往往是非常灵敏的。一方面是由于没有了视觉刺激,另一方面是由于外界环境对其触觉的要求更多,像阅读盲文,导致大脑中原本负责加工视觉刺激的神经元发生重构,转而增加对触觉刺激的响应。通过对盲人大脑结构的进一步观察研究,结果发现原来用于处理视觉的区域不见了,而处理触觉的区域扩大并占领了很大一部分原本用来加工视觉信息的区域。

有一项开展了几十年的研究,被试是一群一直生活在修道院中的修女,她们同意去世后捐献自己的大脑用于科学研究。研究者在解剖时发现,一部分修女罹患阿尔茨海默病,但她们在世时未被确诊。这可能是因为,她们要处理的杂务很多,还要频繁地与他人打交道,对大脑而言时刻面临挑战,所以尽管实际上她们的大脑结构已经受到了疾病的蚕食,但一直有新的路径在不断铺设,始终让其认知系统保持着高度活跃的状态。

发展心理学家沙伊(K. Warner Schaie)利用序列设计的方法对老年人的智力进行了系统研究,总结了老年人智力变化的一些特点(Schaie, 1994; Salthouse, 2006)。在以25岁为起点的整个成年期,个体的某些能力逐渐下降,而另一些能力则相对稳定。就像我们随着年龄的增长,流体智力(处理新问题和适应新环境的能力)逐渐下降,晶体智力(对已获取的信息、技能和策略的储存)则保持稳定,甚至受到某些强化还会呈现上升的趋势。对于大多数人而言,在67岁之前,某些能力虽然会有所下降,但幅度很小,80岁以后才会显现。即使在81岁时,也只有不到一半的人出现明显下降。此外,不同个体智力变化的模式也存在差异。一些人从30多岁开始就出现智力下降,而另一些人70多岁才会显现。事实上,对于70岁以上的老年人,其中三分之一的人的测验得分高于年轻人的平均水平,适当的刺激、练习和鼓励可以让老年人保持脑力。这种认知能力上的可塑性说明,成年晚期的智力改变不是固定不变的,老年人只有丧失而没有发展的观点是错误的。

近些年,越来越多的研究者开始关注大脑年龄(brain age),认为大脑年龄比实际年龄更能准确预测人的衰老,以及认知功能等方面的衰退。人的年龄有实际年龄、生理年龄和大脑年龄的区分。在某种意义上,大脑年龄同生理年龄、实际年龄截然不同:实际年龄,也就是上文提到的普遍意义上的、以出生日期为准的年龄,用生命长短来计算,是绝对的。生理年龄,亦称生物年龄,泛指人达到某一时序年龄时生理(除大脑之外的其他重要器官)和其功能所反映出来的水平,即与一定的时序年龄相对应的生理及其功能的表现程度,是从医学、生物学的角度来衡量的年龄;它表示人的成长、成熟或衰老的程度,是一个人身体状况的年龄表现。如果你的各个器官的指标高于实际年龄,就说明你的身体正在加速衰老,机能也将出现衰退现象,罹患各种疾病的概率也会增加。大脑年龄最初是一个医学术语,指根据已建立的生物学模型,通过神经成像数据生成的生物年龄,即大脑预测年龄,用来确定个体的实际年龄和生物年龄之间的差异。2018年,Cole等人通过结构性神经成像技术对669名老年人进行了大脑预测年龄的研究,测试了大脑预测年龄差异(brain-predicted age difference,brain-PAD;在数学上为大脑预测年龄减去实际年龄)、死亡率、疾病流行率、身体和心理健康指标(握力、行走速度、肺功能和一般流体智力),以及生物健康综合指标(适应负荷)。证明了较大的brain-PAD与较早的死亡时间、较高的发病率、较差的身体和认知能力,以及较大的适应负荷有关(Cole et al.,2018)。也就是说,若一个人的大脑预测年龄大于实际年龄,则其大脑结构更接近年长者。例如,一个人的大脑预测年龄为70岁,而他的实际年龄只有60岁,二者相差10岁,说明大脑健康状况不好,且这种差异越大,大脑的健康状况越差。这将帮助我们更好地了解与疾病相关的脑衰老方面的个体差异,更有针对性地对大脑进行可塑性训练。

纵向追踪研究发现,60岁健康老年人的大脑皮层以每年0.5%~1.0%的速度萎缩(Fjell,2009)。额叶皮质(与执行功能有关)的体积和功能在20~40岁开始萎缩并逐渐加速,40~60岁萎缩速度减缓,60岁后又开始加速萎缩(Lockhart,2014)。海马(与记忆功能有关)在60岁之前萎缩的速度较为稳定,60岁及以后萎缩速度随着年龄的上升而明显变快(Lockhart,2014;Dickerson,2004)。这是否意味着60岁以后的大脑不具有可塑性呢?从大脑年龄的角度来看,当然不是,倘若个体的brain-PAD为负值,说明他的大脑处于年轻水平,仍然具有可塑性。在19~79岁的个体中,受教育年限和自我报告的身体活动(每天爬楼梯的次数)与较低的大脑年龄显著相关(Steffene et al.,2016),也就是说,受教育的时间越长、参加体育活动越多,大脑就越年轻。与此同时,还有研究发现,长期冥想者(Luders et al.,2016)和业余音乐家的大脑年龄有所下降(Rogenmoser et al.,2018)。所以,为了保持脑健康,在生活中一定要注意锻炼大脑,多吃一些益脑、健脑的食物,增加大脑的活跃度,防止大脑萎缩,延缓脑衰老。

近期,有学者使用来自101 457人的fMRI数据绘制了个体从出生前115天到100岁的大脑结构发育曲线,结果发现:大脑灰质体积在5.9岁达到峰值,白质体积在28.7岁达到峰值,皮层下灰质体积在14.4岁达到峰值(图2.8,另见书后彩插)。此外,脑脊液在2岁之前呈增长趋势,之后呈稳定状态直至30岁,然后缓慢呈线性增长,从60岁开始呈指数增长(Bethlehem et al.,2022)。

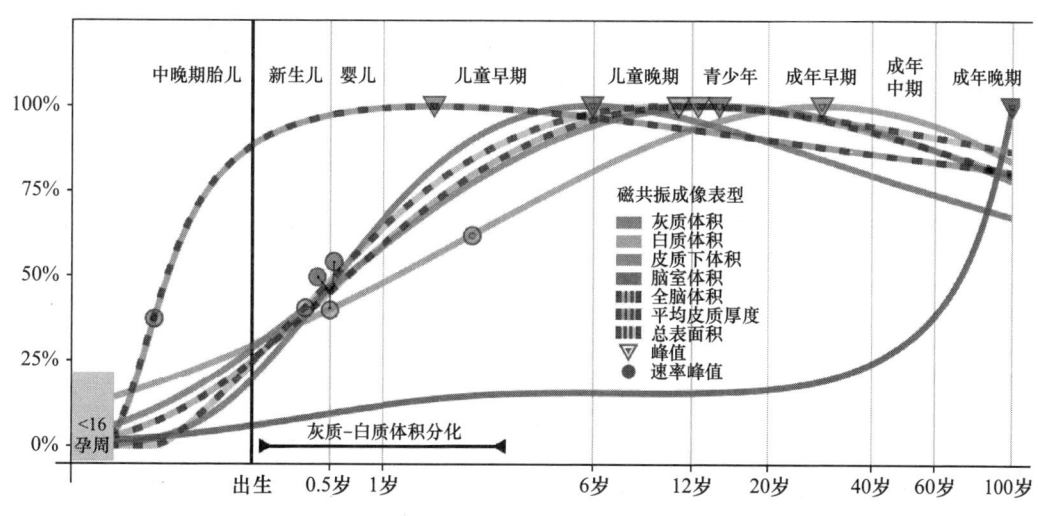

图 2.8 从出生前 115 天到 100 岁的大脑结构发育曲线

（引自 Bethlehem et al.，2022）

做自己的发展心理学家　家事国事天下事，事事有"心"

2021年，酝酿多年的"中国脑计划"正式启动，第一年拨款超31.48亿元，整体规模更是高达数百亿元，专门用来支持大脑相关领域的研究。如果说20世纪的最后十年是"脑的十年"，那么21世纪就是"脑的世纪"。

关于大脑的研究，为何被称为人类科学最后的前沿，为何如此重要？人脑拥有近1000亿个神经元和100万亿个连接，是人类已知的最大谜团和挑战之一。该领域研究的进步不仅关系着一系列困扰人类的脑疾病的诊疗，同时也是脑机接口、人工智能、仿生科学等前沿科技发展的基础，可以看作最能诞生革命性变化的领域。同时，将脑科学里一些简单的原理引入人工智能模型，会对人工智能产生非常大的影响，下一代人工智能也一定能从脑科学中受到启发，这将会是一个从量变到质变的过程。

在如此重要的领域内，我国科学家也取得了不少突破性的研究进展。骆清铭院士及其团队一直致力于发展介观水平的脑图谱绘制研究，在神经元分辨水平的脑地图绘制方面，创造了国际领先的技术手段。蒲慕明院士所在的实验室在国际上率先实现了体细胞克隆猴。还有季维智院士等负责的实验室在非人灵长类动物模型研究方面，都有非常好的工作积累，这些技术优势就是我国科学家共同发起大科学计划的底气。我国很多学者先后投入脑科学领域的研究，取得了丰硕的研究成果。

最后，通过本章的学习，我们虽然对脑发育有比较清晰的认识，但仍需进一步了解和掌握脑科学的前沿研究，关注世界最重要的前沿科学问题。并尝试将脑科学领域的研究成果和其他领域的研究相结合,以期在"脑的世纪"收获更多、更重要的研究成果。

思 考 题

1. 心理活动主要的物质基础是什么?
2. 大脑皮质的成熟和髓鞘化分别标志着什么?
3. 举一个生活中令你印象深刻的大脑可塑性的例子。

名 词 解 释

胞体(cell body):神经元的核心部分,是神经元营养、代谢的中心,包括细胞膜、细胞质和细胞核。

大脑皮质(cerebral cortex):又称大脑皮层,覆盖大脑半球表面的灰质部分。根据进化发生,分为古皮质、旧皮质和新皮质。

功能性磁共振成像(functional magnetic resonance imaging,fMRI):一种神经影像学方法,其原理是,神经活动会导致大脑吸入更多的氧气,而氧气会与血液中的血红蛋白分子结合。氧气的增多会提升血红蛋白的磁性,当给大脑外部施加磁场时,这些含氧量更高的血红蛋白分子会对磁场产生更强的反应,从而导致 fMRI 信号增强。结果图用颜色表示与认知活动相关的大脑区域的激活,不同颜色表示不同强度的大脑活动。主要用于研究人及动物的脑或脊髓。

关键期(critical period):个体在生物学上已准备好发展某种能力,在合适的刺激条件下,该能力可获迅速发展的一段时期。相对于其他时期更容易习得某种知识、行为或生存能力,又称敏感期。

海马(hippocampus):位于颞叶的内部,是介于表层与脑之间的结构,也是边缘系统的重要结构之一。损伤海马及其临近结构将导致严重的遗忘症。

静息电位(resting potential):静息状态下,存在于细胞膜内外两侧的电位差。

脑电图(electroencephalography,EEG):记录头皮上的电位。当一大群神经元激活时,其电活动会在头皮上产生独特的电位模式。让被试戴上一顶装有多个电极的帽子,这些电极将检测电活动有节律的变化,并将其记录在脑电图上。

躯体神经系统(somatic nervous system):是周围神经系统的组成部分,控制骨骼肌运动并传递躯体感觉信息至中枢神经系统,包括12对脑神经和31对脊神经。脑神经,与脑的腹侧面相连,大多数参与头面部和颈部的感觉和运动功能。脊神经始于脊髓背根和腹根的连接处,是与脊髓相连的周围神经,其分支通常与血管相伴随,尤其是那些支配骨骼肌的分支。

神经递质(neurotransmitter):由神经元合成并在末梢处释放的一类生物活性物质。特异性地作用于突触后神经元或效应器细胞膜受体,完成信息传递功能。

神经元(neuron):高等动物神经系统中高度特化的细胞。由胞体和突起构成,是构成神经系统结构和功能的基本单位,能感受刺激和传导电冲动。典型的神经元结构主要包括胞体、轴突、树突三部分。按神经元的功能可将其分为感觉神经元、运动神经元和中间神经元三种。

事件相关电位(event-related potential,ERP):用脑电图研究认知时,会要求被试对一些刺激做出反应,研究者的兴趣时发现对这些刺激的加工如何影响所记录到的总体电活动。为了排除刺激之外的效应,需要对多个试次进行叠加平均,平均之后的结果便是由刺激所产生的电活动。ERP 具有很好的时间分辨率,但是空间分辨率不佳。

树突(dendrite):由胞体发出的树枝状突起。与轴突相比,树突粗而短,且有多重分支。一个神经元可发出多个树突。其主要作用是将从其他神经元和胞体其他部位接收到的信息传递到胞体。

髓鞘(myelin sheath)：包绕神经轴突的脂性膜结构。具有保护轴索、传导神经冲动和绝缘作用,实现神经冲动的快速和高效传导。周围神经髓鞘由施万细胞形成,中枢神经髓鞘由少突胶质细胞形成。

突触(synapse)：神经元之间或神经元与效应器细胞之间一种特化的细胞连接结构。用于传递信息的部位。由突触前膜、突触间隙和突触后膜三部分组成。

突触末梢(synaptic terminal)：轴突末梢的芽状凸起,它的功能非常特殊,当动作电位传导至突触末梢时,必须跨过突触,才能传递给神经回路中的下一个神经元。神经元接收来自不同突触末梢的信息,同时通过其本身的轴突与其他的神经元形成突触。

兴奋性突触(excitatory synapse)：传递突触前细胞的信号,并使突触后细胞兴奋性上升或产生兴奋的突触结构。

抑制性突触(inhibitory synapse)：传递突触前细胞的信号,并使突触后细胞的兴奋性下降或不易产生兴奋的突触结构。

中枢神经系统(central nervous system，CNS)：发育始于胚胎早期,以管状形式出现,并保持这一基本形态直至发育完成。在发育期间,神经管不断延长、凹陷和折叠,神经管周围的组织逐渐增厚,最终形成脑。神经管来自外胚层组织,是中枢神经系统的起源。

周围神经系统(peripheral nervous system，PNS)：脑和脊髓与机体的信息交流是通过脑神经和脊神经实现的。一方面将感觉信息传递给中枢神经系统,另一方面将来自中枢神经系统的信息传至肌肉和腺体。

轴突(axon)：从神经元的胞体发出的一个干状突起。长短可自几微米至1米以上,其主要功能是传导神经冲动。

自主神经系统(autonomic nervous system)：是周围神经系统的组成部分,控制平滑肌、心肌及腺体的调节。平滑肌位于皮肤(与头发毛囊关联)、血管、眼球(控制瞳孔大小和调节晶状体),以及消化道、胆囊、膀胱的壁和括约肌。自主神经系统包括两个独立的解剖系统,支配机体的所有器官,即交感神经(sympathetic nerves)和副交感神经（parasympathetic nerves)系统。交感神经控制伴随能量唤醒或消耗的活动,副交感神经控制休息下的状态。

小　结

　　神经元,即神经元细胞,是神经系统最基本的结构和功能单位,分为胞体和突起两部分。胞体由细胞核、细胞膜、细胞质组成,具有联络和整合输入信息并传出信息的作用。突起有树突和轴突两种。树突短而分支多,直接由胞体扩张突出,形成树枝状,其作用是接收其他神经元轴突传来的冲动并传给胞体。轴突长而分枝少,为粗细均匀的细长突起,其作用是接收外来刺激,再由胞体传出。轴突除分出侧支外,其末端形成树枝样的神经末梢。神经元与神经元之间,通过突触连接在一起。通过神经递质,一个神经元上的电信号可传递到下一个神经元。神经递质作用于下一个神经元,激活下一个神经元的电信号,从而完成一个信息从一个神经元到另一个神经元的有效传递。有信息刺激时,神经元才会发出连接形成突触,否则不会形成突触。

　　感觉神经系统在接收感觉刺激的时候,神经元的轴突开始伸长,末梢为了和其他的神经元联结会长出更多的突触。在这个过程中,脑室会分泌一种叫髓磷脂的物质,包裹负责传递神经电流的神经轴,形成绝缘体,从而加快脊椎动物神经传导的速度,并保证其定向传导。髓鞘化是新生儿神经系统发展必不可少的过程,也是神经元发展过程中一个较晚、较缓慢的阶段。大脑皮质,又叫大脑皮层或新皮质,位于大脑的最表层,呈灰色,主要由神经细胞的胞体组成,是人类行为的最高司令部。凹下去的叫"沟",凸起来的叫"回",整个展开大概跟一张报纸(4张A4纸)那么大,厚2~4毫米,不同人的大脑皮层面积和厚度有所不同。根据功能将它划分为四个脑叶:额叶、顶叶、枕叶、颞叶,这四个脑叶对称分布在人脑的左右半球上。

  0~5岁是大脑发育的黄金期,智力的增长主要集中在儿童期和青春期,但事实上,成年人的智力同样可以增长。大脑的网络并不是一成不变的,仍然具有可塑性。人类个体的发展是延续一生、持续变化的,在某些方面会衰退,但在另一些方面也会有所增长,因而用实足年龄来定义老年是不够准确的,我们也不能将老年期简单地视为衰退期,从更专业的角度来说,应该将老年期定义为成年晚期,是发展中不可缺少的一部分。脑组织里的脂质的成分很高,尤其是不饱和脂肪酸,人体依靠自身无法合成,只能从外界食物中摄取,所以不论老人还是未成年人都应该多食用鱼类、蔬菜和坚果等富含不饱和脂肪酸的食物,维持和提高脑健康水平。

第二章参考文献

3

探索世界的基石:感知觉发展

当你俯身看向躺在摇篮里的新生儿,你会发现他会注视着你的脸而不是别的地方;当你慢慢晃动时,你还会发现他的目光会追随你。Johnson等人(1991)的实验制作了三种面孔形状的图片,上面分别是人的面孔、乱序的五官和空白图片。他们把这些图片在刚出生到出生5周左右婴儿的视野内移动,发现婴儿更喜欢通过眼睛和头部来追随画有面孔的图片。新生儿的非凡能力常常让我们惊叹不已,这都得益于早期感知觉的快速发展。婴儿能够将头自主地转向奶瓶,会注视色彩丰富的电视节目,这让我们不禁发问,他们到底感知到了怎样的世界,他们的感知觉又是怎样一步步得以完善的?

感知觉的发展为人类打开了世界的大门,我们每天看见的、听见的、触碰到的和嗅到的,让我们能够与万物同行,这些都是人类挥洒智慧的开端,也是人类探索世界的基石。在感官发展成熟后,我们似乎渐渐忘记了感官的巨大能量。我们赞叹山映斜阳天接水,却忘了我们拥有明亮的双眼;我们诵读鹊声穿树喜新晴,却忘了我们拥有聪达的双耳;我们吟唱沾衣欲湿杏花雨,却忘了我们拥有细腻的双手。学习这一章的内容,会让你开始新的感官之旅,重新感受世界的模样,从新生儿开始理解人类是如何与世界交互融合的。感觉与知觉是人类与世界交互的基础,发展心理学家从研究新生儿时期最初的感官能力开始,到视觉、听觉、触觉、味觉、嗅觉的发展,再到各个感官的协作,探索人类发展其他高级心理机能的强大基础。掌握这些内容能让我们对发展心理学有更扎实的理解,也能让我们对生活有更深刻的观察。

第一节 感官奇迹:新生儿的能力

新生儿的大脑在一些方面已经相对成熟,而另一些方面还未得以发展。大脑的基本结构是由基因决定的,但是也有强大的可塑性(Ramus, 2006)。虽然许多基本的感知能力在出生后的几个月里才能发展成熟,但是感知觉的基本生理结构在个体出生时就已成形。在出生时,新生儿的大脑已足够成熟,使之在婴儿阶段能够感知环境中的各类刺激,但是对环境做出反应的能力,还需要一个发展的过程。本节将重点探讨婴儿感知觉发展的生理基础,以及新生儿的反射。

一、婴儿大脑的发展

新生儿的大脑与成年人相仿,但重量只有成人的25%(Thatcher et al.,1996),并且在一些重要的方面与成人不同。首先,新生儿大脑中的突触联结只有成人的六分之一。在出生后的若干个月内,神经纤维和突触飞速增长;到了12个月左右,树突与其末端分支的数量和长度大幅增加,突触数量是成人的两倍(Casey et al.,2000;Gogtay et al.,2004)。突触数量的增加看似能够最大限度地传递信息,但是神经元之间会产生一定的竞争,只有使用频率较高的突触联结才能保留下来,较少受到刺激的神经元则会丧失突触,这也是突触修剪(synapse pruning)的过程(Eisenberg,1999)。

在大脑的各个区域,突触的产生与修剪过程并不一致。负责感觉的大脑区域最早开始这一过程,其中,视觉皮质在个体出生后就迅速产生突触联结,并在8个月左右到达顶峰,在童年晚期减少到成人水平(Huttenlocher,1994;Dubois et al.,2014)。而对于额叶的突触生长,2岁左右密度达到最大值,而突触的修剪过程贯穿整个童年期(Gogtay et al.,2004;Lenroot & Giedd,2006)。髓鞘化(myelination)也是新生儿大脑发展的重要过程,是神经元发展过程中一个较晚、也较为缓慢的阶段。在这个阶段中,神经节细胞制造出绝缘的脂质鞘,从而加快了信息的传导速度。这一过程始于脊髓,然后是后脑、中脑和前脑。髓鞘化的速度较慢,甚至可以持续数十年(Nelson,2002)。

总体来说,在童年期与成年期,大脑的可塑性相对较低(Banich,2004),而婴儿的大脑具有较高的可塑性,但是不同区域的可塑性不同。成熟较早的区域可塑性更高,对早期损伤有更高的弹性,如视觉皮层,因为它们可以从附近的脑区获得补偿。拥挤假说(Strauss & Wada,1990)表明,语言和运动控制等晚熟功能可能会因此受到影响,因为周围的大脑区域已经被使用了,所以像语言这样的晚熟功能在早期生活中更容易受到损害。

对于婴儿感知觉生理基础的发展,认知神经科学为这一主题提供了脑定位与脑成像的技术方法,如fMRI和EEG。一项纵向fMRI研究,探索了4~9个月婴儿大脑中额叶皮层到视觉和感觉运动区的远程联结,并发现其有增长的趋势,这一结果解释了为什么这一时期的婴儿对视觉与感觉运动的控制能力有所增长(Damaraju et al.,2014)。在出生后的0~12个月,婴儿的静息态脑电波活动模式也在不断发展,并在1岁左右达到成人水平(Szücs,2005)。越来越多的研究采用EEG考察了婴儿在不同状态、进行不同认知任务时的脑电波模式,如有研究者指出 μ 波(EEG μ rhythm)与婴儿的模仿行为和心理理论有关(Cuevas et al.,2014)。

二、新生儿的反射

上述内容表明,新生儿大脑的基本结构已较为完善,并且在婴儿期迅速发展。那么这些生理基础造就了婴儿怎样的能力呢?在具备正常发育的神经系统的前提下,虽然新生儿无法告诉我们其感知到了什么,但是从行为层面,我们能够观察到他们已经具备了一整套高效的反射系统。反射(reflex; Berne, 2003)是与生俱来的对某种特定刺激做出的无意识的反应。反射是新生儿在给予适宜刺激后,表现出的最明显的有规律的行为,包括生存反射与原始反射。生存反射(survival reflex; Berne, 2003)是指与适应环境相关的反射,在刚出生时较弱,但在出生不久就会出现,并能保持终身,包括眨眼反射(闭眼或眨眼)、瞳孔反射(遇到强光时瞳孔收缩,在光线较弱时瞳孔变大)、吮吸反射(当有物体放入口中时进行吮吸)、吞咽反射(吞咽物体)。原始反射(primitive reflex; Berne, 2003)是指受大脑皮质下区域控制的,在刚出生时就存在的反射,但基本上在一年之内就会消失,包括巴宾斯基反射(当足底被抚摸时,新生儿会张开并弯曲脚趾)、手掌抓握反射(当有物体接触手心时,新生儿弯曲手指去抓)、游泳反射(入水时,新生儿能够向外甩手臂,并且背部呈弓形)。

新生儿的反射具有强大的适应功能,能够避免其受到不良刺激,满足基本生存需求。例如,当你把奶瓶放在一个刚出生一周的婴儿的面部一侧,他就会把头转向有奶瓶的一侧。这被称为觅食反射,即当有物体触碰新生儿靠近嘴角的一侧面颊时,他们会将头转向刺激源方向(Koepke & Bigelow, 1997)。这一反射行为有助于新生儿找到母亲的乳头和奶瓶嘴,为其生存提供必要前提。在出生三周左右后,觅食反射就会消失,被自主性的头部转动所替代。

新生儿的反射也有利于亲子之间的良性互动,对照看者具有积极意义(Bowlby, 1969)。例如,当婴儿感到饥饿并哭闹,吮吸母乳能够立刻表现出满足并停止啼哭,这会让母亲感受到满足感与成就感。并且,许多照看者能够通过婴儿的一系列反射感受到婴儿对自身的依赖,如当父母将手指轻轻触碰婴儿的手心,他们就会紧紧抓住。因此,新生儿的反射能够帮助他们获得照看者的喜爱,从而满足其基本需求。

新生儿的原始反射在出生后一年之内就会消失,这又是为什么呢?因为原始反射是由较低级的大脑皮层下结构控制的,一旦大脑皮层的高级中枢成熟,婴儿就能产生自主的行为。虽然许多的原始反射对婴儿的发展没有太大的实际意义,但是这些行为却是有效的临床指标。当部分反射在出生后未出现或持续过长的时间,可能预示着婴儿的神经系统出现了某些问题。总的来说,新生儿的反射与生俱来,并随着时间消失,这是婴儿神经系统等方面正常发展的标志,也预示着个体准备好了进一步感知这个世界。

第二节 所见即所知？视觉的发展

眼睛是我们感受世界的重要媒介,也是学习、社交、娱乐等活动的重要基础。婴儿看到的世界是怎样的,是连续的、有条理的,还是混乱的、没有秩序的？婴儿看到的图案和颜色跟我们是否一样？为什么婴儿能够区分照看者和陌生人的脸？心理学研究者又是怎样让语言功能还未发展成熟的婴儿告诉我们答案的呢？本节将重点探讨视觉的发展历程。

一、婴儿的视觉能力

刚出生的婴儿的大脑和眼睛的视觉结构还没有完全形成,虽然新生儿的视力较弱,但只需 9 个月左右就能达到成人水平(Atkinson,2000；Gwiazda & Birch,2001)。视觉的感觉与知觉依赖于神经系统对物体发出或反射的光的反应。视觉系统的主要组成部分包括:收集光的眼球、具有屈光作用的晶状体、用于成像的视网膜、大脑中分析视觉信号的视觉(枕叶)皮层。新生儿已经拥有基本的视觉系统,但是许多结构在 1 岁前还未成熟,甚至在童年期仍会持续发展(Hainline,1998)。例如,刚出生时视锥细胞并不在中央凹的最后位置,晶状体可能无法在一定距离内聚焦。早期,研究者认为婴儿的晶状体只能聚焦 20 厘米处的物体,后来研究发现新生儿可以聚焦 75 厘米外的物体(Hainline,1998)。但是,婴儿可能不会这样做,因为他们的晶状体和大脑还未学会合作,一般通过几个月的练习才能自主地进行聚焦。

视敏度(visual acuity)是指分辨物体细微结构的能力。成人的视敏度能够通过各类视力表进行测量,婴儿的视敏度则使用注视偏好范式(preferential looking paradigm)测得(Atkinson,2000；Dobson & Teller,1978),即通过观察婴儿对两个及以上物体的注视偏好来测量其感知能力与技能,这一方法是基于人类偏向于注视清晰的而非模糊的,甚至看不见的画面的规律。研究者给婴儿呈现两幅宽度不同的黑白条纹的图片。一开始,当婴儿能够看清两幅图片,不会出现注视偏好,但是当条纹细到一定程度,他们就会表现出对某一幅图的偏好。此外,视觉诱发电位(visual evoked potential,VEP)与 EEG 的方法(Atkinson & Braddick,1981)也被应用于婴儿视敏度的测量。

总的来说,婴儿的视觉系统在出生后就开始发挥重要作用,但是还未达到最佳水平。新生儿能够觉察到物体的移动、明亮变化、颜色等,但是对于细节的觉察能力还不够好。与成人不同,新生儿的视觉能力并不依赖于先前经验,但是会渐渐地随着与环境的交互不断增强,视觉经验的积累令突触得以强化,视敏度开始不断发展。由此,依赖经验与不依赖经验的视觉机制共同促进了婴儿的视觉能力(Gwiazda & Birch,2001)。

二、图形与形状的知觉

使用注视偏好范式,研究者发现婴儿对图形与形状整体性的知觉也在不断发展。

婴儿在 2 个月到 12 个月之间,渐渐能够辨别越来越复杂的图形,并且能够知觉到哪些内容是一个整体。研究者以注视偏好范式为基础,设计了去习惯化(dishabituation)的实验方法(Slater et al.,1983)来考察婴儿的图形辨别能力。反复向婴儿呈现一个图形,直到婴儿的兴趣下降到某个标准或设定的水平,然后呈现一个新物品,如果婴儿表现出新的兴趣,即注视更长时间,则表明其能够分辨新刺激与已习惯化的刺激,如正方形和长方形。习惯化(habituation)则是当婴儿对新刺激熟悉后不再注视较长时间的过程。婴儿除了会对新的视觉刺激注视更长的时间,也会对特定的形状具有偏好,如面孔(Dannemiller & Stephens,1988;Leo & Simion,2009)。作为社会性情绪发展的重要基础,两岁左右的个体已能分辨快乐与悲伤的表情(Field et al.,1983)。

婴儿对形状和图形感知的能力会依靠一些视觉线索,如运动(Kellman & Spelke,1983)。研究者做过这样一项实验,如图 3.1 所示,给婴儿呈现一个立方体和一个圆柱体,圆柱体在立方体的后面。图(a)的圆柱体是静止的,图(b)的圆柱体则是左右移动的。实验者先给婴儿看(a)与(b),使其习惯化,不再产生注视偏好,然后同时呈现(c)和(b)。结果发现,对(a)习惯化的婴儿并不能在(c)和(d)之间产生视觉偏好,这是因为他们并没有将图(a)中的圆柱体知觉为一个整体。然而,对(b)习惯化的婴儿因为圆柱体的上半部分和下半部分的共同运动而知觉到圆柱体是一个整体,因此在(c)和(d)中,(c)是习惯化的刺激,(d)是新刺激,他们会对(d)注视更长时间(Kellman et al.,1986)。由此,我们可以推断婴儿能够根据运动线索更准确地知觉形状。婴儿利用运动线索感知形状的能力在 2 个月大的时候逐渐发展,到了 3～4 个月,能够在静止的图形中发现不完整的形状。如图 3.2 所示,3～4 个月大的婴儿能够知觉到中间的正方形,这说明他们已经能够通过不完整的线条线索知觉到主观的图形轮廓,即他们的图形认知不再单纯依靠视觉事实,而是能够通过心理构建知觉图形(Bertenthal et al.,1980)。

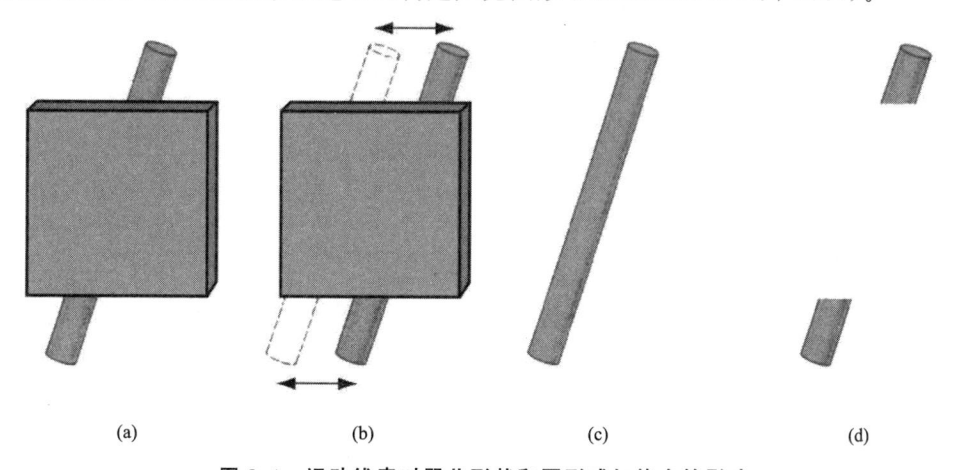

(a)　　　　　(b)　　　　　(c)　　　　　(d)

图 3.1　运动线索对婴儿形状和图形感知能力的影响

(引自 Kellman et al.,1986)

8个月左右，婴儿不再需要运动线索来整体地感知被遮挡或是模糊的形状(Johnson & Richard, 2000; Kavšek, 2004)。到了9个月，婴儿甚至能够通过光点的运动痕迹初步形成对线条的感知(Bertenthal et al. , 1984); 到了12个月，婴儿能够通过光点的轨迹正确感知图形与形状。例如，给12个月大的婴儿先呈现一个按照长方形的轨迹运动的光点，等婴儿习惯化后，呈现一个长方形和其他形状的新刺激，婴儿会注视新刺激更长时间，这表明婴儿已经将运动的光点感知为一个完整的长方形了(Rose, 1988; Skouteris et al. , 1992)。

图 3.2 婴儿对图形主观轮廓的判断

(引自 Bertenthal et al. , 1980)

三、颜色知觉

婴儿对颜色的知觉在出生后的3个月内快速发展。对婴儿颜色知觉的研究也可使用注视偏好范式，即与无色刺激物相比，婴儿会对有色刺激物表现出视觉偏好，还有研究记录了相关的大脑活动。颜色视觉系统包括视网膜中的视锥细胞，以及连接大脑与大脑皮层相关区域的神经通路。在1~2个月时，婴儿已至少具备了感知绿色与红色的生理基础，而感知蓝色的能力稍晚一些(Knoblauch et al. , 1998; Adams & Courage, 2002; Suttle et al. , 2002)。到了3~4个月，婴儿能够感知四种基本颜色的光谱，蓝色、绿色、黄色和红色(Hainline, 1998; Teller, 1998; Teller & Bornstein, 1987; Bornstein, 2006; Brown & Lindsey, 2013)。这时，婴儿已经能够像成人一样，对色系进行分类。例如，向3~4个月的婴儿呈现天蓝色的刺激并使其习惯化后，婴儿对绿色系的刺激比对蓝色系的其他颜色(如宝蓝色)的注视时间更长(Franklin & Davies, 2004; Bornstein, 2006)。对于四个基本颜色，婴儿的视敏度有差异，与蓝色、黄色或白色的光相比，4个月大的婴儿对红色和绿色光谱的色彩特性更敏感(Bieber et al. , 2015)。

虽然对颜色的视觉能力很大程度上依靠早期生理基础的正常发展,但是这一能力也依赖于丰富的环境刺激,以维持婴儿对颜色的准确感知。动物实验也表明,如果小猴子早期的生存环境缺乏丰富的颜色,那么其天生的对颜色的视觉感知能力就会丧失(Sugita,2004)。

四、深度知觉

视觉信息的另一个重要成分是深度知觉,即判断物体之间,以及物体与人之间距离的能力,这一能力对于观察环境与运动具有深刻意义。婴儿在早期就展现出对三维物体的偏好,习惯化与注视偏好范式的相关实验,以及视觉诱发电位的相关研究结果都表明,婴儿的深度知觉从 2～3 个月开始快速发展(Birch & Petrig,1996;Sen et al.,2001;Slater & Lewis,2002;Brown & Miracle,2003;Kavšek et al.,2012;Giaschi et al.,2013)。视崖实验是测量婴儿深度知觉的经典实验(Gibson & Walk,1960;Adolph,2000),实验道具是一个盖着玻璃的大桌子,中间有一个平台,平台的一侧是铺着棋盘格桌布的不透明桌面,另一侧则是透明玻璃,玻璃下方 1 米左右也有棋盘格的桌布,如图 3.3 所示。研究者将月龄 6 个半月以上的婴儿放在平台中间,让母亲分别在不透明桌面(知觉为浅的)一侧和透明桌面(知觉为深的)一侧,鼓励婴儿爬到平台边缘。结果发现,90%婴儿愿意爬过浅的一侧;即使是在母亲的鼓励下也只有 10%的婴儿愿意爬过深的一侧,这表明大多数的婴儿已具备了深度知觉。

图 3.3　视崖实验
(引自 Gibson & Walk,1960)

那么婴儿是否是因为恐惧才不敢爬向知觉为深的一侧呢?Campos 等人(1970)进行了一项研究,比较了 2 个月大和 7 个月大的婴儿被放置在视崖"深侧"和"浅侧"时的心率。结果表明,当7个月大的婴儿脸朝下被放置在"深侧"时,心率显著提高,表现出类似于恐惧的生理反应;而2个月大的婴儿在相同情境中,心率降低。我们知道,人在害怕时会表现出心跳加速而非变慢,因此研究者认为婴儿并不是知觉到深处的危险或害怕掉落,而是对此产生了"兴趣"。这一发现提示,深度知觉在生命早期已经出现,但情绪反应会随着年龄和运动经验的发展而变化。6~7个月大的婴儿更不愿意爬向深的一侧,是因为他们对运动、单眼、双眼线索更加敏感,并且以往爬行的经验也起着重要的作用。研究者还发现,相比于没有爬行经验的婴儿,有了几周爬行经验的同月龄婴儿更不愿意爬向深的一侧(Campos et al.,1992)。

五、知觉恒常性

婴儿能够知觉到同一物体在不同的角度和距离上看起来是不同的,也就是他们具有形状恒常性与大小恒常性。虽然许多研究者认为3~5个月大的婴儿才能形成双眼像差,并由此具备稳定的大小恒常性等空间推理能力;但也有研究者发现,新生儿对物体真正的大小已有了一些感知,尽管还未完全成熟。研究者做过这样一项实验,他们先为新生儿呈现一个小立方体并让其习惯化,然后呈现一个较大的立方体,但将其置于较远的位置,因此这两个立方体在新生儿视网膜上的成像大小相同。结果发现,新生儿在对小立方体习惯化后,仍然对大立方体有着更长时间的注视(Slater et al.,1990)。由此我们判断,新生儿具有大小恒常性。同样,Slater与Morison(1985)的研究证明了新生儿具有形状恒常性。

虽然双眼像差是大小恒常性的重要基础,而婴儿在4个月左右双眼像差的发展才较为成熟(Aslin,1987)。对大小恒常性的知觉还可以基于其他线索,如运动线索,当一个物体不断靠近或者远离时,4岁半的幼儿对物体真实大小的判断更准确(Day & McKenzie,1981)。大小恒常性在出生后的一年中持续发展,但是这个能力要到10~11岁才会完全成熟(Day,1987)。

六、对面孔的知觉

婴儿对面孔或具有面部特征的图形有明显的偏好。如图3.4(a)所示,研究者发现新生儿更喜欢看自然的面孔,而不是倒立的面孔(Cassia et al.,2004;Mondloch et al.,1999)。虽然新生儿对面孔的判断更依赖于面部的外部线条,而不是面部具体特征,但是他们会更偏向于睁眼的或是眼睛直视的面孔(Farroni et al.,2002;Turati et al.,2006)。同样,如图3.4(b)所示,新生儿对具有正常五官分布的面部图形具有偏好(Cassia et al.,2004),相比于右边的图形,新生儿对左边的图形更感兴趣。虽然新生儿对面孔具有天生的偏好,但是他们难以区分正常面孔与其他静止的、复杂的类面部图形,如图3.4(c)所示。

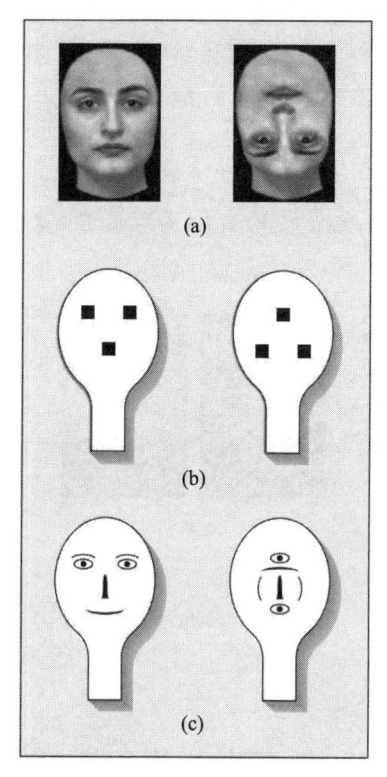

图 3.4 婴儿对面孔与具有面部特征的图形的知觉
（引自 Cassia et al., 2004）

直到 2 个月左右，由于经验的增加，如与母亲或其他抚养者长时间接触，婴儿开始整合性地知觉面部特征，相比于复杂程度相同的其他图形，婴儿更喜欢具有面部特征的图形(Dannemiller & Stephens, 1988)。到了 3 个月，婴儿能够区别两名长相类似的陌生人(Farroni et al., 2007)。5 个月时，婴儿甚至能够分辨积极与消极的情绪面孔(Bornstein & Arterberry, 2003)；7 个月时能够区分更具体的情绪，如开心、惊喜、伤心、害怕与愤怒(Witherington et al., 2010)。

研究详解

Cassia 等人(2004)对婴儿的面孔感知偏好进行了研究，考察婴儿对面孔的内部特征，即五官的位置等特征是否有知觉偏好。研究者招募了 20 名出生 25～73 小时的新生儿，向他们呈现了一系列面孔，包括自然的面孔、上下倒置的面孔与错序的面孔（图 3.5）。首先，在实验 1 中，实验者同时向婴儿呈现正常的女性面孔与上下倒置的同一面孔,共有两个试次,平衡了图片的呈现位置,每个试次在婴儿的视线离开屏幕10秒以上即结束。记录注视次数和总注视时间,结果发现婴儿对正常面孔的注视次数与时长都显著得多。用同样的方法进行实验2,结果发现婴儿对左侧的面孔具有明显的偏好,而对于实验3的材料,婴儿对两个面孔并没有显著的注视差异。研究者认为,这一结果表明婴儿可能并不是对正常面孔有天生的偏好,而是对上大下小的刺激有注意偏好,这一偏好可能来自婴儿视觉系统固有的视野优势,他们更容易检测到上大下小的客体。

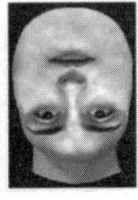

实验1　　　　　　　实验2　　　　　　　实验3

图 3.5　婴儿对五官位置不同的面孔的知觉偏好实验材料示意

(引自 Cassia et al., 2004)

第三节　所闻即所得? 听觉的发展

个体在出生时,甚至出生前,是否可以听到声音?胎儿真的能听到胎教音乐吗?其实,在胎儿20周时,耳朵,以及与听觉相关的大脑皮层未发展成熟,但是他们已经能够听到声音了。新生儿听觉系统的生理基础比视觉系统更成熟。新生儿已经能够通过音高和响度区分不同的声音,也能够感知到声音之间的相似性与不同声音的特点。婴儿会在环境出现巨大声响时产生惊跳反射(Zimmer et al., 1993)。当然,听觉敏度在儿童期会进一步发展。事实上,由于环境的不断丰富,以及语言的学习,个体在童年期会丧失婴儿时期具备的一些听觉能力。

一、婴儿的听觉能力

医学工作者与研究者如何判断婴儿的听力是否正常?其一,诱发性耳声发射(evoked otoacoustic emission, EOAE; Chabert et al., 2006)是最基本的测试方法,研究者会在婴儿的耳朵里装一个微型麦克风,如果婴儿的听力正常,在外耳道就能记录到来自耳蜗的弹性波能量。其二,更简单的方法是观察婴儿是否能够向声音来源的方向转身或是侧头。当在新生儿周围播放持续时间较长的声音,或是令人欢快的声音,他们就会看向发出声音的方向,或者把头转过去。其三,高振幅吸吮技术(high-amplitude sucking method,HAS；Eimas，1975；Nazzi et al.，1998)也是一种广泛应用于研究婴儿更复杂的听觉能力的方法，该技术利用新异刺激会引起新生儿或婴儿的注意而做出反应的特点，以声音作为刺激变量，以婴儿的吸吮频率作为反应变量。在测试过程中，研究者会为婴儿提供一个与产生听觉刺激的设备相连接的假人或奶嘴，当婴儿吮吸到一定频率后，声音刺激就会启动。如果婴儿对这一刺激感兴趣，他会持续以这一频率吮吸，当婴儿对刺激习惯化后，吮吸频率便会显著下降；此时，为婴儿播放新异的听觉刺激，如果他们的吮吸频率又提高了，说明婴儿感知到了这段声音与上一段声音的差别。其四，EEG 的相关研究也表明，新生儿能够感知到听觉刺激的音高、响度和时长(Sambeth et al.，2009)。

总的来说，研究者发现婴儿的听觉确实没有成人敏感。因此，响度较大与音频较高的声音才能被婴儿感知，婴儿对音调较高的女性声音更感兴趣(Ecklund-Flores & Turkewitz，1996)。婴儿对语言与音乐这样有规律的声音具有一定的偏好(Kuhl & Rivera-Gaxiola，2008)，甚至在胎儿期已经具备了加工这些声音的能力，如新生儿对母亲的声音、胎儿期经常听到的音乐和故事，以及母语都具有一定的偏好(DeCasper & Fifer，1980；DeCasper & Spence，1986；Hepper，1996；Mehler et al.，1988)。

二、对语言的感知

采用脑功能成像与 HAS 的相关研究证明，婴儿对环境中的语言有较强的听觉反应。婴儿在出生时对语言就有极强的洞察力。当你对新生儿说话时，他们会睁开眼睛凝视着你(Rheingold & Adams，1980)。在出生后 3 天左右，婴儿就能够辨认出母亲的声音，并且相比于其他陌生女性的声音，对母亲的声音明显更为关注(DeCasper & Fifer，1980)。此外，相比于音乐或其他有节奏的声音，婴儿对语言的录音也有更明显的偏好(Butterfield & Siperstein，1972)。因此，婴儿能够区分语言与其他类型的声音，并且对语言有一定的偏好。事实上，HAS 的相关研究结果表明，婴儿可以在很广泛的语言环境中感知基本的音素(phoneme)，如"ba"与"pa"(Eimas et al.，1971；Ramus，2002)。婴儿在出生后一周左右，就能够区分元音字母"a"与"i"，还能将一个词分割为几个独立的音节(Bijeljac et al.，1993)，并且 3～6 个月大的婴儿的这一能力比成人好(Jusczyk，1995)。

随着年龄的增加与生活经验的丰富，个体的听觉会产生知觉窄化(perceptual narrowing)的现象(Bosseler et al.，2013)，即对熟悉的领域个体的知觉辨认能力会不断加强，对不熟悉的领域则会慢慢减弱。由于母语环境的影响，这一语言听觉能力在 10 个月后就会慢慢消失，即无法在非母语的语言中分辨出基本的音素(Best & McRoberts，2003)。每种语言的许多不同的辅音，如母语为英语的人难以区分汉语中的"z"与"c"，也无法准确发出"z"的音，6～8 个月之前的婴儿其实是可以区分母语或非母语中的一些相似辅音，但是不同国家和地区的研究发现，这样的能力在 10 个月以后就会消失，婴儿渐渐只对母语敏感(Best et al.，1995；Tsao et al.，2000)。这是后天经验对先天能力的加强与改变，即使是婴儿的哭声也会受母语的语调特点影响(Kuhl & Rivera-Gaxiola，2008；Mampe et al.，2009)。

三、对音乐的感知

与对语言的感知类似，婴儿能够整合性地感知音乐，辨别音乐的韵律等特征(Winkler et al.，2009)。4~6个月的时候，婴儿甚至能够分辨出莫扎特音乐作品的原版与改编版(Trainor & Heinmiller，1998)。7个月的婴儿，在听过几次莫扎特的两首奏鸣曲的几周之后仍能够分辨出这两首奏鸣曲(Saffran et al.，2000)。8个月的婴儿能够识别出6个音符旋律中单个音符的音调变化(Trehub et al.，1985)。与对语言的感知相同，相比于成人，婴儿能够更好地感知其他国家和地区的音乐(Hannon & Trehub，2005)，这也是环境修剪基因的另一个重要佐证。音乐与其他感知觉通道的发展也有着紧密的联系，如有研究发现，母亲的吟唱能够减少两个月大的婴儿的疼痛反应(Monaci et al.，2024)，Ko与McDonald(2023)则指出，婴儿时期听音乐的频率对儿童时期的语言发展有着积极作用。

总的来说，婴儿表现出了比成人更广泛的音乐感知能力。知觉窄化的现象同样出现在音乐感知上，受到文化环境的影响，随着婴儿年龄的增长，能够辨别出的音乐模式越来越少，这也体现出了大脑的高度可塑性。大脑的可塑性既有积极的方面，也有消极的方面，有关音乐训练的研究也支持了这一观点。在儿童阶段，音乐训练会改变大脑对音乐的反应。4~5岁的儿童在经过钢琴训练后，他们对钢琴声调明显有更高的γ波的大脑EEG信号(Shahin et al.，2008)。同样，经过乐器训练的成年人也会对学习过的乐器的声调有类似的反应。

第四节 探索大千世界：其他感知觉的发展

视觉与听觉是个体感知环境的重要基础，其他感知能力的发展对探索世界也有着重要的作用。婴儿常常在看到一个新玩具后，会伸手去摸、不停地摆弄。婴儿喜欢柔软的娃娃，这样的触感带给他们安全与亲密的感受。我们也能观察到婴儿在吃到酸的东西或是闻到食物的香味，就会做出相应的表情与反应。那么，婴儿的这些感知能力是如何发展的，对其身心发展有何影响？更重要的是，视觉、听觉、触觉、味觉、嗅觉如何进行跨通道合作，并为婴儿探索周围环境提供强有力的支持？

一、触觉、温度觉和痛觉

触觉对婴儿至关重要，主要体现在两个方面。第一，触觉对婴儿的身心健康有重要作用。皮肤的接触能够使早产儿与低体重婴儿健康发展，轻柔的抚摸能够刺激前额叶皮质缓解婴儿的压力(Field，2010；Kida & Shinohara，2013)。来自母亲或其他照看者的抚摸有利于婴儿的情绪健康与亲子关系的和谐(Egmose et al.，2018)。也有研究者探索了不同类型的抚摸与接触对婴儿的影响，充满爱意的接触，如亲吻、安抚、轻抚能够让婴儿放松，缓解他们的消极情绪(Arnold，2002；Moreno et al.，2006)。除此之外，一些如挠痒、高举、有节奏的拍打等具有嬉戏与玩耍性质的接触，能够强化婴儿的社会化行为，如眼神接触，也能够促进婴儿的积极情绪，建立良好的亲子关系(Lowe et al.，2016；Stack & LePage，1996)。

第二，触觉是婴儿感知与学习的重要媒介。触觉的基本功能在个体出生前就能够观察到，因为胚胎、胎儿和新生儿对触摸均表现出清晰的反射行为。新生儿常常通过触摸来感知这个世界，如对不同材质、温度、重量的实验道具，他们的抓握与吮吸反应是不同的(Hernandez-Rief et al.，2000；Field，2010)。研究者使用习惯化的实验方法研究了婴儿更复杂的触觉感知，当婴儿只能通过触摸来感知刺激时(即通过黑暗等环境条件暂时屏蔽视听觉通道)，为他们提供熟悉的物品与新异的物品(在材质、形状、硬度等方面异于婴儿常接触的物品)，结果可以看到婴儿对新异物品更好奇，更多地用手触摸、挤压等(Streri & Spelke，1988；Catherwood，1993)。也有研究表明，带有情感的抚摸比没有情感的抚摸更能获得婴儿的注意(Carnevali et al.，2024)。以上证据均表明，婴儿能够通过触觉来获得新信息与新事物的特点，从而探索环境。

新生儿对温度变化特别敏感，如果奶瓶里的奶太热了，他们会拒绝进食；如果房间里的温度突然降低，他们就会提高自己的活动水平来保持正常的体温(Pratt，1954)。除此之外，婴儿的痛觉感知通道的发展在胎儿期的25周左右形成，新生儿已经有了明显的痛苦反应(Jorgenson，1999)，出生一天的婴儿便会在抽血时大哭。5~11个月的婴儿，在经过一些社会化学习后，在接种疫苗时的疼痛反应会比新生儿小一些(Axia et al.，1999)。

二、味觉与嗅觉

味觉与嗅觉对于个体早期的生存至关重要，因此这两个感觉通道成熟得较早。味觉与嗅觉的敏感度随着年龄的增长不断降低。研究者将有甜味、酸味、咸味、苦味的试剂放在新生儿的嘴里，他们的面部表情、吮吸频率、吞咽等行为反应表现得很明显(Browne，2008)。他们偏爱甜味，而不喜欢苦味、酸味和重咸味(Rosenstein & Oster，1988；Harris，1997)，但是味觉的偏好会受到生活经验与文化环境的影响。

新生儿的嗅觉同样灵敏，他们能够辨别出人与事物的味道的不同，比如他们对母亲的味道非常熟悉，对母乳有天生的偏好。新生儿能表现出与成人类似的嗅觉偏好，更喜欢香草、草莓、香蕉等令人愉悦的气味，而回避那些成人同样不喜欢的气味，如消毒水、鱼腥味、变质的鸡蛋等(Crook，1987；Lagercrantz & Changeux，2010)。近红外光谱(near-infrared spectroscopy，NIRS)技术能够将血液流动与大脑神经活动进行成像，采用这一方法的相关研究表明,相比于沏好的奶粉,当新生儿闻到母乳的味道时,眶额叶皮质(有关奖赏的区域)的活动显著增加。早期的经验会迅速地进一步影响天生的偏好,有研究者为婴儿提供了亲生母亲的母乳和她人的母乳,结果发现出生4～6天的婴儿就能辨别出自己母亲母乳的味道(Browne,2008;MacFarlane,1975;Cernoch & Porter,1985)。甚至,新生儿能够根据母亲的饮食习惯辨认出母亲的味道(Browne,2008)。个体在胎儿期就会对母亲的饮食习惯越来越熟悉,这可能也是婴儿在出生后对母亲的气味产生偏好的原因(Browne,2008)。

三、跨通道知觉

婴儿在刚出生时,各种感觉通道其实是相通的,他们会伸手触摸看到的事物、希望看到摸到的东西,或是转向发出声音的物体获得视觉信息,这些现象都说明婴儿希望光线、声音和触感等信息能够整合在一个客体上,这就是跨通道知觉(intermodal perception; Bahrick & Hollich, 2008)。跨通道知觉在婴儿期迅速发展,即使是新生儿也会对环境中的各种人、事、物具有多感官知觉的高敏感性。随着年龄的增长和经验的增加,各个通道所能整合的信息也越来越具体。

跨通道知觉也称联合知觉,在这一过程中,个体将客体和事件所具有的光、声音、触感、气味和味道等信息流感知为一个整体,并且能够通过一种感觉通道的信息推断另一感觉通道的信息。有研究者通过双通道不一致的方法考察婴儿的跨通道知觉。如有一项视觉-触觉的研究让婴儿戴着护目镜,利用投影技术给出生8～31天的婴儿制造视觉上的幻觉,让他们认为眼前有物体,因此他们会用手去抓,但是当他们发现无法触碰到这些物体时,他们会表现出消极情绪(Bower et al.,1970)。这一研究表明,婴儿认为视觉与触觉是相关联的。同样,视觉-听觉不一致的研究通过扬声器播放母亲的声音,但是1～2个月婴儿发现看不到母亲后便会表现出焦虑不安,因为他们的视觉与听觉通道也是相关联的,他们认为声音与人的形象是一个整体(Aronson & Rosenbloom,1971)。总的来说,跨通道知觉在早期表现为婴儿对各个通道知觉信息的整合失败时的消极情绪。

除了期望落空时婴儿的表现以外,研究者进一步确定了婴儿对于熟悉的物体,用一种感觉通道的信息判断另一种感觉通道的信息的能力。例如,Gibson 和 Walker(1984)进行了一项研究,将婴儿分为两组,第一组吮吸硬质的圆头棒,另一组吮吸软质的海绵棒,然后为婴儿呈现圆头棒与海绵棒的图片,结果发现吮吸圆头棒的婴儿会更多地盯着海绵棒看,因为对他们来说圆头棒已经是习惯化的刺激,而海绵棒是新异刺激,反之亦然。由此我们可以判断,婴儿能够通过触觉的感官通道判断视觉信息。

跨通道知觉的发展还体现为跨感觉冗余(intersensory redundancy),当同一通道的信息过多时,如听觉通道中既有节奏、又有旋律,还有音强的变化,那么个体很难同时捕捉到所有的信息。然而,跨通道知觉能够让个体在单一通道中获取与其他通道最为搭配的信息,例如当视觉刺激是一个篮球反复弹起落地时,听觉既有球的声音也有拍手的声音,那么个体在听觉上就会更关注球的声音。这一能力能够让人选择性地知觉有效信息。Bahrick 等人(1981)研究了婴儿的这一能力。首先,他们让 4 个月大的婴儿对图 3.6(a)习惯化,即鼓掌(b)与敲琴(c)两幅简笔画的重影,然后开始播放鼓掌的声音或者敲琴的声音,观察婴儿更多地注视下面两幅图片中的哪一幅。结果表明,当播放鼓掌的声音,婴儿就会更多地看(b),而(c)则为冗余的视觉通道信息。

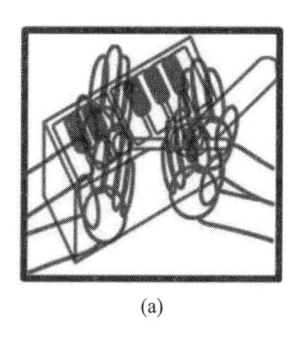

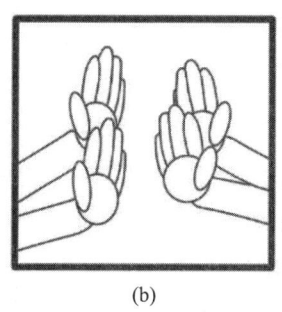

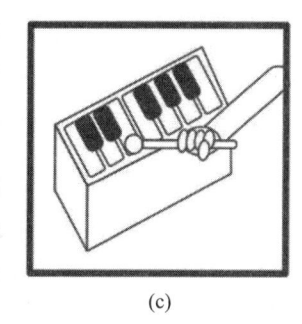

图 3.6　婴儿通过听觉信息对视觉冗余信息的辨别
(引自 Bahrick et al.,1981)

做自己的发展心理学家　**家事国事天下事,事事有"心"**

　　学习感知觉发展,我们理解了看到的、听到的、触摸到的世界是大脑进一步加工的结果,对世界的认知是我们构建的。多年的生活经验与学习,令我们已无法想象婴儿期感知到的世界是怎样的,我们的感知又是如何被环境影响的。幸运的是,发展心理学家通过一系列的研究方法,能让语言能力尚未成熟的婴儿"告诉"我们这些问题的答案,让我们了解人类心理发展的基本过程,也让我们在生活中更好地理解,人与人由于生存环境的不同而形成不同的感知偏好、认知差异,甚至价值观。充分理解知觉窄化的现象与过程,还能帮助我们了解看似更具生物性的感知能力是如何被环境一步步塑造的。

　　知觉窄化的现象从婴儿期就开始产生,如婴儿对语言与音乐的分辨能力会随着文化环境的影响而减弱。人们需要与家庭和社会中的其他人交流和共存,因此掌握感知环境的能力对个体的生存与发展更有意义。从出生到 6 个月左右,婴儿对所有语言的基本发音都很敏感,但是在 6 个月以后,婴儿只能分辨和发出他们经常听到的语言。同样,视知觉也会出现知觉窄化,研究者向婴儿成对呈现人与猴子的两个面孔,结果发现 6 个月大的婴儿对人与猴子不同面孔的辨别能力一样好(Pascalis et al.,2002)。但是到了 9 个月,婴儿只对人类的面孔具有较高的辨别能力,对猴子的辨别能力减弱了,成年人也有这样的特点。还有研究者用绵羊面部的实验材料获得了相同的结果,即 4~6 个月的婴儿能够分辨,但是 9~11 个月的婴儿无法分辨。

通过一系列实验,研究者发现知觉窄化的关键期在6~12月龄。在这一时期,婴儿迅速发展对有意义的社会环境信息的感知辨别能力,在语言、面孔、音乐等领域中的学习行为开始具有文化差异(Daubney et al.,2023)。同时,环境也不断影响以感知能力为基础的注意、学习与记忆能力。知觉窄化的现象表明了一种广泛的神经系统的可塑性,婴儿的大脑从一开始对各类刺激都具有高敏感性,到经过一段时间的生活经验积累,发展为仅对更具生存意义与文化特点的刺激保持高敏感性。

知觉窄化的现象,不但能帮助我们了解个体生理心理发展的历程,而且令我们对多样的社会文化现象有了更大的包容性。语言知觉窄化对教育学领域也有一定的启示。已有研究表明双语环境中的婴儿对语言的学习更慢(Core et al.,2013),并且两种语言的知觉窄化进程不同(Gogate et al.,2020),心理学研究能够在探索更好的双语教育模式上发挥作用。此外,"异族效应"(other-race effect)是最明显的知觉窄化现象,作为中国人,我们很难区分德国人与法国人的长相,美国人则难以区分中国人与韩国人的长相,并且这一现象在婴儿时期就已存在(Kelly et al.,2007)。由此可见,社会环境对人们的塑造不仅体现在生活习惯与行为模式上,还有感知能力,我们应该对各个领域的个体差异给予更多的理解。

思 考 题

1. 我们如何捕捉新生儿的大脑运作和感知世界的能力?
2. 婴儿看到的世界是否是杂乱无章的?
3. 何时开始学习第二语言最好?
4. 在学习新鲜事物的过程中,婴儿如何最大程度地获取信息?
5. 各感觉通道的合作对婴儿社会化过程的影响是怎样的?

名 词 解 释

反射(reflex):机体对某种特定刺激做出的与生俱来的、无意识的反应。反射是新生儿在给予适宜刺激后,表现出的最明显的有规律的行为,包括生存反射与原始反射。生存反射是指与适应环境相关的反射;原始反射是指受大脑皮质下区域控制的,在刚出生时就存在的反射。

感觉(sensation):个体对直接作用于自身的客观事物个别属性的反映,即感觉神经元对信息进行检测并传递给大脑的过程。

跨感觉冗余(intersensory redundancy):在感觉输入与编码过程中,同一事件或物体通过多个感觉通道(如视觉、听觉、触觉等)同时传递相同或互补的信息时,比单一感觉通道传递同一信息时,增强个体的选择性注意,提高信息处理的准确性和效率。

视敏度(visual acuity):眼睛分辨物体细微结构的能力。

知觉(perception):个体对感觉信息的加工和解释的过程。是对事物整体特性的反映。

知觉窄化(perceptual narrowing):对熟悉领域的知觉辨别能力加强,不熟悉的减弱。

注视偏好范式(preferential looking paradigm):通过观察婴儿对两个及以上物体的注视偏好测量

视觉感知能力。

小　　结

感官的发展为人类打开了世界的大门，我们每天看见的、听见的、触碰到的和嗅到的，让我们与万物同行，这些都是人类挥洒智慧的开端，也是人类探索世界的基石。感觉是感觉神经元对信息进行检测并传递给大脑的过程，知觉则是对感觉信息的组织与解释。

新生儿的大脑在一些方面已经相对成熟，而另一些方面还未发展。大脑的基本结构是由基因决定的，但也有强大的可塑性。虽然许多基本的感知能力在出生后的几个月里才能发展成熟，但是感知觉的基本生理结构在个体出生时就已成形。新生儿的大脑已足够成熟，使之在婴儿阶段能够感知环境中的各类刺激。

婴儿的视觉系统在出生后就开始发挥重要作用，但是还未达到最佳水平。新生儿能够觉察到物体的移动、明亮变化、颜色等，但是对于细节的觉察能力不佳。与成人不同，新生儿的视觉能力并不依赖于经验，但是渐渐地随着与环境的交互不断加强，视觉经验得到积累，突触得以强化，视敏度开始不断发展。婴儿对图形、形状、颜色与深度等的视知觉都在不断发展。

新生儿听觉系统的生理基础比视觉更成熟。新生儿已经能够通过音高和响度区分不同的声音，也能感知到声音之间的相似性与不同声音的特点。听觉敏度在儿童期会进一步发展。但是，由于环境的不断丰富，以及语言的学习，个体在童年期会丧失一些婴儿期具备的听觉能力，出现知觉窄化的现象。

触觉的发展对婴儿的身心健康与学习行为都有重要的作用。味觉与嗅觉也是婴儿早期生存的重要基础。

跨通道知觉是婴儿整合环境信息的重要基础，在婴儿期迅速发展，即使是新生儿也会对环境中的各种人、事、物具有多感官知觉的高敏感性。随着年龄的增长、经验的增加，各通道所能整合的信息也越来越具体。

第三章参考文献

4

从蹒跚学步到银发活力:运动能力的发展

少年强则中国强。少年强是多方面的,既包括思想品德和知识学习,也包括身体健康和体魄强壮。皮亚杰认为,抓取和吸吮是婴儿认知发展的摇篮。运动技能对于身体及生理发展具有推动作用,是个体发展必不可少的驱动力。为保障个体的运动发展水平,我国发布了《学龄前儿童(3~6岁)运动指南》,提出学龄前儿童"全天内各种类型的身体活动时间应累计达到180分钟以上,每天应进行至少120分钟的户外活动"。

运动发展是人类发展过程中最基础且持续的主题。从婴儿学会翻身、行走,到运动员展现巅峰表现,再到老年人保持基本活动能力,运动发展贯穿了人类生命的全过程。它不仅是身体机能的简单进步,更是神经系统、认知能力和身体素质协同发展的复杂系统。本章将深入探索人类运动发展的奇妙旅程,揭示这一过程背后的科学机制,帮助读者理解运动能力是如何形成、稳定和最终变化的。

第一节 早期运动发展

人的运动能力并非与生俱来,而是在成长过程中逐步发展和精细化的。本节将系统探讨运动能力早期的不同发展阶段,分析关键的运动里程碑,探究影响运动技能发展的生理、认知与环境因素,为理解儿童的整体发展提供更全面的视角。

一、基本反射与运动技能的萌芽

新生儿期是婴儿运动发展的初期阶段,在此阶段,婴儿的运动能力主要依赖于一些基本的反射(reflex)行为,即对特定刺激的非自主的先天反应。新生儿具有多种反射,这些反射是婴儿适应环境、保护自己,以及满足生理需求的基本手段。尽管这些反射动作看似简单,但却是神经系统功能的重要窗口,为后续运动技能的发展奠定基础。

1. 基本反射的出现与消失

基本反射是婴儿对外界刺激做出的一种自动化反应,通常是无意识的。这些反射不仅可以帮助婴儿进行适应性活动,还可以作为神经系统发育是否正常的初步判断标

准。随着婴儿神经系统的成熟,这些反射逐渐被自主的运动控制取代。以下是新生儿期常见的基本反射及其生理意义:

(1)定向反射(rooting reflex)又称觅食反射,通常在出生时即表现出来,并在婴儿3~4个月时逐渐消失。该反射表现为,当婴儿的嘴唇或面部被抚摸或触碰时,婴儿会自动转头朝向刺激方向,并做出张嘴寻找食物的动作。这一反射能帮助婴儿主动寻找母乳或奶嘴,是婴儿寻找食物来源的本能机制(Anderson,1986;Brazelton & Nugent, 2011)。

定向反射不仅是婴儿生理需求的反应,在情感发育中也起着重要作用。通过这一反射,婴儿与母亲之间的互动得到加强,在心理上帮助婴儿建立与照看者的亲密关系。随着神经系统和自主行为的发展,定向反射逐渐被更为主动的觅食行为取代,婴儿能够自主寻找食物并调整进食模式,从而促进其营养摄取和生长发育。

(2)吮吸反射(sucking reflex)是新生儿最初的基本反射之一,通常在出生时即表现出来,并在婴儿出生后的4~6个月逐渐消失,尽管婴儿的自主吮吸能力会持续存在。该反射表现为当婴儿的口腔顶部被触及时,会自动做出吮吸的动作。这种反射在孕32周左右开始出现,到孕36周左右才完全发育成熟,所以早产儿的吮吸能力可能比较弱或不成熟。由于婴儿也有手到口的反射,这种反射与觅食和吮吸同时进行,因此他们会吮吸手指或手的其他位置。

吮吸反射反映了婴儿的生理需求和适应能力,确保婴儿能够通过母乳或奶粉获取所需的营养。这一反射不仅满足了婴儿的生理需求,也促进了婴儿与母亲之间的亲密关系的建立,形成婴儿与母亲之间的情感纽带。研究表明,吮吸反射与婴儿的情感发育密切相关,反射行为的出现有助于婴儿获得安全感和情感支持,从而为后续的社会情感发展奠定基础(Ainsworth et al., 2014;Brazelton & Nugent, 2011)。此外,吮吸反射的存在,也为医生和心理学家提供了判断婴儿神经系统发育的一种重要方式。正常的吮吸反射表明神经系统正在正常发育,如果缺乏此反射可能提示神经系统或其他生理功能存在问题。因此,吮吸反射在新生儿期的早期诊断和发展评估中具有重要意义。

(3)莫罗反射(Moro reflex)通常被称为惊跳反射,是因为它通常发生在婴儿被突然的刺激(如受声音惊吓或身体暂时失去支撑)吓到时。听到响声后,婴儿的头会向后仰,伸出胳膊和腿,大哭,然后胳膊和腿收拢,仿佛试图抱住某物。婴儿自己的哭声有时也会吓到他并触发这种反射。莫罗反射一般在出生半年后消失。

莫罗反射的生理意义是作为防御性反应,帮助婴儿应对外部环境中的突然变化或威胁,具有生存保护功能。该反射的出现提示婴儿神经系统的初步发育情况,缺失此反射或其过早消失可能提示神经系统发育异常。此外,莫罗反射有助于婴儿在初期保持稳定的姿势,并增强其适应外部刺激的能力(Brazelton & Nugent, 2011)。在后期发展中,莫罗反射会逐渐消失,被婴儿对环境变化的自主反应所取代。尽管该反射对于婴儿的早期生理需求具有重要意义,但随着神经系统逐渐成熟,婴儿能够以更稳定和自主的方式应对外界刺激,从而发展出更复杂的运动行为和控制能力。

(4)抓握反射(grasp reflex)通常在出生时即表现出来,表现为当手掌受到触碰时,婴儿会自动握紧手指,形成抓握状。这一反射通常在出生3~4个月后消失。

抓握反射对婴儿来说具有重要的自我保护作用,有助于婴儿维持与母亲或看护者的亲密接触。对于早期依赖母亲的婴儿而言,抓握反射的存在确保了其能够得到必要的安全感,减少了受外界威胁的风险。从神经系统发育的角度来看,抓握反射有助于婴儿肌肉力量和手部协调能力的初步发育。随着婴儿肌肉力量的增强,抓握反射会逐渐消失,取而代之的是更精细的手部自主运动能力,如抓取和操作物体(Brazelton & Nugent,2011)。这一过程为后期的运动技能发展打下了基础,帮助婴儿逐渐发展出更复杂的运动控制能力。

2. 基本反射的生理意义

在婴儿期,基本反射不仅是对生理需求的自然反应,还具有重要的发展心理学意义。首先,这些反射行为具有生存保护功能,帮助婴儿适应环境并确保生存。例如,吸吮反射保证了婴儿能够顺利摄取所需的营养;莫罗反射则作为防御性反应,令婴儿免于外界伤害(Brazelton & Nugent,2011)。

其次,基本反射也是神经系统发育的初步指标。反射的出现、持续时间以及消失情况可以反映婴儿神经系统的发育水平。如果某个反射过早消失、迟迟不消失或完全缺失,可能表明婴儿的神经系统发育存在问题。通过对这些反射的观察,医生和心理学家能够评估婴儿的神经系统状态,从而为后续的医学干预提供依据。

最后,基本反射为婴儿后期的运动技能发展奠定了基础。吸吮反射、莫罗反射和抓握反射等为更复杂的运动技能(如翻身、坐立、行走等)提供了发展基础。随着婴儿的自主运动控制能力开始逐步提高,这些反射逐渐消失,神经系统的发育进一步成熟。

二、粗大运动技能的发展

粗大运动技能的发展是婴儿期重要的生理变化之一,这一过程遵循自上而下(从头部到四肢)、由中心向周围的基本规律。婴儿在不同年龄段逐步掌握越来越复杂的运动能力,不仅是神经系统发育的体现,也是婴儿与周围环境互动的基础。

1. 头部控制

头部控制是粗大运动技能发展的初步阶段,通常始于2~4个月。在这一时期,婴儿能够在某些情况下部分控制头部,虽然这种控制并不稳定,且主要依赖于躺卧时的支撑。到了3~6个月,婴儿的头部控制逐渐加强,能够较为稳定地抬起头部,并保持一定的姿势。头部控制的发育为后续的姿势控制和运动能力的发展打下了基础(Rochat & Goubet,1995)。

2. 姿势发展

婴儿的姿势控制能力是粗大运动技能发展的一个重要标志。4~6个月时,大多数婴儿开始学会独立翻身,这一过程通常是由仰卧翻到俯卧,随后也能做到反向翻身。翻身技能的掌握标志着婴儿逐步拥有了对身体姿势的基本控制能力,为后期的坐立、爬行等更复杂的运动奠定了基础。到了 6～8 个月,婴儿能够独立坐,虽然最初仍需要一定的支撑,但逐渐能够在短时间内保持坐姿。坐立技能的发展使婴儿能够获得更广阔的视野,有助于与周围环境的互动,并为后续的爬行与行走提供了基础支持(Cech & Martin, 2012)。

3. 爬行

7～10 个月的婴儿开始逐渐掌握爬行技能,通常从推动身体倒退移动开始,随着肌肉力量和协调性的发展,婴儿能够顺利爬行。这一技能不仅有助于婴儿探索环境,还促进了其肌肉力量和协调能力的发展。爬行时,婴儿需要协调手脚的运动,这能增强其核心肌群的力量,提高身体的平衡感(Adolph et al., 1998)。

4. 独立行走

婴儿通常在 10～15 个月开始尝试独立行走。初期的行走多伴随不稳定的步伐,婴儿通常需要依靠支撑物来保持平衡。随着练习的增加,步态逐渐变得更加稳定,婴儿能够独立行走。这一发展标志着婴儿的粗大运动技能的全面成熟,也是运动能力和自我控制能力的重要体现(Hallemans et al., 2006)。

粗大运动技能的发展是婴儿期神经系统和肌肉系统成熟的重要标志,婴儿逐步从依赖他人支撑到能够独立行动,对环境的适应性和探索能力逐渐提高。这些技能的发展,不仅为婴儿的身体健康提供了保障,也为其后期的认知和社交能力的提升创造了条件。

三、精细运动技能的发展

精细运动技能的发展涉及小肌肉群(主要是手指、手腕和眼部肌肉)的精确控制,并依赖于神经系统的成熟与肌肉协调能力的提升。这一过程对于婴儿探索世界、学习操作物体,以及日后掌握更复杂的日常生活技能具有重要意义。精细运动技能的发展通常经历从手眼协调到自主操作物体的变化过程。

1. 手眼协调

手眼协调能力的发展是精细运动技能的重要基础,通常经历了从婴儿关注视觉目标到能够精准抓握物体的过程。3～4 个月时,婴儿开始能够稳定注视物体,并对周围的视觉刺激表现出更强的兴趣。这一阶段,婴儿的视力发展迅速,能够识别不同颜色和简单形状,为手眼协调奠定了基础(de Haan et al., 2023)。到了 4～6 个月,婴儿可以追踪移动物体,如试图用手触碰在眼前晃动的玩具或手指。这表明婴儿的视觉系统和运动控制系统之间的联系逐渐增强(von Hofsten, 2004)。在 6～9 个月,婴儿开始主动伸手抓取物体,虽然最初的抓握动作较为粗糙,但随着练习,手部控制能力不断提高。婴儿能够用整个手掌抓住较大的物品,为后续更精细的抓握动作做好了准备(Lobo & Galloway, 2013)。

2. 日常生活技能

随着精细运动技能的发展，婴儿逐渐掌握了一些基本的日常生活技能，如自主进食和使用工具。这些能力的提升不仅反映了神经-肌肉的协调进步，也促进了婴儿的自主性和探索能力的发展。在6~9个月时，婴儿开始尝试自主进食，能够用手抓取食物并放入口中。尽管初期动作较为笨拙，且常伴有食物掉落的情况，但却标志着其自主控制能力的提升（Galloway & Thelen, 2004）。9~12个月，婴儿发展出夹捏抓握（pincer grasp）能力，即用拇指和食指捏住小物体，如小饼干或积木。这一技能的掌握是精细运动发展的重要里程碑，为日后使用笔、扣扣子等精细操作奠定了基础。到了12个月及以后，婴儿开始尝试使用简单的工具，如勺子、杯子等进行自主进食，并能尝试撕纸、翻书等动作。这一阶段，手部控制和协调能力显著提高，为未来的绘画、书写以及使用更复杂的工具奠定了基础（Pacheco et al., 2019）。

精细运动技能的发展是婴儿认知和动手能力提升的重要组成部分。通过不断的探索和实践，婴儿的手眼协调和自主操作能力逐步增强，为其日后独立生活、学习和社会交往提供了必要的能力支持。

四、平衡性与协调性的提升

幼儿期是平衡能力快速发展的关键阶段。随着神经系统的成熟和肌肉控制能力的增强，儿童在静态和动态平衡方面均有显著进步。平衡能力的发展不仅保障了日常活动的顺利进行，也为更复杂的运动技能奠定了基础。

1. 静态平衡

静态平衡能力在幼儿期逐步发展，主要体现在单脚站立能力和身体重心控制的提高。2~3岁的儿童可以在双脚并拢的情况下短暂保持稳定，并尝试站在一条线上保持平衡。到了3~4岁，他们开始能够短暂单脚站立，并在站立时调整身体重心以维持平衡。4~5岁儿童的静态平衡能力进一步提升，能够在单脚站立数秒的同时较好地适应轻微的外力干扰，如站在晃动的平面上短暂保持平衡。这一能力的发展与大脑和小脑功能的成熟密切相关（Gallahue & Ozmun, 1998; Haywood & Getchell, 2024）。

2. 动态平衡

动态平衡能力的提升使幼儿能够完成更复杂的运动任务，如跳跃和协调性的运动模式。2~3岁的儿童通常能够双脚起跳，但控制能力较弱，落地时容易失去平衡。3~4岁时，他们可以向前跳跃，并在落地后保持站立不倒，初步展现出协调的运动模式。4~5岁的儿童开始能够完成更具挑战性的动态平衡任务，如单脚跳跃、双脚交替跳跃，并能够在运动过程中调整身体姿态以保持平衡。此外，手眼协调和下肢力量的增强，令幼儿能够在跑步时避开障碍物、在不平坦的地面上行走，并尝试简单的舞蹈或体育活动（Gallahue & Ozmun, 1998; Haywood & Getchell, 2024）。

平衡性和协调性的提升不仅有助于儿童掌握跑跳等基本运动技能，而且对他们的运动自信心和社交能力发展有积极影响。因此,在幼儿期鼓励平衡训练,如单脚站立游戏、跳跃练习和简单的体操活动,能够进一步促进儿童神经肌肉控制能力的发展(Payne & Isaacs,2017)。

五、运动发展的里程碑

早期运动发展是婴幼儿成长过程中的重要环节,各项运动技能的成熟通常遵循一定的顺序,从粗大运动到精细运动,标志着婴幼儿身体协调性和独立性的提升。以下是早期运动发展的几个关键里程碑,每一项都为下一阶段的发展打下了基础。

头部控制是婴儿运动发展的首座里程碑。婴儿在2～4个月时,逐渐能够部分控制头部运动,能够在俯卧时抬起头部,开始锻炼颈部和上肢肌肉。到了3～6个月,婴儿能够稳定地抬头,甚至在坐立时维持头部的稳定。头部控制的成熟标志着婴儿神经系统和肌肉力量的进一步协调,是婴儿探索世界的前提。

翻身是婴儿运动能力的重要发展标志。4～6个月时,婴儿通常能够从俯卧翻到仰卧,或从仰卧翻到侧卧。这一技能的发展不仅是肢体力量和协调性的体现,也为后续的坐立和爬行奠定了基础。翻身能力的提高让婴儿能够更灵活地变换姿势,更方便地探索周围环境。

坐立是粗大运动技能发展的里程碑。6～8个月,婴儿能够在没有支撑的情况下独立坐,虽然初期依靠双手支撑身体,但随着核心肌群力量的增强,坐姿会逐渐稳定。坐立不仅体现了腰部和背部的力量,也促进了婴儿的视觉发展,使其能够更好地观察周围的世界。

爬行是婴儿独立运动能力发展的重要标志,通常出现在7～10个月。婴儿开始能够用手和膝盖支撑身体,并用交替的肢体动作向前爬行。爬行不仅锻炼了婴儿的手眼协调能力,也促进了四肢的力量发展,是走路前的重要过渡阶段。爬行有助于增强婴儿的空间感知能力和自我控制能力,为未来的行走提供了身体支持和技能基础。

独立行走是婴儿期运动发展的最终里程碑之一,通常出现在10～15个月。在这一阶段,婴儿能够在不依赖他人支撑的情况下迈步行走,虽然最初步伐不稳、持续时间较短,但随着时间推移,行走逐渐变得流畅和稳定。独立行走不仅象征着婴儿在运动能力上的重大突破,也意味着他们能够更自主地探索环境,更多的参与社交和学习活动。

基本精细运动技能通常在6～9个月逐渐表现出来,婴儿能够抓取物体、摆弄玩具,并尝试自主进食。随着年龄的增长,精细运动技能不断提升,婴儿能够学习如何用双手协调操作物品,逐步掌握如拼图、画画、穿扣子等复杂的任务。这些技能不仅为今后的日常活动打下基础,还促进了婴儿的认知和社会性发展。

这些运动发展里程碑反映了婴幼儿从依赖外部支持到逐步实现身体自主控制的过程。每一项运动技能的成熟,都是神经系统、肌肉力量和协调性的逐步发展,为婴幼儿的独立性、探索性和社会交往能力的提升奠定了坚实的基础。

第二节　学龄期与青少年期运动发展

　　学龄期与青少年期是个体运动发展极为关键的阶段。这一时期,儿童和青少年的运动能力不仅得到了进一步的巩固和拓展,而且开始向更为复杂和专业的运动技能迈进。随着身体发育的不断成熟,神经系统的可塑性增强,青少年在运动技能上展现出显著的个体差异和发展潜力。本节将探讨学龄期和青少年期运动发展的不同方面,重点分析基本运动技能的学习、专项运动技能的形成与神经-肌肉协调能力的提升,探讨个体差异对运动发展的影响,以及如何通过教育与训练促进青少年的运动潜力。

一、基本运动技能的系统性学习

　　学龄期和青少年期是运动技能发展的重要阶段,基本运动技能在这一时期逐渐系统化。此阶段的运动能力不仅提高了身体的协调性和控制能力,还为未来更复杂的运动任务打下了基础。随着年龄的增长,运动技能的系统性学习逐渐展现出显著的特点,包括步态的稳定性、运动模式的标准化和运动表现的提高。

1. 运动技能特点

　　步态更加稳定是学龄期儿童运动技能发展的重要标志之一。6～9 岁儿童的步态变得更加稳定和流畅,不再表现出早期行走时的不协调。随着下肢力量的增强和大脑运动控制能力的提高,儿童能够更自然地走路、跑步,且运动过程中较少出现摔倒和失衡的现象(Malina et al., 2004)。这一变化使儿童在进行活动时更加自信和安全。

　　在此基础上,运动模式的标准化逐渐显现。随着运动技能的不断发展,学龄期儿童能够以更标准的动作跑步、跳跃、投掷等。例如,在 6～8 岁时,儿童已经能够规范的跑步和跳跃,并能在 8～10 岁掌握更复杂的动作,如投掷球类、跳远等,动作的协调性和准确性逐步提高(Lloyd & Oliver, 2012)。这些标准化的运动模式为儿童今后的运动表现提供了良好的基础,令其在参与运动项目时更加自如。

　　学龄期儿童的运动技能不仅变得更加流畅,速度和力量也显著提高。9～12 岁的儿童通常能够以较快的速度奔跑、骑车、游泳等,并能在高强度运动中有不错的耐力(Malina et al., 2004)。同时,儿童的协调能力在复杂的运动任务中进一步提升,能够更好地调整和控制自己的运动表现。

2. 运动项目参与

　　随着运动能力的提升,儿童开始广泛参与有组织的体育活动,尤其是在学校体育课程和课外活动中,逐步形成更系统的运动学习和训练。这一阶段,运动技能的学习不仅局限于个人练习,还包括团队合作和与他人互动,如参加篮球队、足球队或游泳比赛等。这些活动不仅能够增强儿童的运动技能,还促进了社交技能。在这个过程中,学龄期儿童逐步开始学习和掌握基本运动规则(Stodden et al., 2008)。例如,儿童在 7～9 岁能够理解和遵守团队运动中的基本规则,如篮球、足球的进攻与防守规则,或田径项目中的起跑规则等。规则学习不仅促进了儿童对运动项目的理解,还提高了其运动自律性和集体意识(Light & Harvey,2017)。学龄期和青少年期的运动技能系统性学习,不仅提升了儿童和青少年的身体素质,还为他们日后在竞技运动中取得更高水平的成绩提供了可能。项目参与和规则学习帮助他们建立了运动兴趣和习惯,也为健康的生活方式和社会适应能力提供了有力支持。

二、专项运动技能的形成

在学龄期和青少年期,随着基础运动能力的提升,儿童和青少年开始形成专项运动技能,尤其是在特定运动项目中表现出更显著的兴趣和能力。这一阶段,个人运动特长开始显现,运动技能的技术难度也逐步提升,成为未来专业运动发展的基础。此时,运动技能的精细化与专项化,对于运动表现的提升和竞争力的增强具有重要意义。

1. 运动特长发展

学龄期儿童通常表现出对某些运动项目比其他项目更强的兴趣和天赋。例如,某些孩子可能在跳跃、跑步或游泳等运动中展现出较高的水平,能够较早地掌握相关技能,并在学校或社区活动中脱颖而出。培养对这些运动项目的兴趣,发掘运动天赋,孩子可能进入更专业的训练体系进行系统学习。9~12岁的儿童可以开始参加更具挑战性的体育项目,如竞技体操、游泳、足球等,这不仅考验他们的体能,还涉及复杂的技巧和战术理解(Hay,2002)。运动特长的培养依赖早期的兴趣积累与合适的训练支持,这一过程对青少年期的专项运动技能发展起到了至关重要的作用。

随着年龄增长,对特定运动项目的兴趣培养逐渐成为这一阶段的重点。在12~15岁的青少年中,随着身体发育和技术水平的提升,许多孩子开始集中精力发展特定运动技能,如篮球、羽毛球、田径等。此时,他们在课外投入大量精力做专项训练,通过与其他同龄人或教练的互动,不断提升自我。针对性训练有助于青少年在技术和战术上快速进步,进一步提升他们对特定项目的热情和投入水平(Ford et al.,2009)。

2. 技术难度提升

技术难度提升是专项运动技能形成的重要标志。学龄期和青少年期,尤其是在12~16岁的青少年中,随着运动技能的精细化,运动技术的难度也在不断提升。随着体能的增强和技能的积累,青少年开始尝试掌握更复杂的运动技术。例如,对于游泳项目,他们不仅学习如何优化游泳姿势,而且掌握了不同泳姿的转体技巧;在足球或篮球项目中,他们开始学习复杂的运球、传球、射门或投篮技巧,这些技能的学习要求运动员在空间、时间和力量的协调上具备更高的精准度。运动技能的提高不仅体现在速度和力量上,更重要的是技能的精细化和多样化,表现为对复杂技术动作的完美执行和在运动中的灵活运用(Baker & Horton,2004)。

随着技术难度的提升,运动技能的精细化逐渐成为该阶段的重要特征。青少年更加注重动作的精准度和细节,如在击球时控制力量、速度和角度,或在跳高时对起跳和腾空过程的细致调整。运动技能的精细化不仅依赖于生理上的成熟,还需要持续的专业训练和技巧提升(Baker & Horton, 2004)。通过不断的技术训练和战术演练,青少年能够在运动中形成高度的协调性和自主性,能够在比赛中准确执行复杂动作,并发挥其特长。

总的来说,学龄期和青少年期是运动技能形成的关键时期,系统的训练和技能精细化,以及运动特长的培养和技术难度的提升,为青少年未来在竞技体育中取得优异成绩奠定了基础。此时,青少年的体能得到显著提升,运动思维和技术执行也达到了新的高度(Baker et al., 2003)。

三、神经-肌肉协调能力的发展

学龄期和青少年期是神经-肌肉协调能力显著提升的阶段。随着年龄的增长和训练的积累,青少年在反应速度、运动准确性、肌肉力量和耐力等方面都有显著的提升。这些生理和神经功能的改进不仅提升了他们的运动表现,还为未来更高水平的运动训练和竞技打下了坚实的基础。

1. 反应速度

在学龄期和青少年期,神经系统的发育不断加速,神经系统响应更迅速。研究表明,青少年在反应时间上相较于学龄儿童明显缩短,特别是在动态运动中,反应速度的提升表现尤为突出。例如,在球类运动中,青少年能够更迅速地做出反应,及时调整位置、动作或战术,以应对快速变化的比赛环境。9~12 岁的青少年开始显示出更高的反应敏捷度和动作执行的时效性(Voigt et al., 2023)。这一变化不仅源于神经系统的成熟,还与运动训练的逐步深入密切相关(Walton et al., 2018)。

随着反应速度的提升,运动准确性也显著提高。青少年在学习和掌握复杂运动技能的过程中,逐渐能够精确控制身体的各个部位以完成运动任务。比如,在投篮、踢足球、击球时,青少年能够在极短的时间内准确判断并完成高精度的动作,这与神经系统的快速反应能力和肌肉控制能力密切相关。此时,精确度和效率成为运动表现的重要指标(Voigt et al., 2023)。通过持续的训练,青少年逐渐形成了高效的运动策略和执行模式,在竞技场上展现出更高水平的表现。

2. 身体机能

身体机能的提升是神经-肌肉协调能力发展的关键因素。首先,肌肉力量的增加使得青少年能够更好地应对高强度的运动训练和比赛。进入青春期,青少年体内激素水平的变化促进了肌肉的快速增长和力量提升。12~16 岁,青少年肌肉力量的增长使他们能够进行更高强度的运动,如举重、长跑或高强度的球类对抗。这一阶段,青少年逐渐能够控制更多的肌肉群,并且通过力量训练提高耐力和爆发力,运动能力显著增强(Malina et al., 2004)。

其次,耐力的提升也是这一时期的重要特征。随着肌肉力量的增加,青少年的耐力显著提高。有针对性的训练令青少年不仅能够在较长时间内维持较高强度的运动,还能在长时间的比赛中保持较高的竞技水平。这一提升主要归功于心血管系统的适应与提升,以及肌肉群的持续锻炼,通常在12~16岁的青少年中表现最为显著(Giada et al.,1998)。此时,青少年能够完成更复杂和持久的运动任务,表现出比学龄儿童更强的耐力和恢复能力。

总的来说,神经-肌肉协调能力的发展在学龄期和青少年期逐步达到新的高峰。青少年在反应速度、运动准确性、肌肉力量和耐力等方面的提升,使得他们能够在更高水平的运动竞技中表现突出,为未来的竞技体育发展奠定了坚实的基础。这一过程不仅体现了神经和肌肉系统的协调发展,还为运动表现的精细化和多样化创造了条件。

四、运动发展的影响因素

个体的运动发展受到多种因素的影响,其中遗传因素和环境因素共同作用,决定了运动能力的差异。在学龄期和青少年期,这些因素对运动技能的发展、运动表现的提升,以及长期运动习惯的形成至关重要。

1. 遗传因素

运动天赋会影响个体的运动能力,研究表明,肌纤维类型、神经系统反应速度、关节灵活性和心肺功能等存在先天的个体差异(Holloszy & Coyle, 1984)。例如,一些儿童天生拥有比例较高的白肌纤维,使得他们在短跑、跳远等爆发性运动中表现优异;而另一些儿童则拥有更多的红肌纤维,使其在耐力运动(如长跑、游泳)中具有优势。此外,神经系统的反应速度也因遗传因素而异,影响个体在球类运动等快速决策场景中的表现。

身体素质的遗传差异决定了个体在运动中的发展潜力。例如,骨骼密度、身高、肌肉生长速度和协调性等因素受到遗传影响(Bouchard et al., 1997)。身材高大的个体可能在篮球或排球等项目中占优势,而关节柔韧性较好的个体可能在体操或舞蹈上更具潜力。然而,遗传只是决定运动潜能的一部分,后天训练和环境因素同样起着关键作用。

2. 环境因素

尽管遗传因素是运动发展的基础,但环境因素在运动技能的形成和提升过程中同样重要。

训练资源对个体的运动发展具有直接影响。良好的训练条件,如专业的教练和运动设施,以及科学的训练方法,能够帮助青少年更有效地发展运动技能(Ericsson et al., 1993)。例如,接受正规训练的儿童在技术、战术和身体素质方面远超未接受系统训练的同龄人。

家庭支持在儿童和青少年的运动发展中发挥着不可忽视的作用。父母的支持和鼓励决定了儿童长期坚持某项运动的意愿(Fredricks & Eccles,2004)。研究发现,有运动习惯的家庭的孩子更倾向于参与体育活动,并在运动中表现出更高的积极性和坚持水平。此外,家长的经济支持也会影响儿童能否接受专业训练和参加高水平竞赛。

文化背景同样影响个体的运动选择和发展方向。不同国家和地区对体育运动的重视程度不同,导致儿童和青少年的运动机会存在差异。例如,在欧美国家,校园体育和俱乐部体系较为完善,儿童在较小的年龄便可接触到各种运动项目,并通过系统训练提升技能(Côté et al.,2007)。而在某些文化背景下,特定运动项目可能更受推崇,如东亚国家对乒乓球和羽毛球的重视程度较高。

个体运动发展的特征受到遗传和环境因素的共同影响。遗传因素决定了个体的运动天赋和身体素质,而环境因素则通过训练资源、家庭支持和文化背景塑造个体的运动习惯和技能发展。尽管先天条件在一定程度上决定了运动能力的上限,但科学的训练和良好的环境能够显著提升个体的运动表现,使个体在特定运动领域发挥最大潜能。

第三节 成年期与老年期的运动变化

随着年龄的增长,个体的运动能力经历了不同的变化。在成年期,尽管运动能力通常较为稳定,但随着生理、心理和环境因素的交织作用,运动表现也可能出现一定的变化。进入老年期后,身体退化令运动功能受到显著影响,但通过科学的干预和合理的锻炼,衰退的速度和程度能够得到有效延缓。本节将探讨成年期和老年期运动变化的特点,分析不同年龄段个体运动能力的变化规律,讨论保持运动能力及延缓衰退的有效策略,以为不同生命阶段的运动健康提供理论支持和实践指导。

一、成年期的运动表现

成年期的运动能力随着年龄增长呈现先稳定后下降的趋势。不同年龄段的个体在生理状态和运动表现方面存在明显差异,主要表现为20~35岁为巅峰期,35~45岁运动能力逐渐衰退,45岁以后衰退速度加快(Spirduso,2005)。这种变化不仅受到自然老化的影响,还与生活方式、训练习惯和健康状况密切相关。

1. 年龄差异:生理状态与运动表现特征

成年早期(20~35岁)通常是运动能力最强的阶段,此时肌肉力量、心肺功能、神经系统反应速度和代谢水平均处于最佳状态(Spirduso,2005)。无论是爆发力、耐力还是协调性,个体在这一阶段都能达到最高水平。因此,许多竞技体育项目的顶级运动员在此年龄段内达到职业巅峰,如短跑、足球、篮球等项目的优秀运动员往往在20~30岁取得最佳成绩。

进入中年(35~45岁)后,运动能力开始出现轻微的下降,尤其是肌力和心肺功能。研究表明,从35岁开始,肌肉质量每十年下降3%~5%(Lexell et al.,1988)。此外,神经系统的反应速度和运动协调能力也会逐渐降低,个体在速度和灵敏性要求较高的运动(如田径、球类运动)中表现下降。适当的运动训练可以有效减缓衰退速度,使运动能力维持较高水平。

45岁以后,运动能力的衰退速度明显加快,尤其是肌肉力量、心肺功能和骨密度(Rogers & Evans, 1993)。此外,关节灵活性降低、运动损伤风险增加,使得高强度运动变得更加困难。此时,个体更适合从事以低冲击、耐力型或柔韧性为特点的运动,如游泳、骑行、瑜伽等,以维持身体机能和运动健康。

2. 衰退机制

随着年龄增长,个体会经历肌肉流失(肌少症,sarcopenia),特征为肌纤维数量减少和肌肉力量下降。研究表明,40岁以后,肌肉横截面积平均每年减少1%~2%,直接影响个体的力量、爆发力和耐力(Frontera et al., 2000)。这一现象不仅削弱年长者在高强度运动中的表现,还增加了肌肉疲劳和损伤的风险,令恢复时间延长。

此外,基础代谢率(BMR)下降是另一个关键因素。年龄增长导致能量消耗减少,同时脂肪组织逐渐增加,加剧了运动能力的下降(Roberts & Rosenberg, 2006)。与此同时,心肺功能衰退使有氧代谢能力减弱,降低了肌肉供氧效率,直接影响耐力型运动(如跑步、游泳)的表现。

除了肌肉和代谢能力的变化,恢复能力的下降也会显著影响成年期的运动表现。随着年龄增长,肌肉修复速度变慢,关节和软组织的恢复时间延长,使运动后的疲劳感更强,受伤风险提高(Loeser, 2017; Snijders et al., 2015)。研究表明,年长者在高强度训练后,需要更长的时间来恢复肌肉功能和关节灵活性。因此,合理安排训练强度、恢复周期和营养补充,对于延缓运动能力衰退至关重要。

二、老年期运动能力的退化与影响

老年期运动能力的退化主要表现为肌肉力量下降、协调性减弱、反应速度变慢,以及平衡能力降低,这些变化不仅影响老年人的身体健康,还会对心理健康和社会交往产生影响。

1. 运动能力变化

研究表明,60岁以后,个体的肌肉质量平均每十年减少3%~8%(Mitchell et al., 2012),尤其是下肢肌肉的流失会降低步态稳定性,增加跌倒风险(Yeung et al., 2019;刘钰 等,2022)。

此外,平衡能力和协调性逐渐减弱会影响老年人在复杂环境下的运动表现。例如,老年人更难进行需要快速步伐调整或精细协调的运动(如跳跃、单脚站立、快速转身等),这与本体感受能力下降和小脑功能衰退密切相关(Spirduso, 2005)。

运动反应速度的减慢也是老年期运动能力退化的主要表现。研究表明,老年人对突发环境变化(如躲避突然出现的障碍物)的应对时间比年轻人平均延迟20%~30%

(Spirduso,2005)。这一变化不仅影响运动表现,也增加了意外摔倒和发生交通事故的风险。

2. 运动衰退对心理健康的影响

老年人运动能力的衰退与抑郁、焦虑等心理问题密切相关。研究表明,运动能力下降的老年人的抑郁症状显著增加(Lampinen et al.,2006)。老年人的肌肉力量和协调性下降,日常活动受限,与外界的接触减少,容易陷入孤独和无助的情绪。尤其是在不能进行曾经喜爱的活动时,如散步或园艺,消极情绪增加,进而影响其心理健康。长期缺乏运动还会影响大脑神经递质的调节,导致情绪低落(Erickson et al.,2014)。此外,跌倒恐惧(fear of falling)在老年人中非常普遍。跌倒经历或担忧跌倒可能让老年人减少运动,避免社交活动,这不仅增加了心理压力,还加剧了身体的衰退(Delbaere et al.,2010)。

同时,老年人运动能力的下降往往伴随着社交参与的减少。身体活动的减少使得老年人难以参加家庭聚会、朋友聚会或社区活动,这种社交孤立可能增加患抑郁症的风险。社交参与的减少加剧了孤独感,从而降低了自尊心和幸福感。研究表明,低社交参与老年人的死亡率明显较高(Holt-Lunstad et al.,2015)。运动能力的衰退可能使老年人更加依赖他人帮助,进而产生自我价值感的丧失,减少与他人的互动。跌倒或运动受限的经历可能带来对未来活动的恐惧,形成恶性循环,进一步加剧身体和心理的双重衰退。

对于老年人而言,维持身体活动和社交联系不仅有助于保持身体健康,还能减轻心理压力。家庭成员的支持尤为重要,尤其是老年人需要帮助时,家庭陪伴和参与运动可以提升他们的心理韧性,缓解孤独感,增强自信心(McAuley & Blissmer,2000)。

三、运动的保持与延缓衰退的策略

尽管随着年龄增长,运动能力不可避免地出现衰退,但通过科学合理的运动训练和生活方式管理,可以有效延缓这一过程,提高老年人的生活质量(Nelson et al.,2007)。运动不仅能够保持肌肉力量、增强骨密度,还能改善神经-肌肉协调能力,降低跌倒和骨折的风险。

1. 阻力训练

力量训练对于维持肌肉质量和力量至关重要。研究表明,老年人每周进行2~3次中等强度的阻力训练(如负重训练)可以有效减少肌肉流失,提高下肢力量,从而改善步态和稳定性(Fragala et al.,2019)。此外,阻力训练还能增加骨骼强度,降低骨质疏松的程度。

2. 平衡与协调训练

老年人平衡性下降是跌倒风险增加的重要原因,有针对性的平衡训练(如单腿站立、太极、瑜伽)可以提高身体控制能力、增强本体感觉、减少跌倒的发生(Sherrington et al.,2017)。协调性训练(如舞蹈、步态训练)也有助于维持神经-肌肉系统的灵活性。

3. 有氧运动

有氧运动(aerobic exercise)对于维持心肺功能和增强耐力至关重要。适度的有氧运动(如快走、骑自行车、游泳)可以改善心血管健康,提高氧气利用效率,减少疲劳感(Bassett & Howley, 2000)。世界卫生组织建议老年人每周至少进行 150 分钟的中等强度有氧运动,以维持身体机能(*WHO Guidelines on Physical Activity and Sedentary Behaviour*)。

4. 柔韧性训练

随着年龄增长,关节灵活性和肌肉弹性逐渐下降,导致运动幅度受限,增加受伤风险。规律的拉伸训练(如瑜伽、普拉提)可以增加关节活动,减少肌肉僵硬,改善身体姿势(Stathokostas et al., 2012)。

5. 生活方式调整与营养支持

运动保持策略不仅限于体育锻炼,还涉及生活方式的调整和营养管理。高蛋白饮食有助于维持肌肉质量,维生素 D 和钙的补充对于骨骼健康尤为重要(Breen & Phillips, 2011)。此外,充足的睡眠和良好的心理状态也是维持运动能力的关键因素。

做自己的发展心理学家 家事国事天下事,事事有"心"

运动与健康涉及生理、心理、社会等多方面因素,政策、经济等宏观因素同样塑造着人们的健康观念与生活方式。

1. 全民健身与社会发展

近年来,国家大力推广全民健身计划,倡导建设"健康中国"。例如,《"健康中国 2030"规划纲要》提出,要增强全民健身公共服务体系,为不同年龄阶段的人群提供适合的运动设施和活动。这一政策不仅提高了公众的健康意识,也推动了体育产业的发展,让越来越多的人能够在社会支持下保持运动习惯,延缓生理衰退,提高生活质量。

2. 科技进步对运动发展的影响

科技的发展也在深刻改变着人们的运动方式。智能穿戴设备、虚拟现实健身、人工智能运动指导等技术的开发,使个体能够更加精准地管理自身的运动计划(Bodemer, 2023; Qian et al., 2020; Vijayan et al., 2021)。如今,越来越多的人通过智能手环监测自己的运动量,利用 AI 教练进行个性化训练,提高运动效率(Mansurali & Mahmoud, 2024)。这些科技手段不仅优化了运动表现,还使运动变得更加便捷和个性化。

3. 社会文化与个体心理发展

不同的社会文化环境也影响着个体的运动习惯。例如,在经济发达地区,人们更容易接触到多样化的运动方式(Bauman et al., 2012),而在某些较为保守的地区,女性的运动参与度相对较低(Owen et al., 2025)。因此,如何通过社会倡导和政策支持,提高不同群体的运动参与率,是值得关注的话题(Grix & Carmichael, 2012)。

综上所述，我们不仅要关注自身的发展，也要放眼社会，从政策、科技、文化等更广阔的视角来理解运动与健康的关系。无论是个人的运动习惯，还是社会整体的健康水平，都与国家发展、科技进步和文化塑造密不可分。因此，我们要关注自身成长，也要理解社会变迁，顺应时代发展，不断优化自身的运动与健康管理策略。

思 考 题

1. 不同年龄阶段的运动发展特点是什么？请结合生理、心理和社会因素进行分析。
2. 如何利用运动训练延缓成年期运动能力的衰退？请结合科学研究或实际案例进行说明。
3. 运动发展与心理发展之间的关系是什么？请结合发展心理学的相关理论进行阐述。

名 词 解 释

定向反射(rooting reflex)：又称觅食反射，当面颊或嘴巴周围区域受到触碰时，婴儿会自动转向触碰的方向，并张开嘴巴做出吸吮的动作。这是一种在出生后的早期阶段表现出的自然反应，有助于婴儿寻找乳源，确保营养摄取。

吸吮反射(sucking reflex)：触碰新生儿口唇时，出现的口唇及舌的吸吮蠕动活动。该反射是新生儿的一种原始反射，使婴儿在早期通过吸吮来获取母乳或其他食物，从而满足营养需求。

莫罗反射(Moro reflex)：又称惊跳反射，是新生儿的一种原始反射，表现为当婴儿受到惊吓或身体失去支撑时，他们会迅速伸展四肢（手臂和腿），然后双臂收拢做抱物状的动作，通常伴随头部后仰和弓背。这一反射可以看作一种自我保护机制，帮助婴儿对潜在的危险做出快速反应。

基本精细运动技能(basic fine motor skill)：使用手部及手指的小肌肉完成精细、准确的动作，通常与操作小物体、精确控制和复杂任务的执行有关。精细运动技能是儿童发展的重要能力，也是成人日常活动和工作必不可少的基础技能。

粗大运动技能(gross motor skill)：需要大肌肉群参与进行的运动或动作，主要涉及身体的平衡与协调，如跑步、跳跃、投掷、爬行等。

小 结

幼儿期以运动平衡性和协调性的发展为主，学龄期及青少年期是基本和专项运动技能形成的关键阶段，成年期运动能力趋于稳定，但在老年期逐渐衰退，各阶段的发展特点决定了不同的训练与干预策略。

从儿童期到成年期，随着神经系统发育和运动经验积累，个体的步态稳定性、运动速度、准确性和协调性不断提高；而老年期身体机能的退化导致反应速度下降，从而影响运动表现。

肌肉萎缩、骨密度下降、代谢率降低等生理机制是运动能力衰退的主要原因，但适当的运动训练、营养补充和社会支持可以有效延缓这一过程，提高中老年人的身体机能。

成年期和老年期的运动保持需要关注力量训练、有氧运动和平衡训练，同时加强运动后的休息与营养补充，以减少运动损伤、维持肌肉质量、延缓运动衰退。

第四章参考文献

5

从感官探索者到逻辑思考者:皮亚杰认知革命四重奏

事物需要通过"否定"以及"否定之否定"得以提升,比如麦粒-麦苗-麦穗这一生长过程;儿童也需要通过与客体的交互作用,不断修正、更新认知,从而实现一个又一个的"平衡-不平衡-平衡"式的发展过程。

读完前四章,想必你已经对个体生命发展有了一定的认识,了解个体从胎儿期开始经历的脑发育、感知觉和运动的发展情况。从本章起,我们将介绍个体内在的认知发展。可能你已经注意到,刚出生的婴儿会不断触摸其感兴趣的东西,无论是用四肢还是用嘴(不过可能会被立刻打断,因为婴儿尚不能区分物品的可食用性)。而随着个体成长,他们对于事物和问题思考得越来越多,也越来越深入,直到形成完善的逻辑思维能力。皮亚杰的认知发展理论将带你走进个体从触摸到思考的发展过程。

第一节 依赖回应的感知运动阶段

皮亚杰提出的认知发展理论认为,儿童的认知是在已有图式的基础上,通过同化、顺应和平衡等机制,不断从低级向高级发展的一个建构过程。随着年龄增长,儿童会不断丰富原有的图式、创造新的图式,这就是认知的发展过程。了解儿童认知发展阶段及各阶段特点,对于儿童心理学研究者而言可以提升研究设计的合理性,对于科学育儿、有效地追踪后代发展也具有重要作用。

皮亚杰将个体认知发展划分为四个阶段,第一个阶段是感知运动阶段(sensorimotor stage;出生至2岁)。这一阶段的个体将通过感知觉和身体活动来认识自己和周围环境,此时个体的发展依赖于外界对他的回应。这种回应包括他人(主要是照顾者)的反应,如微笑;也包括事物的物理属性,如按按钮发出声音。

一、感知运动阶段的能力获得

个体在生命早期,需要依赖运动探索周围环境以获得信息。感知觉信息的获得与个体认知之间的关系密切,如触觉记忆的不对称性:婴儿(2个月大)对于右手握住的物体更容易在视觉上识别其形状；但相比于右手，婴儿更容易记住左手接收到的触觉信息(Streri & Féron，2005)。当然，这种不对称性在发育过程中是短暂存在的，4个月大的婴儿就没有这种现象了。此外，感知觉信息也会作为经验用以调整动作：1岁左右的儿童在头要碰到柜子之前，会减慢奔跑速度甚至闭上眼睛，这就是对感知与动作之间经验的掌握，他们已经有过往前冲后头被撞疼的行为体验了。在感知运动阶段，个体将经历从先天的反射到改变原有图式，做出有意向的行为的发展转变。这一转变过程可以被细分为六个阶段，即感知运动阶段的六个亚阶段(Feldman，2017)：运用反射(出生至1个月)、初级循环反应(1~4个月)、次级循环反应(4~8个月)、次级图式的协调(8~12个月)、三级循环反应(12~18个月)和心理整合(18~24个月)。

具体来讲，在运用反射阶段，新生儿主要利用先天的生理反射发展自身。我们已知，新生儿具备一些反射能力，在刚出生的前几个月里，他们会不断地练习控制这些先天反射能力，如吸吮，以适应环境并满足自身的需求。值得注意的是，尽管只是简单的反射动作，但新生儿可以根据外界的环境经验对反射动作进行调节，如面对母乳和奶嘴，他们的吸吮动作是不同的。

在初级循环反应阶段，婴儿对于一些偶然发生的事件产生兴趣，并通过重复这些事件达到快乐的目的。这与皮亚杰提出的练习性游戏在这一阶段的出现相呼应，后面介绍感知运动阶段的特点时将具体介绍这一游戏特点。同时，婴儿会开始进行一些整合活动，如边喝奶边用手拽母亲的头发。

次级循环反应阶段相比于初级循环反应阶段，婴儿的重复行为不仅仅是出于自身感受，还能够为了超出自身范围的结果而重复动作，如按小汽车的喇叭使它发出"滴滴"的声音。这引发了大量研究者对婴儿关于物体和事件因果关系的推理研究。Gopnik等人(2001)曾使用"blikcket检测器"，即某些物体放在盒子上后会使盒子亮起并播放音乐。研究发现，2~4岁儿童可以做出推理，发现哪个物体才是决定盒子运行的关键因素。这样的因果推理研究也被推广到年龄更小的婴儿上，研究发现推理事件因果关系的能力可能在婴儿5~8个月时发展，8个月大的婴儿会对预期的规律性事件有更长的注视时间(Sobel & Krikham，2006)。

到了次级图式的协调阶段，婴儿开始尝试改变原有图式，通过主动的行为动作，获得有效的新图式，是复杂、有目的性的行为的发展阶段。在运动神经领域，一项有趣的研究发现，18个月大的婴儿可以通过观察学习连续的物体运动规律，预测即将到来的序列行为，这一过程激活了其大脑运动系统(Monroy et al.，2017)。这一研究发现为婴儿的观察经验学习提供了证据，婴儿可以通过观察父母的重复动作，来获得行为规律，进而预测下一步的动作。比如，大多数时候父母去拿花生酱时，伴有拧开盖子、从罐子中舀出花生酱的行为，婴儿就可以通过观察学习预测拿花生酱这一行为之后的动作。

进入三级循环反应阶段，婴儿在行为中加入了更多思考，他们会体验新行为并观察相应的结果。比如，当婴儿不小心采到橡皮鸭子，鸭子发出声音后，他会故意挤压鸭子，看鸭子能否继续发出声音。此时,婴儿的循环反应相比于初级阶段只涉及自身的重复行为和次级阶段通过外界回应重复行为获得快感,行为反应更加复杂。

心理整合阶段是婴儿进入前运算阶段的过渡阶段。婴儿会展现出心理表征(mental representation),对环境的适应能力显著提升。此外,自我-他人表征的发展也在婴儿时期出现,主要体现在自我-母亲表征上,即个体可以辨别出他人,如父母等主要抚养人(孔繁昌 等,2014)。进一步研究发现,婴儿表现出了对自我图像的偏好,无论之前给他们呈现的图片中自己与另一位婴儿是否有显著差别(双颊被标记一颗红点;Nielsen et al.,2003)。

皮亚杰对婴儿时期的个体认知发展进行了十分详细的描述,在生命的最初两年中,个体逐渐获得一系列认知成就,并形成思维。对婴儿的个体差异与认知能力发展的关注主要集中在婴儿早期气质类型上。气质(temperament)是指在反应性与自我调节方面的个体差异,是婴儿出生后表现出来的一种相对明显、稳定且持久的个体特征(Rothbart,1981),它与遗传高度相关,能够代表生命早期的个体差异(张青 & 王争艳,2022)。尽管在婴儿期,个体通过感知和动作得到了技能发展和认知提高,但仍存在一些不稳定的发展模型。很多研究通过父母报告的婴儿行为问卷,获得婴儿的行为模式或气质类型,并将其与大脑注意网络联系起来,用它们与儿童的感知敏感性或注意力偏好进行分析。比如,研究发现婴儿的情绪注意力偏见模式是不稳定的,社会恐惧特征与他们对快乐或恐惧面孔的关注之间没有固定关系(Bierstedt et al.,2022);婴儿6个月时的外向性并不能直接预测其学步期的执行功能(张青 & 王争艳,2022)。

二、感知运动阶段的特点

感知运动阶段是个体科学概念发展的关键时期,个体逐渐认识到自己与客观事物之间的关系,如了解到远离视线的个体也依然存在(即客体永存)等。

1. 客体永存概念的获得

儿童(9～12个月)在感知运动阶段会发展、获得客体永存概念,对应次级图式的协调阶段。皮亚杰设计了经典的幕布实验,以证明儿童客体永存概念的出现和发展。儿童开始意识到不在眼前的事物也是存在的。比如,你可以尝试问在床上玩耍的小朋友:"空调在哪里?"他们会转过身、抬起头,指向或望向空调的方向(前提是其已经通过练习熟悉了空调这个词语)。客体永存概念是更高层次认知活动的基础,表明儿童开始在头脑中用符号来表征事物,但是还不能用语言和抽象符号为事物命名。

客体永存概念不仅涉及无生命的物体,还会延伸到人,关于依恋的课题就围绕此展开。由于母亲往往是新生儿的主要照顾者,大量研究针对母婴依恋开展,此外还有婴儿与父亲、与兄弟姐妹依恋关系的研究。依恋是指人与人之间形成的特殊和强烈的情感联结,依恋类型可以分为安全型、回避型、反抗型和混乱型四种。依恋类型被证实与个体认知发展有关。考虑到分离是婴儿和照顾者之间的压力事件,安全的依恋关系可以改善婴儿的压力水平(影响皮质醇水平;Kuo et al.,2019)。不仅是即时的影响,婴儿期依恋对个体后期认知发展也有预测作用。纵向研究发现,婴儿期的母婴依恋类型对幼儿期个体认知发展及各种行为问题(丁艳华 等,2013),以及儿童中期与父母互动中的情感表达有预测作用(Tabachnick et al.,2021)。

2. 练习性游戏

在感知运动阶段,幼儿利用身体动作的变化,对某种物体的操作进行游戏,即所谓的练习性游戏(牟宗玲 & 李旭磊,2019)。练习性游戏的特点在于不断重复已经习得的动作,从而获得机能性快乐——因满足身体的某种生理需要而获得的快乐。

一次偶然的行为如果让婴儿感到愉悦,他便希望通过重复这一行为来使自己得以满足。一个令照看者头痛的现象就是最好的证明:起先婴儿可能会把手边的东西不小心或无意地扔到地上,此时你为他将东西捡回,他可能会认为这一过程是有趣的;当你捡起后刚刚递到他的手上,他又会以迅雷不及掩耳之势再扔到地上;如果你不肯继续为他捡起,那他一定会大叫着抗议,甚至哭泣。

除了重复行为带来的快感,幼儿对熟悉的指令词也会很敏感。比如,1岁大的小朋友在经过家人的陪伴练习后,当吃到美味的食物、看护者说出"香香一个"的时候,他就会皱起小鼻子、双眼紧闭、嘴角上扬,做出一副享受的表情。当然,类似的"暗语"还有许多,如"排山倒海"就会立刻躺倒在床上、"顶个牛儿"就会把脑门凑过来等待别人跟他对顶。每个家庭在面对这个小生命的时候,都会欣喜地在养育和陪伴中形成独特的娱乐模式,而这种练习性游戏将贯穿个体的整个儿童时期。练习性游戏不仅可以给儿童带来快感,还是他们探索周围环境、发展自身的好机会。

第二节 开始思考的前运算阶段

为指导幼儿园和家庭科学有效地实施学前教育,教育部于2012年10月印发《3～6岁儿童学习与发展指南》,其中强调了了解此阶段儿童学习与发展的基本规律和特点的必要性,指出教育应当防止并克服学前教育"小学化"的现象,并给出了具体方法和相关建议。这背后蕴含了不同年龄阶段儿童所具备的不同认知水平,而教育应当遵循这一规律进行。

教育部于2021年3月30日发布的《教育部关于大力推进幼儿园与小学科学衔接的指导意见》指出,针对小学和幼儿园的教育衔接问题,教育应改变过度重视知识准备、超标教学、超前学习的状况。这一政策的发布必定参考了儿童心理发展特点,如果儿童过早地在学前接触到不符合自己认知范畴的小学文化知识,这不仅不能使儿童更好地适应,而且会增加其学业和心理负担,甚至会对其心理健康造成影响。

儿童认知发展的第二阶段——前运算阶段(2～7岁左右),就是我们通常所说的学前期。与感知运动阶段相比,幼儿在前运算阶段会通过自己特有的方式与周围环境进行互动,是幼儿更主动地探索周围世界的过程。区别于感知运动阶段单纯依靠感知觉来探索环境,前运算阶段儿童的思维水平足以处理运用语言符号。尽管儿童在这一阶段可以思考问题、分析事物,儿童的思维仍只能停留在事物的表面,即智力活动处于表象层次,且具有不可逆性。根据前运算阶段个体的表现,可以归纳出如下的认知发展特点。

一、泛灵论

泛灵论也称万物有灵论,最早源自哲学,是指认为世间万物皆有灵魂或自然精神,并在控制间影响其他自然现象。前运算阶段的儿童处于主观世界与物质宇宙尚未分化的混沌状态,缺乏必要的知识,对事物之间的物理因果关系和逻辑因果关系一无所知,所以思维常是泛灵论的。他们往往把周围接触到的没有生命的客体认成有思想、有情感的生命体。因此,你可以看到儿童对洋娃娃认真地说"谢谢你""不要害怕",像母亲拥抱他一样拥抱其心爱的玩偶。他们也会一本正经地照顾桌椅板凳,甚至是日月星辰的"小情绪"。这是儿童通过给对象以拟人的特点而引起的情绪体验。这种现象与儿童的思维发展水平相对应,思维万能和泛灵论是创造力的根源。研究发现,儿童的创造力从2岁起开始发展,在5岁时会达到一个小高峰(叶平枝 & 马倩茹,2012)。进入前运算阶段的2岁儿童,会对具体的问题情境,进行有意识、有目的地探索,因此2岁一般也作为个体一般认知能力的早期基础水平被测量,如成童等人(2022)研究学步期焦虑影响儿童后期创造力水平时,就将个体2岁时的一般认知能力水平作为中介变量。

泛灵论是儿童在前运算阶段思维发展的特点之一,作为认知发展的必要途径,它对个体发展有积极和消极两面性的作用。一方面,作为发展创造力的根源,儿童的泛灵论思想需要父母和教育者精心呵护,任何否定、打压儿童幻想的行为都是不可取的。充分利用儿童这一认知特点,因为它也可能是家长教育的"好帮手"。2020年年初,儿童并不能理解新型冠状病毒的意义及其带给人们的负面影响,更难以理解父母在新年节日里为何突然加班。但当医护工作者告诉子女,自己是去打怪兽了,打赢了就可以回家时,儿童既理解了病毒的特点,又不再执拗于父母的离开。除此之外,泛灵论的思维特点可能也是儿童人际关系(如共情能力)的雏形,对儿童人际交往发展有影响。另一方面,有些家长在教育时可能会过分强调泛灵论,这样对儿童的发展也是不利的。比较常见的教育反例有:当小孙子在奔跑时不小心摔倒在地,奶奶立马跑上前去安慰;为了安抚哭泣的孙子,奶奶狠狠地踩着地面说:"都怪它,奶奶打他了,咱们不哭。"这样的教育无形中渗透给孩子推卸责任的意识,之后在生活中无论是他下次摔倒,还是后续遇到困难,他都可能将责任归于外界,忽视自己的问题。

此外,泛灵论近年在人机互动和拟人化领域也得到了广泛应用。儿童对机器人的认知、情感和行为判断都是带有拟人化的,这一点在年幼的儿童上表现得更为显著(Legare et al.,2013)。将机器人的情绪反应纳入研究后发现,儿童在共情和情感方面都更偏好有情感反应的机器人(Tielman et al.，2014)。这为机器人和人工智能的开发提供了参考。针对儿童的设备开发，可以充分利用儿童泛灵论的特点，并在行为、语言的互动基础上考虑情感因素，以实现逼真交互的效果。

二、中心化

中心化包含两方面内容，一方面，在前运算阶段，儿童还不能设想他人所处的情境，常以自己的经验为中心，从自己的角度出发来观察和理解世界，这一特征被称为自我中心。然而，究其源头，自我中心最早是皮亚杰在阐述孤独症的症状时提及的，他认为以自我为中心的思想可以揭示孤独症思维的核心特征(Kesselring & Müller，2011)。以自我为中心的核心是模糊的自我边界，导致个体不能明确区分主体和客体。因此，自我中心的出现就是由于这一阶段个体在认识事物上的中心化特点。这就引出了中心化的另一方面，它还描述了儿童在前运算阶段对刺激物的加工特征，即在关注刺激物时，只能加工表面信息，不能看到更本质的内容这一特点。总体来看，这两方面思维特征都展现了这一阶段儿童思维发展的局限性。

1."我知道你知道的"

学前期是心理理论的快速发展阶段(姜玮丽 等，2015；Wellman et al.，2001)，它与个体认知能力中的执行功能密切相关(苏彦捷 & 于晶，2015)，心理理论的发展受到执行功能子成分的影响。

尽管前运算阶段以中心化为特征，但在这一阶段发展后期，儿童在错误信念任务中已经可以区分自我与他人的心理状态。当然，研究发现，即使是已经充分发展的成年人，在某些情况下推理他人状态时也会出现自我中心的特点，他们可能会先以自我中心锚定，再试图理解他人的心理状态(陈雨露 & 苏彦捷，2011)。

2."不一样的糖果"

将五颗糖果以紧密排列和分散排列的方式分别呈现在儿童面前，前运算阶段的儿童可能会认为分散排列的糖果数量更多，而不是一样多，因为分散排列的呈现方式使它们看起来更长。这展现了儿童理解事物的表面性。这一实验与下一节具体运算阶段将详细展开的守恒实验相似，体现了数量守恒的概念。前运算阶段的儿童还不具备守恒概念。

三、象征性

前运算阶段是儿童游戏的高峰时期，这一时期的儿童游戏被皮亚杰称为象征性游戏。由于语言的发展和符号功能的获得，儿童在游戏中的主要特征是模仿和想象，角色游戏是其主要的表现形式。比如经典的游戏"过家家"，儿童会将娃娃当作自己的孩子，利用身边的工具打造自己幻想的小家。在这里，我们可以加深上面提到的此阶段儿童具备泛灵论的认知特点，这与儿童象征性游戏的出现相联系。这时儿童可以脱离当前对实物的感知，以表象代替实物，作为思想的支柱进行想象，并学会用语言符号进行思维，体现了儿童认知发展的水平。

皮亚杰对儿童认知发展阶段的划分是细致的，他不仅考虑到儿童在该阶段已经具备的认知发展特点，还充分考虑了儿童在此阶段不具有的特点和能力。在前运算阶段，个体尚不具备思维可逆性和守恒概念。

1. 思维不可逆

可逆性思维有两种表现形式：一种是逆向性（否定性），是指当逆向运算和正向运算相结合可以抵消掉整体，或者改变了的形状或方位还可以恢复原状；另一种是互反性（对称性），是指已知事物 A 对事物 B 的属性，推测事物 B 对事物 A 属性的能力。如果你对此感兴趣，可以尝试跟这一阶段的儿童进行类似对话："你有姐姐吗？""有。""那你姐姐有弟弟（或妹妹）吗？""不知道。"前运算阶段儿童的思维具有不可逆的特点，到具体运算阶段时，这种可逆性思维的能力才发展起来。

2. 没有守恒概念

经典的守恒实验有液量和数量两种，其实质在于将同样的物品以不同的形式呈现时，儿童是否有判断其恒定的能力。皮亚杰采用液量的方法，设计了量杯实验：将两杯等量的水分别倒入一个细量杯和一个粗量杯中，让儿童比较哪个量杯中的水更多。很明显，前运算阶段的个体不具有这一能力，他们在判断时往往使用单一的维度或标准，而无法同时衡量两个及以上的维度。

当然，目前随着研究的不断推进，儿童认知能力的发展似乎提前了。比如我们前面提到的心理理论，在这一阶段已经得到快速发展。当然，如果从文化差异的角度考虑，一些文化中的儿童在认知能力上的发展相对缓慢（Feldman，2017）。

第三节　灵动思维的具体运算阶段

儿童认知发展的第三阶段——具体运算阶段（7～11 岁）。此时儿童已经由最初的感知运动阶段依赖感知觉和运动探索环境，到前运算阶段可以不完全依赖物理环境，发展出一些表征技能。到了具体运算阶段，儿童的思维水平再次提升，能够灵活地借助事物表象和概念进行思考，开始认识到客体间的转换关系。因此，我们将这一阶段形容为"灵动思维"，这一阶段儿童思维更加灵活深入。心理运算就是在这一阶段展现的，它是指能在心理上进行的、内化了的动作。但具体运算阶段个体的运算能力存在两方面局限（Piaget et al.，1960）：运算对象必须是具体对象，而不能是抽象的命题形式；运算只能从一个事物进入下一个事物，无法同时考量。根据具体运算阶段个体的表现，可以归纳出如下的认知发展特点。

一、去自我中心化

去自我中心化是儿童思维成熟的典型特征之一,这种能力就是我们日常所说的换位思考,个体在具体运算阶段具备了站在别人的角度思考问题的能力。能够意识到自身主观性,这是个体社会性发展的重要标志之一。皮亚杰认为自我中心化和去自我中心化是由同化和顺应相互作用造成的(丁芳,2002):当客体被纳入主体原有图式中,即同化作用占主导时,客体的特征不被重视,因此儿童以自我为中心。但当儿童原有图式不足以吸纳客体时,他们可能通过模仿再现客体形式和运动,当同化和顺应再次平衡时,儿童能够同时意识到主体和客体,达到去自我中心化。随着经验增多,新的认知结构逐渐形成,自我中心化和去自我中心化会反复交替,就像同化和顺应一样,在否定之否定的过程中螺旋上升、不断发展。

关于去自我中心化,有学者提出它与观点采择(perspective taking)含义一致(丁芳,2002),指的都是儿童推断别人内部心理活动的能力,能设身处地理解他人的思想、愿望、情感等。当你对前运算阶段儿童说自己饿了想吃东西时,儿童可能会给你拿一颗他喜欢的"小馒头",而不是你更喜欢的饼干。观点采择与以自我为中心相对应,它是认识上的去自我中心化。从具体运算阶段起,随着运算能力的获得,儿童逐步从自我中心状态中解脱出来,开始能够区分自己与他人的观点,获得观点采择能力。社会观点采择能力的发展能促进个体道德认识的提高,也有助于道德行为的形成。塞尔曼(Robert L. Selman)设计了著名的两难故事"霍莉爬树"以考察儿童的观点采择能力发展特点。霍莉在答应父亲不再爬树后,面对爬到树上下不来的肖恩的小猫,霍莉该如何抉择?通过询问儿童对故事中人物的感情判断,塞尔曼将观点采择能力的发展分为五个阶段:自我中心的观点采择、社会信息的观点采择、自我反省的观点采择、相互的观点采择、社会和习俗的观点采择(Selman,1980,1990)。在自我中心的观点采择阶段,儿童不能区分自己对事件的解释和他们认为是真实的或正确的事情。6~8岁,儿童进入社会信息的观点采择阶段,儿童可以意识到别人有不同的理解和观点。到了8~10岁,进入自我反省的观点采择阶段,此时儿童意识到,每个人都知道别人有自己的思想和情感,不仅知道别人有不同的观点,而且能够意识到别人的观点。10~12岁,进入相互的观点采择阶段,儿童能从第三者、共同的朋友的角度来看待两个人的相互作用。12~15岁进入社会和习俗的观点采择阶段,儿童认识到存在着综合性的观点,也认识到"为了准确地同他人交往和理解他人,每个人都要考虑社会系统的共同观点"。当然,不仅是理解他人的观点,利用这些知识参与社会互动对于儿童社会交往十分重要(Brezack et al.,2021)。最近有研究发现,视觉观点采择,即个体从他人角度看世界、理解他人"是否看到"和"看到的是什么",是个体进行人际互动、社会互动的前提(吴梦慧 等,2022)。而视觉观点采择的偏差(个体受自身信息干扰,从而错误地采用自身信息去评估他人体验)可能会导致个体在社会互动中失败,甚至产生人际交流障碍。

二、守恒概念的获得

守恒概念的形成也是具体运算阶段的鲜明标志,它和思维可逆性分别代表儿童对事物思维的两种形式,二者存在内部联系。思维可逆性是指个体能够"反其道思之"的能力,就是我们日常提到的逆向思维。比如,看见水壶里的水被缓缓倒入杯中,我们可以轻而易举地想象水杯中的水回到水壶里的过程。具备守恒概念的儿童可以认识到一个事物的知觉特征变化与其本身量的多少无关,换句话说,他们评判事物的方式不再局限于表面感知到的事物特征了。掌握守恒概念的儿童能够认识到事物的以下三种性质:第一,可逆性,物体被转换后可以归位或恢复原状;第二,补偿性,事物的变化往往是具有补偿性的,皮筋被抻长的同时会变细;第三,同一性,能够认识到事物还是原本的样子。根据事物的性质不同,守恒概念的获得也分不同的形式,通常衡量守恒发展的范式涉及物体的数量、质量、长度、体积和面积。儿童获得不同守恒形式的年龄并不一致,通常最早掌握的是数量守恒,接着是质量和长度守恒,最后是体积和面积守恒。

尽管从皮亚杰的发展理论看来,守恒概念是在具体运算阶段获得,但也有研究发现这一能力的获得可能提前。在一项个案研究中,研究者将数学知觉加入日常的对话和游戏中,发现儿童在 3 岁时就可以掌握数量守恒概念,说明将皮亚杰任务融于日常生活中能够让儿童更早习得数量守恒概念(Watanabe, 2017)。这可能与越来越丰富的外界环境刺激有关,研究发现,对无关信息的抑制能力以及对数字维度信息的关注程度能够影响儿童数量守恒概念的发展(Viarouge et al., 2019)。此外,脑成像研究也提供了类似的证据,Houdé 等人(2011)发现,儿童数量守恒能力的获得依赖顶叶-额叶网络的发展,而这一脑区与儿童的抑制控制能力发展密切相关。当然,较早获得认知能力并不意味着这一能力的成熟。Roell 等人(2019)发现,已具备守恒概念的个体仍会受到非数量维度的无关信息的干扰,抑制功能较不成熟的儿童可能受无关维度影响更大。

三、规则游戏

根据皮亚杰的游戏分类,在具体运算阶段儿童的主要游戏活动是规则游戏。比如"老鹰抓小鸡""逮人"等,都有一定的游戏规则,并要求参与游戏的成员配合规则、完成相应的角色任务。儿童对于规则的遵守,能够体现出个体的道德发展水平。低年龄段的儿童在规则游戏中可能出现不遵守规则的现象,就是小孩口中常说的"他玩赖"。不过,随着儿童语言以及抽象思维能力的发展,儿童更多的表现出自觉遵守规则和约束的举动。科尔伯格(Lawrence Kohlberg)提出道德发展包括三个水平、六个阶段:水平一,前习俗水平,包括惩罚和服从定向、相对功利取向两个阶段,这一水平个体往往通过外在要求来判断道德价值,比如根据自己是否受罚、是否受益来评定行为好坏;水平二,习俗水平,包括寻求认可定向阶段("好孩子"定向阶段)、遵守法规和秩序定向阶段("好公民"定向阶段),这一水平个体往往以他人的期待和传统社会秩序规则来判断道德的价值。其中,规则游戏会促进儿童达到"好公民"定向的道德发展阶段,游戏给予儿童充分发展能力和健全意识的机会;水平三,后习俗水平,包括社会契约阶段和普遍道德原则阶段,到达此道德阶段的个体能够自觉守约,其道德判断超出了法律和权威标准,具有更普遍的与人类正义和个人尊严相关的认识。

尽管在前运算阶段特点中没有提及幼儿游戏特征,但研究发现,2 岁和 3 岁的幼儿在游戏中也表现出规范的行为反应(Rakoczy et al.,2008)。而从 3 岁起,研究儿童亲社会行为的实验范式增多,如分享贴纸等(Kanngiesser et al.,2017),儿童亲社会行为的表现及其对规则的维护、公平的遵守进一步印证其规范性义务和责任感的获得。

第四节 演绎推理的形式运算阶段

儿童在具体运算阶段仍主要依赖具体对象运算,并且不具备同时处理比较两件事物的能力。而发展到形式运算阶段,最突出的特点就是个体具备了演绎推理的能力,即对事物进行假设验证以及抽象逻辑能力,这一阶段个体解决问题的能力有了大幅度地提升。比如,研究发现,儿童的类比推理能力发展可以帮助儿童从一个熟悉任务的心理表征快速转移到另一个不熟悉的或者较为复杂的任务中,而这种类比推理能力可以通过语言提示(对类比关系进行特定类型表征)和物理表征(通过物理空间摆放引导儿童比较)两种方式干预促进(陈逸群 等,2020)。也许细心的你已经发现,形式运算阶段并没有明确指出发生、发展的年龄段。形式运算阶段紧接着具体运算阶段,在 12 岁左右开始出现。但由于形式运算的复杂性,它的发展相较于前面的认知阶段是缓慢的。甚至有研究发现,一些成年人的形式运算思维也是不成熟的(Commons & Morse,2006)。

用来测试儿童演绎推理能力的经典实验是由皮亚杰发明的钟摆实验。钟摆实验涉及四种可能影响钟摆运动速率的因素,分别是摆锤的重量、吊绳的长度、钟摆下落点的高度,以及初始力的大小。当然,有初高中物理知识的读者都知道,这四个影响因素中只有吊绳的长度才是决定钟摆运动速率的关键因素。倘若你将它当作一个未知的问题,你会怎样通过验证得出答案?具备演绎推理能力的个体首先想到的应该是分别验证这四个变量的影响作用,但为了避免变量间相互影响、混淆结果,需要依次控制除验证变量之外的三个变量。而依次验证这四个变量、控制无关变量的过程,就包含了假设检验的思想,如假设摆锤的重量是决定钟摆运动速率的影响因素,分别用 5 克、10 克、20 克的摆锤进行测试,同时注意控制每次实验使用的吊绳长度、钟摆下落点,以及给钟摆的启动力。这种通过实验验证假设真伪,从而进行演绎推理的能力就是皮亚杰提出形式运算阶段个体应具备的认知发展水平。根据形式运算阶段个体的表现,可以归纳出如下的认知发展特点。

一、演绎推理能力的获得

作为青少年一般思维能力测验的维度之一(郝嘉佳 等，2019)，演绎推理能力在青少年认知发展中具有重要地位。儿童开始学习以命题的形式思考问题。初次接触"思维是以命题的形式进行的"，可能会觉得这句话有些难懂，稍作思考就会发现这句话很好理解。命题可以反映事物属性，需要对事物是否具有属性进行阐述，同时命题也有真假之分。儿童此时的思维已经超越了对具体事物的依赖，他们不仅能考虑命题与经验之间的真实性关系，而且能看到命题与现实之间的联系，并能推论两个或多个命题之间的逻辑关系。例如在人际交往中，个体对"某人做某事"的评价更加立体，可以从多个方面考虑事情、分析人物，进而做出更为妥当的行为。

研究发现，对于3~6岁儿童，他们在故事背景下推测故事中人物的情绪及行为反应、故事情节和判断的内部反应能力已经展现出来了(Paméla et al.，2015)，并表现出了发展差异：3岁儿童能够对情绪和事件之间的关系有一定理解；4岁儿童对角色的目的和触发事件的原因等因果关系敏感；5~6岁儿童则表现出解决问题的倾向，更关注行为后果和解决方案。形式运算推理的能力受先前阶段个体认知能力发展水平的影响，针对非典型发展个体的研究发现，语言理解(Holck et al.，2010)、心理理论(Dawes et al.，2018)等与个体的推理理解能力密切相关，可以预测个体的推理表现。

二、符号含义的理解

对于符号含义的理解，可以从语言符号和非语言符号两方面进行。一方面，形式运算阶段儿童掌握了更多的文字语言及其用法，能够理解区分语言的字面含义和隐喻象征含义。你可以简单地用语文中的修辞手法来理解它们，但无论如何，理解文字深层含义的能力都意味着儿童思维的进步。另一方面，儿童对肢体动作，以及无生命事物代表的符号信息也有了进一步的把握。比如，握手是很正式的问好、打招呼的方式；玫瑰花代表爱情，送人玫瑰是示爱的举动。

知觉符号理论(perceptual symbol theory)指出，认知、思维和语言都根植于感觉运动系统，个体是以知觉的神经表征的方式表征事物的(何先友 等，2012)。知觉符号理论对个体语言理解的研究有重要影响，包括个体对句子加工时的动作表征和主体特征表征。此外，对于空间表征，研究证明，3岁幼儿已可以把握缩微模型和现实之间的关系(牛玉柏 等，2016)，比如他们能在自己房间的模型中找到真实房间里的物体摆设等。而这一发展阶段的儿童空间思维能力也获得了提升，不仅可以理解物体的大小、位置、形状、方向等，还获得了使用地图、想象物体旋转等抽象的空间思维能力(Garcia-Sanchez et al.，2024)。

三、思维的可逆性、补偿性和灵活性

在形式运算阶段，儿童不仅具备了逆向性的可逆思维，而且具备了补偿性的可逆思维。皮亚杰的天平实验可以证明儿童的这项思维能力，在主试已经展示使天平平衡可以使用增减砝码，以及移动两边砝码距离中心的位置（调整力臂）两种方法的基础上，面对因为一边新加了砝码而不平衡的天平，形式运算阶段的儿童不仅能通过可逆性思维考虑把增加重量一侧的砝码减少或等量增加对侧的砝码重量，而且能通过补偿性的可逆思维调整力臂来使天平重新平衡。

近年来，反事实思维（counterfactual thinking，CFT）受到了越来越多的关注，它由心理学家卡尼曼（Daniel Kahneman）和特沃斯基（Amos Tversky）提出，是指个体对过去事件进行心理否定并构建假设的一种思维活动。前面提到的"blikcket 检测器"被证明与反事实推理相关：4~5 岁的孩子就会反事实推理，他们可以回答如果某个积木没有放在上面，盒子是否会点亮并发出声音（Nyhout & Ganea，2019）。此外，儿童不仅会利用反事实推理对概率事件进行思考，这种思维还会扩展至空间线索领域（Doan et al.，2021），如果事后结果表明自己离心仪结果很近，无论是概率上的接近还是空间上的接近，6 岁的儿童就会认为这个结果是更令人悲伤的。这一能力的发展不仅丰富了个体的情绪反应，而且对儿童推断他人情绪有重要作用。尽管儿童在较小的年龄段就表现出了反事实思维带来的情绪（如悲伤、后悔），但他们并不能利用这一点推断他人情感，因此还存在局限性。

除此之外，计算思维（computational thinking，CT）的培养也是近年来教育学和心理学领域所关注的概念，是指学生通过计算概念和实践来解决问题，即构建可由计算机执行的解决问题的方案的思维过程（Luo et al.，2022）。这一点在人工智能领域高速发展的今天显得更为重要。在形式运算阶段，个体思维水平已经得到充分发展，获得了灵活性、可逆性等，此时在学校开展有关算法思维和调试的教学将对学生 CT 实践发展有重要作用（Wong et al.，2024）。

形式运算阶段儿童的思维更加高级、灵活，儿童不再恪守规则，而是经常质疑规则，并试图自己设定规则，至此儿童的思维发展水平已经接近成人。细心的你可能已经发现，形式运算阶段与青春期叛逆在年龄上似乎有重合。个体在此年龄段的心理发展特点也是青春期叛逆的原因之一，如个体自我意识和独立意识的增强。而思维的灵活性也会冲击个体对规则的遵守，对这一年龄阶段的儿童，教师和家长不宜采用过多的命令和强制性的教育方式，而应鼓励和指导他们自己做决定，同时对其考虑不全面的地方提出建议和改进的办法。

第五节　是非功过后人说：对皮亚杰认知发展理论的评价

皮亚杰开创性地将认识论和心理学结合起来，用心理学的方法解决哲学领域的问题，提出了发生认识论（genetic epistemology），并通过四个认知发展阶段将个体的早期认知发展过程描绘得清楚详尽，是最具影响力的认知发展阶段论之一。

一、皮亚杰认知发展理论的梳理

首先，皮亚杰在描述儿童认知本质时，引入了一些新的名词来形容认知发展过程，即在原有图式的基础上，个体通过同化和顺应达到与环境的平衡。它贯穿皮亚杰整个认知发展理论，每一个阶段都遵循此发展规律。

其次，皮亚杰认为对个体认知发展具有重要影响的因素有四个，一是机体的成熟，包括神经系统和内分泌系统的成熟，为个体的认知发展提供可能性，同时也为儿童的认知活动提供必要但非充分的条件。二是练习和习得的经验，是个体在动作中获得的。皮亚杰进一步将其细分为物理经验和逻辑-数理经验，物理经验是指个体获得掌握物体特性的相关信息，逻辑-数理经验是指个体能够理解动作间相互协调的结果。三是社会经验，与练习和习得的经验不同，社会经验是在人与人之间的相互作用以及社会文化的传递（如教育、语言）过程中获得的。比如，儿童基于面孔的信任能力的发展与社会经验息息相关，需要通过复杂的人际交往等获得（Charlesworth et al., 2019；Ewing et al., 2019）。但社会经验对儿童心理发展的影响并不是决定性的，环境和教育只能促进或延缓儿童的心理发展。四是平衡化，个体在与环境相互作用过程中的自我调节，通俗而言平衡化就是指个体适应环境，它是影响个体认知发展四个因素中最重要的。这里需要说明，平衡化的过程也是心理不断发展的过程（即否定之否定），它是机体与外界环境相互作用不断调整的结果。

最后，除了核心内容，皮亚杰形容儿童认知发展特征时主要强调四点：①心理发展的阶段性；②心理发展阶段的顺序性；③前一阶段认知结构是后一阶段的基础，为后一阶段发展提供条件；④每一阶段都有准备期和完成期。

对儿童认知发展特点的描述还可以指导面向儿童的教育。一方面，根据认知发展阶段论的特点，每一认知发展阶段是下一阶段的基础，也是前一阶段的延伸，教育的实施应当遵循儿童自身心理发展过程，不可揠苗助长。另一方面，皮亚杰提出的认知发展理论不仅揭示了儿童心理发展的规律和特点，也证实了儿童心理发展的主动性，即主动学习观。

二、认知发展理论的不足与新皮亚杰理论

由于皮亚杰认知发展理论影响广泛，许多学者都对经典理论进行验证重复，并在此

基础上提出了更新修正，尝试用新的思想和观点去整合、修正、扩展皮亚杰理论，并将发展阶段论拓宽至更广泛的年龄阶段（毕生发展），考虑在形式运算后可能出现的具有辩证特点的条件推理，形成了新皮亚杰理论。

第一，认知发展理论提出了个体认知发展的四个重要阶段，但同时指出认知能力的增长是阶段式而非连续的。对此，提出补充观点的是信息加工论，斯坦福大学的凯斯（Robbie Case）是新皮亚杰理论的代表，试图用信息加工的思想和方法整合皮亚杰的理论。信息加工论认为青少年的认知能力是逐渐且持续增长的。

第二，皮亚杰总结的认知发展理论是基于观察法得出的，且是小样本观察。尽管其内容具有前瞻性，但能否适应如今多样化、差异化的发展现状是值得考虑的。因此，在认知发展的各个阶段里，关于儿童认知发展的能力获得，经常有研究提出本应在后一阶段出现的认知能力却在更小的年龄段被试中被发现。这里暗示皮亚杰认知发展理论可能低估了儿童的认知能力发展，个体出现复杂认知能力的年龄可能早于皮亚杰指出的年龄段。

第三，认知发展阶段论认为个体的发展过程是普遍的，这忽视了个体差异和文化差异的重要作用。皮亚杰从生物学观点出发，对个体认知发展的机制进行描述。但也因此忽视了人的社会属性，表现为对社会文化环境影响的考虑不足。与它相对应的，维果茨基（Lev Vygotsky）提出的认知发展理论可以弥补这一不足。

第四，在教育方面，皮亚杰注重个体学习过程的主动性，即无论外界环境如何，个体在相应阶段都会发展出与之对应的认知能力。认知发展理论所称的儿童主动性学习的过程，忽视了教育和环境对儿童认知发展的积极作用。早期的认知训练，包括感知觉、运动等，都被证明对个体认知发展有促进作用。

第五，发展是毕生的，认知能力的发展也是贯穿个体一生的。形式运算阶段并不是个体认知能力发展的最终结果，开放式的结尾更符合个体的现实发展。Young（2021）提出用五个阶段和五个周期性重复的子阶段来描述个体早期的认知发展：五个阶段为反射（reflexive）、感觉运动（sensorimotor）、前运算（pre-operational）、抽象（abstract）、集体智慧（collective intelligence）；每个阶段包含的五个子阶段分别为协调（coordination）、层级化（hierarchization）、系统化（systematization）、多样化（multiplication）、整合（integration）。这一认知发展模型涉及从胎儿期至生命终结的毕生发展过程，五个对应的年龄段分别为胎儿期至1月龄、1～24月龄、2～11岁、11～25岁、25岁以后；其中，第五个阶段集体智慧考虑了成年人在群体中的认知和情感发展。

此外，还有一些有代表性的学者将皮亚杰理论与其他学科观点整合。比如，费希尔（Kurt Fischer）将认知发展理论和斯金纳的新行为主义理论进行融合，进一步强调了环境及经验对儿童发展的作用，提出发展是儿童与环境交互作用的产物，也被称为行为主义式的新皮亚杰理论。卡米洛夫-史密斯（Annette Karmiloff-Smith）将皮亚杰理论与先天论的思想整合，认为儿童天生就具有一定的认知能力，这与皮亚杰提出的建构主义发展观相反。这种先天的能力,也决定了每个儿童的发展空间是固定的。

做自己的发展心理学家 家事国事天下事,事事有"心"

马克思主义哲学的辩证否定观指出,事物由于内部肯定因素与否定因素的矛盾而自我发展,通过否定事物能够上升到更高的层次,由此实现"螺旋式"的向前发展。这一辩证的否定观与皮亚杰认知发展理论所描述的儿童认知发展探寻"平衡"异曲同工。尽管许多对应年龄段的儿童行为表现已经被证实,但当前的认知神经科学进一步探索其内在机制的研究也是重要且有意义的。

个体从最初接触新事物,到充分认识事物,再到深入地了解事物,其认知会不断重构以应对新知识。可以明确的是,个体每个阶段的发展都类似于人们对饮食的认知过程,否定之否定,而推动我们不断进步发展的,除了外界新的刺激物,还有我们自己主动调整原有认知结构的行为。就算你的身边有一群赫赫有名的营养学专家和明星健身教练,只要你不愿意吸收哪怕一点点知识,就不会有认识上的改变,更不会有行为上的改变。

在皮亚杰理论下,个体心理发展就是打破平衡再建立平衡的过程,这也意味着质的改变和飞跃。小到生活中儿童借助床单抖动够到玩具,大到我们从小到大的学习过程,从未知到知晓明确答案,再到对未知的探索,无处不蕴含个体发展的规律,这就是个体的毕生发展。因此,在任何年龄段、任何发展阶段,只要你肯留意,呈否定之否定规律的个体发展无处不在。

思 考 题

1. 感知运动阶段的主要特点是什么?请结合具体实例说明。
2. 解释客体永存概念,并讨论其对儿童认知发展的重要性。
3. 前运算阶段儿童的泛灵论和中心化思维特点是如何体现的?这些特点对儿童发展有何影响?
4. 什么是去自我中心化?它在儿童认知发展的哪个阶段出现,并有哪些表现?
5. 具体运算阶段儿童的认知发展有哪些主要特点?这些特点如何影响其学习和日常生活?

名 词 解 释

观点采择(perspective taking):想象理解他人的思想、观点、企图和感受的能力。
平衡(equilibration):认知结构通过同化与顺应的动态平衡实现发展的根本机制。
顺化(accommodation):又称顺应,指为适应新经验主动修改原有认知结构。
同化(assimilation):将新经验纳入既有认知结构的过程。
图式(schema):皮亚杰理论的基本认知单元,指个体在特定发展阶段所具备的有组织的行为或思维模式(如婴儿的吸吮图式、学龄期的分类图式)。
心理表征(mental representation):将抽象符号和与符号相关的不在眼前的物体和事件进行参考

对照的能力。这种能力把个体从直接经验解放出来。

小　　结

  本章通过皮亚杰的认知发展理论，揭示了儿童从感知运动阶段到具体运算阶段的发展过程，强调了个体认知如何通过同化、顺应和平衡机制不断建构和提升。

  婴儿在感知运动阶段通过感知觉和身体活动探索环境，发展出客体永存概念和练习性游戏等关键能力，为后期认知发展奠定基础。

  儿童在前运算阶段表现出泛灵论、中心化和象征性游戏等特点，他们会用语言符号进行初步的思维活动，但思维仍停留在表象层次。

  儿童在具体运算阶段的思维更灵活和深入，特别是去自我中心化和观点采择能力的发展，标志着儿童思维进入了一个更加成熟和复杂的阶段。

  形式运算阶段是儿童认知发展的最后一个阶段，也是思维最成熟和复杂的阶段。在这一阶段，儿童的思维能力进一步提升，能够超越具体事物的限制，进行抽象和逻辑推理。

第五章参考文献

6

人脑与电脑：认知发展的信息加工理论

皮亚杰理论中的图式概念可以与电脑软件类比，人脑信息加工过程也可以与电脑的运行类比。电脑通过键盘输入信息，存储在硬盘中，软件可以用来提取存储的信息并再次呈现。人脑信息加工也包括编码（记录最初输入的信息）、存储（保存信息以便未来使用）和提取（恢复之前存储的信息）的过程。相比于皮亚杰致力于探索软件是否能够处理信息（质变过程），信息加工理论则试图描述信息加工的速度和复杂性如何发展，并强调其中信息加工策略的发展，最终引发了软件处理信息的能力提升（认知发展的量变）。

通过本章的学习，你将从信息加工的视角再一次理解认知发展的过程。首先，我们将介绍信息加工理论的观点；其次，重新回顾皮亚杰理论中的客体永存概念理解的发展，并从信息加工的视角重新解释这一发展过程所涉及的能力；最后，我们基于前沿研究结果，从执行功能的发展和记忆的发展两个角度进一步说明信息加工理论的观点。

第一节 信息加工理论

将人类认知作为信息加工过程进行建模是从计算机出现后才兴起的。实现人工智能系统的计算机出现在1955年，之后心理学家发展出一系列基于计算机隐喻的人类认知理论（Simon, 1979）。早期的计算机模拟模型关注儿童的任务表现（和皮亚杰一样），而不是学习如何表现或认知能力如何发展。皮亚杰描述了在不同发展阶段儿童的里程碑式表现，即学到了什么，包括习得了哪些知识和技能。在此基础上，越来越多的信息加工视角下的计算模型试图揭示这些知识和技能是如何进行组织和表征，并被整合进长时记忆中，然后被灵活应用于执行各种认知任务的。这一过程类似于计算机的程序（program），指导和调控了我们在问题解决情景中的思维和行为（Simon, 1962）。总的来说，信息加工视角下的学习过程可以概括为：构建能够理解问题指令并为新的问题解决任务生成表征的程序（Simon, 1979）。发展心理学家也开始从信息加工的观点来理解记忆的发展，记忆的发展可以被看作硬件（记忆系统的容量、信息加工的速度和基本执行功能)或软件(如策略的使用)的发展。

一、认知发展的信息加工理论

信息加工理论强调经验、学习和发展中的非线性变化(Cohen & Cashon, 2003)。认知发展的信息加工理论试图明确个体获取、使用和存储信息的方式及策略,这种组织、调控信息能力的量变是认知发展的标志。以客体知觉为例,信息加工观点认为:婴儿学习处理属性之间的关系以形成整体。在把客体当作整体来加工之前,婴儿可以加工客体简单的知觉属性,如颜色、形式和形状。根据信息加工的观点,被个体在某一年龄段知觉为一个独特整体的客体,在更大的年龄段可以被知觉为一个更大或更复杂的整体的一个属性或元素(Cohen & Cashon, 2003)。因此,在婴儿将知觉属性组织进一个独特客体之后,他们可以将客体本身作为更大的整体的属性,并在涉及多个客体的动态事件中寻找客体之间的关系。其中之一就是因果关系,婴儿可以区分因果事件和非因果事件。在发展的后期,甚至这些因果事件也可以成为更复杂的事件序列中的元素。

信息加工观点下的认知发展可以总结为以下六项原则(Cohen & Cashon, 2001):

(1)知觉-认知发展遵循一系列领域一般性的信息加工原则;

(2)环境中的信息可以在许多不同的组织层次上进行加工;

(3)更高的(更全面的)层次可以根据较低的(部分的)层次之间的关系类型来定义;

(4)发展是向越来越高的水平迈进;

(5)存在一种在现有的最高级别启动加工的偏向;

(6)如果出现信息过载(如增加动作或任务涉及形成一个类别),最佳策略是退回到较低的加工水平。

二、记忆系统模型

信息加工理论认为人就是一个类似于计算机的信息加工系统。在多种信息加工取向的理论模型中,Atkinson 和 Shiffrin(1968)的理论整合了学习和记忆过程,提供了一个完整的框架来描述和解释信息加工的过程(Malmberg et al., 2019)。这一模型对记忆系统的工作流程描述如图 6.1 所示。在这一系统中有三个核心成分:感觉记录器(sensory register)、短时记忆存储(short-term memory store)和长时记忆存储(long-term memory store)。图 6.1 中的箭头代表信息从系统的一个部分转移到下一个部分,但转移并不意味着将信息从一个储存器中移出并放入下一个储存器中;相反,转移是一种操作,其中一个储存器中的信息被"复制"到下一个储存器中,而不影响其在原储存器中的状态。

感觉记录器是一个非常短暂的记忆存储器,它在最初处理和转移到短时记忆存储的过程中暂时保存传入的感觉信息。例如,在视觉通道中,信息将在几百毫秒的时间内从感觉记录器中衰减。短时记忆中的信息如果不被个体注意,会在大约 30 秒或更短的时间内衰减和丢失,但是像复述这样的控制过程可以在短时记忆中保持信息。当信息停留在短时记忆中时,其中的一部分会被转移到长时记忆中。长时记忆是一个永久的信息库,信息一旦储存在长时记忆中,此后就不会被破坏或消除(除非经历脑损伤等特殊情况)。

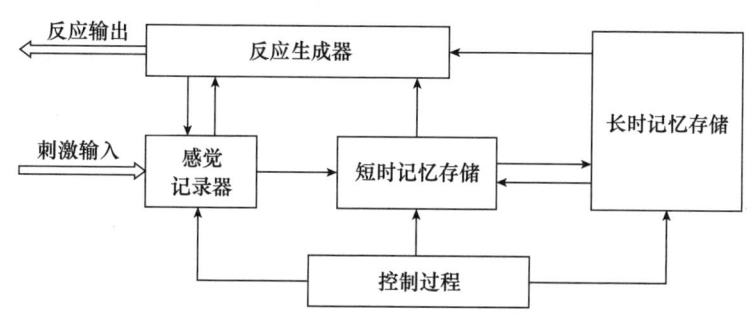

图 6.1　记忆系统的工作流程

短时记忆具有许多有用的功能。首先,它使记忆系统与外部环境脱钩,并将系统从时刻关注环境变化的责任中解放出来。其次,短时记忆存储提供了工作记忆空间,在其中可以临时对信息进行操作。在完成一些记忆任务的时候,信息可以暂时保存在短时记忆中,到测试的时候再提取和释放出来。最后,从长时记忆中检索和提取的信息存放在短时记忆中以供使用,这些过程也依赖于控制过程的协调运作。因此,信息的流动是双向的:当"兔子"这个词出现时,与"兔子"概念相关的语义和联想信息在长时记忆中被激活,并与已经在短时记忆中的信息相整合。信息在短时和长时记忆之间不断流动,产生了短时记忆的瞬间内容,反过来又决定了长时记忆中储存的内容。

从内容和结构来看,长时记忆包括陈述性记忆和程序性记忆(Cohen & Squire, 1980; Gabrieli, 1998)。陈述性记忆包括知识的获取、保留和检索,可以有意识地和自发地回忆。这些知识包括对事件的记忆,即情景记忆(episodic memory),以及对事实的记忆,即语义记忆(semantic memory)。比如,"北京是中国的首都"属于陈述性记忆。程序性记忆则包括通过经验和表现来表达的知识的获取、保留和检索。主要涉及对感觉运动过程的记忆和程序性技能的学习。比如,骑自行车就是一种程序性记忆。

在控制过程中,我们可以根据任务和指令等因素调用所需的信息。具体来讲,控制过程涉及以下工作:① 分析传入感觉记录器的信息;② 选择记忆进入的通道;③ 激活复述机制;④ 修正从感觉记录器流向短时记忆的信息;⑤ 将短时记忆中的信息进行编码,转移到长时记忆中;⑥ 启动或修正对长时记忆的检索;⑦ 对储存的信息进行启发式的操作;⑧ 设置决策标准;⑨ 启动反应生成器。

控制过程与执行功能紧密相关(Anderson, 2003; Malmberg et al., 2019)。执行功能(又被称为执行控制或认知控制)是一系列目标导向的心理过程,它使个体能够克服自动化的或既定的想法和反应(Diamond,2013;Jurado & Rosselli,2007)。执行功能的核心成分包括抑制控制、工作记忆和认知灵活性。抑制控制涉及控制注意力、行为、思想或情绪,以克服强烈的内部倾向或外部诱惑,帮助个体做更合适或更需要的事。工作记忆涉及在大脑中保存信息,并进行处理(例如,把一件事与另一件事联系起来,用信息来解决问题)。认知灵活性指的是改变看待问题的角度或方法,灵活地适应新的要求、规则或优先级(例如,在任务之间切换)。在记忆系统的工作过程中(Malmberg et al.,2019;Shiffrin & Atkinson,1969),短时记忆本身提供了工作记忆空间,接收来自感觉记录器传入的信息和从长时记忆中提取的信息;根据任务需求选择记忆进入的通道和信息流的流向需要认知灵活性;提取和转移信息时需要抑制控制能力抵抗无关信息的干扰。如果说执行功能是支持控制过程的硬件,那么实施控制过程所需要的软件就是记忆策略(Schneider,2013)。

第二节 从信息加工角度解释概念理解的发展

皮亚杰描述的儿童认知发展标志性的表现来自对反应输出的观察,而认知发展的信息加工视角则可以揭示在反应输出的背后,记忆和学习过程中组织、调控信息的能力随年龄的发展变化(皮亚杰理论和信息加工理论对认知发展的比较见表6.1)。基于信息加工视角,研究者尝试通过分析信息加工过程中的各个环节的发展变化,来解释概念理解的发展,比如客体永存(Cashon & Cohen,2000)、因果关系(Cohen & Oakes,1993),以及数的加法和减法(Cohen & Marks,2002)。根据信息加工理论,婴儿通过一组领域通用的学习机制和不断变化的环境体验之间的持续相互作用来发展关于世界的知识(Cohen et al.,2002)。本节将介绍婴儿概念理解发展的信息加工原则,并以客体永存概念理解为例,详细探讨信息加工理论视角如何弥补了皮亚杰理论的不足。

表6.1 皮亚杰理论和信息加工理论的比较

	皮亚杰理论	信息加工理论
关注点	任务表现。	任务表现背后涉及的信息加工方式和策略。
研究方法	小样本观察法:是否通过阶段任务。	拆分任务成分,采用简单的指标(如注视时间)和不需要运动执行的范式(如习惯化和注视偏好)。
认知发展模式	阶段化质变过程。	连续量变过程。

一、婴儿概念理解发展的信息加工原则

在第一节中,我们已经简单了解了信息加工理论对认知发展解释的六项原则,本节将进一步讨论这六项原则如何解释概念理解的发展(Cohen et al.,2002)。其中,我们可以看到概念理解的层级发展，以及信息加工策略所起到的关键作用。

1. 婴儿有与生俱来的信息加工系统

婴儿出生时既不是一张白纸，也不具有足够的先天核心知识。信息加工观点认为，婴儿生来就有一个系统，使他们能够学习环境知识，并形成一套知识体系。但这个系统的设计只是为了让婴儿获得低层次的信息，如方向、声音、颜色、纹理和运动，在如何学习知识上具有结构上的限制。

2. 婴儿的学习系统是分层级的，从较低级的单元形成较高级的单元

随着婴儿的学习和发展，其所获取的信息越来越复杂，并以先前加工过的信息为基础。这一原则的一个基本假设是，加工更复杂信息的能力是将低级信息单元整合为更复杂、更高级单元的结果。这种整合是基于这些低级单元活动的统计规律性或相关性的。举例来说，婴儿最初可能会将呈 45°角的两条线作为特定方向上的独立单元来加工，但由于这两条线在相同的相对空间关系中共同出现，即使角度被旋转，婴儿也能加工这两条线之间的关系（即角度），而非独立的线条（Cohen & Younger, 1984）。

3. 高级的单元是更高级单元的组成部分

该系统的层次性可以解释刚出生几个月的婴儿的发展。在这个过程中，信息整合形成更高层次单元的过程在不断重复。低层次的信息可以整合到高层次的单元中，而高层次的单元又可以整合到更高层次的单元中，如此循环。还是以角度为例，在两条线之间建立联系形成一个角度后，个体可以将多个角度和曲线整合在一起，形成一个物体的复杂形状。然后，这个物体可以与另一个物体结合，形成一个根据两个物体之间的关系定义的事件。

4. 存在使用最高层级单元进行加工的策略偏好

前几条原则描述了学习机制或层次结构的建立，而第四条原则则描述了在两层或更多层次的信息单元形成之后，婴儿将尝试加工哪些信息，即此时出现了信息加工策略的选择。具体来说，婴儿倾向于使用他们所能使用的最高层级来加工传入的信息。这并不是说低层次的信息不可用，而是对婴儿来说，最适应的策略通常是在尽可能高的层次上加工信息。那么，当这一策略失败时会发生什么？

5. 如果由于某种原因没有较高级别的单元可用，则使用较低级别的单元

上级单元无法使用的原因可能有很多，但通常是由于系统超载。系统超载的情况可能包括通过添加无关材料或噪声使输入复杂化，或将一个简单的客体或事件转换成一类客体或事件。这一原则的一个推论是，如果由于某种原因，系统确实回到了一个较低的层次，那么它就会试图学习或适应，以便回到下一个较高的层次。

6. 这一学习系统适用于跨领域的认知发展

以上原则具有领域一般性，适用于解释婴儿认知发展的各个方面。婴儿遇到的第一个任务就是试图理解他们周围的物理世界和社会环境。这些原则可能会帮助他们成功完成这项任务。以这些原则为基础，他们在发展过程中，在广泛的领域变得熟练和专业。

基于信息加工的观点,记忆系统是重要的领域一般性系统,执行功能也是非常重要的领域一般性的能力(Newcombe, 2013),在理解和学习各种概念的过程中都扮演着重要的角色。接下来将以客体永存概念为例,探讨记忆和执行功能的发展在客体永存概念理解中的重要作用。

二、记忆和执行功能的发展在客体永存概念理解中的作用

对皮亚杰理论的重要质疑之一是其低估了儿童的能力。皮亚杰的观察基于的是婴儿的表现,比如9个月之前的婴儿不会去寻找被毯子盖住的拨浪鼓,这一表现被皮亚杰认为是缺乏客体永存的概念。然而,后期越来越多的研究者指出,9个月之前的婴儿不会去寻找被毯子盖住的物体可能是由于此时婴儿还缺乏执行相应寻找动作的能力,而不是无法理解客体永存的概念(Baillargeon et al., 1985; Baillargeon, 1986; Bower & Wishart, 1972)。如果采用不需要执行寻找动作的任务,如采用习惯化-去习惯化范式,测量婴儿对违反客体永存概念的现象的注视时间,婴儿早在3个半月时就可以理解客体永存的概念(Baillargeon, 1987, Baillargeon & DeVos, 1991)。

研究详解

当成年人看到一个物体挡住另一个物体时,他们通常会做出三个假设:
(1)被遮挡物体还在遮挡物的后面;
(2)被遮挡的物体保留了遮挡之前所拥有的物理和空间属性;
(3)被遮挡的物体仍然符合物理学定律:位移和与其他物体的相互作用不会变得反常或任意,而是保持有规则的和可预测的。

婴儿什么时候开始理解客体永存?来自伊利诺伊大学香槟分校的研究者Renée Baillargeon开展了一系列研究。这些研究采用习惯化-去习惯化范式和违背预期范式相结合的方法,如表6.2所示,先让婴儿观看符合预期的客体运动事件作为习惯化过程(比如小车顺利通过没有木块阻挡的轨道),然后进行相应的阻挡,操纵可能事件(比如阻挡木块在小车运行轨道的后面,小车顺利通过轨道)和不可能事件(比如阻挡木块在小车运行轨道上面,小车本应该被木块挡住,但却仍然顺利通过轨道)。一系列研究发现,6个月(Baillargeon et al., 1986)、5个月(Baillargeon, 1985),甚至3个半月大的婴儿(Baillargeon, 1987; Baillargeon & DeVos, 1991)都对不可能事件有更长的注视时间,即表明他们能够理解被遮挡的物体仍然是存在的。此外,进一步的研究(Baillargeon & DeVos, 1991)表明,3个半月的婴儿还可以理解被遮挡的物体保留了遮挡之前所拥有的物理和空间属性并服从物理学规律,比如每根胡萝卜在屏幕后面都遵循一个空间连续的轨迹,并且高胡萝卜在被遮挡后仍然是高的。

表 6.2 婴儿客体永存概念实验示意

实验条件	Baillargeon, 1985; 1987	Baillargeon et al., 1986	Baillargeon & De Vos, 1991
习惯化	木板屏幕旋转180°	没有阻挡木块，遮挡板挡住轨道处视线，小车最终通过轨道	矮胡萝卜和高胡萝卜分别通过轨道，会被中间的高遮挡板挡住视线
可能事件	有木块，并且木块挡住了木板屏幕旋转	阻挡的木块（白色）在轨道后面，遮挡板挡住轨道处视线，小车最终通过轨道	遮挡板中间变凹，矮胡萝卜仍被遮挡
不可能事件	有木块，但木板屏幕仍旋转了180°	阻挡的木块在轨道上面，遮挡板挡住轨道处视线，小车最终通过轨道	遮挡板中间变凹，高胡萝卜仍被遮挡

如果3个半月大的婴儿就可以理解客体永存的概念了，那为什么12个月大的婴儿仍会犯A非B错误呢？信息加工观点提供了新的视角来解释限制婴儿通过A非B任务的因素。让我们再回顾一下信息加工理论对认知过程的描述：刺激输入进入感觉记录器，然后相关信息进入短时记忆的工作记忆空间进行使用和加工，通过筛选后一部分信息进入长时记忆进行储存，储存在长时记忆中的信息在需要时被提取到短时记忆中以便使用，控制过程协调了信息在这些过程中的流动和最终的反应输出。从信息加工的观点来看，可能是信息储存加工环节和控制过程相关的能力在婴儿期仍未成熟，限制了婴儿通过A非B任务。

A非B错误是指，婴儿看到物体被藏在A位置，并且可以在A位置成功找到该物体，而当婴儿看到物体被转移到B位置隐藏时，仍然会继续在A位置寻找物体。皮亚杰把这种A非B错误归因于婴儿缺乏客体永存概念。对于12个月大的婴儿仍会犯A非B错误，一种可能的解释是，婴儿对之前学到的A位置表征（优势表征）和在A位置寻找物体的动作（优势反应）缺乏抑制，并且难以建立对新位置的表征并进行搜寻（Zelazo et al., 1995）。Zelazo等人（1998）通过一个巧妙的实验设计，区分了表征水平和动作反应水平的影响。研究者将24个月大的幼儿分为两组，一组幼儿看到物体被藏在A位置，并执行寻找的动作（观看和寻找组）；另一组幼儿仅看到物体被藏在A位置，但是不执行寻找的动作（观看组）。然后两组幼儿都观看物体被转移到B位置隐藏，并执行寻找任务。结果发现，仅观看组有更多的幼儿在B位置寻找物体，即没有犯A非B错误。而观看和寻找组有更多的幼儿仍然在A位置寻找物体，即有更多的A非B错误。这表明，在A位置执行寻找的动作干扰了之后对B位置的表征和寻找，而仅有A位置的表征并不会对幼儿寻找新位置B产生干扰。这种影响来自在A位置寻找的程序性记忆，而不是物体被藏在了A位置这一先前事件的陈述性记忆。也就是说，24个月大的幼儿可能难以根据新信息更新程序性记忆,从而导致了更多的A非B错误。

除了克服寻找A位置的程序性记忆带来的干扰外,婴儿在完成A非B任务时还需要记住新位置B。这种对新位置信息的更新和保持与短时记忆中的工作记忆功能有关。研究者通过操纵观看隐藏转移到B位置和执行搜寻任务之间的时间延迟,来探究回忆物体隐藏位置对婴儿A非B错误的影响(Diamond,1985)。一系列的研究结果发现,如果在婴儿看到物体被转移到B位置之后,立即执行寻找动作,A非B错误更少;而如果在看到物体被转移到B位置之后,延迟2~3秒再让婴儿执行寻找动作,则会发生更多的A非B错误(Bell & Adams,1999;Cuevas & Bell,2010;Diamond,1985;Pushina et al.,2005)。从发展轨迹来看,7个月到12个月,短时记忆能力逐渐发展,婴儿对A非B任务中的延迟容忍程度也越来越高,在12个月时可以容忍的延迟时间达到10秒(Diamond,1985;Pushina et al.,2005)。这表明,在完成A非B任务时,需要忽略之前的积极经验,并根据短时记忆中关于物体的空间信息的表征,在物体的两个位置(A或B)之间做出选择,这一任务的解决方案基于前额叶新皮质的成熟(Pushina et al.,2005)。

最后,克服先前表征和反应的干扰并记住了新位置之后,还需要有足够的灵活转换能力来从先前的任务规则转换到当下的任务规则。而婴幼儿常常缺乏这种灵活转换的能力,发生固着的现象,即当旧规则不再适用于新任务时,仍然坚持使用旧规则(van Bers et al.,2011)。这种固着现象与婴儿在A非B任务中坚持在A位置寻找物体的错误非常相似(Zelazo et al.,1998)。并且当改变物体位置到B的试次之前,物体被隐藏在A位置的试次越多,婴儿在B试次出现固着错误越多(Marcovitch & Zelazo,2006)。最近的一项研究采用眼动的方法,记录了14个月大的婴儿在B试次之前的延迟时间内的眼动轨迹,发现每秒观看非固着位置和正确位置的次数正向预测了婴儿在A非B任务中的正确率(Mulder et al.,2020)。其中单次注视的标准是至少注视了100毫秒,且在注视之前和之后都在看其他地方,因此注视次数越多表明转换越多,即灵活性越高。这一研究表明认知灵活性也是影响婴儿A非B错误的因素。

第三节 执行功能的发展

对于婴幼儿来说,执行功能的不成熟限制了他们在A非B任务中的表现。事实上,执行功能作为一种领域一般性的能力,支持了儿童很多方面的发展。比如,早期执行功能的发展与儿童之后的社会功能和学业成就息息相关;执行功能方面的问题也与注意缺陷多动障碍和孤独症谱系障碍等发育性障碍有关。执行功能的发展变化贯穿毕生:出生后的前五年,即婴幼儿时期和学前期是执行功能迅速发展的关键时期,并在儿童期和青少年期持续增长,到成年早期发展成熟并保持平稳,最后伴随衰老而逐渐衰退。本节将介绍抑制控制、工作记忆、认知灵活性的发展轨迹。

一、抑制控制的发展

抑制优势反应的能力在出生后第一年开始发展。在抑制自动化反应方面，刚出生几周的婴儿产生的大多数眼跳是自动的，是对外界环境的反应。反向眼跳任务则要求婴儿抑制对外部新目标的自动化眼跳反应，而向相反的方向进行自主性眼跳。4个月大的婴儿可以抑制反射性眼跳，但仍然无法执行对侧眼跳(Johnson，1995)，直到12～18个月，婴儿才能克服这种冲突并产生反向眼跳(Scerif et al.，2004)。采用定格任务(freeze-frame task)的研究将婴儿抑制控制能力出现的年龄提前到了6个月(Holmboe et al.，2018)。在定格任务中，婴儿观看呈现在屏幕中央的动画，当婴儿注视中央动画时，周围出现干扰物，然后中央动画定格，如果婴儿的眼跳转移到干扰物上，动画将继续定格，以阻止婴儿看干扰物(即鼓励婴儿进行抑制控制，专注于动画)，观看干扰物的次数越少表明婴儿的抑制控制能力越好。采用这一范式的系列研究发现，6个月和9个月的婴儿都表现出了一定的抑制控制能力(Holmboe et al.，2008；2018)。

抑制控制能力在学龄前持续发展，支持儿童完成更复杂的任务。在采用延迟满足范式的研究中，研究者向儿童展示两种食物，并且告诉他们如果能够等一会儿再吃，就可以获得这两种食物，如果他们等不及了可以按铃，但只能得到其中一种食物(Carlson，2005)。结果发现，50%的2岁儿童可以等待10秒，85%的3岁儿童可以等待1分钟，72%的4岁儿童则可以等待5分钟(Carlson，2005)。如果要求儿童选择是立即获得奖励，还是等待一会儿获得更大的奖励，年龄更大的儿童也会比年龄较小的儿童更多地选择等待以获得更大的奖励(Lemmon & Moore，2007)。4岁的儿童不仅更经常地选择延迟的、较大的奖励，而且他们的选择也反映了对即时选项和延迟选项之间大小差异的考虑(Lemmon & Moore，2007)。在类似Stroop范式的任务中，儿童需要抑制不同规则的干扰。比如，只对小熊的指示做出反应，而不对小龙的指示做出反应；对月亮和星星的图片做出"白天"的反应，而对太阳图片做出"晚上"的反应；在听到"草"的时候指出白色，在听到"雪"的时候指出绿色。采用这类范式的研究结果表明，在3～5岁儿童群体中，抑制控制能力持续提升(Carlson，2005；Diamond et al.，1997；Garon et al.，2008；Simpson et al.，2004)。

在学龄期到青少年期，抑制控制能力持续发展。一些研究发现在运动抑制、反向眼跳、Flanker任务、Go/Nogo任务中，儿童的抑制控制能力在儿童期持续发展。在停止信号任务和Flanker任务上的抑制控制持续改善直到15岁(Huizinga et al.，2006)，在Stroop任务上抑制控制的发展直到21岁，这表明抑制控制在青少年时期甚至成年早期逐渐成熟(Leon-Carrion et al.，2004)。与学龄前的基本变化(获得持续抑制优势反应的能力)不同，青少年时期的变化主要是速度和准确性的改进。

在正常衰老过程中，抑制控制能力显著下降。老年人抑制干扰的能力和反向眼跳的表现都显著差于年轻人。老年人虽然对需要注意的刺激表现出正常的注意增强，但对要忽略的刺激表现出较少或甚至没有表现出抑制(Gazzaley et al., 2005),这为老年人的抑制控制缺陷提供了相当有力的证据。此外,无论是否为分散注意力做好了准备,也无论线索和刺激之间的间隔时间有多长,或者两次实验之间的间隔时间有多长,老年人在抑制无关信息方面明显比年轻人差(Zanto et al., 2010)。

二、工作记忆的发展

婴儿的工作记忆容量在 6 个月左右开始显著增长。采用变化探测任务的研究发现,当 3 个项目的阵列中的一个发生了变化,6 个半月的婴儿会注视发生变化的阵列更长时间,表明他们记住了之前的项目,而当阵列中的项目数增加时,婴儿无法再探测到变化(Oakes et al., 2011; Ross-Sheehy et al., 2003)。这种局限随着年龄的增加而减小,8 个月大的婴儿可以探测到两个项目的变化(Kwon et al., 2014; Oakes et al., 2013),到 12 个月大时,婴儿可以探测到 3 个项目的阵列发生了变化(Oakes et al., 2011)。研究者采用与 A 非 B 任务类似的流程,操纵被遮挡物体的特征(如颜色和大小等),来考察婴儿是否记住了之前物体的特征。结果同样发现 6 个半月大的婴儿可以记住单个物体的特征(Káldy & Leslie, 2005; Kibbe & Leslie, 2016)。这些发现表明,特征信息可以整合到婴儿对物理对象的丰富概念表征中。但是随着被遮挡物体数量的增加,婴儿记住物体特征的能力仍然有限:9 个月大的婴儿可以记住两个物体的特征,当增加到 3 个物体时,就无法记住这两个物体的特征了,而 12 个月大的婴儿仍然可以记住,表明整合物体特征的能力随着年龄的增长在发展(Kibbe & Leslie, 2013)。

工作记忆容量在学龄前和学龄期迅速增长,直到成年早期趋于稳定,但不同研究发现的增长轨迹有所不同。早期研究采用一组复杂度不同的工作记忆任务,结果发现从 4 岁到 15 岁,工作记忆容量呈线性增长(Gathercole et al., 2004)。之后的研究发现,小学早期的增长速度比小学晚期的增长速度更快,即呈曲线增长的趋势(Stipek & Valentino, 2015; Tulsky et al., 2013)。更大样本的追踪研究采用数字广度任务证实了这一非线性轨迹:从学前期到青少年时期,工作记忆容量先加速增长,再减速增长(Reynolds et al., 2022);在儿童期(3~10 岁)增长最快,之后趋于平稳,但是在青少年时期(13~16 岁)还有一个短暂加速期(Ahmed et al., 2022;图 6.2)。具体来看,顺背数字广度要比倒背数字广度更大,3 岁的儿童就可以完成顺背任务,而儿童要到 5 岁才能完成倒背数字任务。儿童期和青少年期工作记忆的迅速发展都与神经系统的发育变化、环境转变(如开始上学或升学)以及知识的增长密切相关(Blakemore & Choudhury, 2006; Cowan, 2016; Finch, 2019)。

工作记忆容量在衰老过程中下降。这在很大程度上似乎是由于抑制控制能力下降,使老年人更容易受到主动和回溯性干扰的影响。此外,工作记忆容量随衰老下降也与加工速度的减慢有关(Rozas et al., 2008; Zimprich & Kurtz, 2012)。

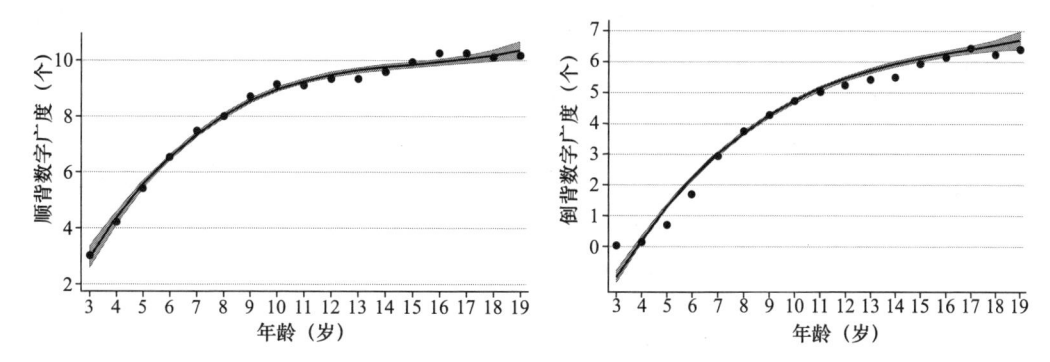

图 6.2　3～19 岁工作记忆容量的发展轨迹

（引自 Ahmed et al.，2022）

三、认知灵活性的发展

认知灵活性的发展建立在抑制控制和工作记忆发展之上，发展得更晚些（Davidson et al.，2006；Garon et al.，2008）。儿童版本的简单转换范式是反转任务（reversal task），在这一任务中刺激只有一个维度，转换涉及刺激和相应反应规则的转换。比如，在任务 1 中看到圆形按左键，看到三角形按右键；在任务 2 中看到圆形按右键，看到三角形按左键。儿童要到 2 岁半才可以成功完成这类任务（Brooks et al.，2003；Perner & Lang，2002）。这种转换刺激和反应对应关系的灵活性要比注意刺激不同方面的灵活性发展得早。测量儿童注意刺激不同方面的灵活性最常用的任务是维度变化卡片分类任务（dimensional change card sort test，DCCS）。在这一任务中，儿童需要对包含两个维度（如颜色和形状；红色圆形、蓝色三角形等）的卡片进行分类，根据不同的规则要求，按照某一种维度分类（如颜色），而抑制另一种维度（如形状）的干扰。在任务中，规则会发生改变，因此儿童需要转换分类的方法（Zelazo et al.，1996，2003）。3 岁的儿童可以根据某一种规则分类卡片，但是在需要转换时常常犯错误，4 岁的儿童则可以更好地完成转换任务（Carlson，2005；Doebel & Zelazo，2015；Kloo & Perner，2005）。错误的发生与难以抑制或克服"注意惯性"有关，即继续将注意力集中在先前相关的事物上的倾向（Chatham et al. 2012；Kirkham et al.，2003，Kloo & Perner，2005）。

随着年龄增长，儿童的表现会不断提高，因为他们能够应用更高阶的规则并处理更复杂的任务（Chevalier & Blaye，2009；Diamond，2013）。直到 9 岁，儿童才能像所有标准的任务转换范式所要求的那样，在逐个试次的基础上灵活地转换（Davidson et al.，2006，Gupta et al.，2009），并在 14 岁时达到成人水平（Zheng & Church，2021）。一项采用眼动技术记录线索化认知灵活性任务中眼动轨迹的研究发现，儿童在试次一开始就表现出与成人不同的加工方式：儿童会花更多时间来加工任务类型的提示线索，而不是关注反应选择，表明儿童缺乏准备控制和有效的规则处理（Zheng & Church，2021）。

认知灵活性在衰老过程中也会降低。但是研究者在老年人的认知灵活性中发现了不同成分的分离,老年人虽然在混合组块的转换任务(试次间转换)中比年轻人表现更差,但在组块之间的转换却比年轻人表现更好(Huff et al., 2015; Ferguson et al., 2021)。这种分离是由年轻人和老年人注意系统的差异造成的(Huff et al., 2015; Ferguson et al., 2021)。年轻人和中年人的注意系统更容易适应单一任务中的任务集,会经历更大的组块间转换代价,而在单一任务中执行相同规则的惯性会减缓对混合任务中转换试次的重新配置,因此混合试次组块的转换代价较小。而老年人的注意系统适应单一任务集较慢,不容易形成单一任务惯性,因此转换起来更加容易,这也使得老年人在混合组块中遇到转换试次时的重新配置得不到类似于年轻人的缓冲,再加上在混合任务中维持两个任务集比在单一任务中维持一个任务集需要额外的注意力,老年人会经历更大的混合组块的转换代价。

总的来说,抑制控制和工作记忆能力发展较早,最早在6个月大的婴儿中就已经表现出来了,而认知灵活性的发展则需基于一定的抑制控制和工作记忆能力,要到2岁半左右儿童才可以完成简单的反应规则的转换。在儿童青少年时期执行功能的三个成分持续发展,到成年早期发展成熟并保持平稳,最后伴随衰老而逐渐衰退(Diamond, 2013)。虽然一些研究发现,青少年时期执行功能可以达到成人的平均水平,但是包含更大年龄范围样本的研究绘制了更完整的轨迹(Zelazo et al., 2014; Ferguson et al., 2021),发现执行功能在30岁左右达到峰值,然后随着年龄的增长开始缓慢衰退,这与前额叶的发育成熟和老化,以及教育、环境的变化有关。此外,在认知灵活性方面,任务转换范式的结果证明了在毕生发展中组块间任务转换和组块内任务转换之间的分离,表明青少年和年轻人在任务集之间转换更困难,中老年人在维持任务集方面更困难(Huff et al., 2015; Ferguson et al., 2021)。

第四节 记忆及记忆策略的发展

记忆是信息加工理论的核心成分,发展心理学家一直致力于揭示记忆的形成及发展变化。婴儿的记忆能力限制了其概念理解的发展,那么婴儿真的没有记忆吗?婴儿什么时候才会形成长时记忆?儿童又是如何习得记忆策略的?

一、婴儿记忆

长期以来,人们认为婴儿无法建立持久的长时记忆,因为儿童通常不记得2岁之前发生的事情,这也被称为婴儿期遗忘(Neisser, 2004)。非言语记忆测量方法的出现,以及对婴儿思维和大脑的看法不断变化,促使研究者重新考虑婴儿的记忆能力(Bauer et al., 2010)。借助记忆的非言语测量,研究者发现虽然婴儿不会说话,但他们能够编码和保持信息,记忆能力在出生后的头两年发展迅速。即使是刚出生的婴儿也表现出了记忆的能力,比如听到母亲在怀孕最后几周大声朗读的故事段落时,与听到新奇的故事段落相比,新生儿会提高吸吮的频率和强度(DeCasper & Spence, 1986)。使用习惯化范式的研究也发现,新生儿在听到多次重复的敲击声后会出现回避行为(Swain et al., 1993)。

在婴儿中最常用的非言语记忆测量范式是视觉配对比较和视觉习惯化、结合强化,以及诱发和延迟模仿(Bauer et al., 2010; Mullally & Maguire, 2014)。在视觉配对比较中(Bauer et al., 2010),婴儿会看到成对出现的刺激,观看时间逐渐减少表明婴儿熟悉了这对刺激;然后在间隔零至几分钟不等的时间后开始测试阶段,呈现给婴儿熟悉的图片和新图片;最后测量婴儿观看这两张图片的时间,如果婴儿更偏爱新图片,则表明婴儿记住了熟悉的图片并维持了一定的时间,如果婴儿对两张图片的偏好无差异则表明婴儿遗忘了熟悉的图片,两张图片对婴儿来说都是新奇的。采用这一任务的研究发现,随着年龄的增长,婴儿在较长时间的延迟中也能表现出再认记忆:虽然3个月大的婴儿在2分钟后就能成功再认面孔,但大多数婴儿在24小时后就忘记了。相比之下,6个月大的婴儿对这两种延迟都表现出了明显的新奇偏好(Pascalis et al., 1998)。在相对较短的延迟间隔内,新奇偏好表明了对熟悉刺激的记忆,而对于较长的记忆保持间隔,长时间注视熟悉刺激则表明了对熟悉刺激的记忆。在一项延迟3个月的研究中(Bahrick & Pickens, 1995),在熟悉阶段的立即测试中,3个月大的婴儿对新刺激的注视时间会变长,但在3个月后重新测试时,婴儿对熟悉刺激的注视时间更长。此外,在这两个时间点之间,没有检测到偏好。这种偏好从新奇事物到对熟悉事物无偏好,再到对熟悉事物的偏好的转变,表明记忆痕迹随时间变化:在熟悉事物之后,婴儿立即将注意力转移到新奇刺激上,因为他们对熟悉刺激的表征仍然新鲜,但随着时间的推移,婴儿的注意力又回到曾经熟悉的刺激上,以重建衰退的记忆痕迹(Bahrick et al., 1997)。

运动结合强化范式是一种操作性条件反射的形式(图6.3)。在基线阶段,婴儿的脚踝没有与移动装置连起来,测量婴儿随意踢脚的次数;在强化阶段,将婴儿的脚踝用线与移动装置连起来,婴儿踢脚的同时会引发移动装置的运动,婴儿建立起踢脚和运动之间的联系;测试阶段与基线阶段一样,婴儿脚踝与移动装置断开连接,如果婴儿记住了踢脚会引发运动,在看到移动装置的时候就会发生更多的踢脚动作。因此测试阶段与基线阶段的踢脚数量的比可以作为婴儿记忆的指标,通过延长强化阶段和测试阶段的时间间隔,可以测量婴儿记忆维持了多久。采用这些结合强化的范式,研究发现学习速度和记忆保持时间都随着年龄的增长而增加。在学习速度上,2个月大的婴儿在3~6分钟学会反应(Davis & Rovee-Collier, 1983),3个月大的婴儿在2~3分钟学会反应(Greco et al., 1986),6个月大的婴儿在1分钟内学会反应(Hill et al., 1988)。在记忆保持时间上,2个月大的婴儿可以保持1~3天,6个月大的婴儿可以保持14天(Hartshorn & Rovee-Collier, 1997; Hill et al., 1988)。结合眼动技术,将结合强化范式中的移动装置换成图片刺激。研究发现,3个月大的婴儿在强化过程中形成了对图片颜色和空间位置的预期眼动,并且对图片空间位置的眼动预期可以持续1天(Wong-Kee-You et al.,2016)。这些发现证实了C. K. Rovee-Collier系列研究中的假设,在期望形成过程中编码的信息存储在长期记忆中(Wong-Kee-You et al.,2016)。

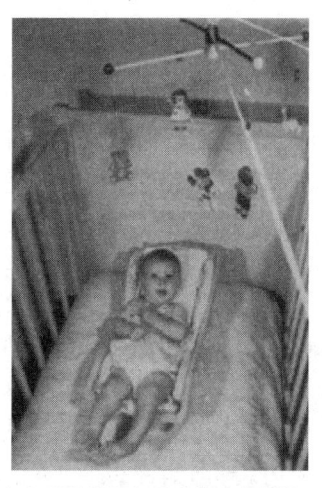

(a)婴儿脚踝与移动装置连接　　　(b)婴儿脚踝与移动装置连接断开

图6.3　运动结合强化范式实验装置示意

基本的模仿任务过程是实验者使用一组新的刺激来模拟一个或一系列动作,然后让婴儿或儿童模仿这个动作或顺序,根据婴幼儿年龄的不同会设置1~9个动作供其模仿(Bauer et al.,2010)。在诱发模仿中,婴儿在看到演示后立即进行模仿;在延迟模仿中,婴儿或儿童在一定的延迟(几分钟到几个月不等)后再进行模仿。婴儿或儿童模仿的动作和顺序的正确数量即为记忆的测量指标。在这些任务中,婴儿学得很快,记忆也很灵活,并且随着年龄的增长,婴儿对事件的记忆时间更长。6个月大的婴儿在24小时后可以回忆事件顺序(Barr et al.,1996),9个月大的婴儿可以记1个月,10个月大的婴儿可以记3个月(Carver & Bauer,2001),20个月大的婴儿甚至可以记一年(Bauer et al.,2000)。随着年龄的增长,长时间延迟记忆的能力变得更加可靠。6个月大的婴儿中只有25%的人能在24小时后回忆起事件的顺序(Barr et al.,1996),而9个月大的婴儿中有50%的人能在1个月后回忆起事件的顺序(Carver,1999;Carver & Bauer,2001),20个月大的婴儿100%能在1个月后回忆起事件的顺序(Bauer et al.,2000)。此外,16个月和20个月大的儿童在一周后仍能记住学习的步骤及工具的功能,并应用于新的模仿任务,表明一岁半到两岁的儿童能有效地概括他们对事件的知识,并形成具体的、情景性的事件记忆(Bauer & Dow,1994)。即使在学习和记忆测试的情境截然不同(Klein & Meltzoff,1999),以及演示动作和测试记忆的人不同的情况下(Hanna & Meltzoff,1993),婴儿也能表现出记忆能力。尽管基于模仿的任务是非言语的,但一旦儿童掌握了必要的语言，他们在这些任务中经历的事件就可以用语言表达出来。比如，婴儿在16个月和20个月的时候参与了诱发模仿任务；6~12个月后，当婴儿22~32个月大时，两个年龄组的婴儿都口头描述了他们几个月前经历的事件(Bauer et al.，1998)。言语可及性是陈述性记忆的特征之一，因此在模仿任务的背景下形成的记忆痕迹本质上是陈述性的。

总之，关于婴儿记忆的研究表明，在使用语言编码和保留信息的能力发展之前，对过去信息进行编码、存储和检索的能力就已经存在了。随着发展，婴儿编码信息更快，记忆信息更久，记忆变得更加灵活。

二、记忆策略的发展

随着言语能力的发展，儿童开始学会使用一些记忆策略。在儿童和青少年时期，记忆表现的年龄差异主要来源于记忆策略的学习和应用(Schneider, 2013)。记忆策略是潜在的、有意识的、自发的和可控的认知计划，用于提高记忆任务中的表现(Schneider & Sodian, 1997)。其中，最常见的记忆策略有复述、组织和精细化。复述指的是通过口头或非口头方式对记忆材料进行重复以巩固记忆，组织指的是采用分类和重新排序或组合的方式巩固记忆，精细化指的是对记忆材料进行理解和深度加工来帮助记忆。策略可以在学习时执行（编码），也可以在长时记忆中访问信息时执行（检索）。比如，在测量组织策略通常采用的分类任务中，儿童需要对随机排列的可分类物品（如动物、家具等）进行记忆，在这个过程中儿童在编码阶段可以进行分类，在回忆阶段也可以按照编码的类别进行提取，组织测量贯穿编码和检索过程(Schneider, 2013)。

早期记忆策略的发展研究发现，7岁以下的儿童无法自发使用记忆策略(Flavell et al., 1966; Gathercole et al., 1994)，表明儿童无法产生可能有助于提高记忆力的有用的语言表达。到7岁左右，儿童才出现口头复述，可能是由于专门用于口头复述的工作记忆成分，即语音回路，通常在7岁左右成熟(Hulme & Tordoff, 1989; Kail & Park, 1994)。然而，来自17个实验室的重复研究发现，5岁儿童中有76%的人至少有时会复述(Elliott et al., 2021)；而在Flavell等人(1966)的同年龄组实验中，这个数字只有10%。记忆策略在小学阶段迅速发展，大多数小学生还会根据意义对项目进行分组，并将同一类别的项目放在一起学习，更高层次的分类和聚类产生更高水平的回忆(Hasselhorn, 1992)。

一系列关于记忆策略的纵向研究从个体层面揭示了记忆策略发展过程的复杂性。首先，对于大多数儿童来说，策略习得过程是从没有策略到使用策略的快速转变，而不是策略使用的逐渐增加。具体表现为从4岁开始，在每间隔6个月的9次测量中，相隔时间点策略的使用频率是跳跃增加的(Schlagmüller & Schneider, 2002; Schneider et al., 2004; Schneider et al., 2009)。其次，在测量的第一个时间点，至少三分之一的4岁儿童已经习得了一些记忆策略(Schneider et al., 2004; Schneider et al., 2009)。再次,从7岁开始,儿童就获得了一些记忆策略,随着年龄的增加,儿童更多地使用分类和排序策略而不是复述策略,记忆策略的使用与回忆表现的相关也随着年龄的增长而增大(Schneider et al.,2004;Schneider et al.,2009)。最后,随着年龄的增长,儿童更多地使用多策略结合的方式进行记忆(Coyle & Bjorklund,1997),对项目进行过分类和排序并且复述的儿童,在之后的回忆任务中表现也更好(Schneider et al.,2004;Schneider et al.,2009),在编码和检索阶段都使用记忆策略更有助于记忆表现(Schneider et al.,2009)。

对要记忆的材料的知识库和理解可以显著地影响儿童记忆策略的使用(Haden,2013;Ornstein & Naus,1985)。随着年龄的增长,知识库的内容和存储信息的访问容易程度可能会显著影响儿童对这些项目的记忆策略。儿童从被动复述向主动复述的转变可能部分归因于儿童知识量的变化(Ornstein & Naus,1985)。理解一组词的含义和分类结构也有助于儿童采用分类策略,当呈现联系紧密或类别明显的词汇集时,即使是6~7岁的儿童也能够利用基于意义的分类策略,但对于联系松散或类别模糊的词汇集,儿童无法采用基于意义的分类策略(Alexander & Scwanenflugel,1994;Schwenck et al.,2007)。随着年龄的增长,知识系统结构的变化也有可能促进信息的提取,知识体系变得越来越相互关联,项目之间丰富的联系有助于策略的熟练执行,如基于意义的排序和主动复述(Haden,2013)。因此,年幼儿童未能利用项目之间的分类关系可以解释为缺乏这些关系的知识,或在获得这些信息的过程中速度较慢、效率较低(Ornstein & Naus,1985)。

做自己的发展心理学家　家事国事天下事,事事有"心"

在第一节中我们已经了解了信息加工理论对记忆系统的构建,在第二节中我们从信息加工角度重新理解了客体永存概念理解的发展,在第三节中我们描绘了与记忆系统中控制过程息息相关的执行功能的发展轨迹,在第四节中我们学习了婴儿记忆的产生以及儿童记忆策略的发展。这些理论和研究结果与我们的生活息息相关。

一、从信息加工的视角看"内卷"和"鸡娃"

近两年来,"内卷"突然成了一个热门词语。当代社会的"内卷"早已突破年龄的限制,不仅成年人"内卷",甚至连幼儿园的孩子都开始"内卷"。有一个词是"鸡娃",就是让孩子把几乎所有的时间都用于学习和提升自己,给孩子安排大量的兴趣班、辅导班,仿佛是在给孩子"打鸡血"。"鸡娃"里的"鸡"字,就是从"打鸡血"这个词里提炼出来的。实际上,这种"拔苗式"教育是不符合幼儿认知发展规律的,通过记忆的发展轨迹我们了解到,儿童至少要到5岁才能学会使用记忆策略,并且策略的有效性并不高(Schneider et al.,2004;Schneider et al.,2009)。支持儿童学习和记忆的执行功能,尤其是认知灵活性也要到学龄期才迅速发展起来(Chevalier & Blaye,2009;Diamond,2013)。这些发展过程受到前额叶发育的制约(Best & Miller, 2010; Pushina et al., 2005)。就算是有相关知识的指导,幼儿也无法使用执行功能来调节他们的行为,就像额叶有缺陷的患者一样(例如,所谓的"知识-行动分离";Diamond & Taylor, 1996; Zelazo et al., 1996)。因此,过早让幼儿接触过多的知识,幼儿是无法接受的,幼儿的神经系统发育和基本认知功能无法支持过多的知识输入。

给孩子一个快乐的童年很重要,玩耍作为一种实践活动有益于认知功能的发展(Doebel & Lillard, 2023)。在游戏中,儿童自愿承担认知努力,经常设定和追求自己的目标,甚至创造新奇的问题来解决(Chu & Schulz, 2020)。游戏也可以促进文化知识的学习,从而促进执行功能的发展。具体来说,文化知识可以促进支持特定文化执行功能技能的认知表征。例如,一个对彩色三维积木有丰富经验的儿童可能更有能力使用执行功能来保持一个隐藏的积木的表征,或者在心理上操纵积木来搭一个积木塔。探索性游戏可能是快速获得这种文化知识的关键途径之一。通过自由地探索环境和其中的对象,儿童不仅迅速获得丰富的关于世界的知识(Evans et al., 2021; Herzberg et al., 2021),还可以获得文化知识,然后应用于目标导向的活动。幼儿园、博物馆和家庭环境都是由文化价值观和实践塑造的。例如,在家里,儿童可能会得到各种形状的彩色积木,这些积木可以放入"形状分拣机"中,从而培养他们对形状和颜色的探索和学习。在博物馆里,儿童有机会获得科学概念,如探索大小不同的齿轮连接如何使物体移动得更快或更慢(Callanan et al., 2020)。儿童愉快地探索这样的环境,并在这个过程中获得文化知识。这样的一些实践活动能够激发儿童的学习兴趣和动机,帮助儿童获取相应的文化知识,促进儿童认知发展。

二、从信息加工的视角看教育如何促进记忆和学习

正如在记忆系统中信息流是双向的,教育与认知发展之间的关系也是双向的。儿童接受教育、学习知识的能力受到基本认知能力发展的制约,教育也促进着儿童的认知发展(DeMarie & López, 2013)。在学习中,学生需要获取和存储新信息,以便之后在长时记忆中检索。到儿童上小学时,他们已经能够使用多种策略来学习新信息,教师帮助儿童学习不同类型材料的最佳记忆策略是很重要的。同样重要的是,教师要帮助儿童了解为什么他们需要使用策略,以及这些策略如何帮助记忆。记住一般知识并将不同来源的信息结合在一起,对于儿童理解其正在学习的东西也是必不可少的。

此外,小学课堂的社交情景对有意识的记忆策略的发展很重要,与记忆相关的对话也对提高儿童的记忆策略使用及其有效性有促进作用(Schneider & Ornstein, 2019)。比如,教师鼓励学生应用他们已经知道的知识来实现理解和记忆的目标,并进行一些支持记忆的活动(如分类,与以前的经验联系)。通过操纵教师教授数学和科学的语言与记忆的关联,研究也发现教师语言和指导风格对于儿童记忆技能的习得至关重要(Grammer et al., 2013)。

思 考 题

1. 人脑和电脑的相似之处和不同之处是什么?
2. 婴儿研究中违背预期范式的前提假设是什么?
3. 为什么认知灵活性的发展建立在抑制控制和工作记忆的发展之上?
4. 研究表明婴幼儿拥有一定程度的长时记忆能力,那为什么我们成年后往往难以回忆起2岁之前的事?

名 词 解 释

长时记忆存储器(long-term memory store):一个永久的信息库,信息一旦储存在长时记忆中,此后就不会被破坏或消除(除非经历脑损伤等特殊情况);从内容和结构来看,长时记忆包括程序性记忆和陈述性记忆。

短时记忆存储器(short-term memory store):存储来自感觉记录器传入的信息和从长时记忆中提取的信息,并提供工作记忆空间,在其中可以临时对信息进行操作,以供当前任务使用。

感觉记录器(sensory register):非常短暂的记忆存储器,在接收刺激输入后对感觉信息进行最初的处理,并在转移到短时记忆存储的过程中暂时保存传入的感觉信息。

工作记忆(working memory):涉及在大脑中保存信息,并进行操作和处理(如重新排序、用信息来解决问题等)。

认知灵活性(cognitive flexibility):改变看待问题的角度或方法,灵活地适应新的要求、规则或优先级(如在任务之间切换)。

抑制控制(inhibitory control):涉及控制注意力、行为、思想或情绪,以克服强烈的内部倾向或外部诱惑,从而做更合适或更需要的事。

执行功能(executive function):一系列目标导向的心理过程,它使个体能够克服自动化的或既定的想法和反应;核心成分包括工作记忆、抑制控制和灵活转换。

小　　结

人脑信息加工包括编码(记录最初输入的信息)、存储(保存信息以便未来使用)和提取(恢复之前存储的信息)的过程。

认知发展的信息加工视角阐明了在反应输出的背后,记忆和学习过程中组织、调控信息的能力和策略随年龄的发展变化。

皮亚杰的认知发展理论无法解释已经理解了客体永存概念的婴儿为什么还会出现A非B错误。信息加工理论提出了新的解释:信息储存加工环节和控制过程相关的能力在婴儿期仍未成熟,限制了婴儿通过A非B任务。

依赖于前额叶的成熟,执行功能在婴幼儿时期和学前期迅速发展,并在儿童期和青少年期持续增长,到成年早期发展成熟并保持平稳,最后伴随衰老而逐渐衰退。

在婴幼儿使用语言编码和保留信息的能力发展之前,对过去信息进行编码、存储和检索的能力就已经存在了。随着发展,婴儿编码信息更快,记忆信息更久,记忆变得更加灵活。

记忆策略在学龄期迅速发展,并且表现出快速转变,而不是策略使用的逐渐增加。随着年龄的增加,儿童更多地使用分类和排序策略而不是复述策略,并且逐渐学会熟练使用多记忆策略。记忆策略的使用与回忆表现的相关也随着年龄的增长而增大。

对幼儿和儿童的教育需要适应其神经系统和认知发展水平,采用适当的教育方式帮助儿童获得文化知识,进而促进认知发展。

第六章参考文献

7

沟通交流工具的掌握与运用：语言能力的发展

近年来，如何理解和运用人类语言成为人工智能领域的研究热点之一。2020年，由中国中文信息学会和中国计算机学会联合主办的"2020语言与智能技术竞赛"吸引了众多人工智能领域的佼佼者。竞赛的核心任务之一是机器阅读理解，即让机器阅读文本，然后回答和阅读内容相关的问题。阅读理解是自然语言处理和人工智能领域的重要前沿课题，对于提升机器的智能水平，使机器具有持续获取知识的能力等方面具有重要价值，近年来受到学术界和产业界的广泛关注。

随着人工智能领域的发展，高考等考试阅卷也出现了人工智能的身影。新闻报道称，2020年多地（如安徽、广西等）已经将人工智能作为高考阅卷的辅助手段，检测阅卷质量，包括判断老师的阅卷速度是否过快或者过慢，检测考生答卷是否存在抄写题干等情况，从而保证阅卷质量的公平公正。

从咿呀学语，到熟练运用母语，再到二语学习等，语言现如今作为人类生活中必不可少的沟通交流工具之一，发展心理学视角下人类的语言是什么、能做什么，以及是如何发展的？本章将围绕这一话题展开论述。

第一节　语言的概念与界定

探讨与语言相关的话题前，我们先要做一些限定。第一，本章探讨的话题仅限于人类的语言。在动物研究中，语言也作为交流的一种方式，虽然与人类语言不同，但不同物种中可能也存在某种带有规律的语言信号。第二，目前对于语言的界定，更多的是从狭义的人类语言学的角度上展开，肢体动作、面部表情等可能传递交流信息的信号不属于本章讨论的范围。

探讨语言，首先要对语言（language）一词进行界定。目前，心理学领域中的概念大多参照了人类语言学的界定。例如，儿童在玩耍的时候通常会出现自言自语的行为，他们一般会说"我把这个放在这里"，这句话似乎有一种指导性的意味。

语言发展问题也能够为语言学研究带来一些启发，如语言、思维、社会功能之间的联系。例如,在一项有关障碍群体的研究中,结果发现,与典型语言发展青少年相比,语言发展障碍(developmental language disorder)青少年在社会归因任务(social attribution task)上的表现显著更差,且表现出更多的同伴和情绪问题(Forrest, Lloyd-Esenkaya, Gibson, & St Clair, 2022)。

思考一个问题:聋和盲,哪个对人的影响更大? 大多数人的回答可能是"盲对人的影响更大",实则不然。这个问题其实是著名心理学家维果茨基提出来的,他认为,相较于盲,聋对人的影响更大,这是因为听力障碍者的语言功能会受到更大的影响,难以学习语言,也就没有语言的输入和输出,进而会影响其社会功能等各方面的发展。对于聋童而言,在语言发展的关键时期(一般为0~5岁),长期缺乏对自然语言的充分接触,即语言剥夺,可能会导致严重缺陷,从而影响其神经心理发育(Merchán et al., 2022)。

在语言发展中,一类常见的问题是口吃。口吃是由神经发育障碍引起的复杂的言语运用控制缺陷,存在不自觉的言语中断、重复和不流畅等特征(Anne & Christine, 2017)。有研究分析发现,当前口吃领域的研究热点集中在口吃的认知神经机制、言语与语言治疗,以及生活质量三个方面。其中,认知神经机制研究重点关注脑功能偏侧化异常、脑区间动态关系异常和知觉功能异常,言语和语言治疗聚焦于言语行为治疗、听力反馈治疗和个性化团体言语治疗,生活质量研究集中在生活质量评估和影响因素上(邓柳,雷江华,2022)。

语言与思维的关系也存在许多争论,维果茨基和皮亚杰的观点存在一定的分歧。皮亚杰认为,儿童的语言来源于思维,当儿童的认知结构发展到一定阶段后,才开始出现语言;语言是认知发展的标志之一,对思维的发展不起作用。而维果茨基则认为,儿童的言语在认知发展中起着重要的作用,言语作为思维的重要工具,具有计划、协调和解决问题的作用。

皮亚杰首次提出自我中心言语(egocentric speech)的概念,并将儿童的自我中心言语分为重复、独白和集体独白三个部分。关于自我中心言语,维果茨基和皮亚杰也存在着较大的分歧(赵旭曼,2011;李其维,赵国祥,2020)。

1. 非社会化与社会化

皮亚杰将儿童语言分为两大类:自我中心言语和社会化语言。皮亚杰把自我中心言语描述为在遗传、结构和功能上处于我向思考和定向自考的中间位置。他认为,自我中心言语属于我向思考阶段时是非交流性的,当自我中心言语消失之后,社会化语言就会出现。

维果茨基则认为,言语的主要功能就是交流,儿童最初的言语基本上是社会性的。起初,言语是混合和多功能的,后来儿童的社会性言语才十分明显地分成自我中心言语和交流言语。当儿童的社会合作行为迁入个人内部的心理功能时,自我中心言语就产生了。

2. 自我中心言语是否会完全消失

在皮亚杰的观点中,自我中心言语处于我向思考和定向思考的中间位置,而儿童语言发展是根据个人到社会、我向思考到定向思考的方向发展的。随着儿童年龄的增长和外界环境的影响,语言最终也会完全去除个人化,走向社会化,当社会化语言出现后,非社会化的自我中心言语就会完全消失。

维果茨基则认为,语言的发展图式首先是社会的,之后是自我中心的,再接下来是内部言语。自我中心言语消失时,其并不是简单的消退,而是"转入地下",变成了内部言语。

尽管皮亚杰和维果茨基的观点存在着较大的分歧,但毋庸置疑,自我中心言语是儿童成长中的一种普遍现象,对儿童的发展起着重要的作用。

第二节 语言结构的发展

当前,在心理学领域开展的语言研究,大多参考了语言学中对于语言结构的界定与划分。具体而言,语言结构涉及如下核心概念(Aronoff & Fudeman, 2022; Finegan, 2012)。

语音:语言中声音的系统组织方式,主要涉及音位的识别、区分与组合规则。语音结构不仅包括元音和辅音的分类,还包括重音、音调、韵律等特征,这些因素共同构成语言在听觉和发音层面的形式系统。

词汇:词的构成、组织,及其意义的习得与使用,包括构词方式(如"冰箱"为由"冰"与"箱"构成的复合词)和词的形态变化(如"糊涂"的形式扩展为"糊糊涂涂"或"糊里糊涂")等方面。词汇不仅承载语义信息,也是语法结构构建的基础。

语法:将词语组合成短语和句子的规则系统,是语言产生中组织和表达逻辑关系的机制。语法规则决定了语言的结构性与可理解性。

语义:语言单位所表达的意义系统,包括词汇、短语、句子,到语篇层级的意义,以及这些意义之间的逻辑与语义关系。

一、不同理论观点的解释

关于语言结构是如何发展的,不同的理论框架解释了其过程和机制,大致可以分为以下几类。

1. 学习理论观点

学习理论观点的代表人物之一是斯金纳,他认为语言是一种习得的技能,强调语言的获得遵循强化和条件反射的基本法则。例如,在日常生活中,当一个孩子无意间发出清晰的"ma"的声音时,妈妈会认为孩子是在叫她,因此她通常会激动地给孩子反馈,大声答应、抱他、亲他并奖励他。这些反馈和奖励对儿童而言就是一种强化,他们之后更可能会重复这个发音,并逐渐建立起这个发音与妈妈之间的关系,从而学会了发出

"ma"的声音来呼喊妈妈。

学习理论观点存在一定的合理性,能够解释一些低级言语的发生过程。但仍存在该理论无法解释的情况,如儿童快速习得语言规则过程中强化的作用似乎微乎其微。孩子有时候语言表达出错与正确时获得的反馈几乎相同。举个例子,孩子在学习语法的过程中经常会出错,会说:"为什么不水喝?"而这个时候父母能够理解孩子想表达的其实是"为什么你不喝水",因此其反馈几乎是相同的,大部分时候是围绕孩子的问题进行解答或者做出一些行为。按照学习理论,此时儿童错误的语法得到了正反馈,这就很难解释随着年龄的发展儿童是如何学会正确的语法规则的。

2. 认知理论观点

认知理论观点的代表人物之一是皮亚杰,他认为语言源于智力,并随着认知结构的发展而发展。他强调,语言来源于思维,是认知结构发展到一定阶段的产物,是认知发展的标志之一。不成熟的思维形式表现为自我中心言语,而更高阶的思维形式表现为社会化语言。所以认知发展先于语言发展,认知发展是语言发展的前提,其顺序和普遍性决定了语言发展的顺序普遍性。语言的普遍性并不是人类与生俱来的普遍的语法,而是认知普遍性的一部分。该理论观点还认为,不能把儿童的语言发展能力简单概括为先天拥有或后天习得。语言是通过儿童当前的认知技能与现实的环境相互作用发展起来的,是通过同化和顺应达到的阶段性的平衡,并逐步达到更高阶段的发展过程。

3. 先天论观点

与学习理论观点认为的语言后天习得不同,先天论观点则强调语言是一种天生的技能,是利用规则去理解和创造的,而不是通过模仿和强化获得的。该理论观点的代表人物之一是乔姆斯基。他认为,语言的发展是由一种遗传决定的、与生俱来的机制引导发生的。乔姆斯基通过对不同语言的分析提出了普遍语法的概念,他认为,世界上所有的语言都有一个相似的语言内部结构。这些共性的语法规则,是人类天生具备的语言能力的一部分,帮助我们理解和生成各种语言。该理论也强调,儿童天生就能够理解语言大致的轮廓,即人类大脑中存在语言习得机制(language acquisition device)的神经系统,包含一些与生俱来的关于语言结构特征的知识,能够帮助儿童尽快学会词、句子,乃至复杂且精密的语言结构和语法规则。

一些研究为先天论观点提供了证据,研究发现婴儿在一岁前就已经进行了大量的语言学习,并且功能发展尚不完善的婴儿与语言能力发展成熟的成年人之间存在高相似性,这可能提示我们遗传因素存在于儿童语言发展过程中(Dehaene-Lambertz, Hertz-Pannier, & Dubois, 2006)。

先天论的观点能够解释儿童在语言发展过程中的一些现象,例如儿童对于多种语言语法规则的习得,但不可否认的是先天论也存在一定的局限。其一,该理论强调的语言习得机制只是一种假设,难以通过实验研究证实;其二,先天论观点过于强调遗传的作用,忽视了环境与后天教育在儿童语言发展中的重要作用。

4. 社会互动论观点

无论是以乔姆斯基为代表的先天论观点,还是以斯金纳为代表的学习理论观点都无法充分解释儿童的语言发展,因此结合两类理论,综合考虑遗传与环境交互产生影响的新理论,即社会互动论诞生了。社会互动论认为,语言的发展是由先天基因和后天与语言学习相关的环境共同影响推进的。

一些研究支持社会互动论观点。纵向追踪研究结果发现,大脑中一种高频神经振荡(oscillatory gamma activity,即γ节律)与早期环境因素均能预测婴儿24个月大时的语言习得和语言技能发展(Cantiani, Piazza, Mornati, & Riva, 2019)。

总的来说,解释儿童语言发展过程的四类理论均得到一些研究证据的支持,不同的理论都能解释一些关于儿童语言发展的机制,但无法解释全部。目前仍不清楚哪种观点能够提供最好的解释,但显而易见,儿童语言发展受到多种因素的影响,且不同因素可能在儿童发展的不同阶段发挥不同的作用。因此,语言获得与发展领域仍需要研究者进一步展开更深入的探索。

二、语言发展的顺序

儿童语言发展的整个过程与年龄息息相关,在这个过程中,我们要区分言语理解(speech comprehension)和言语生成(speech production)两个概念,即对言语进行理解和使用语言进行交流。语言发展过程的一个基本原则是理解先于生成,先听得懂,后说得出;先是知觉理解,之后才是运动产出,将语言说出来。从语言结构的发展顺序来看,先是音和音的结合,然后是词,最后是句子。

接下来,我们将根据不同的语言结构详细探讨儿童语言是如何发展的。

1. 语音发展

从知觉发展的角度来看,一个月大的婴儿就能够对一些音素有反应。语音感知是语言学习与发展的初始阶段,形成对母语语音的特异性感知是婴儿早期语言获得的首要任务(官群,2016)。采用高振幅吮吸技术的研究发现,出生两天的新生儿在听到母语和非母语录音时吮吸频率不同,具体表现为新生儿听到母语录音时表现出高振幅的吮吸方式(Moon, Cooper, & Fifer, 1993)。脑电研究也发现,语音信息输入时,刚出生两天的新生儿的额叶皮层与颞叶皮层就已经能够被激活了(Perani et al., 2011)。

两个月大时,婴儿开始能够区分元音;发展至一岁时,幼儿已经能够听清并清楚区分所有的音素。这个时期的幼儿又被称为"世界公民",即无论哪种语言,幼儿都能够听清楚和区分清楚,是儿童语言学习的敏感期。敏感期过后,如果长时间不接触一些音,包括非母语的音,以及一些不常用的母语的音,那么儿童区分这些音的能力就会慢慢退化,这也体现了环境对儿童语言发展的重要作用。

从产出的角度来看,儿童语言产出的发展更晚。6～8周大的婴儿能够发出咕咕声(cooing),即嘴巴后部闭合发出的类似元音的辅音声音(后鼻音),如"g"或"k";之后婴幼儿从发出类似元音的音，到逐渐开始能够用嘴巴前部闭合发出辅音（前鼻音），如"m"或"b"。前语言交流（指通过声音、面部表情、手势、模仿和其他非言语的方式进行交流）阶段的儿童最明显的表现是咿呀学语（babbling；发出类似言语，但又没有意义的声音），他们通常会发出元音和辅音的组合，如"da"和"ba"。咿呀学语通常在儿童3~6个月的时候出现，并持续到一岁左右。随着儿童年龄的增加，9~10个月的儿童已经能够发出更多、更复杂的元音和辅音组合了，他们也逐渐开始意识到语言和具体客体之间存在联系。一般情况下，婴幼儿刚开始学会说一些音的时候，爸爸（"ba"）或妈妈（"ma"）是最先学会的。一是因为这类元音和辅音组合比较简单，容易发音；二是因为这类发音跟日常生活中儿童的照看者联系紧密。比如，爸爸在带孩子的时候通常会引导孩子发出"ba"的音并用手指向自己，孩子由此逐渐明白"ba"代表爸爸。

儿童的咿呀学语阶段存在一些十分有趣的现象。首先是咿呀学语存在跨语言的一致性。发展过程中儿童出现的咿呀学语实际上是一种十分普遍的现象，存在于所有的文化中。值得注意的是，婴儿的咿呀学语不仅会发出母语的音，而且会自发地产出各种语言中都存在的音。

咿呀学语同样存在于聋童的语言发展阶段中。聋童与典型发展儿童一样，能够发出只有元音的咿呀学语的音，但在之后的语言发展过程中，聋童相较于典型发展儿童形成元音辅音连接的月龄更大、频率更低（黄丽辉，加我君孝，韩德民，汪涛，2005）。

聋童的手势语成分与典型发展儿童语言成分不同，但他们也会用手势的形式表现出咿呀学语。一项针对日本听力障碍父母的两个聋童的个案纵向研究结果发现，在学会第一个手语前，聋童已经能够经常做出一些非指向性手势（nonreferential gesture），这些手势通常有很多有节奏的重复动作。随着儿童年龄的增长，非指向性手势的数量也在增加（Takei, 2001）。这表明，聋童中的非指向性手势相当于人工模拟的咿呀学语的声音。

研究详解

手势语在很多方面跟口语十分相似，都能够获得和传递认同、价值观以及信息。对于口语而言，在婴儿能够说出第一个可识别的词之前能够观察到存在咿呀学语。但是对于聋童来说，在毫无准备的情况就学会手语显然不太可能，那么在学会第一个手语之前是否也存在类似咿呀学语的现象？研究者针对这个问题开展了纵向的个案研究（Takei, 2001）。

研究被试是来自日本一个听力障碍家庭的两个聋童，分别是一个女孩（A）和一个男孩（B），年龄为5个月（A）和7个月（B）。研究开始时，两位被试均未学会使用手势语。研究采用每月一次、每次持续约一个小时的家庭观察法，期间父母与儿童自由地交互玩耍。之后两位编码员会对每次家庭观察录像中儿童的手势与姿势等独立进行编码。

结果发现(图7.1),被试A和B出现第一个手势语的年龄分别是11个月和13个月。他们出现非指向性手势的年龄均在7个月左右,这与典型发展儿童出现咿呀学语时的年龄相仿。在非指向性手势中也能观察到较多重复性的动作。在手势语出现之前,被试非指向性手势的数量随着年龄的增长而迅速增加。

该研究的结果为聋童的手势语发展存在咿呀学语阶段提供了证据,即非指向性手势与咿呀学语一样,为之后手势语的学习与交流奠定了坚实的基础。

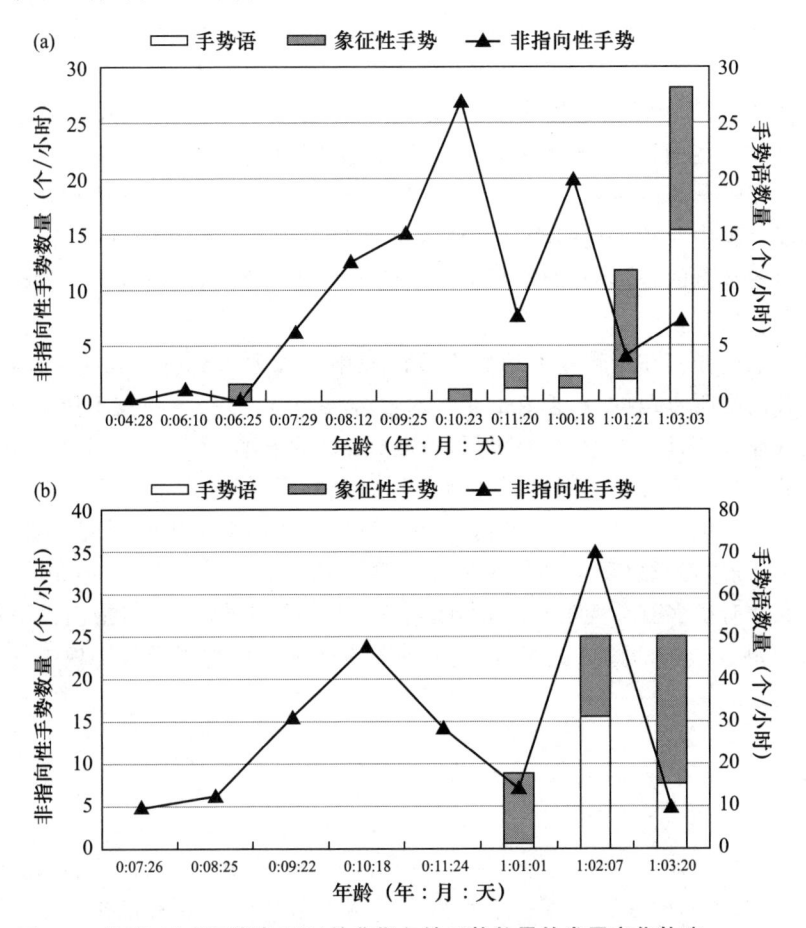

图7.1 被试A(a)和被试B(b)的非指向性手势数量的发展变化轨迹

有趣的是,在语言发展过程中,父母与儿童的交流也会受到儿童语言的影响。比如,在婴幼儿学习语言的过程中,照看者通常也发展出与婴儿沟通的"妈妈语",其特征包括元音多、比较夸张、音调起伏大、速度慢等。例如,当妈妈想要喂年幼的孩子吃饭时,她更喜欢用"吃饭饭""啊""好好吃"等简单且重复的词语,并且语调也会更加丰富。

在发展的早期阶段,儿童发出的语言都是十分相似的,随着年龄的增长,周围环境的影响会逐渐浮现出来,语言的发展也变得多种多样了。

2. 词汇学习

儿童在6个月左右就开始出现对词的理解。例如,在日常生活中父母与孩子互动时,对半岁左右的孩子说"灯在哪里"时,孩子会转头看向灯。他们不一定能够理解整个句子的意思,但是很可能已经知道了"灯"这个词的含义,代表灯这个物品。研究证据也支持在6个月这一时间点,婴儿已经能够理解一些词了,其中最明显的就是能够理解"妈妈"这个词的含义。向6个月大的婴儿并排播放其父母的视频,并同时听到"妈妈"或"爸爸",婴儿明显更多地看向语音所指出的父母的视频(Tincoff & Jusczyk, 1999)。6个月大的婴儿也能够理解"妈妈"这个词只代表妈妈,不能代表爸爸,也不能代表其他女性人物(Campbell & Hall, 2022)。

研究详解

婴儿在6~9个月就已经掌握了一些物体名称的词所代表的含义,但少有研究探讨婴儿早期词语理解阶段中物体单词代表的范围,即某些术语仅代表某个独特的事物(专有名称)还是可以扩展到一些类别中的多个事物(如常见名词)?

Campbell和Hall(2022)的实验一,探讨了"妈妈"这个词代表的含义。

实验材料包含婴儿母亲、父亲、祖母、阿姨、朋友的各自10秒长的视频,共包括4个组合的视频[父亲组(母亲与父亲)、祖母组(母亲与祖母)、阿姨组(母亲与阿姨)、朋友组(母亲与朋友)],实验组中视频词声音与面孔是对应的,而对照组中视频词声音对应的是陌生人面孔。具体实验材料如图7.2所示。

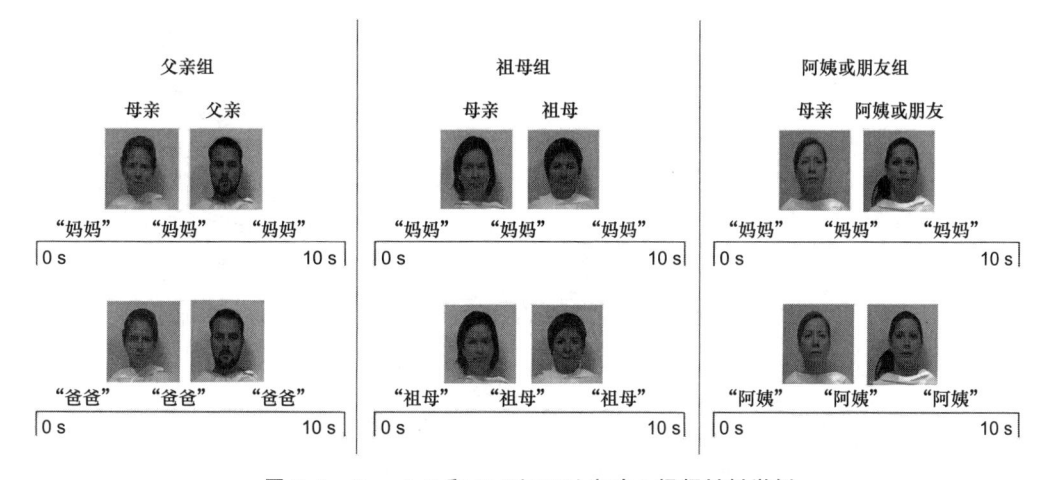

图 7.2 Campbell 和 Hall(2022)实验 1 视频材料举例

婴儿全程坐在母亲的腿上进行实验,实验条件下婴儿会观看上述材料组合的视频，面孔为婴儿妈妈、爸爸、祖母、阿姨或朋友；对照条件下婴儿看到的视频中呈现的是陌生人面孔。被试首先参加了 4 个基线试次，看到两个并排的成年人视频并听到"看"的指令，每个试次均重复 3 遍。随后被试完成了 8 个测试试次，在 4 个试次中，他们同时看到两个照看者的视频，并听到其中一个成年人的名字（如"妈妈"）；在另外 4 个试次中听到另一个成年人的名字（如"爸爸"），每个试次均重复 3 次。

结果发现，6 个月大的婴儿在不同视频组合条件下听到"妈妈"这个词时都会明显地看向母亲的视频。在父亲组条件下，6 个月大的婴儿能够识别出"爸爸"的视频片段，但是在祖母条件下和阿姨或朋友条件下，婴儿难以做出区分。

该实验提供了较为明确的证据，即婴儿能够将母亲的名称（如"妈妈"这个词）理解为具有个体范围的标签，即不指任何人，特指妈妈。婴儿对于"妈妈"这个词的理解较深，也不太可能将"妈妈"这个词拓展到其他熟悉的同种族、同性别的人身上，比如祖母或者阿姨等。

如图 7.3 所示，儿童词汇学习的速度是十分惊人的，开始学会说词后，儿童的词汇量就会快速增长（Mitsuhiko，Nicola，& Barbora，2018）。词汇量的增长也会受到各类因素的影响，如学校教育，在还没上学时，以英语为母语的儿童词汇量为 10 000～15 000 个。对于不同的语言来说，词汇量的绝对数量不一致，从词汇总量上来看，汉语词语少于英语词汇，因此单纯对比数量可能会显得同时期儿童的英语词汇量更大。

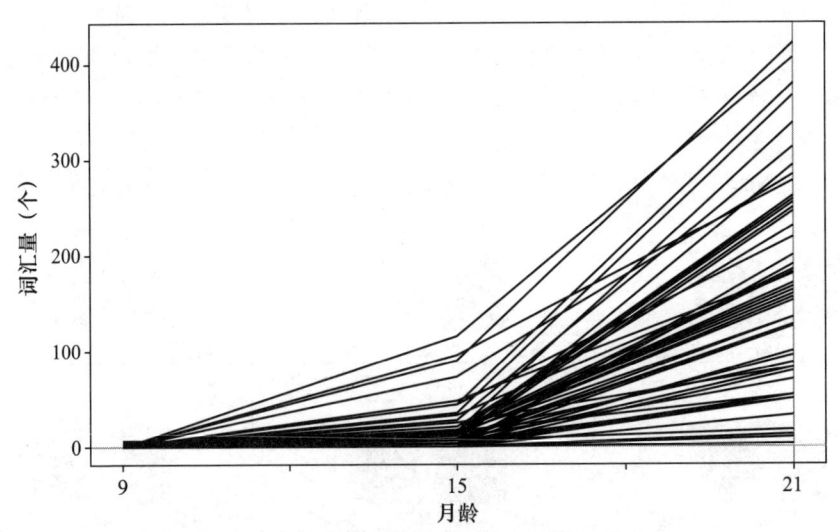

每一条线代表一名幼儿的整体词汇量的发展趋势。

图 7.3　9 个月起婴儿整体词汇量的变化

（引自 Mitsuhiko，Nicola，& Barbora，2018）

(1) 语言数量对儿童词汇学习的影响。

家庭环境对儿童词汇学习的影响常归结为"三千万词的鸿沟"(the 30 million words gap),指的是生活在良好家庭环境中的儿童在 3 岁前与父母沟通时,父母使用的词汇量比家庭环境较差的父母使用的词汇量大概多 3000 万个。

这一数字来源于心理学家哈特(Betty Hart)和里斯利(Todd Risley)的系列研究结果(Hart & Risley,1995;Hart,2000,2004)。研究者招募了不同收入水平,共 42 个家庭的父母和儿童,进行了为期两年的长期追踪研究,每天拍摄记录一小时家庭亲子互动,对亲子互动中词汇的使用进行分析。结果发现,对于经济收入水平不同的家庭,父母与儿童交流中使用的词汇数量有显著的差异。3 岁前,儿童词汇量的差异越来越大。根据研究者的计算,在 4 岁前,高社会经济地位家庭的孩子至少比低社会经济地位家庭的孩子多听到约 3200 万个词汇。图 7.4 显示了家庭的社会经济地位对儿童实际掌握的词汇量的影响。近年来,有研究者对上述差异提出了质疑,认为低社会经济地位家庭的儿童听到的总词汇量可能被低估,即儿童在日常生活中除了通过与父母交流接收语言输入,还会通过其他途径(如看电视等)接收语言输入(Sperry et al.,2019)。然而,Golinkoff 等人(2019)认为,其他途径的语言输入对儿童的影响有限,强调大量实证研究结果表明,低社会经济地位家庭的儿童在语言输入数量和质量上确实存在显著劣势,并且这种差距与其语言能力和学业成绩密切相关。

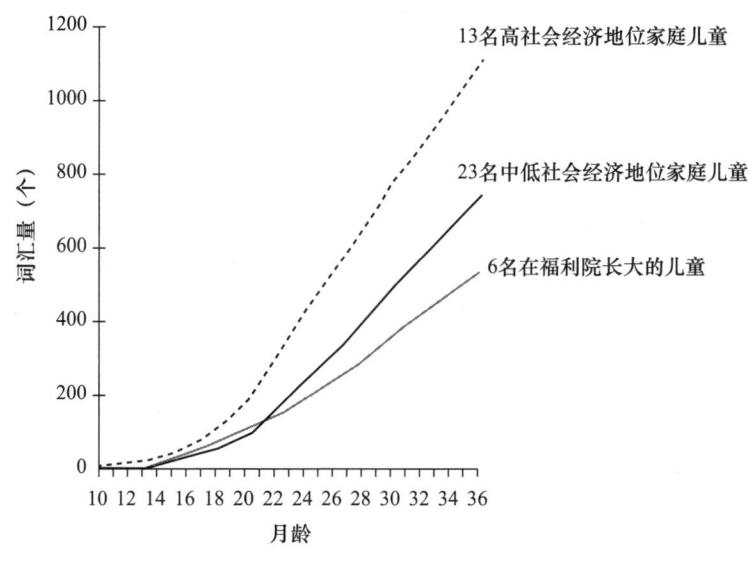

图 7.4　三组儿童掌握的词汇量的差异

(引自 Hart & Risley,1995)

为了跨越这"三千万词的鸿沟",社会各界做了各种努力。但学界对于这一结论的抨击也逐渐显现出来——学龄前儿童语言能力的差异完全由家庭社会经济地位导致吗？这种影响是否会被其他保护因素消除？

(2) 语言质量对儿童词汇学习的影响。

学龄前儿童语言能力的发展除了与接触到的语言数量有关，也与接触到的语言质量密切相关，相较于家庭社会经济地位这类因素，高质量的语言输入更能促进儿童的语言学习（Heymann, Heflin, Baralt, & Bagner, 2020; Zauche, Thul, Mahoney, & Stapel-Wax, 2016）。并且低社会经济地位家庭对幼儿语言发展造成的不良影响，也能通过后天的一些措施进行干预。有研究给低社会经济地位家庭的照看者提供为期6个月的家访课程作为干预，提供对应的知识和策略以丰富幼儿认知和语言发展的家庭语言环境。结果发现，干预措施能够有效增加低社会经济地位家庭中照看者的知识、亲子互动中语言输入的数量和质量等（Leung, Hernandez, & Suskind, 2020）。研究也证实为社会经济地位处于劣势的家庭中的幼儿提供干预能够有效提高幼儿的言语理解能力和语言技能水平（Frizelle et al., 2021）。

研究详解

与低社会经济地位相关的儿童语言发展困难是一个社会公共性问题。Frizelle等人（2021）的研究旨在探讨针对儿童的干预计划是否能够有效帮助幼儿提升语言技能，促进语言发展。

该研究将被试分为快乐谈话（happy talk）干预组和控制组，进行了为期11个月的干预，最终收集到54名被试的有效数据。快乐谈话干预是一项语言干预计划，用于社会环境中与父母和早期教育工作者合作来支持生活在社会弱势群体中的0~6岁儿童。研究的干预重点为学前教育方案，每次课程前30分钟父母都会先在幼儿园进行语言与言语治疗（speech and language therapy）的小组训练，在之后的30分钟辅导中，父母和自己的孩子一起练习这些新获得的技能。除家长外，幼儿园工作人员也完成了4个工作坊的学习，包括：学习与家长交流的3个核心互动技能，早期读写和语音意识技能，共享语言环境资源，分享帮助儿童从学龄前到学校过渡的语言和言语工具等。

干预前后主试要求父母像平常在家一样与孩子玩耍7分钟，可以自带玩具，也可以使用房间里主试提供的玩具。主试将亲子互动的片段录制下来，两名经过培训的研究助理独立完成编码工作。

结果发现（图7.5），干预能够显著提升儿童的听觉语言理解和整体语言能力的得分。

该研究的结果表明，在正式学校教育开始之前，来自社会弱势群体的学龄前儿童的语言理解能力能够得到提升，快乐谈话干预措施能够有效改善语言能力，从而改善儿童的社会性发展结果。

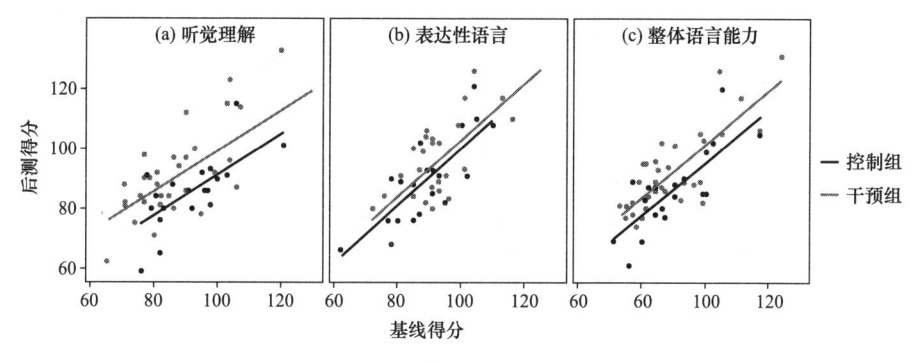

图 7.5 干预组与控制组儿童语言分数

（引自 Frizelle et al.,2021）

以上研究结果均提示我们在儿童早期语言学习阶段中环境的重要性。更早接触语言对儿童的语言发展有帮助，在其语言学习的敏感期，增加与儿童的沟通交流事半功倍。

基于此我们能够发现，亲子互动对于儿童的语言学习是十分关键的。多种证据表明，与父母进行更多对话的幼儿具有发展更好的后期语言技能，如词汇和学业语言能力等（Cartmill et al.,2013；Rowe,2012）。在亲子谈话中，提高谈论抽象的、不存在的概念的频率，即与情景无关的语言时，后期亲子互动中能够出现更长时间、更多轮次的交流（Leech & Rowe,2021）。

因此，发展心理学上常说，如果要给家长提一些有利于儿童发展的建议的话，那就是在孩子小的时候多跟他们说话，等到孩子长大后让他们多说话。这其实就是在讲亲子交流对儿童词汇学习的促进作用。

（3）儿童词汇学习的研究问题。

语言学领域中也存在朴素的观点，即"我不知道语法规则，但我有自己的原则"。儿童在词汇学习中也可能存在一些限定的规则。比如相互排除，看到一个新物体的时候会把新的命名跟这个物体联系起来。这个过程又叫快速映射（fast mapping），即在词汇学习过程中，环境中存在很多儿童熟悉和不熟悉的客体，当给出一个不熟悉的词（假词）时，儿童能够将这个不熟悉的词（假词）与不熟悉的客体进行联结（Krcmar, Grela, & Lin, 2007；Markman, Wasow, & Hansen, 2003），图 7.6 给出了这一现象的例证。

在儿童词汇学习研究领域中，名词优先还是动词优先是一个热点问题，即儿童在词汇学习过程中是先学动词还是先学名词，先说动词还是先说名词？Nelson(1973)认为儿童说出的第一个词通常是描述客体的名词（65%），动词（14%）则会少一些、晚一些。对于母语是英语的儿童来说，在积累了 450~550 个单词时，名词占多数，随着儿童的发哪个是"lax"？

当出现不熟悉的单词"lax"时，已知左侧客体是熟悉的"banana"，由此推测右侧客体是不熟悉的"lax"代表的客体。

图7.6 快速映射识别不熟悉的客体

展，谓语等类别词语逐渐出现(Bates et al., 1994)。对于汉语母语者，在某个年龄段，可能动词占比更多，如说"坐""拿""喝""吃"等。

当前存在的名词优先或动词优先的争论，可能涉及很多不同类型的影响因素，如年龄或环境。一种认可汉语动词优先的解释与心理理论的发展相关联。与西方儿童相比，我国儿童通过错误信念任务的年龄会稍晚一些。在西方，通常4岁左右就已经有60%～70%的儿童能够通过一级错误信念任务，而我国儿童要到5岁左右才能通过。这是否意味着我国儿童的心理理论更差呢？其实并不是这样。我国儿童心理理论能力发展的轨迹更像是"弯道超车"。我国儿童早期心理理论发展稍落后的一种可能解释是与不同文化环境下的亲子谈话有关(苏彦捷，刘艳春，2012)。中国文化与西方文化下的亲子谈话风格完全不同，西方文化下亲子谈话会直接涉及很多心理状态的描述，中国的父母则更少谈论心理状态，而心理理论能力的发展离不开对心理状态的推断(图7.7)。

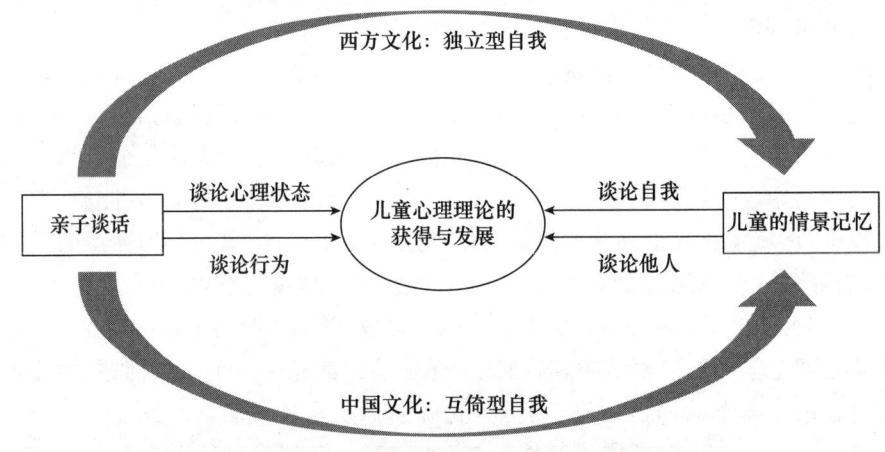

图7.7 心理理论获得与发展的文化模型

(引自苏彦捷，刘艳春，2012)

假设孩子在外面打架了,西方家长会直接跟孩子表达自己的情绪和心理状态,会说:"不要这么做,妈妈会生气的。"而同样的情境下,中国的家长更可能会说:"你再这样我就不要你了。"表述方式大多是"行为+结果",不直接涉及原因和心理状态,儿童需要自己去思考家长说的这句话,"为什么妈妈不要我了?可能是妈妈生气了"。这种涉及他人心理状态的推理是由外到内的,因此需要时间发展。这种前期的推理学习为之后儿童的心理理论能力发展奠定了基础,一旦学会了如何推断他人的心理状态,后续心理理论能力的发展也会随之变得更快,如在二级错误信念、失言理解等能力上我国儿童与西方儿童就已经不存在显著的差别了。到了大学阶段,在成人心理理论任务上,我国大学生相较于西方大学生而言,反应速度更快、错误率更低。

在词汇学习过程中,儿童最常使用哪些词?Gopnik等人做了一系列研究,其中一个纵向家庭观察的研究发现,2岁前的儿童更常使用一些描述活动的词语,用一个词表述一件事情,如"过去""那里""下去"(Gopnik,1982)。

一个有趣的问题是,婴幼儿对第一个词的理解与成年人对该词的理解是否一致?婴幼儿在词汇理解和学习上通常会犯两种错误,即泛化不足(underextension)和过度泛化(overextension)。儿童在刚开始学词时很容易犯泛化不足的错误。比如,孩子经常用自己的粉色杯子喝水,他们知道这个粉色的物品是"杯子",但是当给他玻璃杯时,他们不知道玻璃杯也叫"杯子",是同一类物品,他们只会将"杯子"这个词跟自己的粉色杯子联系在一起。而过度泛化的现象常常存在于能够使用词汇的婴幼儿身上。例如,当儿童知道一种日常生活中见到的毛茸茸的动物叫"狗"之后,他们见到同样毛茸茸的猫的时候也会喊"狗",这就是犯了过度泛化的错误,没能区分"猫"和"狗"是两种不同的毛茸茸的动物。

儿童在词汇学习的过程中发生这两类错误是十分正常的现象,家长不必为此担心。随着儿童年龄的增长,以及语言能力的发展,这两类错误都能慢慢解决。

3. 语法发展

当尝试用语言表达想法时,幼儿的语言往往跟成人不同。幼儿最初表达想法时会省去很多句子中描述性、限定性的成分,如状语、补语等,只使用主语和谓语,这种形式又被称为电报语(telegraphic speech)。记住这个概念很简单,早期通信不发达时人们往往用发电报的方式联络,但由于电报按字数收费,因此需要在表达清晰的基础上尽可能地简洁。这与幼儿的表达类似,虽然"惜字如金",但语法清晰、意思明确。

电报语的语法清晰,符合语法规则。Brown(1973)列举了一些电报语类别:①对象-动作,如"托尼打"("Tommy hit");②动作-物体,如"要饼干"("Give cookie");③所有人-所有物,如"我的车"("My car");④问题,如"爸爸在哪"("Where daddy")等。关于电报语的语法规则,Braine(1976)认为电报语阶段儿童使用大多数名词的语义内容远不如成人丰富,该阶段的语法只是反映了儿童的一种偏好,其一般规则是"更多+反复出现的元素",如"更多的车"等;或者是"想+需要的物体",如"想要小汽车"等。儿童可能并不明白这些词语的概念,他们只是掌握了这类规则,能够将特定的词放在特定的位置上。

儿童的电报语语法虽然简单,但也不会犯语法上的大错误,如无法理解的语法(如"大他")和一些明显有错的语法(如表达成"吃爸爸",而不是"爸爸吃")。

词法亦称形态学,主要研究词的内部结构和构词规则。形态学分为两个分支:屈折形态学(inflectional morphology)和派生形态学(derivational morphology)。英语的屈折形式共 8 种,分别用来表示名词、动词、形容词与副词的人称、数、格、时、体、限定、比较和等级等各类语法关系。与汉语把副词放在动词前面这类改变时态的方式不同(如:工作→不工作),英语通过控制词素使用的规则,如后缀-s, -ed, -ing 等,这些词素的使用改变了特定单词的句法功能(如:work → worked)。以过去时为例,-ed 的后缀往往是指过去式,但并非全部的过去时态都是如此规则,也存在不规则的动词过去式,如 run → ran。儿童是如何学习这类时态的呢?

以英语的过去时态为例,儿童习得动词过去式的过程大致会经历三个阶段:2~3 岁英语母语儿童能够学习并使用常见的不规则动词过去式,如 go → gone 等;随着年龄的增长,儿童习得的动词过去式数量增加,但其正确运用语法规则的能力却在下降,如"goed""runed"等规则过度使用的错误表达;这类语法错误会持续几个月甚至几年,随着年龄的增长逐渐减少并最终消失。这种语法规则的泛化使用通常被称为过度规则化现象,形态结构的退行发展轨迹又称 U 形发展(图 7.8;Brown,1973;鄢超云,黄敏娟,2009)。

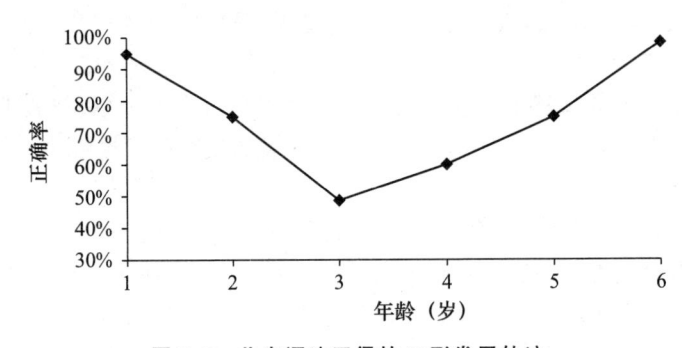

图 7.8 儿童语法习得的 U 形发展轨迹

这可能说明,儿童在习得某种语法规则时会经历一个拟合阶段,学习过程中容易将某一语法规则套用在所有词语上,如将规则和不规则动词的过去式弄混,从而出错。但在老师与家长的反馈下,儿童会逐渐纠正语法使用,从而习得正确的语法规则使用范围。

不同的理论对语法规则的发展有不同的解释。行为主义的观点认为,语言是需要学习的,可以从他人讲话中学习。例如,儿童可以通过模仿老师或者父母的话来学习一些词语或者句子的意思，也可以形成操作性条件反射，如车子就是有轮子可以移动的物体。在语法规则的学习中，父母和老师会成为儿童正确学习语法规则的榜样，并在学习过程中及时提供反馈。

但行为主义的观点难以解释儿童语法学习过程中的一些现象，如儿童语言表达中存在一些成年人并不会采用的语法规则，所以儿童的语法规则发展可能包含先天的成分。此外，行为主义理论也无法解释不符合语法的部分。例如，成人通常情况下不会纠正儿童的语法错误，但儿童也能够在发展过程中逐渐习得正确的语法规则。成人更多的是纠正儿童不符合事实的说法，而非不符合语法的情况。举例来说，如果爸爸吃了糖，听到孩子说"爸爸，饼干吃了"，则家长会向孩子澄清爸爸吃的是糖，而不是关注儿童主谓颠倒的语法。

还有一类情况是，在儿童学习语法规则时，一些不符合语法的要求可能也会被满足，按照行为主义的观点，这可能会强化儿童对错误语言规则的学习，但事实上儿童并不会一直保留这种错误的语法规则。例如，当孩子想吃饼干，说"吃，爸爸，饼干吃"这类不符合语法规则的要求，但爸爸能够理解孩子是在表达"想吃饼干"的意思，也会给孩子饼干，但孩子不会一直这么表述，他们会逐渐习得"爸爸，我想吃饼干"这类符合语法规则的表述。模仿可以帮助解释儿童逐渐学会正确的语法规则，但是也难以解释全部现象。例如，成年人不会说电报语，但是儿童会主动说电报语。

在先天论（nativist perspective）的视角下，语法的习得太快、太过于复杂，不太可能是后天学习的结果。正如乔姆斯基认为人类大脑中存在语言习得机制，能够帮助儿童迅速学会如何正确使用语法规则。一些发现也支持先天论的观点：①跨文化语言的一致性，乔姆斯基认为，世界上所有的语言都遵循相同的语法规则；②基因的视角，语言障碍具有遗传性；③比较心理学视角，离我们最近的进化祖先，也就是黑猩猩，是无法学习语法的；④解离的视角，在威廉姆斯综合征中，患者的语言能力和一般智力通常是分离的；⑤发展的视角，语法的习得过程是毫不费力且成体系的。

第三节 语言的功能

语言作为一种交流工具，在日常生活中发挥着极其重要的作用。我们是如何使用语言的？语言有哪些用途？

语言的功能之一是调节他人的行为。儿童调节他人行为的现象最早在1岁左右出现，幼儿能够使用交流手势（communicative gesture）来改变他人行为，如指向某个物体，表达对物体的需求，从而让照看者去拿物品。

另一个功能是调节他人的想法。这个过程可能还涉及心理理论的概念。2.5~3岁，儿童开始能够意识到他人的心理状态，如知识、信念、感受等，4岁左右的儿童已经基本具备心理理论能力，能够通过错误信念等任务（王茜，苏彦捷，刘立惠，2000）。儿童在心理理论能力的加持下,已经能够明白自己可以通过语言去操纵他人的心理状态,从而影响他人的行为。举个例子,孩子在家想吃糖,家里管糖的是妈妈,他们跟爸爸提要求的时候就会说:"爸爸,妈妈说了我可以吃糖。"这是一个典型的操纵爸爸的心理状态,从而让爸爸给自己拿糖吃的生活片段。

年幼的儿童大部分时间都是与照看者相处,用语言进行交流。亲子交流(parent-child communication)是儿童早期社会交流中很重要的组成部分,与儿童心理理论的获得和发展密切相关(赵冬梅,廖红玲,2020)。亲子交流中,如果父母更多地强调儿童的自主性、自我和情绪,认为表达情绪等心理状态是个体对自我的直接表达,与孩子谈话的时候更多地谈论心理状态,那么儿童就会比较早地获得心理理论能力(Keller et al.,2007)。亲子交流对于儿童心理理论发展的影响存在中西方文化差异,相较于西方家长直接谈论心理状态的谈话,我国父母与儿童交流时更加委婉,儿童需要自己去推测父母的心理状态,因此我国儿童的心理理论发展相较于西方儿童呈现先慢后快的趋势(苏彦捷,刘艳春,2012)。亲子交流对于儿童语言能力的发展不可或缺,协调同步的亲子沟通可能成为一些语言障碍儿童在语言能力发展上的保护因素(Jokihaka et al.,2022)。

研究详解

亲子交流对于儿童语言发展十分重要,那么对于非典型儿童的语言发展作用如何?Jokihaka 等人(2022)的研究聚焦非典型发展儿童,即患有发展性语言障碍(developmental language disorder,DLD)的学龄前儿童的语言能力是否与亲子互动的质量有关。

研究被试是 97 名已确诊的芬兰语单语的 DLD 儿童及其父母,儿童平均年龄是 4 岁 3 个月;对其中 71 名儿童进行了纵向追踪,儿童平均年龄为 6 岁 6 个月。研究通过视频记录编码的方式开展,研究者让父母与儿童在 3 种不同的任务下进行亲子互动:绘画、自由游戏和拼图。每个活动的时间限定为 5 分钟。两名研究助理对视频进行编码,使用埃里克森量表(the Erickson scales)对儿童在热情、坚持、消极、顺从、会话经验、回避和面对父母时的情绪进行评估;同时对父母的支持性存在、敌意、侵入性、指导清晰度、敏感性、指导时机和信心进行评估。儿童被试的认知和语言能力由神经心理学家、语言治疗师使用韦氏学前儿童智力量表(Wechsler preschool and primary scale of intelligence-third edition,WPPSI-Ⅲ)进行评估。最后,儿童的年龄、父母的年龄及受教育程度作为人口学变量被纳入分析。

结果发现,在基线条件下,儿童参与行为、父母的支持性指导、流利和协调的互动行为与 DLD 学龄前儿童更好的语言接收能力有关,儿童的参与行为和互动同步与 3~6 岁儿童语言推理能力呈正相关。儿童在基线时的积极参与和流畅协调的互动行为分别与6~7岁随访时更好的语言表达和接收能力相关。

该研究结果表明,亲子互动与DLD儿童的语言能力有关,也说明了亲子关系的质量对于除婴儿期和幼儿期以外的语言发展很重要。

参照性交流(referential communication)是以口头语言为主要媒介的社会互动方式,旨在强调交流时参照的框架不是从自身的角度出发,而是站在他人的角度去思考。年龄较小的儿童一般很难通过语言精准地引导他人的思维。

人类的交流是十分有趣的,在理解和表达意境上,往往会进行有意识的"脑补"。一个很简单但很直接的例子是几年前风靡一时的《答案之书》,它需要你思考问题,想到问题后随机翻开书,那一页就是答案。事实上这些答案可能非常简单,只有一个中性的词语或简短的一句话。但是人类在接收答案的过程中会进行"脑补",为这一答案赋予很多意义和内涵。可以说,人类的语言理解是综合性的,既离不开对他人心理状态的推测,也包含自己的有意补充。

第四节 数字技术对儿童语言发展的影响

人类已经进入了一个由互联网、大数据和人工智能驱动的新时代(Xu & Yang, 2024)。当今,世界的每一个方面都可以用数据来表示,包括文字、声音、图像和语言(Lutz, 2012)。大数据的发展有可能给自然语言的处理和认知带来重大变化。自然语言是人与人之间的交流,而数据语言则代表人与机器之间的交流(Xu & Yang, 2024)。现代语言研究必须兼顾人类和机器的需求,这也要求我们具备将自然语言处理转换为语言数据的技能(Agerri et al., 2015)。因此,在儿童教育中,我们需要在强调言语素质、适应能力、跨文化交际能力的基础上,强调现代语言技术的培养,以适应时代发展,避免被信息边缘化。同时,人工智能时代信息技术不断更新,实际生活用语与虚拟的网络用语有所不同,人们更需培养自己的语言适应能力(陆蓓蓓,2021)。

最近的研究表明,数字技术对幼儿的语言和读写技能的发展具有积极作用(Guevara et al., 2021; Liu et al., 2024)。然而,也有研究发现,使用数字设备的时间越长,8~17个月的儿童模仿手势技能越低,18~36个月的孩子语言技能也越低(Operto et al., 2020)。

众所周知,互动在语言发展中起着重要作用。儿童虽然能通过屏幕接触到语言,但如果在日常生活中没有实际的语言互动,他们将无法获得或使用语言(Asikainen et al., 2021)。研究表明,母亲或孩子单独使用屏幕的时间越长,孩子的词汇和一般语言能力越弱(Mustonen et al., 2022)。学龄前儿童的数字设备使用时间与语言测试分数呈负相关,并且过度使用数字设备可能与家庭功能不平衡的维度有关,进而危及孩子全面的语言发展(Gomes et al., 2024)。同时,相比于父母独自使用或共享电子设备,父母在与孩子共享非数字游戏过程中,孩子学到的新单词和话语数量显著增加(Ewin et al.,2021)。因此,父母应选择非数字化的玩具与孩子游戏,营造良好的家庭互动关系,限制儿童使用数字设备的时间,鼓励孩子积极参与社交互动,以支持该年龄段儿童的语言和沟通技能学习。

对于教育资源分配不均的问题,大数据分析为政策制定者和教育者提供了优化资源分配的依据(余胜泉,李晓庆,2017)。教育信息化有助于减少不同地区和背景下儿童言语发展的差距,实现城乡教育均衡发展。

同时,随着大数据的发展,跨文化的交流日益频繁(陆蓓蓓,2021)。语文教学必须与新媒体平台的技术和产品相结合,才能更好地满足未来国际语言教育的发展需求(Su & Peng, 2022)。因此,有学者提出了利用多模态教学模式促进对外汉语教学的发展(Nie, 2023)。由于国内外文化差异明显,缺乏文化交流的氛围和语境,我国英语专业学生存在文化沟通能力不足等问题(Li, 2022)。对此,有学者基于大数据框架设计出聚类算法来对英语语言学习模式匹配数据的分析,通过分析和提取用户特征数据,以获得大数据环境下用户的关键特征数据,以适应当代实际的英语教学(Zheng, 2022)。另外,有学者将基于大数据的精准教学模式应用到课程中,结果发现学生对教学更满意,学习效率更高(Wu et al., 2022)。

在临床应用方面,人工智能和大数据的结合为儿童语言障碍的诊疗提供了新的途径,有助于提高诊断的准确率和实现精准诊疗。人工智能应用于儿童语言障碍诊疗,可以节省专业化人力资源,为开展大规模儿童语言障碍早期诊断性筛查提供可能,实现早发现、早干预(Syed et al., 2020)。有研究者提出了一种基于大数据分析的增强型和替代性交流的英语语言教学(ELT-AAC)模型,缓解了对孤独症等特殊儿童群体的言语教学困境(Lei et al., 2023)。还有研究者开发了 MARS 网络工具,通过有关节奏预期的非语言测量,并使用机器学习进行分析,以识别有发展性语言障碍风险的儿童(Beccaluva et al., 2024)。针对新时代语文课程在目标、内容、方法,以及教师角色的转变等方面的挑战,学者对小学生进行了调查,并针对调查结果对小学语文课程提出改进建议——语文课程教学中应注重情境体验、多元对话、语言素养的培养,以及智能技术的运用(陆蓓蓓,2021)。

联合国发布的《2017年世界儿童状况》指出,尽管大数据技术为语言能力的培养提供了前所未有的机遇,但它同时带来了社会不平等、数据安全以及隐私保护等挑战,例如数字鸿沟可能导致某些儿童因缺乏接触和使用数字技术的机会而落后于同龄人,从而影响他们的言语发展。

儿童语言能力的发展正面临前所未有的机遇与挑战。一方面,数字技术为儿童提供了丰富的学习资源,能够促进其词汇增长和读写技能的发展,缩小不同地区儿童语言发展上的差异。但另一方面,过度使用电子设备可能影响儿童与家庭和社会的真实互动,削弱儿童的社交互动和语言技能。因此,充分利用大数据技术来提升儿童的语言能力以适应社会固然重要,但作为教育者还需以身作则,为孩子营造良好的语言学习环境,使他们能够安全地在数字时代中茁壮成长。

第五节　音乐对语言发展的影响

　　亚里士多德曾提出,音乐教育是促进人类和谐发展的重要内容之一。音乐与语言作为人类交流的两大系统,不仅是沟通的重要组成部分,而且对人类的进化和认知发展具有重要的促进作用。越来越多的证据表明,人类语言和音乐处理——尤其是音乐节奏和语言的语法结构方面,涉及类似的过程并具有许多共同特征,这表明了二者在发展过程中有着内在的联系(Chern et al.,2018;Kraus & Slater,2015)。

　　音乐在儿童早期语言发展中发挥着关键作用(Pino et al.,2023)。在家庭音乐互动问卷调查中,父母自我报告为高水平可以预测 6 个月的婴儿第二年的语言发展水平(Franco et al.,2022)。在家听音乐的时间能显著预测 8.5~18 个月大的婴儿手势语的发展,并且父母唱歌和家庭音乐环境得分都能显著预测 12 个月以下婴儿的词汇理解能力(Papadimitriou et al.,2021)。

　　音乐训练增强了个体的听觉加工和认知能力,提高了在嘈杂环境下的言语知觉能力(张磊,杜忆,2021)。音乐训练还能改善个体的注意力和记忆力,这对于提高语言产出能力至关重要(Vuust et al.,2022;蒋存梅,2015)。追踪研究进一步证实,音乐学习显著提高了学前期儿童的语音意识能力,这是语言读写能力的一个重要预测指标(刘逸姝 等,2022)。奥尔夫音乐教学法能有效提升学龄前儿童的言语发展水平,并增强其社会能力和入学准备水平(陈梏,2015)。此外,有研究发现音乐训练对外语发音能力也有显著提升的效果,并且熟悉的旋律能帮助英语学习者更好地习得新词汇(Chen,2020;Christiner et al.,2022)。

　　音乐对非典型发展儿童的言语发展具有良好的促进效果。Serrallach(2016)使用脑磁成像和心理声学技术发现阅读障碍、注意缺陷多动障碍和注意力缺陷障碍均表现为左侧颞平面过大和主要听觉诱发 P1 反应的半球间不同步异常。在对 109 名儿童亚样本(8.5 岁组和 12 岁组)进行 3 年半的乐器演奏训练的纵向研究发现,半球间异步减少了约三分之二,这表明音乐体验对大脑发育有很强的正向作用(Serrallach et al.,2016)。

　　研究证实,音乐治疗对孤独症儿童的前言语和言语沟通技能有显著改善作用(Vaiouli & Andreou,2022)。音乐能够跨越孤独症儿童在语言和注意力的障碍区,激发他们对音乐作出积极反应(胡世红,2009)。并且,有研究表明,音乐教育疗法还能使患有癫痫和语言习得困难的 5 岁儿童在发音或语调上获得进步,从而提高了其交际能力(García-Docampo et al.,2022)。

　　音乐与语言有着共同的神经基础。二者都依赖于听觉系统、发声器官和运动系统,共享从外耳到内耳,再到脑干进行初步编码加工,最后到达大脑皮层这一听觉传导通路(张磊,杜忆,2021)。并且音乐和语言的加工有着类似的基本认知过程,如分析性倾听、选择性注意和听觉记忆(刘逸姝 等,2022)。音乐和言语在神经机制上的共同之处为音乐训练影响语言的发展提供了科学依据,并强调了音乐在语言教育和治疗干预中的潜力和重要性。

音乐训练从两方面影响语音加工的神经基础:一方面通过影响皮层下基本听觉神经通路与大脑听觉皮层,促进儿童前注意水平的语音感知能力;另一方面通过影响语音加工大脑区域间的功能连接,促进语音编码,强化了语音加工的听觉-运动整合功能,并有研究者提出了层级模型(图7.9)对此进行了解释(刘逸姝 等,2022)。此外,神经生理学研究证据表明,音高训练能够提高学龄前儿童言语的音高精细化加工的能力和对言语音高声学特征的感知敏感性(姚尧,2020)。

脑损伤患者的研究也为音乐和语言共享神经过程的观点提供了支持。例如,布罗卡失语症的特征是无法处理音乐语法(Patel et al.,2008),患有发展性阅读障碍的儿童存在音乐节拍感知缺陷、节拍感知能力更差(Chiang et al.,2020;Goswami et al.,2013),且有很大可能同时存在音高缺陷(Couvignou & Kolinsky,2021)。

综上所述,音乐与语言作为人类沟通的两大基石,有着相似的神经机制和认知过程,对于儿童的全面发展具有不可替代的价值。音乐训练不仅能显著提升儿童的语言能力,还促进了非典型发展儿童的言语和沟通技能的发展。音乐训练对儿童大脑发育的积极影响,尤其是在关键的语言学习阶段,进一步凸显了其在早期教育中的重要性。因此,将音乐教育融入儿童成长的各个阶段,不仅能够丰富他们的情感体验,还能够在认知和神经层面上为他们的语言和沟通能力打下坚实的基础。

第六节 你会说外语吗?二语学习

目前,人们普遍对儿童教育的重视程度越来越高,并且当今社会对掌握多种语言的"需求"与"偏好"也逐渐增加,越来越多的家长由此意识到抓住儿童语言学习的敏感期的重要性,以及学习多门语言的重要性。双语教学的需求提升反映出二语学习的重要性,二语学习真的那么重要吗?其对儿童发展能够提供怎样的帮助呢?

当前第二语言学习的研究证据聚焦在其对个体非语言能力的影响,如认知能力,或二语学习者语言功能相关脑区的变化。

在非语言能力方面,第二语言学习对认知控制功能具有促进作用,这种趋势体现在儿童、成年直至老年阶段(Bialystok & Viswanathan,2009;Bialystok,Craik,& Luk,2012;李君 等,2023)。4~5岁双语和单语儿童在进行维度变化卡片分类任务上存在差异,相较于单语儿童,双语儿童具有更强的认知灵活性(Bialystok & Martin,2010)。双语儿童也表现出了在各类认知任务中抑制干扰信息或无关刺激能力的优势(Bialys-

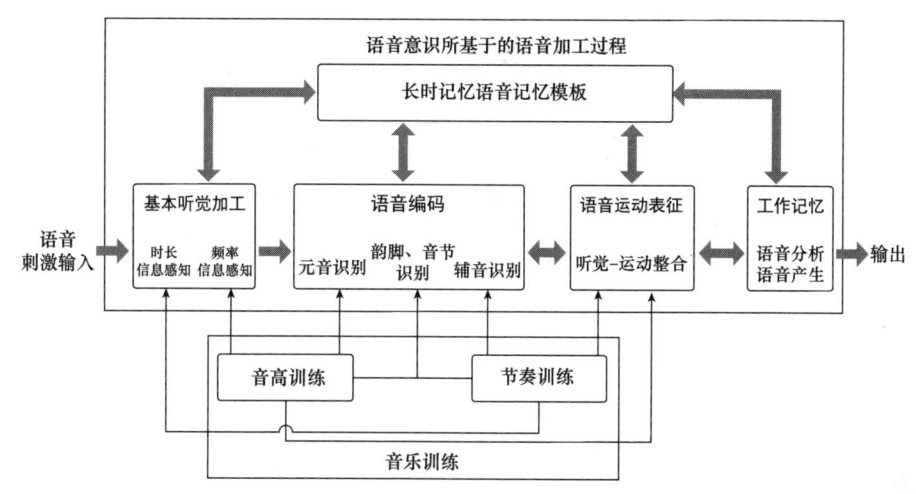

图 7.9 音乐训练影响语音意识的层级模型
（引自刘逸姝 等，2022）

tok & Viswanathan, 2009；Yang et al., 2011）。一项追踪了约 18 200 名 5~7 岁儿童的研究发现，家庭社会经济地位较高和双语能力较高的儿童在执行功能任务及课堂自我调节行为上表现更好，并且双语能力的提升能够抑制低社会经济地位对执行功能和自我调节能力的消极影响（Hartanto, Toh, & Yang, 2019）。然而一些研究在控制额外变量后并未发现双语学习带来的认知优势效应，这说明双语学习优势也有可能来自如社会经济地位、家庭背景、文化差异等因素（Linver et al., 2002）。

第二语言学习的行为研究发现，早在婴儿时期，接触第二语言就会对孩子的语言学习产生一定的影响（Sundara, Ward, Conboy, & Kuhl, 2020）。

关于第二语言学习的脑功能研究发现，提高第二语言能力与语言相关大脑区域的功能变化有关（Sakai et al., 2004；Perani & Abutalebi, 2005；程凯文，邓颜蕙，颜红梅，2019）。例如，低程度精通双语者主要激活前额叶皮层来处理第二语言（Tatsuno & Sakai, 2005）。有研究发现，左侧梭状回的灰质密度与第二语言熟练程度相关（Mechelli et al., 2004）。但是也有研究针对青少年（平均年龄为 17.5 岁）开展了为期 5 个月的纵向追踪研究，结果发现，左侧额下回的结构变化与第二语言能力的提高相关，但并未发现灰质密度绝对值与第二语言熟练程度之间的关系（Stein et al., 2012）。双语学习对大脑结构的影响毋庸置疑，但双语是如何影响大脑发育的呢？

研究详解

目前,越来越多的研究证据表明,与单语者相比,双语或多语成年人的大脑灰质和白质上表现出结构的改变,但二语习得在个体成年前对灰质和白质结构发展中的作用几乎没有被讨论过。Pliatsikas 等人(2020)的研究试图通过大样本横断调研来探讨双语对大脑发育的影响。该研究使用并分析了 3~21 岁双语与单语被试的数据(灰质 $n = 711$,白质 $n = 637$)。

结果发现,双语和单语被试在灰质和白质结构中呈现出不同的发育轨迹。与单语者相比,双语者表现出:①从儿童晚期和青春期开始灰质增加得更多(即发育损失较少),主要在额叶和顶叶区域;②从青春期中后期开始,白质的完整性更高(即发育水平更高),特别是在纹状体-额下纤维中。

研究结果表明,双语者和单语者在从幼儿到成年早期的大脑结构发育轨迹方面存在相当一致的差异,双语(或多语)成年人与单语成年人大脑结构的差异可能存在发育基础。

全球化趋势、大众对交流需要的提升,以及二语学习可能带来的诸多好处使得学习二语的人数越来越多,二语学习者也逐渐呈现低龄化趋势。那么,一个问题就自然产生了,什么时候开始学习二语效果最好?

年龄是影响二语学习效果的重要因素,儿童由于大脑的可塑性高,比成人学习语言更有优势(DeKeyser,2000)。有研究者总结以往研究结果后认为,二语学习存在关键期,儿童在 6~7 岁前开始学习二语可能能够达到纯正语言发音,但即使是错过二语学习的关键期,也能够通过增加训练来增强二语学习效果(官群,2010)。因此,从教育者的角度出发,学龄儿童在小学阶段学习二语具有重要意义。

做自己的发展心理学家 家事国事天下事,事事有"心"

语言作为交流沟通的重要工具,贯穿于生活的方方面面。如今,各领域研究者探讨人类语言学习及发展外,也在探索机器语言学习,可以说语言研究在各个领域都十分重要,有助于促进人类的沟通交流及便利生活。

近些年,教育部结合"十四五"重点工作,发布了《关于实施学前儿童普通话教育"童语同音"计划的通知》,聚焦民族地区、农村地区,进一步加大国家通用语言文字推广力度,抓住幼儿时期的语言学习关键期,着力加强学前儿童普通话教育。其中特别强调,"2021 年秋季学期起,未使用国家通用语言文字开展保教活动的民族地区、农村地区幼儿园全部使用国家通用语言文字开展保教活动,为幼儿营造良好的普通话教育环境"。

从发布的政策内容中,我们可以发现其参考并结合了儿童语言技能学习及发展的特点,做到有理论、有根据。通过对儿童当前所处教育环境进行有效优化,为其提供更好的语言环境,来保障儿童更好地获得语言技能,从而更好地进行社会化,积极融入社会,成为对社会更有意义的个体。

现代科技的发展影响着人们生活的方方面面,并从各方面对人们的语言有所影响(李雨村,2020)。大数据时代,人们频繁使用抖音、微博、小红书等软件,新媒体语言得到了快速发展和传播,并影响着人们的精神世界。对此,我们需要客观谨慎地甄别新媒体平台的信息,推动新媒体语言的规范化发展。

此外,音乐教育和二语学习都被证明对儿童的语言技能学习以及认知功能等有一定的促进作用。但对于当前盲目开展二语学习的风潮的问题,国家也做了许多澄清。新华社曾发文指出,家长应当以更冷静、更客观的眼光看待这件事情,一些早教机构师资不正规、教材和课程并不精良,不按照外语教育的规律启蒙孩子,反而会影响孩子的学习兴趣和习惯。无论从几岁开始学习英语,家长们都不应将其功利化,不要为了追求学得快、学得多而不顾孩子的学习兴趣。不同的年龄段学习英语有不同的特点,比如,初中才开始学英语的孩子,和小学相比,虽然有已经形成中文思维定式的劣势,但他学习新知识和新技能的能力可能更强。因此,可以根据不同年龄的特点,采用不同的方法、学习不同的内容。

语言技能对于儿童发展的重要性毋庸置疑,教育工作者及照看者要更多地了解儿童语言发展规律,适当地提供合适的"脚手架",使儿童更好地掌握语言这个沟通交流的工具,令儿童更好地了解社会、融入社会、建设社会。

思 考 题

1. 请结合学习理论、认知理论、先天论和社会互动论等观点简要阐释语言结构的发展。
2. 简要论述如何跨越儿童词汇学习"三千万词的鸿沟"。
3. 简要描述婴幼儿在词汇理解和学习上通常会犯的两种错误。
4. 简要说明亲子交流对儿童心理理论发展的影响。
5. 简要说明音乐对语言发展的影响。

名 词 解 释

参照性交流(referential communication):在交流中精确地引导他人的心理活动的能力。

词法(morphology):词的构成规则和变化规则。构成规则表现为词的结构形式,例如"冰箱"是由两个语素构成的复合式合成词;变化规则表现为词的形态样式,例如"糊涂"的变化形态是"糊糊涂涂""糊里糊涂"。

电报语(telegraphic speech):含有少量修饰语、介词或者连接词等的早期两字词语言。

泛化不足(underextension):词语使用过于局限,认为单词仅代表某个概念的一个特例,而不是该概念的所有事例。

过度泛化(overextension):词语被过于宽泛地使用,过度推广了其本身含义。

前语言交流(prelinguistic communication):通过声音、面部表情、手势、模仿和其他非言语的方式进行交流。

咿呀学语(babbling):发出类似言语,但又没有意义的声音。

音素(phoneme):音位在具体语音环境里的语音实现。一个音位可能实现为一个或多个音素。可分为元音和辅音两大类。

语法(grammar):将词组或短语组成句子以表达特定意思的一套规则。

语言(language):由复杂的规则支配着人们用来影响他人思维和情感的行为,其联合了感知、运动和社交技能。

语义(semanteme):词汇、短语、句子、话语以及篇章等的意义。通过语言的各级单位——语素、词、短语、句子、语段,以及这些单位的组合表达出来。

语用(pragmatics):隐含的规则和惯例。

小　　结

心理学领域对语言概念的界定更多地参考了语言学的定义,即语言是指由复杂的规则支配着人们用来影响他人思维和情感的行为,联合了感知、运动和社交技能。

语言结构是如何发展的,学习理论、认知理论、先天论和社会互动论从不同的角度提出了不同的看法。学习理论认为语言是一种习得的技能,其获得过程遵循强化和条件反射的基本法则;认知理论认为语言来源于思维,是认知结构发展到一定阶段的产物,是认知发展的标志之一;先天论强调语言是一种天生的技能,是利用规则去理解和创造;社会互动论则认为语言的发展是由先天基因和后天与语言学习相关的环境共同影响推进的。

儿童语音发展表现为"先是听得懂,后是说得出",即儿童语音发展先是知觉理解,随着年龄的增长,才能够逐渐有语言产出。

儿童学习词汇的速度十分惊人,并且环境对于儿童早期语言学习有着十分重要的影响,更早地接触语言对其语言发展有所帮助。

儿童在学习语法规则的过程中,最初会使用电报语进行沟通,随着年龄的增长,儿童在学习语法规则时可能呈现 U 形发展,最明显的例子是英语母语儿童对于不规则动词过去式的学习。行为主义和先天论对于语法规则的发展有着不同的解释,前者强调儿童的模仿学习与强化,后者则更多地强调人类大脑中存在的语言习得机制,能够帮助儿童迅速学会如何正确使用语法规则。

语言的功能一是能够调节他人的行为,二是能够调节他人的想法,其中儿童心理理论能力的发展对语言技能的发展有一定的影响。

大数据技术对儿童言语具有一定的促进作用,但需要家庭和社会提供合理的保护。

音乐有助于儿童的言语发展,对非典型发展儿童的言语发展影响显著,对相关的语言脑区也有影响。

第二语言学习具有一定的意义,主要体现为可能在一定程度上促进儿童非语言能力的提升,如认知控制能力,以及对与语言相关大脑区域的功能变化有影响。

第七章参考文献

8

形成爱的联结：依恋的发展

黄女士是一家上市公司的项目主管，在工作上兢兢业业，颇受领导赏识。然而，在感情方面，她却有着非常大的苦恼——年近30岁还从未谈过恋爱。其实，她内心非常渴望与异性建立亲密关系，但又害怕对方伤害自己，致使即便多次遇到令自己心动的男性，也没勇气迈出第一步。

亲密关系是人类社会生活的重要组成部分，也是社会支持的主要来源。在个体的发展过程中，从早年的亲子关系，到成年后的恋人、夫妻关系，都属于亲密关系的范畴。建立健康、稳定的亲密关系，对我们的心理健康有着重要助益。然而，并非每个人都会很幸运的拥有理想的亲密关系。比如，有的人和父母关系不好，有的人不善于和恋人相处。这些关系问题的背后都隐藏着一个重要影响因素：我们在生命早期与主要照看者之间建立的依恋关系。诸多研究显示，依恋关系是所有社会关系的基础，它给我们不同类型的关系都赋予了一层底色。本章将带大家探索依恋关系，领略我们社会关系背后最深邃的心理基础。

第一节 儿童的第一种社会关系：依恋

人类是社会性动物，人际关系对我们的生活有着重要影响。对于个体来说，人际关系的起点是亲子关系。还在母亲子宫里的时候，我们就已经开始与自己的母亲建立关系——我们熟悉妈妈的心跳声，也偏好妈妈的声音。就亲子关系而言，心理学领域有一个经典术语，用来描述与解释上述关系，那就是依恋。本节，我们就一起来了解依恋的概念。

一、什么是依恋

在婴儿期，我们需要依赖主要照看者的抚养才能存活下去，这使得良好的亲子关系变得极为重要。良好亲子关系的建立主要基于两点：主要照看者对孩子的情感投入，以及孩子对主要照看者的情感依赖。研究者一般把前者称为情感联结（bonding），后者称为依恋(attachment)。

依恋这一概念源自鲍尔比提出的依恋理论,涉及儿童针对主要照看者(即依恋对象)可依赖程度所持有的信心(Bowlby,1969)。这里的信心涵盖两个方面:在压力情境中是否仍能自由玩耍,即是否把依恋对象当作压力情境下自由探索世界的安全基地(secure base);在遇到压力或困难时,是否会向依恋对象寻求帮助、安抚,即是否把依恋对象当作面临压力时能够寻求支持、保护和抚慰的避难所(safe heaven)。在发展过程中,只有与主要照看者建立起安全的依恋关系,婴儿才能有更好的情绪调节能力,自由、大胆地探索自己所处的世界(Cooke et al.,2019)。这里的探索对象不仅包括婴儿所处的物理环境,也包含周遭的社会环境,以及与自我相关的体验。类似的探索对儿童的发展至关重要,不仅可以促进儿童的认知发展,还会直接影响儿童对他人持有的一般信念,如他人是否是友善的、可以信赖的。对应的信念进一步影响儿童长大之后如何为人处世(Thompson,2008)。在生活中我们会发现,初见他人,有些人防备很少,相对容易敞开心扉;有些人则充满戒备,很难敞开心扉,这便与早期依恋关系有着密切的联系。

在日常生活中,依恋对象常常是父母,故研究者常用亲子依恋指代孩子对主要照看者产生的依恋。而由于家庭中常常是母亲照顾孩子,所以很多时候研究者提到的亲子依恋指的是儿童与母亲之间的依恋关系。然而,仅从生物学层面来说,只要在互动过程中提供适度的物质营养及心理关爱,任何人都可能成为儿童早期的依恋对象。有研究者甚至认为,在心理咨询过程中,咨询师也可能与来访者建立依恋关系,变成来访者的依恋对象(Levy et al.,2011)。需要注意的是,儿童与主要照看者之间依恋关系的建立存在敏感期,一般认为是儿童出生后的第一年,6~12个月大的儿童会对主要照看者形成相对稳定的依恋关系。不过,需要注意的是,按照鲍尔比的观点,1岁左右的依恋关系尚不成熟,因为此时儿童更多的是基于自身需求向依恋对象释放有关信号,并未考虑到依恋对象本身的心理状态。直到3岁,儿童释放依恋信号时才会把依恋对象的有关状态考虑进去,发展出成熟的依恋形式。另外,在依恋关系建立的过程中,以下两个要素极为关键,决定了儿童对主要照看者形成的依恋的质量(Doyle et al.,2023;Meins et al.,2018)。

(1)敏感性:依恋对象对儿童的感受和需求是否足够敏感,能否敏锐地觉察到儿童的需求,并予以回应,满足其需求。

(2)稳定性:依恋对象是否可以稳定地对儿童提供情感支持和生活支持,即对于儿童来说,依恋对象在不同场合与不同时间点是否都是可用的。

在早期教养过程中,如果主要照看者的敏感性和稳定性比较强,孩子有更大的概率发展出安全型依恋,反之则易发展出非安全型依恋。

拓展阅读

印刻现象

鲍尔比依恋理论的提出,很大程度上受到研究者在非人类物种中发现的印刻现象的影响。印刻(imprinting)这一概念由洛伦茨(Konrad Lorenz)提出。洛伦茨被认为是现代习性学的奠基人物,曾于1973年与廷伯根(Nikolaas Tinbergen)和弗里施(Karl von Frisch)共同获得诺贝尔生理学或医学奖。在很小的时候,洛伦茨就对动物行为感兴趣。20世纪30年代,他做了一系列经典的研究,为印刻概念的提出与发展打下了基础。

在一项经典研究中,洛伦茨把一窝鹅蛋分成两组进行孵育:一组由鹅妈妈自然孵育,另一组被放入恒温箱进行人工孵育。洛伦茨对其中一组鹅蛋进行人工孵育的主要目的是,确保小鹅在孵育的环节没有鹅妈妈的参与,并且孵出的小鹅来到世上之后首先接触的是洛伦茨——看到的第一个移动物体是洛伦茨,听到的也是洛伦茨的声音。结果发现,由鹅妈妈孵育的小鹅出生后会追随鹅妈妈,而人工孵育的小鹅则会跟随洛伦茨,把洛伦茨当作自己的妈妈。即便把它们和自然孵育的小鹅放在一起,它们也不会跟随自然孵育的小鹅去寻找真正的鹅妈妈,而是寻找洛伦茨。这种出生后早期接触的刺激对动物行为的影响,就是印刻。

之后赫斯(Eckhard H. Hess)的研究进一步显示,虽然印刻过程在出生后1个小时内就可能发生,但最佳的印刻形成时间是在出生后的12~17个小时;在出生32小时后,印刻就很难再建立。然而,关于印刻建立的关键时间点,仍然存在争议,且在不同物种中可能存在区别。例如,有研究认为出生后5个小时内是建立印刻的关键期;对于新生奶牛,5分钟的接触足以形成印刻(Mota-Rojas et al., 2022)。此外,有研究者在建立印刻的关键期,戴黄手套喂养小鸡,发现小鸡会对黄手套产生印刻,提示印刻对象不局限于社会性刺激。诸多研究显示,印刻一旦形成,很难被逆转。对于很多物种来说,印刻有着重要的适应意义:对于刚出生的个体来说,来自主要照看者的食物供给是存活的先决条件,通过建立印刻个体可以模仿"妈妈"的行为模式,并唤起"妈妈"的养育行为,这些都有助于个体的存活。同时,印刻不仅是个体早期的一种现象,还会对成年后的行为产生影响。近些年,研究者也对印刻背后的机制进行了大量探索,从印刻形成的神经基础、内分泌基础、分子基础等不同层面揭示印刻的奥秘(Lemche, 2020)。相信在不久的未来,印刻更加深层的影响将逐渐被揭示。

二、亲子依恋与成人依恋的联系

亲子依恋是儿童社会关系的起点,是发展心理学领域的核心研究问题之一。诸多研究显示,亲子依恋与儿童之后的社会互动模式存在密切联系。具有良好亲子依恋的儿童往往有更多的朋友、高质量的友谊,在成长过程中有更强的社会适应力,并在成年之后有更稳定的亲密关系(Fraley,2019)。亲子依恋的上述影响助推了依恋概念外延的扩大化,使得研究者开始就儿童对母亲的依恋、对父亲的依恋、对朋友的依恋、对伴侣的依恋进行分类研究(Fraley et al.,2011)。在这个过程中,获得关注最多的就是对伴侣的依恋,这也使得依恋研究由最初的婴幼儿研究领域扩展到成人领域。

成人依恋一般是指个体对伴侣的依恋。生活中,有的人在亲密关系中特别依赖对方,有的人很难相信对方。这些不同的关系模式背后,有着不同的成人依恋风格。心理学研究者认为,成人依恋有两个关键元素——相处过程中的焦虑体验和回避倾向(Roisman et al.,2007)。亲密关系中焦虑体验比较高的个体,在日常交往中常会担心对方不爱自己,害怕对方出轨,怀疑对方对自己的爱。相对而言,回避倾向比较高的个体在亲密关系中会更有边界感,避免和伴侣深入谈论一些事情;对于很多心事,宁愿自己消化而不会向伴侣分享。无论是焦虑体验比较高还是回避倾向比较高,都不利于营造良好的亲密关系。有关研究显示,焦虑体验和回避倾向与更多的婚姻冲突、更差的亲密关系质量、更少的积极体验相关(Li & Chan,2012;Sheng et al.,2023)。

成人依恋的背后,有着诸多影响因素,包括成长过程中的创伤性事件、家庭教育方式、父母互动模式等。其中,亲子依恋被认为是最稳定也是最突出的影响因素。研究发现,人们早期的亲子依恋模式与之后的成人依恋模式存在很高相似性(Bartholomew,1993;Bode,2023)。早期亲子互动过程中,如果个体焦虑或回避程度比较高,其在成年后与伴侣相处时大概率会有更高程度的焦虑和回避倾向。这种关系可能源自早期亲子依恋对儿童社会图式的塑造。

图式(schema)是我们用来组织知识、引导行为及认知过程的心智结构,我们会使用图式对外界刺激进行归类和理解。人们对他人的理解或持有的与他人有关的一般信念等都依赖于社会图式,如遇到一个陌生人,有些人会觉得陌生人是可以信任的,有些人却很难随便相信一个陌生人,这些都与我们所持有的社会图式有关。社会图式的雏形,源自早期亲子互动过程。如果主要照看者能够及时、稳定地给予婴儿支持、帮助,儿童会逐渐形成一类社会图式——他人是可以信赖的,可以寻求帮助的。这种针对他人的一般心理结构,进一步影响个体之后与朋友、恋人的相处模式(Mikulincer et al.,2001;Nivison et al.,2023;Simard et al.,2011)。

成人依恋中,依恋回避与积极的自我态度及消极的他人态度有关。依恋回避倾向比较高的人,在亲密关系中往往更相信自己,不喜欢依赖伴侣。对于这类人来说,与伴侣保持一定的心理距离会感觉更舒服,其对亲密程度的要求相对较低。依恋焦虑比较高的人则恰恰相反,他们对自己持有的态度比较消极,觉得自己是无价值的,但对他人却持有相对积极的态度,所以他们会强烈地渴求亲密他人的关爱。但同时由于对自我的否定,依恋焦虑比较高的人会就伴侣对自己的爱产生不确定性,在感情中患得患失,怕对方抛弃自己,进而显得特别"黏人"。

三、亲子触觉经验与依恋的建立

作为最大的感觉器官,皮肤所承载的触觉在人类发展中的影响却常被忽略。近几十年来,神经科学和心理学的研究提示,触觉系统在人类社会性的演化和发展过程中可能起着重要作用。在大众眼中,触觉与物理压力、温度的感知直接相关。21世纪初,人类皮肤表面CT传入神经(C-tactile afferent)的发现则让我们对触觉系统的功能有了更多的认识(Olausson et al., 2002)。

CT传入神经是分布在毛发覆盖区域的一种触觉传入神经,在无毛发覆盖的区域,如手掌,则无此类传入神经的分布。神经联结上,CT传入神经除了会把神经信号投射到躯体感觉皮层,还会投射到脑岛,这使得其在加工触觉信息携带的情感效价上可能起到作用(Olausson et al., 2002)。相关研究发现,CT传入神经被激活时,我们会感觉到舒适等积极情绪体验(相关综述见 Watkins et al., 2022)。与母亲互动过程中,婴儿尚未发展出言语能力,无法通过言语与母亲交流,这种情况下触觉接触就在亲子互动中扮演了重要角色。母亲可以通过触觉接触来传递爱、安全、温暖、舒适等一系列对儿童来说具有积极情绪效价的信息,促进儿童对母亲产生情感依附,进一步催生良好的亲子依恋关系(Su & Su, 2018; van Puyvelde et al., 2019)。

一些研究佐证了二者的联系。例如,早期有研究者采用实验室观察的方法,考察母亲对婴儿的触摸与婴儿依恋的关系,发现具有安全依恋的儿童的母亲在互动过程中会更频繁地触摸孩子。也有研究者记录了亲子互动时母亲通过触摸安抚孩子的频率,发现其可以显著预测孩子3个月后的依恋水平;更有研究者通过改变童车的结构来增大童车给予婴儿的触觉刺激,发现该干预可以增加儿童发展出安全依恋的概率(相关综述见苏金龙,苏彦捷,2022;Su & Su, 2018)。

另外,在一些经济条件较落后的地区,医疗设施往往较差,新生儿护理设施相对不足,导致这种情况下产生了一种新的护理方法以供新生儿更好地成长,即袋鼠护理(kangroo care)。这种方法要求母亲把孩子放在自己的胸部,接触部位完全裸露,以供亲子之间皮肤有最大程度的接触。该方法起初出现于相对落后的非洲等地,但现在正在被越来越多的医疗机构推广。诸多证据显示,袋鼠护理对儿童的身体发育与心理成长都将产生显著的促进作用(Cunningham et al., 2022)。例如,采用袋鼠护理干预的婴儿会对母亲的反应更加敏感,对母亲的言语有更强的回应,并表现出更少的视线回避(Tallandini & Scalembra, 2006)。该干预还可以提高母婴之间的依恋程度,促进良性母婴关系的形成(Feldman et al., 2003; Valizadeh et al., 2013)。袋鼠护理对母婴依恋的促进作用不仅适用于早产儿,对于正常发育的婴儿同样适用(Cho et al., 2016)。

作为另一种依托触觉的护理方法,婴儿抚触(infant touch)不仅可以促进婴儿的生理发育和健康,在母婴关系的建立上也起到重要作用。比如,对婴儿进行抚触干预可以提高婴儿对母亲的回应,使母婴之间产生更多的互动(O'Higgins et al., 2008; Onozawa et al.，2001)。在此基础上，Gürol 和 Polat(2012)直接考察了抚触干预与母婴依恋之间的关系，在他们的实验中，干预组每天接受 15 分钟的抚触干预，1 个月左右后测量婴儿与母亲之间依恋状况。结果发现，相比于控制组，干预组婴儿对自己的母亲有更高的依恋程度。同时，抚触对母婴依恋的影响不仅局限于典型发展儿童，对于孤独症儿童同样适用(Cullen-Powell et al.，2005)。

第二节 依恋的类型与测量

我们已经知道了依恋是什么，本节将进一步介绍依恋的类型，以及确定一个孩子依恋类型的方法，即依恋的测量。借助本节内容，我们可以尝试在生活中去判断孩子的依恋情况，以便更好地对孩子进行科学养育。同时，本节内容也将简要提及成人依恋的分类，让此刻的你对自己在浪漫关系中的情感模式有所领悟。

一、依恋的类型

自从鲍尔比提出依恋理论以来，依恋的个体差异问题就成了该领域的一个热点。对此，主要存在两种取向：把依恋分为不同的类型，即不同的个体分属不同的依恋类型，这种取向可被称为依恋的类型说；把依恋看作连续体，不同的人居于该连续体上的不同位置，这种取向可被称为依恋的维度说。一般来说，研究者在分析儿童的依恋问题时，多采用类型说；分析成人的依恋问题时，多采用维度说。然而，上述区分也不是绝对的。

1. 依恋的类型说

目前较为普遍的观点是，依恋可以分为三种类型：安全型依恋(secure attachment)、回避型依恋(avoidant attachment)、焦虑型依恋(anxious attachment)。其中，后两种依恋类型属于非安全型依恋。这三种依恋类型的区分主要基于儿童在压力情境中的情绪应对策略——安全型依恋的儿童更多的把主要照看者当作安全基地，通过向主要照看者寻求安慰来调节情绪；回避型依恋的儿童则会压抑情绪，倾向于依靠自己进行情绪调节；焦虑型依恋的儿童则会更多的聚焦于自己的情绪体验，沉浸在情绪体验中，对主要照看者持不信任的态度，既想依赖主要照看者又担心对方不能给自己提供安全稳定的支撑环境。

之所以不同的儿童会发展出不同的依恋类型，主要源于婴儿期主要照看者与孩子之间的互动情况(Dollberg，2022；Posada et al.，2016)。日常生活中，如果主要照看者对孩子的需求比较敏感，且能够及时、稳定地为孩子提供所需帮助，孩子就容易发展出安全型依恋。如果主要照看者疏于照看孩子，常常对孩子不闻不问，不关心孩子的需求，也不怎么在孩子需要帮助时提供帮助，孩子就更有可能发展出回避型依恋。而如果照看环境很不稳定，有时候主要照看者能够对孩子的需求给予回应，提供温暖，有时候又对孩子缺少关心，孩子就容易发展出焦虑型依恋。

拓展阅读

不同依恋类型儿童的信念

安全型依恋：我的依恋对象是可以信赖的，我遇到困难时可以向他寻求帮助，他是我最坚强的后盾。

回避型依恋：我才是安慰或帮助我自己的人，不要想着依赖他人，遇到问题自己解决，相应的情绪自己慢慢消化。

焦虑型依恋：遇到压力时，我会很焦虑，想要寻求依恋对象帮助，但同时害怕被拒绝，因此很纠结。

总的来看，安全型依恋的儿童在遇到压力情境时，会把自己的依恋对象当作安全基地，向依恋对象寻求帮助，相信自己的依恋对象会给自己提供必要的帮助，因而会有更强的信心和勇气去探索周围环境，在压力情境中的反应也会相对更从容。非安全型依恋的儿童较少把依恋对象当作一个可以提供庇护的安全基地，或在遇到困难时可以寻求帮助的心理支撑。具体而言，回避型依恋的儿童在面临压力时，更多的依赖自己，奉行"最可靠的还是自己"的人生信条，较少表达情绪。焦虑型依恋的儿童倾向于对自己的情绪进行反刍，关注诱发情绪的原因，同时对依恋对象能否为自己提供帮助抱有怀疑的态度，缺少信心。

随着研究的深入，研究者发现，可能还存在第四种依恋类型，即混乱型依恋（disorganized attachment；Main & Solomon，1990）。该依恋类型的儿童对依恋对象所持信念及态度似乎很矛盾，缺少明确的压力应对策略，在压力情境中常常会表现出一些矛盾的行为，难以预测；在轻微压力情境中，也可能表现出一些相对极端的应激反应。有关研究发现，混乱型依恋的儿童的母亲在亲子互动过程中存在两种突出的特征：一部分母亲对孩子持有负性态度，容易做出冲动行为，恐吓孩子；另一部分母亲则对孩子的需求表现得很无助，不知如何应对，甚至表现出恐惧。亲子互动时母亲的上述两种表现，可能是导致儿童发展出混乱型依恋的重要因素（Granqvist et al.，2017）。

不同的依恋类型往往与成年后不同的社会性表现相联系，如有的人朋友很多，有的人形单影只；有的人有稳定、温暖的亲密关系，有的人在亲密关系中痛苦挣扎。从个体发展的角度看，我们似乎应该提倡更科学的养育，尽可能让孩子发展出安全型依恋，以拥有更好的亲密关系、友谊质量等积极社会性结果。不过，从演化的角度看，不同的依恋类型都有其适应价值。历经漫长的自然选择过程，不同于其他非人类物种，人类演化出漫长而又无力的童年期。尤其在婴儿期，个体完全依赖照看者的抚养。但不同的照看者给予孩子的关心和抚育是不一样的，进而导致婴儿发展出不同的亲子依恋类型，以适应所处养育环境。就此而言，不同的依恋类型本质上没有好坏之分，都是儿童对所处成长环境,尤其是亲子养育环境的适应性产物。

2. 依恋的维度说

与依恋的类型说不同,依恋的维度说认为,依恋不存在性质上的差异,只是量上的差异。一种被广泛接纳的观点是,依恋涵盖两个维度:依恋焦虑(attachment anxiety)和依恋回避(attachment avoidance)。这里的焦虑维度和回避维度指代的含义与类型说里的焦虑与回避含义类似。相比得分比较低的人,依恋焦虑得分比较高的人在亲密关系中会更在意对方是否关心自己,亦可能有更强烈的情绪反应,而这种情绪反应客观上可以起到吸引对方关注自己的作用。类似地,依恋回避得分比较高的人常常会克制自己的情绪,尝试通过与自己的情绪"解离"的方法来调控情绪,更少依赖他人,在亲密关系中与依恋对象之间的心理距离更远(Stevens, 2014)。

依恋回避和依恋焦虑的背后是个体持有的自我模型(model of self)和他人模型(model of other),即个体对自我或他人分别持有的心理表征,涉及人际期望、态度与认知图式等心理成分的集合体(Griffin & Bartholomew, 1994)。无论是自我模型还是他人模型,都有积极、消极两个属性。例如,个人持有积极的自我模型,意味着其认为自我是有价值的、值得被爱的。一般认为,依恋焦虑比较高的人常拥有消极的自我模型与积极的他人模型;依恋回避比较高的人则拥有积极的自我模型与消极的他人模型。自我模型与他人模型的形成主要受早期亲子关系的影响,而其一旦形成则相对稳定,直接对之后的人际交往、亲密关系和社会信念产生无意识影响(Overall et al., 2022)。

依恋的维度说与类型说并非完全独立,我们可以依据依恋维度说里的两个维度的得分来划分四种依恋类型(图 8.1)——低依恋焦虑且低依恋回避的个体可归为安全型依恋;低依恋焦虑且高依恋回避的个体可归为回避型依恋;高依恋焦虑且低依恋回避的个体可归为焦虑型依恋;高依恋焦虑且高依恋回避的个体可归为混乱型依恋。

		自我模型（焦虑维度）	
		积极（低）	消极（高）
他人模型（回避维度）	积极（低）	安全型依恋	焦虑型依恋
	消极（高）	回避型依恋	混乱型依恋

描述成人依恋时,焦虑型依恋也被称为痴迷型依恋(preoccupied attachment),回避型依恋也被称为疏离型依恋(dismissive attachment),混乱型依恋也被称为恐惧型依恋(fearful attachment)。

图 8.1 依恋维度与依恋类型的关系

二、依恋的测量

鲍尔比提出依恋理论后,安斯沃思及其合作者开发了一种在实验室测量儿童依恋的方法——陌生情境法(Ainsworth et al.,1978),该方法被认为是测量儿童依恋的最经典的方法。采用陌生情景法对儿童的依恋进行测量时,涉及8个阶段(表8.1),期间儿童会与母亲或陌生人相继分离或重聚。儿童的表现会被全程录像,之后研究者会对分离或重聚时儿童的行为表现进行编码,最终确定孩子的依恋类型。该方法多用于测量9~18个月大的儿童的依恋类型,而该年龄阶段一般被认为是儿童对主要照看者形成相对稳定的依恋关系的阶段。

之后研究者把研究对象扩展到成年人,开发了针对成年人亲子依恋的测量。其中,最具代表性的测量方法是成人依恋访谈(adult attachment interview;George et al.,1985;Main et al.,1985)。成人依恋访谈采用半结构化访谈的形式,询问访谈对象童年期与父母的关系、早期的家庭环境情况,以及这些环境如何影响了自己当下的人格。访谈过程中,研究者会请访谈对象具体回忆有关信息,分享期间涉及的情绪,还会让访谈对象剖析早期环境如何影响自己的青少年时期。研究者会依据访谈对象对有关问题的回答,讲述内容的方式,说话时的语气、声调、停顿,以及自我反思程度、内容的连贯性等多个指标,来确定其亲子依恋类型。该方法主要基于访谈对象的自传体陈述,所以其不是想要准确测量访谈对象早期真实的成长环境,更多的反映了访谈对象当下与父母有关的心理表征,而这一表征的形成主要基于童年亲子关系。该方法涉及20个访谈问题,持续时间为45~90分钟。相关研究显示,成人依恋访谈表现出良好的重测信度和评分者一致性信度(Hesse,2008)。

对于成人来说,浪漫关系也可被视作一种依恋过程,伴侣双方的情感连接与亲子依恋有很强的相似性,一定程度上延续后者的相处模式。基于此,Hazan和Shaver(1987)在安斯沃思的基础上,首先采用纸笔测验的形式测量浪漫关系依恋。之后,Bartholomew和Horowitz(1991)对测量进一步优化,把Hazan和Shaver(1987)测量中的三种依恋类型转变为一个四象限依恋结构(参考图8.1),并开发了关系问卷(relationship questionnaire)。关系问卷包含四种描述,每种描述分别对应一种依恋类型,施测对象需要对每种描述与自己的符合程度进行评估。例如"对我来说,与他人在情感上亲近是相对容易的。""无论是自己依赖他人还是他人依赖自己,我都感觉很舒服。我不会担忧他人不接纳我,一个人的时候,我感觉也还好。"

为了更精确的测量成人依恋,Brennan等人(1998)编制了亲密关系经历量表(experience in close relationship,ECR)。该量表基于依恋的维度说,测量成人依恋的两个维度:依恋回避和依恋焦虑。两年后,Fraley等人(2000)对该量表进行了修订,编制了其修订版,即ECR-R,成为使用范围最广的测量成人依恋的自陈量表之一。ECR后来被引入我国,有了不同版本的中文修订版。其中,李同归和加藤和生(2006)的版本最具代表性。

表 8.1　陌生情景法测量依恋的一般流程

阶段	在场人员	持续时间	场景描述
1	儿童、母亲、实验者	30 秒	实验者把儿童与母亲带至实验室,然后离开。
2	儿童、母亲	3 分钟	母亲在旁边,让儿童自由探索。如果儿童拒绝探索(如一直靠在母亲身上),母亲在 2 分钟后可以适当引导或鼓励。
3	儿童、母亲、陌生人	3 分钟	由另一名实验者充当陌生人进入实验室,第 1 分钟保持沉默,第 2 分钟开始与母亲交谈,第 3 分钟开始靠近儿童。3 分钟之后,母亲离开。
4	儿童、陌生人	3 分钟或更短	儿童与母亲首次分离。陌生人对儿童之后的行为做出自然的应对性反应。
5	儿童、母亲	3 分钟或更长	陌生人离开。儿童与母亲首次重聚。母亲拥抱儿童,安抚儿童,鼓励其自由玩耍。
6	儿童	3 分钟或更短	儿童与母亲第二次分离。母亲和儿童打招呼,离开房间。儿童独自留在房间。
7	儿童、陌生人	3 分钟或更短	陌生人进入房间,对儿童的行为做出自然的应对性反应。
8	儿童、母亲	3 分钟	儿童与母亲第二次重聚。母亲拥抱儿童,安抚儿童,陌生人离开房间。

注:研究者会对上述阶段儿童在五个维度上的反应进行编码——寻求亲近(如接近母亲,朝着母亲哭)、亲近维持(如趴在母亲身上,不愿与母亲分开)、回避亲近(如母亲想要贴近儿童或与儿童互动时,儿童眼神回避,或忽视母亲发出的互动信号)、抗拒亲近(如愤怒、大叫,驱赶母亲,拒绝母亲给的玩具,被母亲抱起时挣脱)、搜寻行为(如母亲离开后拍打房门、盯着房门或母亲坐过的凳子)。依恋类型的确定主要基于儿童与母亲重聚时的反应。

值得注意的是,ECR 有 36 个条目。对于包含两个维度的测量来说,题目显得有点多。针对这一点,Fraley 等人(2011)进一步对其修订并推出简约版 ECR-RS(relationship structure),该版本删除了很多条目,最终使用 9 个条目来测量依恋回避与依恋焦虑。另外,相比于 ECR 只能用来测量亲密关系中对伴侣的依恋,ECR-RS 进一步扩充了依恋适用类别,其包含四个分量表——分别测量对母亲的依恋、对父亲的依恋、对恋人的依恋、对好朋友的依恋。这四个分量表所含条目完全相同,只不过在作答指导语上有所调整。

此外，研究者还开发了针对儿童中期和青少年时期的依恋测量。其中，儿童依恋访谈（child attachment interview；Target et al.，2003）与父母和同伴依恋问卷（inventory of parent and peer attachment；Armsden & Greenberg，1987；Gullone & Robinson，2005）是两个有代表性的测量。二者分别采用传统的访谈法与自陈式量表的形式测量依恋。一般来说，年龄越小的儿童，采用量表的形式进行测量信效度越低，因为其涉及语言文字的理解等认知要求，而这对于儿童来说是个挑战。

总的来说，目前已有很多测量工具用于测量依恋，既包括对亲子依恋的测量，也涵盖对成人依恋的测量；既涉及访谈形式的测量，也包括自陈式量表（相关综述见 Gastelle & Kerns，2022；Jewell et al.，2019；Wittkowski et al.，2020）。虽然测量形式、内容或对象存在些许差异，但这些测量都是基于鲍尔比的依恋理论，在测量心理结构上围绕个体在亲密关系中的回避与焦虑倾向展开。前面我们仅列举了具有代表性的一些依恋测量方法，虽然这些测量方法目前尚存在这样或那样的局限，但其为我们了解人类依恋系统的结构提供了窗口，深刻地影响着我们的现实生活。

第三节　婴儿的气质与依恋

在生活中，我们会发现，类似的教养环境可能会养育出不同依恋类型的孩子。这提示，虽然儿童的依恋类型主要受早期养育环境的影响，但儿童自身的一些特征在依恋的建立过程中同样扮演着重要角色。前面我们提到，安全依恋的形成主要取决于主要照看者对儿童在压力情境下的需求是否足够敏感并积极回应。不同的儿童在面临压力时，反应是不同的，有关需求亦存在差异。对于一个对外界环境刺激不敏感的儿童来说，面对压力情境，其可能会有相对更少的需求，这就导致同样的养育风格可能引发不同的依恋类型。不难看出，儿童自身的特点与主要照看者养育风格的匹配程度可能极为关键，匹配程度越高，儿童的依恋发展结果相对越好。另外，环境易感性越高的儿童，对养育环境越敏感，积极养育环境和消极养育环境产生的影响都可能相对更大，而这也体现在对亲子依恋的影响上。

一、什么是气质

气质（temperament）是指个体在心理活动的强度、速度、灵活性、指向性等方面的一种稳定的心理特征（彭聃龄，2018）。简单地说，其可被视作个体对环境刺激的响应程度。例如，所有儿童都对噪声有反应，但有的孩子反应剧烈，有的则相对轻微，背后隐藏着气质特点的差异。一般认为，儿童的气质主要受先天遗传因素的影响。早在古罗马时期，医生盖伦就从希波克拉底体液说出发，创立了气质学说，划分了四种气质类型——多血质、黏液质、抑郁质、胆汁质。之后，巴甫洛夫用神经活动的基本特性来解释上述气质类型，可以看作科学研究儿童气质类型的开端。

20世纪70年代,托马斯(Alexander Thomas)和切斯(Stella Chess)的有关研究则在发展心理学领域掀起了新的气质研究热潮(Thomas & Chess,1977;Thomas et al.,1963,1968)。两位研究者与合作者关注儿童气质的个体差异,并通过对气质进行科学的分类来描述这种差异。他们依据儿童的活动水平、自我调节功能、对新异环境的探索或规避倾向、情绪表达强度、坚持性、易分心程度等特征,提出儿童最主要的气质类型有三种——容易型、困难型、慢热型(slow-to-warm-up)。他们认为,如果一个儿童具有较高的负性特征(如负性情绪、对刺激更剧烈的反应),同时具有较低的正性特征(如规律的作息和饮食、良好的环境适应力),那么这个儿童的气质类型就属于困难型。困难型儿童的有关特征决定了其可能有更差的发展结果,尤其在同伴关系与社交能力方面(Borowski et al.,2021)。

拓展阅读

儿童气质的测量

目前,学界存在多个测量儿童气质的测验。其中,比较具有代表性的有以下几个:行为风格问卷(Behavioral Style Questionnaires)、情绪/活动性/社会性气质调查(Emotionality, Activity, Sociability Temperament Survey)、儿童行为问卷(Child Behavior Questionnaire)、学步儿行为评估问卷(Toddler Behavior Assessment Questionnaire)、实验室气质评估测验(Laboratory Temperament Assessment Battery)。上述测验在研究儿童气质与行为发展结果的关系时被广泛使用,被认为具有较好的信效度。

行为风格问卷(McDevitt & Carey, 1978)由儿童的主要照看者报告,包含100道题目,测量儿童气质的9个维度——活动水平(activity level)、节律性(rhythmicity)、适应性(adaptability)、新异物趋近(approach to novelty)、情绪强度(emotion intensity)、情感品质(quality of mood)、感觉敏感性(sensory sensitivity)、分心程度(distractibility)、坚持性(persistence)。

情绪/活动性/社会性气质调查(Buss & Plomin, 1984)包含20道题目,评估气质的4个维度——情绪性(emotionality)、活动性(activity)、羞怯(shyness)、社会性(sociability)。该调查最初用于测量1~9岁儿童的气质,由主要照看者或老师报告。之后,有了针对成人的版本,成人版采用自我报告的形式。

儿童行为问卷用来测量3~7岁儿童的气质,有原版、简版、极简版三个不同的版本,已被翻译为20多种不同语言(Putnam & Rothbart, 2006)。原版包含题目较多,涉及195道题目,可以测量儿童气质的15个维度——活动水平(activity level)、愤怒/沮丧(anger/frustration)、趋近性(approach)、注意集中程度(attentional focusing)、负性体验(discomfort)、情绪恢复能力(falling reactivity & soothability)、恐惧(fear)、高愉悦强度(high intensity pleasure)、冲动性(impulsivity)、抑制控制(inhibitory control)、低愉悦

强度(low intensity pleasure)、知觉敏锐性(perceptual sensitivity)、悲伤(sadness)、羞怯(shyness)、微笑与大笑(smiling & laughter)。修订后的极简版则包含36道题目,测量儿童气质的3大维度——意志控制(effort control)、负性情绪(negative affect)、外向性(surgency)。在评价方式上,儿童行为问卷可以采用主要照看者报告的形式,也可以采用老师报告的形式。

学步儿行为评估问卷最初用来评估18~24个月的儿童的气质,之后Goldsmith(1996)发现问卷的年龄适用范围可以扩大至16~36个月的儿童。问卷涉及108道题目,测量气质的5个维度——活动水平(activity level)、愉悦(pleasure)、社会恐惧(social fearfulness)、易怒性(anger proneness)、兴趣/坚持性(interest/persistence)。该问卷同样采用主要照看者报告的形式。

与上面几个采用问卷式报告的测量不同,实验室气质评估测验是在实验室环境下评估儿童气质的一种测量方法。该测验包括一套标准化施测程序,通过在实验室中营造20个场景片段,并以对场景片段中儿童的表现进行录像、编码的形式来确定儿童的气质(Goldsmith & Rothbart, 1991; Planalp et al., 2017)。该测验主要用来评估儿童气质的5个维度——活动水平(activity level)、恐惧(fearfulness)、易怒性(anger proneness)、愉悦(joy/pleasure)、兴趣/坚持性(interest/persistence)。使用该测验时,研究者可以结合研究情境选择若干个场景片段,无须使用全部20个片段,这给予研究者一定程度的灵活性。如在"陌生人靠近"场景中,孩子会被放在一把高椅上,然后陌生人推门进来,逐渐靠近儿童,实验者观察并记录儿童在该情境下的反应。通常,一种情境用来测量儿童气质的某个维度,这样多个场景的组合就可以衡量儿童气质的不同维度。对儿童在对应场景中的表现进行编码时,主要依据其面部表情,同时其身体语言、发出的声音也会被记录并编码。

二、气质与依恋的联系

那么,儿童的气质是否与其对主要照看者的依恋有联系?虽然该问题的答案并不一致,但总体上目前认为二者存在联系的居多。有研究者采用陌生情境法测量儿童的依恋类型,发现儿童的气质可能与其亲子依恋存在联系,不过这种联系更多的体现为,儿童的气质会影响其与母亲分开时的分离焦虑程度(Vaughn & Bost, 1999)。也有研究发现,有更高行为抑制性的儿童更可能与焦虑型依恋相联系(Calkins & Fox, 1992)。一项纵向追踪研究发现,婴儿6周时的气质类型可以预测其9个月大时的亲子关系(Takács et al., 2020)。对于依恋研究者来说,儿童的气质更多地决定了儿童在压力情境中的反应,尤其是情绪方面的反应,不能直接影响儿童的依恋关系。因为,儿童的依恋关系更多取决于主要照看者对压力情境中儿童反应的回应。近期,一篇元分析研究对依恋与气质之间的关系进行了系统考察,发现儿童的气质与其依恋安全程度存在弱相关(效应量 Cohen's $d=0.14$);与依恋焦虑存在中等强度的相关(效应量 Cohen's $d=0.30$);与依恋回避程度及混乱型依恋不存在显著相关(Croh et al.,2017)。不难看出,已有研究指向一种可能——儿童的气质与焦虑型依恋存在某种联系。这种联系主要体现为,负性气质特征越多,依恋焦虑的程度越高。然而,这种联系的解释有赖于未来研究进一步澄清。一种可能是,焦虑型依恋有着更强的生物性基础,气质和依恋焦虑程度都是个体生物性的体现;另一种可能是,儿童气质主要影响亲子关系中的焦虑体验,放大或缩小压力情境中的紧张反应。

5-羟色胺转运体基因多态性(5-HTTLPR)与个体的压力反应存在密切联系。其中,S 等位基因与杏仁核对负性刺激的反应、个体的焦虑体验,以及父母报告的儿童压力体验直接相关,被视作个体负性气质特征背后的重要遗传因素(Papageorgiou & Ronald,2013)。Brumariu 等人(2016)检验了上述等位基因与儿童依恋类型之间的联系。他们采用陌生情境法测量儿童的亲子依恋类型,发现 S 等位基因与儿童在陌生情境测验中的焦虑和压力反应显著相关,但与安全型依恋和混乱型依恋不存在联系。另外,该研究还发现,母亲在亲子互动时表现出的负性行为与儿童的压力反应不存在显著相关,进一步提示儿童在陌生情境中的压力表现相对于养育环境有着一定程度的独立性。

总的来看,关于气质与依恋的关系,更多的研究提示,气质可能和依恋的某些成分(依恋焦虑)存在更强的联系。类似地,双生子研究显示,与其他依恋成分相比,依恋焦虑被遗传因素所解释的变异最大,为 37%～45%(Brussoni et al.,2000;Crawford et al.,2007;Donnellan et al.,2008;Picardi et al.,2020)。值得注意的是,气质与亲子依恋之间的关系随着个体年龄的增加似乎会逐渐减弱。例如,有研究者在成年人中考察了个体对母亲的依恋与自身气质类型的联系,发现对于不同依恋类型的个体而言,其在气质维度上的得分并不存在显著差异(de Haas et al.,1994)。Fraley 等人(2013)借助一项大跨度纵向追踪研究数据库,考察了 54 个月大的儿童的气质与其 18 岁时成人依恋的关系,同样发现气质的四个维度(羞怯、活动水平、恐惧、注意集中程度)均不能显著预测成人依恋中的依恋回避和依恋焦虑维度得分。这些发现提示,在成年群体中,依恋与气质特征可能具有相对独立性。究其原因,成人依恋受到诸多后天因素的影响,这可能冲淡先天气质特征遗留的塑造痕迹。这也提示,在考察气质与依恋的关系时,更适合在后天经验相对更少的儿童群体中进行。

此外,气质对依恋的影响,会受到环境变量的调节,如母亲的依恋类型。具有安全型依恋的母亲在养育孩子时,会对孩子的需求更加敏感,也会对孩子的需求给予更多的回应。这也意味着,安全型依恋的母亲养育的孩子也有更高的概率发展出安全型亲子依恋,构成依恋的代际传递。在这个过程中,儿童自身的气质会起到一定的调节作用。Lionetti(2014)发现,儿童气质中的定向调节能力(orienting-regulation capacity)越高的儿童,越容易受到积极养育行为的影响。这对于高风险儿童,如孤儿、留守儿童的干预方案的制订有着重要启发。类似地，Leekes 和 Zhou(2018)发现，在负性情绪比较高的儿童群体中，压力情境下母亲的敏感程度与儿童的安全依恋呈显著正相关，与焦虑型依恋和混乱型依恋呈显著负相关。但在负性情绪比较低的儿童群体中，母亲敏感程度与儿童亲子依恋无显著相关。

最后，在儿童早期，虽然母亲的教养行为相对稳定，但也会受外界环境的影响而产生变化。这种变化进一步影响儿童依恋的形成。其间，儿童的气质特征会起到一定程度的调节作用。有追踪研究测量了儿童3个月时的气质、12个月时的亲子依恋情况，以及母亲在儿童12个月大时提供情绪关怀(emotional availability)的程度，发现母亲提供情绪关怀的下降会对高外向性儿童的亲子依恋产生更大的负面影响；母亲提供情绪关怀的上升则会对调节能力较差的儿童的亲子依恋产生更大程度的助益(Kim et al.，2017)。

做自己的发展心理学家　家事国事天下事，事事有"心"

人类高度发展的社会性是我们所处的这个庞大社会的基础，虽然社会性的背后有着诸多影响因素，但亲子依恋无疑在其中非常闪耀。作为人类社会交往的起点，亲子关系为儿童练习社交技巧，形成针对他人的一般心智奠定了基础。而在很大程度上，亲子关系通过塑造儿童的亲子依恋来影响其社会性发展。具有安全型依恋的孩子，会形成更加积极的人际图式，对他人更信任，也更愿意与他人合作，具有良好的人际关系。虽然不同的依恋类型都有其特有的生态位(niche)，但从教育和社会发展层面而言，我们仍然力图培养更多的安全型依恋的个体，这不仅关系着个人的生活满意度，也与群际关系的和谐稳定有着重要关联。

当今，和谐社会的搭建，不仅有赖于规章、制度等的建立，更不能忽视人们心理层面的因素。而这需要从细微之处入手，从教育下一代切入。从这个角度来看，培养心理健康、社会适应能力良好的现代化公民是构建和谐社会的基础。这个过程中，亲子依恋是一个关键的抓手。对思想的塑造，远胜一切物质的填补，这不仅是依恋研究可做贡献之处，也是心理学这一学科的使命，是心理学人为建设和谐社会做贡献的主要途径。

从个人的角度来说，亲密关系是我们一生中极为重要的一种关系，它与我们的幸福体验、社会支持有着密切联系，良好的亲密关系往往是支撑我们学习、生活、工作的极为关键的基础。回到本章开头提到的黄女士的例子，虽然黄女士在事业上顺风顺水，但在感情中却不是很顺利，这直接影响了其幸福体验。其实，黄女士并不是个例。在生活中，我们经常能见到类似现象。这一现象的背后，映射的是依恋的身影；而依恋的背后，潜藏着我们经历的早期亲子关系的场景。如果让黄女士完成有关测量，大概率会发现，其依恋焦虑程度较高。对此，家长有必要在对孩子的早期教养过程中，注意提升自己对孩子需求的敏感性、回应性，多给予孩子情感支持。同时，在触及原则或违反规则时，也要坚定立场，维持权威。

无论是早期亲子关系,还是很大程度上具有先天基础的气质,似乎都提示依恋在童年期一旦形成,之后就很难改变。确实,依恋类型本身具有一定的稳定性,但并非绝对不变。例如,进入成年期后,依恋焦虑随着年龄的增加会逐渐下降(Chopik et al.,2013)。这与我们的发展任务、对关系的看重程度、自身经历等有着密切关联。另外,人的主观能动性的作用同样不容忽视。当我们决定改变,并在生活中有意识的调整,磨炼自己,我们常常会发现自身具有自己未曾想到的力量。

思 考 题

1. 如何认识和理解依恋?
2. 在浪漫关系中,具有不同依恋特征的个体会对亲密关系产生哪些影响?
3. 依恋的经典理论从哪些角度阐述了个体的依恋发展?
4. 早期环境造就的依恋类型,是否在成长的过程中无法改变?
5. 请结合自身经验,谈谈依恋的影响和你的感悟。

名 词 解 释

敏感性(sensitivity):依恋对象对儿童的感受和需求是否足够敏感,能否敏锐地觉察到儿童的需求,并予以回应满足其需求。

气质(temperament):巴甫洛夫提出的依赖于生理素质或与身体特点相联系的人格特征。

稳定性(stability):依恋对象是否可以稳定的对儿童提供情感支持和生活支持,即对于儿童来说,依恋对象是否在不同场合与不同时间点都是可用的。

依恋(attachment):个体与对其有特殊影响的人(如抚养者)所建立的深厚情感联结。

印刻(imprinting):由直接印象形成的、高度特化、但有局限性的学习方式。许多印刻仅在动物一生中的特定时期才会产生。

小 结

亲子依恋是婴儿与主要抚养者之间形成的情感纽带,影响深远,为成人依恋奠定基础。成人依恋类型(安全型、回避型、焦虑型等)反映了个体对亲密关系的不同态度和需求,在很大程度上受早期亲子依恋经验的影响。亲子依恋中的安全感和信任感在成人阶段延续,影响个体建立和维护亲密关系的能力。因此,理解亲子依恋与成人依恋的联系对于洞悉个体人际行为模式和情感需求至关重要。

不同的依恋理论尽管在细节和侧重点上有所差异,但它们都强调早期经验的重要性,并将依恋划分为不同的类型或维度,反映了个体在亲密关系中的不同行为和情感需求。此外,所有依恋理论都强调情感联结在依恋关系中的核心地位,对个体未来的心理和行为具有深远影响。

气质与依恋之间相互影响、相互作用,共同塑造着婴儿的早期心理发展。因此,在婴儿的早期成长阶段,父母和抚养者应当关注婴儿的气质特征,努力建立安全、稳定的依恋关系,促进婴儿的健康成长。

亲子依恋作为社会性发展的基石,影响个体的人际图式、信任与合作能力,对构建和谐社会至关重要。教育应重视培养安全型依恋,促进个体的心理健康与社会适应。同时,依恋类型虽具稳定性,但可通过个人努力与经历调整,展现人的主观能动性。

第八章参考文献

9

成长过程中的喜怒哀乐：情绪发展

在一家玩具店，小凯笑着不停地从一边跑到另一边，还时不时兴高采烈地给妈妈展示不同的玩具，大声地介绍这个玩具怎么玩，以及这是他最喜欢的电视节目里的玩具。随后，他又在玩具店跑来跑去，寻找其他玩具，一不留神就从妈妈眼前消失了。当妈妈告诉他该离开玩具店的时候，小凯后退了一步，眼睛睁得大大的，抱怨道自己还不想走，想再玩一会儿。随后，他开始甩手、跺脚，嘟着嘴发脾气，趴着把脸贴在了地上。妈妈试图说服他离开玩具店。过了一会儿，小凯站了起来，垂着肩膀，眼睛里还噙着泪水，看着玩具架，最后无奈地拉着妈妈的手走出了玩具店。

我们几乎都目睹过或者可以想象出上述情境，小凯的妈妈或者任何看到这一情境的人都能够识别出小凯这些行为背后的情绪。当小凯在玩具店大笑、大叫、失控地跑来跑去时，我们可以推断出他是非常兴奋和开心的。当他睁大眼睛向后退步时，我们可以看出他有些惊讶。随后突然爆发的脾气和哭泣表达了他的愤怒和沮丧。整个过程中，小凯经历了开心、惊讶、愤怒和沮丧等情绪。

在日常生活中，我们离不开与情绪相关的话题。早在苏格拉底时期，哲学家就讨论过情绪相关的问题，许多当代研究也是基于几个世纪以来发展起来的哲学观点展开的(Deonna & Teroni, 2012)。20世纪，实验心理学和神经科学的发展使我们得以进行更具批判性的实证检验，并建立了许多新的情绪模型。自20世纪80年代以来，对情绪的科学研究逐年增长，越来越多的证据表明，情绪会影响我们的认知和行为方式，如注意、记忆、决策和行动等。这也让情绪成了不同学科领域共同关注的热点问题之一，包括心理学、神经科学、生物学、计算机科学、社会学、哲学、经济学、文学和历史学等。这些学科的交叉融合使我们能够更深入地理解、测量、建模和预测情绪。

情绪在我们的生活中无处不在、无时不在，到底什么是情绪？如何测量这些情绪？有哪些情绪相关的经典理论？随着年龄的增长，情绪又会发生哪些变化，以及会受到哪些因素的影响？带着这些问题，让我们开启本章的学习。

第一节　情绪的分类与测量

当被问及什么是情绪时,我们往往会想起自己过去的一些经历,如第一次坐过山车、第一次被老师批评、第一次和朋友吵架、第一次上台演讲、收到了意外的礼物。当时的体验和感受是刻骨铭心的。通俗来讲,情绪可以是成功后的喜悦、失败后的难过、收到礼物时的惊喜或遭遇不幸后的悲痛……尽管情绪在日常生活中无处不在,但是要精确的定义情绪却不是一件容易的事情。科学家是如何定义情绪的?情绪又是如何分类和测量的?

一、什么是情绪

请回想一下对你影响最深刻的某次情绪性事件,我们可以发现情绪发生的一般模式:首先我们会察觉到某种事物(情绪刺激),该事物会引起某种内心感受(主观体验),接着会出现相应的身体表现(行为)。在这一过程中,情绪包含不同的层面,从生理唤起、内心体验到外部表现,而我们平时在描述自己的情绪时,大多是指主观感受。那么,心理学家又是如何定义情绪的呢?

1884年,心理学家詹姆斯(William James)提出了"什么是情绪"一问,开启了对人类情绪的探索。如今一百多年过去了,这个问题仍然吸引着众多研究者。詹姆斯认为身体是情绪体验的中心,情绪是由外部刺激带来的身体变化所产生的感觉。当我们体验到某种情绪时,特别是当它很强烈时,身体也会经历一定的反应,而这些反应来自对刺激的感知。1960年,心理学家阿诺德(Magda B. Arnold)认为情绪是对趋向知觉为有益的、回避知觉为有害的事物的一种体验倾向。这种体验倾向伴随着相应的趋近或回避的生理变化模式,这一模式因不同的情绪而不同。拉扎勒斯(Richard S. Lazarus)1985年提出的观点与此类似,认为情绪是来自所处环境中好的或坏的信息的生理心理反应的整合,它依赖于短时或持续的评价,也就是说,情绪取决于对外部事件的评价及其意义。伊扎德(Carroll E. Izard)于1993年提出,情绪的定义必须包括生理基础、行为表现和主观体验三个方面。还有研究者认为情绪是一种对外部刺激事件产生的普遍性和功能性反应,它临时整合了生理、认知、现象学和行为通道,以便采取适应当前环境的反应。该定义强调了情绪的功能,如恐惧时逃跑、愤怒时攻击等,同时认为情绪包含生理变化、认知、感受和行为四个方面。

从这些定义中可以看出,研究者倾向于认为情绪是一个多维的现象。因此,情绪通常被定义为一种具有特定持续时间的心理状态,包括行为表达、意识体验和生理唤起等。我国学者总结道"情绪是多成分的复合过程,包括内在体验、外显表情和生理唤起三种成分,是心理、生理和社会等不同水平整合的产物,每次情绪的发生都是多种神经生理活动整合的结果"(孟昭兰,2005)。有学者根据国内外研究者的定义给出了一个综合的定义,即情绪是伴随着生理唤起和外部表现的主观体验(傅小兰,2016)。而且,情绪的不同成分是逐渐出现的,而非同时出现。我们可以根据每个成分的体验来对情绪进行分析。例如,研究者提出情绪包括以下五个过程(Scherer,2005;Smith,2001),为了更好的理解这五个过程,我们以本章开篇小凯在玩具店的例子来进行解释。

(1)认知过程:评估某个刺激是积极的还是消极的。例如,小凯在玩具店看到了自己喜欢的玩具,他根据刺激(玩具)能否给自己带来快乐进行评估,即这些刺激是积极的还是消极的。同样,小凯也可以评估这些刺激(玩具)对他来说是否有危险。这些评价都是小凯的,其他人可能会做出不同的评价。

(2)生理过程:对特定情境的评估会引发个体的生理变化,无论是积极情境还是消极情境。例如,影响神经系统和循环系统,还会改变激素水平和心率等。这些变化是为了使个体适应当前的情境。就小凯而言,哭泣可能是因为将要离开玩具店感到沮丧而伴随出现的生理反应。

(3)面部表情和声音表达:一些表情和姿态也与特定的情绪相关,我们可以以此推断一个人的情绪。例如,从小凯大笑、兴高采烈地向妈妈介绍玩具,我们可以推测出小凯看到这些玩具感到特别兴奋;从小凯甩手、跺脚和嘟着小嘴,可以看出小凯当时很难过。

(4)思维-行为倾向:认知过程和生理变化会影响个体的行为。例如,小凯认为玩具能够带来快乐,所以非常想得到这个玩具,于是拿起玩具向妈妈介绍,在店里跑来跑去寻找玩具,这都是一种趋近的、积极的行为倾向。而小凯哭泣说明他很难过,由此可以推测他不想离开玩具店,这是一种逃避的行为倾向。

(5)主观情绪体验:在小凯身上发生的这些变化是情绪体验的基础,而情绪体验在本质上是主观的,个体是可以意识到的。基于这种意识,我们有时可以回想自己曾经历过的情绪体验。比如,当小凯回到家,看到了电视节目里的玩具,他恢复了平静,不再哭闹。此时,小凯想起了自己在玩具店哭闹的情景。

二、情绪的分类与维度

如上所述,情绪是一个非常复杂的心理概念,具有独特的内部结构。对于情绪的结构,目前主要有两类分析方法:分类法和维度法。

1. 情绪的分类

人类有多少种情绪?对于情绪的分类,可以追溯到达尔文的进化论思想,代表人物有汤姆金斯(Silvan S. Tomkins)、伊扎德和埃克曼(Paul Ekman)。他们认为情绪是个体在进化过程中发展出来的对外部刺激的适应性反应,主要关注情绪的各个组成部分,认为情绪可以分为几种彼此独立的、有限的基本情绪。同时,这些基本情绪还可以结合形成多种复合情绪,即情绪可分为基本情绪和复合情绪。

基本情绪在人类中具有普遍性,且在动物中也存在,是一种先天的、不学而能的、有共同的原型或模式,在个体发展早期就已出现。每一种基本情绪都有独特的生理机制和外部表现。1972年埃克曼指出,人的基本情绪包括愉悦、惊讶、悲伤、愤怒、恐惧和厌恶,也是目前公认的人类6大基本情绪(Matsumoto & Ekman,2009;Prinz,2004)。1977年,伊扎德提出基本情绪不止这些,应包括愉悦、惊讶、愤怒、悲伤、恐惧、厌恶、兴趣、羞涩、羞愧、蔑视、内疚、自我敌意等12种。然而,生活中的真实情境往往夹杂着很多复杂因素和多角度的评价,从而形成复合情绪。例如,恋爱中的嫉妒可能夹杂着愤怒、厌恶、悲伤等情绪,上台前的紧张中可能包含了恐惧、害羞、对预期表现的兴奋等。因此,复合情绪取决于当前情境中信息评估的复杂度,是多种基本情绪的复合状态(Cowen & Keltner,2017)。

此外,情绪还可以分为主要情绪和次要情绪。主要情绪包括积极情绪和消极情绪,这类情绪一般都是天生的,如喜悦、愤怒、悲伤和恐惧等。次要情绪则涉及一些更高级的情绪,是在自我意识的基础上产生的情绪,如尴尬、嫉妒、骄傲、内疚和羞愧等。这些情绪通常在儿童早期出现,并在整个童年期和青春期逐渐成熟。虽然这些情绪与个人如何看待自己有关,但它们经常受到他人如何看待自己,以及社会互动的影响。

2. 情绪的维度

情绪的基本结构也可以从维度的角度来划分,这类观点将情绪描述为内含多个具有两极维度分布的连续体。基本维度正如数学坐标,不同的情绪都可以量化地定位到这些具有两极的基本维度连续体上,以此了解不同情绪之间的差异和联系。

实验心理学奠基人冯特(Wilhelm Wundt)于1905年最早提出了情绪维度的概念,并认为情绪由3对基本维度构成,即愉快-不愉快、兴奋-抑制、紧张-松弛。之后,伍德沃思(Robert S. Woodworth)在1938年提出情绪可以用6个维度来描述,包括:爱、幸福和快乐,惊奇,恐惧和痛苦,愤怒,厌恶,蔑视(Woodworth & Shlosberg,2014)。这6个维度揭示了在观察人们表情时常用的6种基本尺度。但是上述6种尺度更多的是6种不同类型的情绪,并非基本维度。1954年,伍德沃思的学生施洛伯格(Harold Schloberg)通过对面部表情的研究认为,伍德沃思提出的6种表情尺度存在3个共同的维度,即愉快-不愉快、注意-拒绝、高唤起-低唤起,并由此建立了一个三维模型(图9.1)。其中,椭圆切面的长轴为快乐维度,短轴为注意维度,而垂直于椭圆面的轴表示的维度则是激活水平的强度,任何情绪都可以在这3个维度水平上找到自己的位置。

1974年,罗素(James A. Russell)也提出了情绪的三维模型,即愉悦度、唤起度和支配度。其中,支配度是影响周围环境和他人或反过来受其影响的一种感受,如愤怒、勇敢、焦虑或害怕等。高支配度是一种有力和主宰感,反之就是一种退缩、软弱感。后来,罗素发现支配度和认知活动有关,愉悦和唤起两个维度就足以解释大部分情绪变异,各种情绪都可以分布在愉悦和唤起组成的两个维度上。因此,罗素及其同事又提出了情绪的环形模型,认为情绪可以分为愉悦度和唤起度,又称为效价-唤起度模型(图9.2)。该模型认为所有情绪都有共同的、相互重叠的神经生理机制(Posner et al.,2005)。效价和唤起度也是目前最受重视和普遍接受的情绪维度。

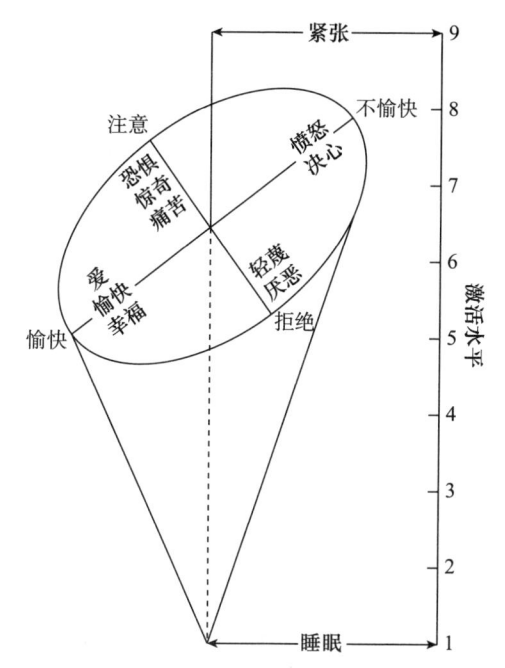

图 9.1　施洛伯格的情绪三维模型

（引自 Schloberg，1954）

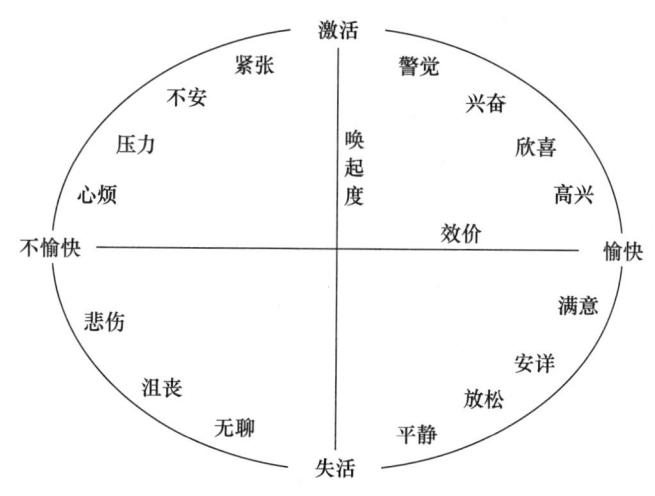

图 9.2　情绪的环形模型示意

（引自 Posner et al.，2005）

1980年,普拉切克(Robert Plutchik)提出情绪具有相似性、两极性和强度等3个维度,并用一个倒立的锥体来说明3个维度之间的关系(图9.3)。其中锥体截面被划分为8种原始情绪,相邻的情绪是相似的,对角位置的情绪则是对立的,锥体自下而上表明情绪由弱到强(Plutchik,2001)。这个模型的特色是描述了不同情绪之间的相似性及两极性特征,这在情绪实验研究中对于情绪的界定是很有用的。普拉切克的情绪三维模型也是当前心理学界最典型的多维分类方法。后来,伊扎德于1977年提出了情绪的四维理论,认为情绪包括愉快、紧张、激动和确信4个维度。愉快度表示情绪主观体验的享乐程度,紧张度指情绪的生理激活水平,激动度或冲动度表示个体对情绪出现的突然性的准备程度,确信度表示个体承受感情的程度。

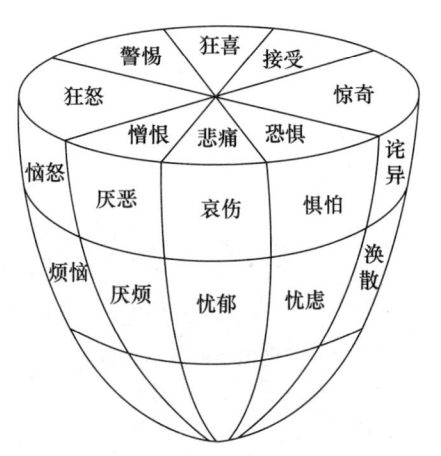

图9.3 普拉切克的情绪三维模型

(引自 Plutchik et al.,2001)

三、情绪的测量

针对情绪的不同成分,如主观体验、生理唤起、外部表现和评价过程,我们如何测量?

首先,情绪的主观体验通常是有意识的,日常生活中所说的"感受"也经常可以指代情绪。因此,情绪的主观体验最常用的测量方式是自我报告法。自我报告法的使用相对灵活,既可以用于诱发情绪的实验中,也可以用于想象情绪事件或回忆过去的情绪事件的任务中。不过,在测量当前的情绪体验时,自我报告往往更有效(Mauss & Robinson,2009)。虽然自我报告也有一些缺点,如并不是每个人都能准确报告当前的情绪状态,但是与其他测量方式结合使用时,它依然是一个很有效的方法(Keefer,2015)。值得注意的是,许多自我报告法都受到了情绪维度理论的启发(Ekkekakis,2013),如果说情绪是效价和唤起度的结合,那么就应该分别去测量这两个维度。然而,这并不简单,尤其是对于唤起度的测量。研究者认为唤起度指的是整体的唤起或兴奋的程度,除了自我报告之外,还可以通过测量生理指标来表示,如皮肤电阻、肌张力、脑电图等(Lin & Li, 2023)。

其次,对于情绪的外部表现,研究者主要通过测量面部表情来识别情绪。1978年,埃克曼等人开发的面部动作编码系统(facial action coding system,FACS)[*]可以用来对人类面部的肌肉运动(如皱眉、闭眼等)进行编码。这个系统提供了44个面部肌肉动作单元和一些常见的动作单元组合,并且可以根据肌肉运动的强度为每个肌肉动作单元进行编码,从而推断情绪。但是它的缺点是在编码过程中,需要通过慢放和逐帧查看来识别活动的动作单元,并需要交替查看实时视频。因此,使用FACS编码非常耗时。除了FACS,也可以使用肌电图(electromyogram,EMG)来测量面部表情中涉及的肌肉活动(Bradley, 2000)。EMG的鉴别力更强,即使没有肉眼可见的面部肌肉收缩,仍然可以测量到细微的肌肉活动。但是它需要在面部放置传感器,这可能会抑制一些情绪的表达。此外,还有一些如自动面部图像分析(Coan & Allen, 2007)、面部肌肉收缩的热度分析(Hung et al. , 2014;Jarlier et al. , 2011)等测量方法,这两种方法的优点是不需要在面部安装传感器,因此不会影响面部表情。尽管目前还存在许多技术挑战,但这些方法的发展仍然值得期待。

除了面部表情之外,还可以通过一般声音质量的参数(即喉部特定肌肉的紧张状态)、声音韵律的参数(即语言产生过程中喉部特定肌肉张力的随意变化),以及声音的振幅和基频等参数来识别情绪。此外,汗水中包含的化学感觉线索也可以反应情绪表达,影响情绪识别(Pause, 2012),以及对情绪刺激的行为反应和脑区激活(Mujica-Parodi et al. , 2009)。

对于整体的情绪评价过程,由于是一个连续性较强的过程,因此其测量也变得极具挑战。研究者想出了一些方法来测量情绪评价过程。例如,使用包含基本评价维度的问卷(Scherer & Meuleman, 2013;van de Ven et al. , 2012)、间接实验方法(Moors & De Houwer, 2001)、面部表情(Kaiser & Wehrle, 2001;Lanctot & Hess, 2007;Scherer et al. , 2013)、声音(Johnstone et al. , 2005;Laukka & Elfenbein, 2012)和心理生理反应,如脉搏、皮肤电、手指温度等(Christopoulos et al. , 2019;Gantiva et al. , 2021;Latham et al. , 2017),这些方法都可以测得情绪评价过程中的一些主客观反应。此外,事件相关电位和脑成像技术可以监测情绪评价的动态过程,从而进一步考察情绪评价背后的神经生理机制(Brosch & Sander, 2013)。

总之,关于情绪测量的观点越来越一致。研究者认为,所有对情绪的测量(如自我报告或生理测量)都与情绪理解有关(Mauss & Robinson, 2009)。选择哪种测量方法取决于我们想要研究情绪的哪个方面。随着新的神经成像技术的出现,加上先进的分

---

[*] 参见网络示例:https://www.noldus.com.cn/applications/facial-action-coding-system/。

析技术,心理学家和神经科学家能够可视化地探索情绪的神经和生理基础,包括情绪体验、情绪调节、情绪评价等具体过程。需要注意的是,测量情绪可能会影响情绪反应本身,而且测量时机也是一个需要考虑的重要因素(Kassam & Mendes, 2013)。虚拟现实技术的发展使参与者沉浸在情景中,令情绪更接近现实生活,为研究自然情绪表达和情绪识别提供了更多可能性(Colombo et al. ,2021;Marin-Morales et al. ,2020)。

第二节 情绪的经典理论

科学家对情绪的本质及其作用有过许多反思和论述。在近一百多年的情绪科学研究史上,诞生了许多经典的情绪理论,从早期的达尔文情绪进化理论和情绪的生理理论,到后来的情绪的认知理论。许多学派的代表人物从各自的立场和侧重点建立假设,形成了各学派林立、多种理论并存的局面。本节将介绍每一个时期最有代表性的经典理论。

一、情绪的早期理论

对情绪的探讨起源于早期的哲思,自达尔文的情绪进化理论后,多位学者对情绪的发生进行了初步探讨。情绪的早期理论主要关注生理唤起和神经系统的活动在情绪产生中的作用,以及情绪在进化和神经生理学上的基础。

1. 达尔文的情绪进化理论

根据达尔文的进化论观点,人类是自然选择的产物,与其他哺乳动物拥有共同的祖先。情绪作为人类种族进化的证据,可能是人类行为得以延续的机制。达尔文在1872年出版的《人类和动物的表情》一书中指出:"人类某些表情的来源,例如由于极度恐惧而头发直竖,或由于疯狂大怒而露出牙齿的情形,除非承认人类曾经在很低等的类似动物的状况下生活过,否则难以理解。"他认为,人类与动物在情绪上存在连续性,情绪活动是进化的产物,是人类与其他相邻物种的共同因素。情绪是原始的力量,联系着我们的过去,包括种族和个体的过去。他还认为尽管情绪有助于人际交流,但是情绪并非随意控制的交流经验的工具,情绪的面部表情只是伴随情绪的附属物,并没有交流功能。总的来说,达尔文对表情、情绪进行了生物学基础的研究,他希望说明情绪反映了遗传的痕迹,并非由环境选择决定。在他的理论中,表情是进化的产物,是情绪力量的外显,而情绪是进化的高级阶段的适应工具。

2. 詹姆斯-兰格理论

基于达尔文的进化论和生物科学的进展,詹姆斯于1884年提出了情绪生理学理论,这是一个很著名的"反常识"的理论,即"我悲伤是由于我哭了,我害怕是由于我逃跑"。他认为情绪是一种躯体表达,是伴有明显的生理反应的心理过程,"在对我们周围的现实知觉之后,躯体便发生一系列变化,我们对这些躯体变化的感受就是情绪"。例如,通常我们会认为当一个人面对陌生的场景演讲时,他首先会感到紧张、焦虑,然后才出现发抖、出汗或结巴等反应。但根据詹姆斯的理论,当一个人面对陌生场景演讲时,他首先出现发抖、出汗或结巴等反应,然后才变得紧张、焦虑。詹姆斯认为对外界刺激的直觉首先引起躯体与内脏反应,随着我们体验到这种反应,从而产生相应的情绪。

就在詹姆斯提出"反常识"情绪理论的第二年,生理学家兰格(Carl Lange)也提出了相似的关于悲伤的临床生理学观察报告。他认为,情绪受到两个相反的系统的驱动,即欲望的或愉快的和厌恶的或不愉快的系统。自主神经活动的增强、血管扩张和肌肉放松会引起愉快,自主神经活动的减弱、血管收缩和肌肉紧张会引起恐惧。他指出:"假如把恐惧的人的生理症状抛去,让他的脉搏平稳,目光坚定,动作迅速而稳定,预期强而有力,思维清晰,那么他的恐惧还剩下什么呢?"所以,他认为情绪就是对机体状态变化的一种意识。

詹姆斯和兰格提出的理论,又被称为詹姆斯-兰格理论。该理论强调情绪反应中躯体、内脏反应的重要性,并认为情绪是内脏活动和肌肉活动的产物,即将情绪产生的原因归结为外周生理变化。所以他们的理论也称情绪的外周理论。这一理论是第一个完整的情绪学说,在情绪心理学发展史上具有重要地位,激发了大量关于情绪心理学发生机制的研究,对于情绪研究的许多方面都具有重要的影响。

3. 坎农-巴德理论

尽管内脏反应和其他生理反应的确会影响情绪,但詹姆斯-兰格理论认为情绪完全是外周生理变化的结果却是片面的。人的内脏和自主神经系统的功能变化只是情绪表现的一个方面,更重要的是中枢神经系统的调节和控制作用,此外还包括面部表情和言语行为等。

生理学家坎农(Walter B. Cannon)首先对詹姆斯-兰格理论提出了质疑,并系统阐述了情绪发生的机制(Cannon,1927)。他认为:①人为制造的内脏器官的活动似乎并不会产生情绪反应;②没有证据支持在情绪反应中内脏器官具有特定的反应模式;③内脏器官的组织敏感性较低,难以根据来自内脏器官的反馈来区别不同的情绪;④通过手术将内脏器官与神经系统的联系切断,内脏反应则无法传递,但在这种情况下仍然会产生情绪反应;⑤内脏器官的反应相对缓慢,但情绪在外界刺激后,短时间内就可以爆发。

根据上述质疑,坎农认为控制情绪的是中枢神经而不是外周神经,情绪表达的神经生理基础是大脑皮质下的组织,即丘脑。由外界刺激引起躯体感受器的神经冲动经由丘脑传至大脑皮质,大脑皮质再将兴奋传至丘脑。丘脑中神经元的兴奋产生的情绪信息向两个方向传递,一方面向上将信息回传至大脑皮质,形成主观情绪体验;另一方面向下传至交感神经,激活肌肉和内脏器官,引起机体的生理变化。因此,当丘脑中神经元被激活后,躯体发生变化的同时,人们就体验到了情绪。

坎农的同事巴德(P. Bard)同时指出,内脏反应不是情绪反应的主要内容。一个情绪唤起的刺激同时产生两种效应,即通过交感神经系统导致躯体上的唤起,以及通过皮质得到情绪的主观感受(Bard & Mountcastle, 1948)。由于坎农和巴德都主张丘脑是情绪的控制中心，该理论也被称为坎农-巴德理论或丘脑理论，说明情绪体验和生理唤起是情绪刺激产生的两种同时反应，二者之间没有因果关系。

坎农-巴德理论引起了研究者对丘脑和中枢神经系统在情绪产生中的重要性的关注，将詹姆斯-兰格对情绪的外周性研究推向了对情绪中枢机制的研究，因而在情绪研究历史上也具有重要地位。随后的一系列研究证明，情绪的复杂生理机制在很大程度上取决于丘脑、边缘系统、脑干网状结构的功能，大脑皮质调节情绪过程以及控制皮质下的中枢活动。

二、情绪的认知理论

情绪必然伴随生理过程，但情绪在本质上也不能脱离认知。后来的心理学家开始关注情绪的认知特性，并强调认知在情绪的产生和发展中的重要作用。情绪的经典认知理论有评价-兴奋理论、情绪归因理论和认知评价理论。

1. 阿诺德的评价-兴奋理论

阿诺德的情绪理论是第一个比较系统的情绪认知理论。她认为情绪产生的基本过程是"刺激→评价→情绪"，情绪的产生是以评价为依据的，因此阿诺德的情绪理论也叫评价-兴奋理论。个体会立即、自动且几乎不知不觉地评价所遇到的任何事情，评价它们与自身的关系。这样一来，个体会趋近于评价为"好"的事情，避开评价为"坏"的事情，忽略那些无所谓好坏的事情。当然，个体对于已经做出评价的事情也会进行重新评价。

评价是一种知觉补充的过程，使个体产生一种做某事的倾向。若这种倾向足够强烈，则会产生情绪。在大部分新的体验中，记忆是个体评价的基础。个体会依据过去的经验对新的事物进行评价，新事物或情境引发跟以往经验有关的情绪记忆。这种情绪记忆是个体曾经评价的再度体验，这一体验不断改变个体的判断。阿诺德认为在整个评价过程中，最后一步是想象。在个体行动之前，情境和相关的情绪记忆会让他们对未来做出推测，个体会想象即将发生的事情对自己是"好"还是"坏"。因此，我们的评价主要依靠记忆和预期，这一过程几乎在一瞬间即可完成。

该理论还认为情绪产生是大脑皮质与皮质下组织协同活动的结果，大脑皮质的兴奋是产生情绪最重要的条件。外界刺激作用于感受器，产生神经冲动，通过传入神经传至丘脑，随后再传到大脑皮质。刺激在大脑皮质得到评价，形成一种特殊的态度，如恐惧与逃避、愤怒与攻击。这种态度通过传出神经将皮质冲动传至丘脑的交感神经，将兴奋发送到血管或内脏，所产生的变化使个体获得感觉。这种来自外周的反馈信息，在大脑皮质中被评价，使纯粹的认知经验转化为被感受到的情绪体验，如恐惧、愤怒、厌恶等。此外，阿诺德还对感受和情绪做了区分。她认为情绪源于对知觉或想象的事物做出的正面或负面的评价，而感受则源于对事物做出的关于对个体有利或有害的评价。

涉及感受的事件同样涉及情绪,感受是次级水平的情绪。

阿诺德的情绪理论将情绪的产生与高级认知活动联系起来,把环境影响引向认知,把生理激活从自主神经系统引向大脑皮质,把认知评价与外周生理反馈结合起来。这一理论所强调的评价过程有助于理解情绪产生和分化的机制。通过该理论,我们可以预测情绪,无论是在实验室还是在现实生活中(Smith & Ellsworth, 1987)。

2. 沙赫特-辛格情绪归因理论

沙赫特(Stanley Schachter)和辛格(Jerome. E. Singer)借鉴了詹姆斯-兰格理论和坎农-巴德理论,提出了情绪归因理论,认为情绪产生主要取决于生理因素和认知因素(Schachter & Singer, 1962)。认知因素又包括对生理唤起的认知解释和对环境刺激的认识。因此,影响情绪产生的因素主要包括生理唤起、对生理唤起的归因和对环境刺激的认识三方面的因素。

沙赫特-辛格情绪归因理论认为,生理唤起首先发生,对于不同的情绪,这种反应通常是相似的。该理论认为,生理反应必须在认知上被标记并解释为特定的情绪,强调认知和情境因素在情绪体验中的作用。也就是说,刺激诱发生理反应后,个体必须确定这一生理唤起的原因才能将其标记为情绪,从而产生情绪。想象一下你半夜独自一人走在黑暗的马路上,突然,一个陌生男子从附近的一排树中冒出来,并朝你靠近。根据情绪归因理论,接下来情绪产生的过程应该是这样的:

- 我看到一个陌生男子向我走来;
- 我的心跳加速,开始颤抖;
- 我的心跳加速和颤抖是由恐惧引起的;
- 我很害怕。

这个过程从刺激(陌生男子)开始,然后是生理唤起(心跳加速和颤抖)。还有认知标签(将生理反应与恐惧联系起来),随后是有意识的情绪体验(恐惧)。其中,环境在如何识别和标记生理反应方面起着重要作用。在上述例子中,黑暗、独自一人的环境和一个不祥的陌生人的突然出现使你将情绪识别为恐惧。设想如果你是在一个阳光明媚的白天走在马路上,这时一位看似需要帮助的老奶奶走向你,你又会产生什么情绪?你可能并不会感到恐惧,而是将你的生理反应解释为担心或好奇。可见,与詹姆斯-兰格理论类似,沙赫特-辛格理论也认为个体会根据生理反应推断情绪,且个体用来标记这种情绪的情境和认知解释在其中扮演着重要作用,说明我们的内在想法会影响情绪产生。与坎农-巴德理论一样的是,沙赫特-辛格理论也表明相似的生理反应可以产生不同的情绪。例如,假设你在一次重要的考试中经历心跳加速和手心出汗,你可能会将这种情绪识别为焦虑或紧张;而你在约会时经历相同的生理反应,你可能会将这些反应解释为喜欢、激动或兴奋。

3. 拉扎勒斯的认知评价理论

拉扎勒斯认为个体和环境处于一种动态的、互动的、双向的关系中。情绪是个体和环境相互作用的产物,是个体在外界刺激作用下,不断评价刺激事件与自身的利害关系,调节自己对于刺激的反应的过程,而这个反应是通过认知评价所决定和完成的。也就是说,情绪活动必须有认知活动的指导,只有这样,人们才能了解环境中刺激事件的意义,才可能选择适当的应对反应。评价是情绪产生的关键,不同的评价产生不同的情绪,且这种评价是连续进行的。我们是否应对环境或者为何应对环境来源于评价,我们体验到的情绪类别和强度也来源于这一评价。具体来讲,有三个阶段的评价:初评价、次评价和再评价。

初评价是指个体确认刺激事件与自己是否有利害关系,以及这种关系的程度,像是在回答"正在发生什么"这一问题。评价结果有伤害、威胁、挑战、有利等。次评价是指个体调节和控制自己的反应行为,主要涉及人们能否控制刺激事件,以及控制的程度。次评价是对初评价的重要补充,而初评价的结果取决于我们在多大程度上能控制这些刺激。例如,出现一个具有威胁的刺激,但你非常有把握去避免,那么它的威胁程度就会被调节或降至最低。再评价是指个体对自己的情绪和行为反应的有效性和适宜性的评价,是一种反馈性行为。如果重新评价发现自己的行为无效或不适宜,人们就会调整自己对刺激的次评价甚至初评价,并相应地调整自己的情绪和行为反应。

拉扎勒斯提出以评价为中心的情绪产生过程,细致而全面地反映了人在面对外界环境时产生的认知和评价过程。他的理论不仅关注了情绪体验的产生,还探索了情绪调节的认知机制,为进一步研究情绪做出了贡献。

第三节　个体情绪的发展

个体从婴儿到青少年时期经历了许多变化,其中情绪活动的出现尤为引人注目。生命早期情绪如何发生、发展和分化是一个非常复杂的问题。到了学龄期和青少年期,情绪又会如何发展?情绪发展包括众多方面,如情绪体验和表达、情绪识别与理解、情绪调节等,不同方面在不同年龄阶段具有独特的表现模式。本节我们将阐述发展早期,即从婴儿期到青少年期,情绪不同方面的发展过程。

一、婴儿期的情绪发展

在婴儿阶段,个体还不会说话,无法用语言准确地表达自己的感受。新生儿在需要食物、感觉不适或者寻求关注时经常放声大哭,以此表达自己的需求。因此情绪反应是生命早期生存适应的重要方式,是发展的动力源泉,也是社会互动的信息纽带。婴儿的情绪发展基于生理发育和成熟,包括特定的认知发展,如表征能力、记忆能力、自我意识、评价行为的能力等,也包括面部肌肉运动的发育和语言的发展等。情绪发展本质上是这些重要能力发展的伴随物。这些能力的发育和成熟自然会导致婴儿与周围环境关系的变化,这一变化推动了婴儿的情绪发展。

1. 情绪表达和体验的发展

情绪表达指可直接感知或被特定的工具测量到的面部、声音、身体动作和体内活动水平的变化。众多研究倾向于从面部表情来研究婴儿的情绪表达,因为面部表情是语言出现前个体表达情绪的主要途径。研究者认为,个体在婴儿早期就可以表现出诸如快乐、惊讶、恐惧、愤怒、伤心和厌恶等面部表情(Izard et al.,1995)。

主要情绪是最基本的情绪,它可以促进生存,帮助沟通和社会互动,在所有的人类文化中普遍存在,并且在发展早期就可以看到。基本情绪可以大致分为积极情绪和消极情绪。积极情绪如热情、快乐和幸福等涉及微笑或大笑等表情,促进了婴儿健康的互动和其整体生存率。消极情绪包括愤怒、厌恶、恐惧和悲伤等。积极和消极情绪都涉及社会参照或理解他人的情绪线索,并在整个发展过程中持续受到人际关系的影响。

婴儿在出生后3~8周就可以做出微笑的表情。1~2个月就可以表现出悲伤、快乐和愤怒等基本情绪,并且愤怒和悲伤等消极情绪可以作为一种非语言线索向照料者表达他们的需求。3个月后,婴儿会为照看者的出现而感到快乐,也会因照看者的离开而感到害怕和伤心,同时也会出现恐惧,开始表现出警惕。4个月大的婴儿可以做出大笑的表情,可能是他们自发的,也可能是他们对外界刺激做出的反应,如他们会因为可笑的事而被逗笑,在不安和苦恼时会表现出悲伤或失落。6个月时,婴儿会因为意外事情的发生而表现出惊讶。到7~9个月时,大多数婴儿可以表现出"怯生"的紧张状态,通常是在不熟悉的环境中遇到陌生人时发生,即陌生人焦虑(stranger anxiety);到9个月时,婴儿会在照看者离开时表现出失望和难过,即分离焦虑(separation anxiety)。总之,在1岁之前,婴儿可以表现出几乎所有的基本情绪。但是,一些复杂情绪则要再大一点才会出现(Barrett,2020;Buss & Kiel,2004)。

大概在1岁半至2岁,婴儿逐渐体验到如尴尬、共情、嫉妒等更高级、更复杂的自我意识情绪(self conscious emotion)。这些情绪的出现反映了社会化的结果,说明儿童在2岁左右已经具备了自我意识或客观的自我认知。例如,当感到尴尬时,幼儿会表现出焦虑地触摸、微笑或反感直视等行为。到了2~3岁,幼儿开始掌握并能够利用社会文化规范或根据一定的标准来评判自己的行为。这个标准可以是外部的,如父母或老师的惩罚与表扬,也可以是内部的,即儿童自己的一套标准。这种根据一定标准评价个人行为的能力在3岁时发展成功,从而让儿童产生更复杂的社会性情绪体验,如内疚、羞愧、自豪、遗憾等。例如,他们在成功完成一项困难任务后会表现出骄傲,也会在未能完成一项简单任务后表现出羞愧。

2. 情绪识别与理解的发展

表情是情绪的外在表现,包括面部表情、语调、身体姿态等。通过这些外在表现,我们可以推断和识别一个人的内部情绪状态。情绪识别在婴儿期就已出现,3个月的婴儿已经能够再认面部表情,1岁大的婴儿就可以辨别基本的面部表情,并对他人的表情做出反应,且能够理解父母表情所传递的信息。8个月左右,婴儿会出现情绪的社会性参照(social reference),即面对不确定情景时,他们会主动从最信任的人那里寻求情绪信息,从而决定自己的行为反应。许多研究表明,1岁左右的婴儿会根据母亲的表情来判断是否要对陌生人保持警惕、是否能玩不熟悉的玩具、是否可以爬过视崖较深的一侧等(Hertenstein & Campos,2004;Liberman,2022;Ruba & Repacholi,2020)。

1岁半到2岁初,婴儿已经能够辨别很多面部表情和声音的情绪含义。2岁到3岁,识别情绪信息的能力进一步发展,对情绪信息的意义有更加敏锐的意识。例如,2岁末的幼儿可以明显意识到情绪体验的主观性,知道他人可以有和自己不一样的情绪体验。当婴儿开始意识到这一点时,社会参照使他们能把自己对事物的想法和他人对事物的想法相比较。在一项研究中,成人给14个月和18个月的婴儿观看两种食物,并对其中一种食物做出厌恶的表情而对另一种食物做出喜欢的表情。然后请这些婴儿一起享用这些食物。18个月的婴儿无论自己喜欢哪种食物,都能够递给成年人他们喜欢的食物(Repacholi & Gopnik,1997)。值得关注的是,儿童的情绪识别能力跟心理理论能力密切相关,心理理论是儿童情绪识别与理解的重要基础之一(见本书第11章)。

二、学前期的情绪发展

随着年龄的增长,2~6岁的学龄前儿童的自我概念、表征和语言能力逐渐发展,情绪能力也逐渐完善。一方面,学龄前儿童拥有了情绪理解能力,能够更好地谈论自己的情绪并对他人的情绪信号做出恰当反应。另一方面,他们能更好地调节自己的情绪。此外,他们还体验到了更复杂的自我意识情绪与共情,从而更好地促进其他社会性功能的发展。

1. 情绪理解的发展

随着年龄的增长,学龄前儿童的认知和语言技能逐渐发展,识别表情的能力也逐渐完善,能够成功区分愉快、愤怒、悲伤、恐惧等基本情绪。在5岁之前,表情识别能力会随着年龄的增加而提高,5岁之后会达到一个稳定水平。儿童最先出现且会命名的情绪是高兴,随后是愤怒、悲伤、惊讶、恐惧,厌恶不仅出现得晚,而且难以识别。对于尴尬、焦虑等更复杂的表情识别则需要更多的时间来发展。这可能是因为儿童体验和理解混合情绪的能力发展较晚,直到童年中晚期才出现(Zajdel et al.,2013)。

从3岁左右开始,幼儿可以根据他人的表情或动作来理解他人的情绪,并且学会了使用一些描述情绪的词汇来表示情绪状态。这个时期的儿童对自己情绪感受的语言评价的数量和复杂性增加,他们解释自己情绪感受的能力、安慰和关注自己与他人情绪感受的能力迅速提升。随着语言的发展,学龄前儿童能够与他人分享自己对于外界事物的情绪体验,能够通过听故事确定在熟悉的场景中所感受到的情绪,也知道哪些情景会让人感到快乐、悲伤、愤怒或恐惧。

父母的影响在其中也发挥了重要作用,如父母在和儿童的对话中,若经常关注儿童的情绪,对情绪的命名、解释和表达越多,儿童使用情绪词的频率就越高,且对情绪的理解也发展得越好(Fivush & Haden,2005;Laible & Song,2006;Silkenbeumer et al.,2018)。研究显示,如果母亲善于解释情绪,并且与孩子发生冲突时能够协商和妥协,那么孩子之后也会采用类似的方法解决情绪冲突,且能更好地理解他人情绪。可见,父母与儿童的沟通内容和方式都会潜移默化地影响儿童的情绪能力,帮助儿童更好地了解自己和他人的情绪,培养良好的沟通技能。

2. 情绪表达和情绪调节的发展

在情绪表达方面,3~5岁的儿童已经可以意识到自己的情绪体验,并且学会了用面部表情、行为姿态、声音等形式表达出来,还会通过语言与家人或同伴分享自己的情绪,或者在角色扮演游戏中演绎情绪。在这一阶段,儿童的自我意识情绪更加强烈,并开始认识到情绪体验的前因后果,以及情绪对社会交往的影响。当然,儿童的自我评价性情绪体验和表达会受到父母的影响。研究发现,儿童在成功时表现出骄傲或失败时表现出羞愧的程度在很大程度上取决于母亲对其成绩的反应(Alessandri & Lewis, 1996)。当母亲倾向于在孩子失败时给予严厉指责时,儿童在失败后会表现出较高水平的羞愧,且在成功时很少感到骄傲;而当儿童成功时做出积极反应的母亲,孩子会在成功时感到更骄傲,且在失败时很少感到羞愧。

情绪调节(emotion regulation)是有效地管理情绪和唤起以适应、应对和达到目标的能力。学龄前儿童语言能力的迅速发展以及情绪理解能力的逐渐发展,使他们能够通过多种策略来对自己和他人的情绪进行调节。再加上父母、老师或其他照看者的帮助,这一阶段儿童的消极情绪可以较好地得到缓解。例如,3~4岁的儿童知道"眼不见,心不烦",遇见恐怖和害怕的场景时会蒙住眼睛、掩上耳朵,还会自我安慰,转移自己的注意力等。对于消极事件也会有自己的解释方式来减少对情绪的影响。

三、学龄期儿童的情绪发展

到了学龄期,随着学校和社会环境的改变、认知能力的提高,个体的情绪发展又出现了一些新的特点。这些特点既体现出基本情绪的变化,又体现出自我意识情绪的发展,同时也出现了更加复杂的情绪与情绪表现,如出现混合情绪、情绪掩饰等,并且情绪调节能力也进一步得以完善和策略化。

1. 情绪体验和表达的发展

学龄期儿童不再像学龄前儿童那样往往只能就一种情绪进行描述和想象,学龄期儿童可以体验到混合的情绪体验,如当快要放暑假时,他们会觉得既开心又难过,开心是因为暑假可以尽情玩耍,但是放假意味着要暂时和朋友、同学、老师分别,又有点难过。情绪的稳定性也会逐渐增强。情绪开始逐渐内化,他们会把自豪、愧疚等情绪与责任感联系起来,履行了责任就会感到骄傲,没有尽责就会感到愧疚。随着年龄的增长,生活事件的不断丰富,学龄期儿童的情绪也越来越多样化,出现更多高级情绪,如道德感、怜悯、敬畏等。

在小学阶段，儿童对于社会认可的情绪表达规则有越来越清楚的认识，知道哪些情绪应该在哪些特定的情境中表达，哪些情绪应该被抑制。这种社会化经验逐渐把儿童的情绪表达塑造成一种具有文化特性的形式，增加了儿童在他人面前表达情绪的自我控制形式。这种自我控制形式可以通过情绪掩饰得以体现，即内在情绪状态与外在表情的分离。情绪掩饰涉及文化规则的表达，例如，当有人送了你一份礼物，即使你不喜欢，也要表现得很高兴。有研究发现，7~9岁的儿童，特别是男孩，在收到自己不是很喜欢的礼物时，很难完全掩饰失望而表现出很惊喜的样子。以6~11岁儿童为被试的一项研究同样发现，随着年龄的增长，情绪掩饰能力逐渐发展，仅有一半的6岁儿童可以装出自己喜欢收到的礼物的样子，到了11岁，则有2/3以上的儿童可以做到。该研究还发现了一个有趣的性别差异，女孩比男孩更善于情绪伪装。

2. 情绪调节的发展

情绪调节是我们面对逆境时能够良好适应的保护因素，并可能促进积极的应对策略，从而在整个发展过程中做出有益于健康的调整。学龄期儿童能够运用更有效的策略调节自己的情绪。如上文所说，学龄期儿童已经能运用情绪表达的社会规则调整情绪的表达方式，而情绪调节则是指儿童如何应用各种策略应对自己的情绪体验。例如，当这一阶段的儿童遇到伤心的事情而闷闷不乐时，为了摆脱这种不愉快的情绪，使用的策略可能是"尽量不去想这件事"，即转移注意力。也可能会重新解释这件事情，对伤心事尽量给予积极的解释。

良好的情绪调节能力可以作为预防创伤等的保护因素，而较差的情绪调节则可能导致更多的消极情绪、较差的应对能力和社会互动，以及更多的问题行为。值得关注的，同伴关系在这一阶段个体的情绪调节中发挥着重要作用。拥有朋友可以使儿童更少地成为攻击对象，教会儿童如何管理和控制情绪，以及帮助他们解释自身的情绪体验（Berndt, 2002; Dryburgh et al., 2022）。研究表明，儿童的情绪调节能力会受到虐待和成人间暴力的负面影响，且儿童较差的情绪调节与较高的焦虑、抑郁水平和社交问题有关。更重要的是，情绪调节在早期儿童虐待和焦虑或抑郁症状之间起到中介作用。总之，情绪调节可以直接影响儿童处理和控制反应的方式。

四、青少年的情绪发展

青少年期是情绪发展的关键时期，情绪发展在学龄期到青少年期发生了巨大的变化，处于该阶段的个体会利用情绪和情绪调节来驾驭他们不断增长的处世经验。

1. 情绪的自主性与日常体验

青少年期的个体心理更为复杂，在这一阶段，青少年的自我同一性进程要求在情绪上独立于父母，表现为日渐增强的自立、对来自同伴压力的抵制和对自己的决定与行为的负责，并且从以父母为中心的情绪交流转向了同伴关系优先。父母对青少年的行为有时会感到生气，但更多的是感到困惑。曾经接受父母的判断和指导的孩子怎么开始质疑甚至反抗父母了？这是由于青少年对自主探索的需求的提高，即独立性和对其生活的控制感。大多数青少年和父母相处得还是不错的，尽管他们要求独立和自主，但仍然对父母有着深深的爱和尊敬，父母对孩子亦如此。

由于青少年阶段会经历许多与性成熟相关的心理和激素变化，以及大脑发育的变化，进而影响情绪的发展。无论是积极情绪还是消极情绪，这一时期的情绪特征是整体强度的增加。与成年人相比，青少年的情绪往往更不稳定、更极端、更强烈且更短暂。他们会越来越喜怒无常，即使很小的挑衅也可能立即引发一些情绪的动荡。此外，青少年与父母、老师或同伴之间的日常冲突，以及生活中其他压力事件的增加使青少年早期消极情绪体验增多，而积极情绪体验减少。这种趋势在青少年中期趋于稳定（Andrews, et al., 2021; Branje, 2018）。大多数青少年可以很好地应对这种情绪变化，保持良好的适应性。

但是，也有部分青少年会面临发展性问题，这些问题往往涉及极端情绪和糟糕的情绪控制能力。理解情绪发展在青少年的内、外化表现中的作用尤为重要。在青少年时期，抑郁、焦虑、自杀和违法行为的出现概率增加。例如，对消极情绪（如悲伤和愤怒）的自我调节不佳会增加青少年自杀或犯罪的风险。此外，情绪还会通过生理变化（如增加心率或皮质醇水平）影响青少年的整体健康，也会通过极度悲伤或快乐等情绪影响心理健康。积极情绪可以缓解压力对青少年的影响，而消极情绪，特别是长期消极情绪则会加剧压力和消极生活经历的影响。可能是因为，青少年的大脑无法完全抑制消极情绪，或者身体没有很好地适应这一阶段的激素水平的变化。

2. 家庭和同伴关系与情绪支持

根据埃里克森的理论，青少年阶段会面临同一性危机。青少年越来越依赖他们的朋友和同伴作为情绪支持的来源，而对成人的依赖程度有所下降。这种对同伴群体依赖性的增长使得青少年能够形成良好的亲密关系，也有助于发展同一性。虽然大多数青少年能够经受同一性危机的挑战，但对有些人来说，这个阶段的压力特别大，甚至会发展出严重的心理问题。良好的家庭和同伴关系有助于缓解青少年的压力。

对大多数青少年而言，与朋友交流的强烈需求表明同伴在青少年阶段扮演着重要的角色。延续学龄期的趋势，青少年和同伴待在一起的时间越来越多，同伴关系的重要性也随之增加。因此，他们的情绪必然会受到同伴关系的影响。好的同伴可以作为青少年情绪的倾听对象，需要时还会给予情绪调节。特别是在青少年中后期，如果他们有社交方面的担忧，会寻求同伴的帮助，因为他们认为在这方面同伴可能比成人更擅长，也更值得信任。

五、情绪发展的影响因素

儿童和青少年的情绪发展受到许多因素的影响，包括遗传和环境因素、家庭因素、同伴关系等，同时也会表现出性别差异。

1. 遗传和环境因素

研究人员通常通过已知生物亲缘程度的家庭成员来考察遗传和环境对个体差异的贡献,研究结果支持了情绪的遗传性。遗传学研究证据表明,遗传因素对青少年内化症状有中等到极高程度的作用,包括持续悲伤、绝望、孤独、恐惧和焦虑等(Haberstick et al., 2005; van den Berg et al., 2008)。还有研究考察了在双胞胎、寄养和收养儿童样本中,遗传和环境因素对内化症状在个体内变化的影响(Burt, 2009; Cheung et al., 2014; Haberstick et al., 2005; Leve et al., 2019b; Wichers et al., 2001)。结果表明,内化症状的增加和减少是由同一家庭中每一个体的非共享环境因素造成的。然而,没有证据表明遗传或共享环境对青少年时期个体内化症状变化的影响。相比之下,内化症状的稳定性是由遗传和非共享环境因素解释的,这表明内化症状连续性的遗传-环境过程在青少年阶段明显存在。

纵向研究也报道了类似的发现(Huizink et al., 2007; Leve et al., 2019a)。这些研究使用了收养和非收养儿童的社区样本,发现早期青少年内化症状的个体内变化可归因于非共享的环境差异。因此,研究结果表明,非共享环境对青少年期内化症状的改变至关重要。影响青少年孤独感、悲伤感和孤立感的环境很可能是家庭中个体特有的。然而,这些结果并不排除在家庭中共同的经历(如父母离婚)影响青少年内化症状的可能性。相反,共同经历的影响可能不会导致同一家庭中的兄弟姐妹出现类似的内化症状,因为儿童可能对同一事件有不同的反应。

2. 家庭因素

从养育行为、家庭的情绪环境中可以看出家庭因素对情绪发展的影响。支持性养育和较高的父母参与程度在青少年情绪能力的发展中发挥着重要作用。例如,父母温暖和积极的情绪表达与青少年的努力控制(一种有助于情绪调节的气质特征)有关。反过来又可以预测更低的攻击水平和犯罪行为。相反,严厉的养育方式和较低的父母参与程度与青少年的冲动性、攻击性、不服从性、喜怒无常及低自尊等有关。此外,依恋也会影响情绪调节的有效性,因为在生命早期建立的依恋模式代表着个体与照看者的互动调节行为的特定方式。在青少年时期,安全型依恋与和父母、同龄人的互动中有效的情绪调节和社交能力有关。

值得重视的是,儿童虐待严重威胁儿童情绪理解和情绪调节能力的健康发展,包括照看者和儿童之间缺乏亲密的情绪互动。在有虐待行为的家庭中,当孩子沮丧难过时,父母不太可能提供情感支持,此时孩子可以从中学到一些调节策略来调整自己的情绪状态。但是,混乱的家庭环境可能会使儿童特别容易陷入消极情绪。如受虐待的儿童和青少年往往比未受虐待的同龄人更愤怒、沮丧、被动和易怒,特别是受身体虐待的儿童和青少年可能会经历强烈的情绪唤起,导致难以管理和加工这些消极情绪。研究表明,受虐待的儿童和青少年在情绪识别、情绪表达和情绪理解方面的表现均较差。

父母之间的冲突水平也会影响儿童和青少年的情绪发展。与父母关系更和睦的儿童和青少年相比，父母之间冲突较高的儿童和青少年更倾向于表现出攻击性和过激行为。父母之间的冲突和争吵会直接影响青少年的情绪安全感，使青少年更加关心自身安全。由于这种冲突持续很长时间，会增加未来冲突发生的可能性，并对亲子关系产生不利影响。关心自身安全对青少年来说是一种适应性的表现，有助于其应对父母之间的冲突带来的威胁。研究还发现，男孩比女孩更容易受到父母冲突的负面影响（Feinberg et al.，2007）。可能是因为，父母在儿子面前会更频繁地争吵，争吵时间也更长。当然，父母冲突对青少年情绪发展的影响也可能是间接的，如艰难的婚姻关系降低了父母提供权威育儿方式的能力，而这也与青少年的情绪健康问题有关。

此外，家庭经济水平也会影响养育过程，而养育过程又与青少年的情绪发展有关。长期贫困对青少年的情绪适应具有负面影响，例如 Lorenz 等人（1993）的研究表明，家庭经济困难对青少年情绪调节的有害影响，主要是由不良的养育行为和父母对青少年的消极情绪造成的。当父母面临经济问题时，他们会感到无助，变得抑郁和易怒，从而更容易出现争吵和冲突。经历婚姻冲突的父母在与处于青少年阶段的孩子的互动中会表现出更多的消极情绪和更少的养育行为。这种消极的养育行为反过来又与青少年的情绪问题有关，如更低的社交能力和更高的情绪失调等，如抑郁和焦虑（Landers-Potts et al.，2015）。

3. 同伴关系

情绪发展和情绪调节在很大程度上是一种发生在社会互动背景下的社交过程。在社会关系中，我们需要恰当地表达和解释情绪。同龄人和好朋友在整个学前期、学龄期和青少年期非常重要。在青少年早期，他们从自己的小团体中会学到许多社交技能。这些同伴关系也增强了青少年的应对和情绪调节能力。

情绪表达和情绪调节通过与同伴之间的理解、解释、表达和反应的方式来影响青少年与同伴的互动（Wang et al.，2022）。青少年需要正确地调节自己的情绪，以便准确地解释环境中的社会和情绪线索。情绪调节和表达能力越好，青少年的社交技能就越好，越有可能表现出有利于社交的行为。相比之下，消极情绪高或者情绪调节能力差的青少年不仅更有可能出现行为问题，而且社交技能也更差，进而导致更糟糕的社交关系。

情绪发展与社会功能也会相互作用。例如，社交能力较好的青少年往往表现出较低的消极情绪和更好的情绪调节技能。反过来，消极情绪更高的青少年也更有可能表现出较差的社交能力。Johnson 等人（2017）的研究表明，消极情绪越高、情绪调节越差的儿童和青少年，在处理社交情境和情绪唤起时会觉得越困难。整体来看，这些儿童和青少年会表现出更低的社交能力、更少的亲社会行为和更多的问题行为。

同伴作为发展中个体情绪的主要交互者，通过对彼此的情绪做出反应，表达情感，交流情绪。社交能力的发展和情绪发展的关系相辅相成（Zhou et al.，2022）。更好的情绪调节和表达能力可以预测更强的社交能力，社交经验也会影响情绪调节和情绪能力。在同伴关系中,青少年能够发挥自己在社会环境中调节情绪的能力,并通过正确地向同伴表达自己的情绪和准确地解释他人所表达的情绪来发展情绪能力。

相反,消极的情绪表达或不良的情绪调节会影响社交能力的连续性,从而随着时间的推移,导致消极的社交互动和同伴排斥。这种消极的社交经历反过来会增加问题行为,并对青少年整体的情绪发展产生负面影响。例如,同伴拒绝会影响青少年的情绪发展。当青少年被同伴欺凌(包括身体伤害和关系伤害)时,被欺凌者更有可能感到焦虑、抑郁和孤独,并对自己的能力有更多消极的看法。

4. 性别差异

性别差异存在于情绪发展的多个方面。在情绪表达和强度方面,在不同的文化和年龄中,女性比男性更擅长表达情绪,尤其是悲伤和恐惧情绪。就愤怒而言,男性倾向于使用更直接的行动或报复策略,而女性倾向于使用如回避、人际和解和非攻击性策略等应对方式。对于悲伤,女性表现出来的行为比男性更容易看出悲伤。因为她们会哭泣,而男性则会在悲伤或沮丧时选择退缩和逃避,并做一些转移注意力的事情,如运动。此外,女性会更多地报告尴尬和羞耻等情绪,而且在这些情绪发生时也会更积极地尝试缓解,即女性在识别和应对情绪方面比男性更准确。

在青少年时期,个体经历的情绪类型也存在性别差异。在经历痛苦时,男孩比女孩更少地透露自己的情绪。家庭因素对男孩和女孩的情绪调节的影响也不同。例如,父母离婚后,男孩会更多地出现问题行为,而女孩则更多地表现出抑郁症状的增加。严厉的父母教养可能会抑制女孩的攻击性,但是会促进男孩的攻击性。在兄弟姐妹关系的质量和影响上也存在性别差异。与兄弟之间相比,姐妹之间的消极和冲突虽然并没有减少,但姐妹之间的支持和积极行为更多。此外,在面对压力时,来自兄弟姐妹的关怀可以保护青少年免受情绪失调的影响。例如,在经历诸如父母离婚或再婚等事件时,男孩从兄弟姐妹处得到的情绪支持比女孩少。

情绪调节也存在性别差异,女孩的情绪调节能力的发展早于男孩,并且能力更强。具体来说,女孩比男孩表现出更高的共情,更多的亲社会行为,且能够更有效地调节消极情绪。有研究考察了性别在情绪调节和问题行为之间的关系中的调节作用,发现在童年早期和中期,男孩的情绪失调和问题行为之间的相关性大于女孩(Eisenberg et al.,1996;2000)。较差的情绪调节能力是女孩受同伴伤害的重要预测因素,但在男孩中并不是这样。此外,情绪调节可以作为防范青少年危险行为的保护策略,研究发现情绪调节相关的干预(如强调沟通、社交、压力管理、共情和榜样等)对防止男孩做出危险行为非常有效,但对女孩的作用不明显。总之,男孩的情绪调节水平低于女孩,但情绪调节对于男孩问题行为的发生具有重要的保护作用。

总的来说,尽管情绪发展的特定领域存在性别差异,但是男性和女性之间有大量的重叠。无论是男性还是女性,情绪和社交能力的发展相互作用,影响个体的健康和适应水平。需注意的是,男性和女性内部的个体差异远大于男性和女性群体之间的差异。

> **做自己的发展心理学家** 家事国事天下事,事事有"心"

情绪在个体生活中的重要性毋庸置疑,特别是情绪调节和管理能力,不仅直接影响个体的心理健康、社交能力、职业成就和毕生发展,还会影响社会的整体运行。因此,情绪教育在全球范围内逐渐成为一个重要议题。在我国,随着社会的发展和教育模式的不断变革,情绪教育越来越受到关注。情绪不仅与家庭教育息息相关,国家政策和社会环境也对个体情绪的发展与表达有着重要影响。

1. 情绪教育的重要性

什么是情绪教育?情绪教育是一种帮助个体认识、理解、表达和管理情绪的教育形式。它不仅关注情绪本身,还包括如何通过调节情绪来控制行为、处理社交关系,以及应对压力和挑战。情绪教育不仅限于学校系统,也是家庭教育的重要组成部分。其重要性不仅体现在心理健康层面,还体现在个体的毕生发展过程中。较高的情绪管理能力有助于建立良好的人际关系,提升职业成就,提高生活满意度。

在我国,情绪教育的重要性逐渐得到认可,情绪管理能力也成为一个越来越重要的话题。传统教育更关注学习成绩和纪律表现,忽视情绪教育。然而,随着社会的快速发展,竞争的加剧和家庭结构的变化,令青少年和成人都面临着较高的压力,缺乏情绪管理能力可能导致焦虑、抑郁等情绪问题日益突出。越来越多的家长和教育工作者意识到,仅关注学习成绩不足以应对现代社会的需求。在学校和家庭中推行情绪教育,帮助个体提高情绪管理能力正在成为应对现代社会压力和挑战的关键因素。在充满挑战和竞争的环境中,情绪教育不仅是个体自我保护的一种手段,也是提高社会整体幸福感的重要途径。

2. 社会文化下的情绪教育

在我国传统文化中,情绪的表达受到儒家思想的深远影响。儒家思想强调和谐、尊重和礼仪,主张情绪的表达应以维护社会关系为前提。因此,我们的情绪表达常常是克制的,特别是在社会层级关系中。此外,在集体主义文化下,我们强调群体和谐和社会稳定。在日常生活中,个人情绪常常被要求服从于集体利益,良好的情绪调节能力也被视为个人成熟和道德修养的重要标志。在家庭和学校中,孩子们通常被教育要控制情绪,避免情绪失控对他人和环境的影响。然而,控制情绪并不等于压抑负性情绪,家长和教育工作者应当引导孩子以健康的方式排解负性情绪,培养孩子良好的情绪调节能力。

近年来,人们逐渐认识到情绪教育对个体发展和社会稳定的重要性,国家也在推广情绪教育和心理健康方面投入了大量资源,旨在通过教育改革和公共政策的调整应对社会快速变化而产生的心理压力和情绪问题。教育部和相关部门陆续出台了一些政策,旨在提高学生的心理健康水平和情绪管理能力。例如,在中小学的课程中引入心理健康教育,培养学生的情绪管理能力。同时,我们也要认识到,在以考试成绩为导向的教育体制下,情绪教育难以成为学校的核心关注点。教师在面对高强度的教学任务时,往往也无法顾及学生的情绪需求。

除了学校教育,国家还加大了对心理健康服务的投入,特别是在城市地区,越来越多的心理咨询中心和情绪管理培训课程可供公众选择。这些措施有效地提升了公众对情绪管理的认知,也为解决情绪相关问题提供了更多资源。

3. 家庭在情绪教育中的作用

家庭是情绪教育的核心场所。传统的权威式育儿模式不鼓励孩子表达情绪。在这种家庭模式中,父母往往要求孩子听从权威。研究表明,父母的情绪管理方式直接影响孩子如何理解和管理情绪(Zitamann, et al., 2024)。如果父母能够以健康的方式处理自己的情绪,在家庭中建立开放的沟通环境,鼓励孩子表达情绪并提供有效的情绪支持,那么孩子更可能发展出良好的情绪调节能力。为了促进健康的情绪教育,父母需要改变这种传统的育儿方式,通过改善家庭内部的沟通模式,为孩子提供一个安全的情绪表达环境,帮助孩子更好地理解和调节自己的情绪,成为孩子情绪教育中的积极引导者。

4. 多元情绪教育体系的建立

情绪教育作为个体全面发展的重要组成部分,不仅能够帮助个体更好地应对生活中的压力和挑战,还能促进社会的和谐与稳定。未来,我们要建立更加多元的情绪教育体系。首先,学校应加大对情绪教育的投入,将其视为与知识教育同等重要的教学内容。其次,家庭应通过改善内部沟通模式,增加情感交流与亲子互动,培养孩子的情绪管理能力。最后,国家可以通过政策支持和公共宣传,提高全社会对情绪教育的认识,并为情绪教育的推广提供支持。通过学校、家庭和全社会的共同努力,我们将构建一个更加健全的情绪教育体系,提供更加全面的情绪支持和教育资源,从而提升民众的幸福指数,助力社会的可持续发展。

思 考 题

1. 情绪有哪些成分?如何测量?
2. 詹姆斯-兰格理论和坎农-巴德理论有何不同?
3. 家庭和同伴关系如何影响青少年的情绪发展?
4. 请举例说明情绪调节能力在日常生活中的重要性。

名 词 解 释

分离焦虑(separation anxiety):婴儿因与熟悉的照料者分离而引起的焦虑、不安、不愉快的情绪。

陌生人焦虑(stranger anxiety):婴儿由于陌生人的突然出现而产生的恐惧、紧张或不安的情绪。

情绪反应(emotional response):个体对情绪事件的反应方式,如面部表情和生理反应,比如兴奋时心率加快,尴尬时的脸红。

情绪调节(emotion regulation):个体根据内外环境的要求,在对情绪进行监控和评估的基础上,采用一定的行为策略控制情绪的过程,是个体为保持内外适应的机能反应。

社会性参照(social reference):利用他人对某一不确定情境的反应,来形成自己对这一情境的理解。

自我意识情绪(self-conscious emotion):一种以自我参照行为的出现为前提,并通过自我觉察、自我评价和自我反思而产生的情绪。

小　结

情绪不仅是日常生活中的一个概念,也可以被科学地定义和研究。在过去的一个世纪里,情绪在定义、分类和测量方面的研究取得了很大的进展。尽管不同的学者持有不同的观点,但关于情绪的概念越来越清晰。情绪是人对外界客观事物的主观体验和行为反应,是具有特定持续时间的心理状态,包括主观感受、外部表现和生理唤起,反映了外界事物与主体需要之间的关系。对于情绪的结构可以通过分类法和维度法进行分析。情绪的不同成分,可以采用自我报告、面部表情、声音参数、心理生理反应,以及可视化的电生理和神经成像技术等多种手段来识别和测量。

达尔文对动物和人类表情的比较研究促进了情绪的科学探索。詹姆斯-兰格理论的影响跨越百年,至今仍被视为最具影响力的经典理论,不仅促进了对情绪特异外周生理机制的研究,也激发了情绪主观体验来源及其与生理反应之间关系的科学探索。坎农-巴德理论开启了情绪中枢机制的研究,在情绪研究史上具有重要地位。20世纪80年代以来,阿诺德、沙赫特和辛格,以及拉扎勒斯的理论强调了认知因素在情绪中的建构作用,为进一步研究情绪的产生和分化机制做出了贡献。

情绪发展体现着个体以生物属性为主到以社会属性为主的复杂发展过程,展现了人类情绪的生物属性和社会化过程的相互作用。良好的情绪理解、表达及调节能力对儿童和青少年社会功能的获取至关重要,如社交能力、建立友谊等。不同个体的情绪发展存在差异,这与遗传和环境因素、家庭因素、同伴关系等的影响有关。

随着社会的发展和教育模式的不断变革,情绪教育受到了越来越多的关注。情绪教育是个体全面发展的重要组成部分,不仅能够帮助个体更好地应对生活中的压力和挑战,还能促进社会的和谐与稳定。儿童和青少年情绪的健康发展需要学校、家庭和全社会的共同努力,以期构建一个更加健全的情绪教育体系。

第九章参考文献

10

探索个体的道德发展

"才者，德之资也；德者，才之帅也。"
"得道者多助，失道者寡助。"
"夫君子之行，静以修身，俭以养德，非淡泊无以明志，非宁静无以致远。"
古往今来，道德品质是我们评价和衡量一个人的重要标准之一，也是个体全面发展不可忽视的重要方面。

本章篇首引用了三句名言。第一句反映了才能和道德之间的依赖关系。才能是一种资本，但只有通过德行的引领和规范，才能使其发挥更大的作用。这意味着一个人的道德品质对于其才能的发展和应用至关重要。第二句指出了道德的力量。得道者会收获他人的帮助和支持，赢得别人的信任和尊敬。这提示我们，良好的道德行为会带来积极的影响和回报，而失德者则会被孤立。第三句强调了修身养德的重要性。君子应该保持内心的宁静，通过修身来培养自己的道德品质；节俭朴素，注重德行的培养，而不是追求物质的浮华。只有淡泊名利和保持内心宁静，才能明确自己的志向和目标，并最终取得长远的成就。

学习本章内容，你将了解儿童的道德发展过程，理解个体的道德观念和行为是如何形成的，认识道德发展背后的生理基础，以及如何将道德发展的相关知识应用到实际生活中。尽管道德这一概念略显抽象，但它却存在于我们生活中的方方面面。

第一节 什么是道德

在人类历史的浩瀚长河中，无数思想家与哲学家对道德这一概念进行了深刻的探讨与阐述，道德一直是构建人类社会和谐与秩序不可或缺的基石。它不仅关乎个体的内心世界和行为准则，更是国家治理和社会发展的重要纽带。在我国，道德的定义和观念深植于哲学、政治和社会思想中。例如，儒家思想强调"仁""礼""义""智""信"。其中，"仁"是最重要的德行，意味着对他人的爱和关怀。孔子认为，个人修养、家庭和睦、国家治理到天下大同，是实现社会和谐的途径。

在心理学领域,道德不仅是一组规范或行为准则,也是人类心理与社会互动的一系列复杂过程,包括认知、情感和社会文化因素,共同塑造了我们对于什么是正确的或错误的看法,引导着我们的行为和决策。从心理学角度来看,道德涉及个体如何理解和处理道德问题、冲突,以及在面对道德挑战时如何进行判断和选择。在当今多元和复杂的社会环境中,理解道德对于促进个体和社会的和谐至关重要。它不仅帮助我们探索个体如何形成和维护道德标准,还让我们深入了解人类如何通过道德行为来实现更广泛的社会互助和正义。

然而,道德并非一成不变,而是会随着时间的推移、文化的交流和社会的进步而演化,反映了人类在不同历史时期对善与恶、正义与不公、义务与权利的深层理解和追求。当我们在讨论一个行为是否道德时,不同个体的观点可能并不相同。实际上,对于"什么是道德",研究者也有着各种各样的观点。具体而言,对于道德概念和本质争论的焦点主要集中于道德的内涵和结构究竟是单维度的(道德一元论)还是多维度的(道德多元论)。

道德一元论(monism in morality)的支持者认为,所有外在的道德现象和内在的道德结构都可以通过单一因素进行解释(Beal, 2020)。近年来,最有代表性的道德一元论是格雷(Kurt Gray)等人提出的对应道德理论(theory of dyadic morality)。该理论认为,道德判断存在一个核心成分——伤害感知(Schein & Gray, 2018)。判断一个行为道德与否的核心在于其是否造成了伤害,这里的伤害并不局限于身体伤害,心理伤害以及利益损失均可被视为伤害的不同形式(Schein & Gray, 2018)。该理论反对将伤害视为基于理性的客观事实,而主张应将其理解为一种直观感知的连续体。这种对伤害的重新定义为道德内容和机制提供了新的理解。在这一理论框架下,道德判断的形成基于感知到的伤害,而伤害感知是通过认知范本来解释的。认知范本强调不道德行为是由具有意图的道德主体对一个脆弱的道德客体施加伤害的过程,且这一过程中存在因果关系。道德主体(或施害者)是指那些能够根据自身意图行动、能够对自己的行为承担责任的个体。道德客体(或受害者)则是行为的被动接收者,通常是那些遭受伤害或痛苦的个体(Gray & Wegner, 2009)。该理论进一步指出,产生伤害感知和不道德判断的关键在于道德主体和道德客体之间的因果联系。当这种联系清晰时,伤害感知和道德谴责也会相应增强。反之,当因果关系模糊或不明确时(例如,当一个行为产生未预期的副作用时),道德判断的严格程度可能会降低。这一理论为理解道德判断提供了新的视角,强调了伤害感知在道德评价中的中心地位,并挑战了传统道德判断研究中对于道德主体和道德客体角色的理解。通过考虑道德行为中的意图、脆弱性和因果关系,对应道德理论试图揭示人们如何在复杂的社会互动中做出道德判断。这一观点也得到了发展心理学领域研究者的认同,以婴幼儿为被试的相关研究发现,对伤害的感知可能是早期道德的基础(Decety & Cowell, 2018)。

道德多元论(pluralism in morality)主张道德判断不应仅由单一要素决定,而是由多个质性不同的维度共同构成,这些维度在不同的文化背景和社会群体中表现出来,显示出对文化的敏感性(Graham et al.,2013;2018)。例如,道德基础理论(moral foundation theory)对于道德判断的机制给出了模块化(modular account)的解释。道德基础理论认为,个体的道德判断主要基于五个方面:关爱或伤害、公平或欺骗、忠诚或背叛、权威或颠覆、圣洁或堕落(表10.1),这是个体生来具有的一套认知模块(Haidt & Joseph,2004),帮助个体对各种行为进行道德判断。这五个维度在多项研究中得到了证实,具有一定的跨文化一致性(Graham et al.,2011;Greene & Haidt,2002)。

表 10.1 道德基础理论的五个维度

	关爱或伤害	公平或欺骗	忠诚或背叛	权威或颠覆	圣洁或堕落
适应性挑战	对儿童的保护和关爱	以双向合作的方式获得利益	形成团结的集体	在等级制内形成受益关系	避免受到污染
原初诱因	自己的孩子表现出来的痛苦、不快以及需求	欺瞒、合作、诈骗	对群体的威胁或挑战	支配和服从的标志	废弃物、病人
即时诱因(情境因素,随时代发展)	海豹宝宝、可爱的卡通人物等	对婚姻的忠诚、遭破坏的自动贩卖机、人情等	运动队、民族等	老板、受敬重的专业人士、父亲等	禁忌观念等
道德情感	同情	愤怒、感激、罪恶感	集体荣誉感、愤怒	尊重、畏惧	恶心
相关美德	关爱、仁慈	公平、正义、守信	忠诚、爱国、自我牺牲	服从、尊重	节制、贞洁、虔诚、洁净

资料来源:Haidt,2012。

此外,文化人类学家菲斯克(Alan Fiske)提出了关系调节理论(relationship regulation theory),识别了四种基本且不同的道德动机:团结、等级、平等和比例(Fiske,1991)。这些道德动机植根于人们跨文化构建的社会关系类型,以及这些关系所带来的特定道德义务和禁忌。团结(unity)动机在于关怀和支持内群体的完整性,方式是避免或消除威胁,以及基于需要或共情的援助和保护。等级(hierarchy)动机在于尊重社会群体中的等级秩序,其中上级有权获得尊敬和敬畏,同时也应领导、指导和保护下级。平等(equality)动机为平衡的互惠、平等对待、平等发言权和平等机会。比例(proportionality)动机在于奖励和惩罚应与功绩成比例,好处应根据贡献来调整,判断应基于成本与收益的计算(Rai & Fiske,2011)。这四种道德动机是普遍存在的,但文化、意识形态和个体在激活这些动机,以及如何实现它们上存在差异。关系调节理论预测,任何行动,包括暴力、不平等待遇和"不纯洁"的行为,都可能被视为道德正确,这取决于采用的道德动机,以及如何构建相关的社会关系(Rai & Fiske,2011)。该理论提供了一种理解道德判断背后机制的全新框架,将道德心理学嵌入我们的社会关系认知,从而更全面地理解道德判断、合作、冲突和暴力行为的背后原理。这有助于我们更清楚地理解不同的道德观点,并为如何在实际中影响道德动机和实践提供了模板。

还有理论从演化的视角解释了道德存在的可能原因——合作的需要(Haidt & Kesebir, 2010; Tomasello & Vaish, 2013)。道德合作理论(theory of morality-as-cooperation)认为,道德的主要作用是解决人类社会生活中反复出现的合作问题(Curry et al., 2019)。这一理论也得到了跨文化研究的支持,来自60个不同社会的数据表明,几乎所有人都会将合作相关的行为(包括帮助亲属、帮助群体成员、互惠、尊重长辈或上级、公平分配资源、尊重他人的所有权)视作积极的,而非消极的(Curry et al., 2019)。

综合以上观点,我们可以了解到,尽管研究者对道德不同维度的确定存在一定的争议,但人们对道德的认识是相对一致的。

第二节 道德观从何而来

"德智体美劳全面发展"是我国人才培养的重要准则,其中"德"排在首位,可见培养正确的道德观对个体发展的重要性。那么,我们的道德观从何而来？在心理学领域,关于个体心理特质、能力和行为模式的形成,一直存在着先天与后天之争,这场争论同样适用于道德发展的研究。道德作为个体决策和行为的重要指导原则,其形成与发展的根源一直是学者探索的重点。从古至今,人类社会一直对道德行为的根源进行着探索和辩论。一方面,有观点认为道德行为和判断主要是由人的先天性质决定,这包括基因和进化过程中形成的本能倾向。例如,进化心理学家可能会指出,合作、利他等道德行为在人类进化历史中对于生存和繁衍有着重要作用。因此,某些道德倾向是通过遗传保留下来的。

另一方面,后天环境和学习对道德发展的重要性也获得了广泛认可。根据社会学习理论,个体通过观察模仿他人的行为、他人设定的奖惩机制,以及社会和文化传统来学习道德规范和行为准则。例如,孩子们通过观察父母和周围人的行为,学习什么是对的、什么是错的。此外,家庭、同伴、学校、社会和文化也被认为在塑造个体的道德观念和行为中起着决定性作用。

随着心理学研究的深入,越来越多的证据表明,先天因素和后天环境在道德发展中共同发挥作用。研究指出,虽然个体可能天生携带某些促使其向道德行为倾斜的心理特质,但这些倾向如何表达,以及在何种程度上表达,很大程度上取决于后天的社会环境和经验(Hamlin, 2007)。

在探索道德的根源——是先天决定还是后天塑造——的过程中,现有的研究成果为这两方面的论点都提供了支持性的证据。许多聚焦于生命早期的研究发现,不足半岁的婴儿便能够区分帮助者和阻碍者,并表现出对帮助者的偏好(综述见 Woo et al.,

2022)。例如,2007年发表在《自然》(Nature)杂志上的一项研究通过实物表演的方式考察了6个月大和10个月大的婴儿对帮助者和阻碍者的偏好(Hamlin et al., 2007)。该研究首先向婴儿呈现一个反复爬山但是没能爬到山顶的红色圆形生命体,以此体现红色圆形的目标是爬到山顶;之后会出现两个不同行为的生命体(黄色三角和蓝色方块),其中一个生命体(黄色三角)会将红色圆形推到山顶,即帮助红色圆形达到目标,另一个生命体(蓝色方块)则将红色圆形推到山下,即阻碍红色圆形达到目标。研究者采用了两种方式测量婴儿对帮助者和阻碍者的偏好:第一种方式是选择范式,向婴儿呈现帮助者和阻碍者的实物,然后口头询问"你更喜欢哪一个",并记录婴儿的选择,这种方式适合已经发展出自主"伸手够"动作的婴儿(一般大于5.5个月);第二种方式是注视时间,向婴儿呈现红色圆形接近帮助者或阻碍者的场景,然后比较婴儿在观看哪个场景时的注视时间更长,即表示婴儿在红色圆形接近该个体时更惊讶(Hamlin et al., 2007; Hamlin et al., 2011)。在"更喜欢哪一个"的测试中,6个月和10个月大的婴儿都坚定地选择了帮助者(黄色三角),这表明他们会基于两个生命体对登山者(红色圆形)的行为,产生不同的印象。在注视时间的测量中,研究发现,10个月大的婴儿看红色圆形接近蓝色方块的时间更长,这表明他们对登山者接近先前阻碍它的人感到惊讶。然而,6个月大的婴儿对这两件事的注视时间是一样的,这表明尽管他们在前一个测试中更喜欢帮助者而不是阻碍者,但他们并没有将登山者对这两个角色的不同态度与之前的事件联系起来。

此外,进一步的研究还发现,婴儿对待好坏玩偶也表现出了偏好。具体来看,8个月大的婴儿更偏好对好玩偶友好的玩偶,以及对坏玩偶不友好的玩偶;然而5个月大的婴儿则偏好对其他玩偶友好的玩偶,并不考虑其友好对待的对象的好坏(Hamlin et al., 2011)。

以上研究表明,在生命早期,婴儿已经表现出了对道德和不道德个体的区别反应,尽管其尚未发展出语言能力,且其道德事件相关的经验也十分有限。这提示我们,一个人的道德观可能在生命早期便已初具雏形(Hamlin et al., 2007)。这种早期的偏好甚至能够在一定程度上预测个体后期的道德相关表现。研究发现,婴儿在12个月大时对帮助者的偏好程度和其4岁时父母报告的冷酷无情特质呈负相关(Tan et al., 2018)。冷酷无情特质是衡量个体道德发展的重要维度之一,高冷酷无情特质的个体主要具有三种特点——缺乏愧疚感、缺乏共情、冷酷利用他人,他们往往更可能做出攻击和反社会行为(Frick & White, 2008)。

个体在生命早期表现出的偏好提示我们,个体的道德观可能是先天的,或者更准确地说,刻在与个体生命发展相关的基因中。相关的遗传学研究也支持了这一点,个体的道德表现有一定的基因基础。与催产素、多巴胺、5-羟色胺、睾酮和血管升压素等系统有关的基因遗传皆与个体的道德判断和道德行为存在联系(Wang & Su, 2022)。更多内容见本章第四节道德发展的生理基础。"道德基因"的存在也支持了道德的合作功能说,即人类道德来自群体合作的需求,促进合作有助于提高生存率,在一代又一代的繁衍中,人类道德已被编码到基因中(Curry et al., 2016)。

然而,需要注意的是,婴幼儿在生命早期表现出的对道德和不道德对象的区别行为并不意味着其道德能力已经成熟。即使个体在生命早期便表现出了一定的分辨善恶的能力,个体的道德认知和表现随年龄的增长仍是不断发展的。以道德发展中的正义感为例,孩子的正义感在不同年龄阶段有不同的表现。正义感指个体对不公的敏感程度,心理学研究常从三个角度来衡量一个人的正义感,包括个体遭遇不公、个体看到他人遭遇不公、个体自己对他人不公,这三种情景所体现的正义感层次由浅入深(Bondü & Elsner, 2015)。正义感强的个体在日常生活中对不公正事件更敏感,同时也会有更大的可能性去采取一定措施维护正义、反对不公。

以往研究发现,孩子对不公的敏感和反应随年龄增长而逐渐增加(综述见 McAuliffe et al., 2017)。儿童在 2 岁时已经可以区分应被惩罚的人物(如阻碍他人拿东西),并基于此做出行动(拿走他的奖赏;Hamlin et al., 2011);在 3 岁时则会对那些违反道德原则的个体(如撕毁他人的画作)进行口头上的责备(如"你不应该这么做"),并通过阻止其参与有趣的活动进行惩罚(Smetana et al., 2012; Yudkin et al., 2019);6 岁左右的儿童甚至愿意牺牲自己的利益来惩罚违反道德原则的个体,如损失自己的糖果数量来对不公平分配糖果的个体进行惩罚(Jordan et al., 2014; McAuliffe et al., 2015)。以上发现说明,儿童的道德表现依据情景逐渐复杂化,同时孩子维护正义的意愿也逐渐增强,由维护自身利益转变为维护公正的原则,这体现了其道德认知和行为的进一步发展。

此外,先天和后天的相互作用在塑造道德认知、道德情绪和道德行为方面扮演着关键角色。这一过程既复杂又细致,两种力量不断地交织和互动,共同决定了个体的发展和成长。遗传为个体提供了一个基础模板,赋予了个体某些倾向和潜力,而环境则提供了实现这些潜力的条件和资源。从出生的那一刻起,我们就处于一个由文化、家庭、教育和社会结构构成的复杂环境之中。这个环境不仅为我们的道德观念提供了初步的模板,还持续地影响着我们对于何为善行、何为恶行的理解和实践。无论是通过观察学习,还是直接教育,环境中的人、事、物都在不断地向个体传递着关于道德的信息,促使其在不同阶段形成相应的道德判断和行为模式。例如,过去十年的实证研究表明,温暖的权威型养育方式有利于青少年的道德发展(Carlo et al., 2011; Nelson et al., 2019)。Padilla-Walker 等人(2012)发现,尊重和信任孩子的主动养育方式(例如,帮助青少年谋划未来,支持自主决策)促进了青少年的亲社会行为。包容的环境在塑造青少年的道德判断和道德情绪方面是有益的。具体而言,创造包容性的教育环境和引导孩子与不同的个体积极接触可以减少偏见,促进公平,提升共情能力(Gasser et al., 2013; Ruck et al., 2011)。Grutter 等人(2018)发现,跨群体的友谊(如学业成绩低和成绩高的人之间的友谊)与 11~12 岁的个体共情变化呈正相关,也能预测青少年的包容态度。学校环境的多样性会对青少年的亲社会行为和包容态度产生积极影响。与来自不同社会文化背景的同龄人积极接触可以提高青少年理解和接受不同观点的能力,从而减少恐惧和群体间威胁,增加共情和信任(Beelmann & Heinemann, 2014)。

综上所述,道德发展的先天和后天因素并非一个二分法的问题,而是一个关于两者如何相互作用、共同塑造道德行为和判断的问题。这一争论促使心理学家和道德哲学家不断寻求更深入的理解,探索如何在考虑个体先天差异的同时,通过培养和教育促进个体的道德发展。

第三节 道德发展的经典理论

探索道德发展的经典理论是理解人类道德行为和判断背后复杂机制的关键。自心理学和哲学领域的先驱开始对道德进行系统性研究以来,多种理论相继诞生,为我们提供了不同的视角,来解读个体从婴儿期到成年期在道德维度上的成长和变化。这些理论不仅深刻影响了后续研究者的思考路径,也为教育实践提供了理论基础。通过梳理和分析这些经典理论,我们不仅可以更全面地理解道德发展的过程,还能深入探讨道德理念如何在个体与社会的互动中被塑造和传承。接下来,我们将从道德认知和道德情绪的发展这两个方面,描绘和解释个体的道德发展。

一、道德认知的发展

关于儿童道德认知的发展,我们将聚焦于两个经典的道德发展理论:皮亚杰的道德发展理论和科尔伯格的道德发展理论。道德推理能力反映了儿童道德认知发展的重要方面,道德推理指个体对某种情形下的行为是正确还是错误所做的判断。皮亚杰依据儿童对规则和公平的理解,将儿童的道德发展分为三个阶段:前道德时期、他律道德、自律道德。在前道德时期,儿童较少关注规则,多聚焦于建构自己的规则,而不考虑大家都应遵守的规则。在他律道德时期(5~10岁),儿童开始形成规则意识,而其规则意识主要源于权威人物(如父母和老师)的要求。在该阶段,儿童对规则的认识是绝对的,仅依赖结果来判断行为恰当与否,而不考虑特定情境下行为背后的目的。到了自律道德时期(10岁后),儿童对规则有了更全面的认识,能够意识到规则是主观的、可协商的,判断行为恰当与否不仅要看结果,还要考虑行动者的意图(Shaffer & Kipp, 2015)。

科尔伯格在皮亚杰的基础上,进一步完善了儿童的道德发展阶段,将儿童的道德发展划分为三个水平、六个阶段。深受皮亚杰观点的影响,科尔伯格也认为意图在道德判断中起到重要的作用。和皮亚杰不同,科尔伯格采用了更为复杂的道德两难问题("海因斯偷药"的故事),并聚焦于儿童对道德两难问题的回答来评估儿童的道德发展阶段。

海因斯的妻子得了一种罕见的疾病,濒临死亡,唯一的希望是一个药商刚发明的药物,但是价格高昂。这种药物的成本只有200美元,药商却要卖2000美元,但海因斯只能拿出 1000 美元。他把所有钱都给了药商,然而药商还是拒绝了;海因斯请求能否以后再支付余下的钱或分期付款,却仍遭到药商的拒绝。绝望中,海因斯开始考虑偷药。海因斯应为他的妻子进店偷药吗?这样做是错误的吗?为什么?

基于儿童给出的理由,科尔伯格将儿童的道德发展划分为三个水平、六个阶段(表10.2)。在前习俗水平,个体认为规则源自外部,而所谓的道德即对自己是有利的;在习俗水平,个体开始认同社会规范的意义,并为了获得社会认同而遵循规范;在后习俗水平,个体不再受到社会规范(如法律和权威)的约束,而是追求更广泛意义上的公平原则。在儿童期,个体的道德阶段逐渐由前习俗发展为习俗水平,然而在成年期,仅有少部分人能够真正达到后习俗水平。

需要注意的是,由于以上任务对儿童的言语能力要求较高,因此以上理论可能低估了儿童道德发展的过程。

表 10.2 科尔伯格的道德发展阶段理论

水平	阶段	描述	支持偷盗的理由	反对偷盗的理由
前习俗	惩罚与服从	避免痛苦或避免被抓住	偷药没有伤害他人,而且药本身不贵	他破窗而入,造成了他人的经济损失
	奖赏取向	获取奖赏	不想失去妻子就应该偷药	药商没有做错,是为了赚钱
习俗	"好孩子"取向	获取赞同,避免遭到反对	他做了丈夫应该做的,不应该被责备	他没犯罪是对的,药商才是冷血的人,应该被责备
	"好公民"取向	服从规则,避免来自权威的责备	他有责任救妻子,同时应该赔钱,应为偷盗而受罚	偷东西是违法的,公民应该遵守法律
后习俗	社会契约取向	促进社会福利	他在这种情形下偷药,大家都会觉得合理	人们所认同的法律判断偷盗是不对的,他应该尊重这些规则
	普遍道德原则	达到公正,以个人良心为准	生命至上,救妻子的命为先	很多人都无法获得药物,这样偷药可能使其他人无药可吃

吉利根(Carol Gilligan)——一位著名的女性心理学家——对科尔伯格的道德发展阶段理论提出了批评,原因是科尔伯格的理论认为,大多数的男性比女性能够到达更高的道德水平(Gilligan et al., 1971)。但吉利根指出,科尔伯格的理论完全是通过对年轻白人男性的研究而制订的,偏向男性和男孩,而没有考虑女性和女孩对道德的看法(Gilligan, 1982)。吉利根认为科尔伯格的道德发展理论存在性别偏见,忽略了女性的道德

观念和道德决策过程。她提出，男性和女性在道德推理上存在差异，这种差异并非能力的高低，而是关注的焦点不同。吉利根指出，男性倾向于使用正义和规则的框架来处理道德问题，强调抽象原则和独立性；女性则更多地使用关怀和责任的框架，强调人际关系和关照他人的需要(Gilligan, 1982)。因此，吉利根提出了女性的道德理论，使用了与科尔伯格相同的三个水平，以及每个水平之间存在两个过渡阶段。

(1)前习俗水平(preconventional morality)：道德判断完全集中在自我和生存的需要上。当自我需要和他人需要冲突时，女性会选择解决自己的需要。

(2)过渡阶段1(transition 1)：在从前习俗水平到习俗水平的过渡中，女性意识到自己对他人负有责任，个体第一次意识到自己以前的道德观点可以被描述为自私。

(3)习俗水平(conventional morality)：道德判断集中在关心他人上。此时，女性开始将自己视为社会的参与者，并认为自己是一个好公民，乐于帮助和保护他人。这种对他人的关心压倒了个体对自己的关心，变成一种专注于自我牺牲的道德。

(4)过渡阶段2(transition 2)：在从习俗水平到后习俗水平的过渡中，女性开始体验到他人需求和自我需求之间的紧张关系。她们开始意识到自己必须在自我的需求和他人的需求之间取得更好的平衡。这导致道德判断从"善良"转向"真理"，因为她们开始诚实地评估自己的欲望，而不仅是对他人的责任。

(5)后习俗水平(postconventional morality)：在后习俗水平，道德判断是由非暴力原则决定的。自我的需要与他人的需要同样重要，这导致女性产生一种普遍的关怀和关注伦理。在避免对自己和他人造成伤害或剥削的同时，坚持照顾义务，使女性能够为自己的选择承担责任。

吉利根没有确定达到道德发展水平的具体年龄。然而，与科尔伯格相同，她指出一些女性可能无法达到最高的道德发展水平。她还观察到，将女性推向更高层次道德阶段的不是生活经历，而是认知能力和女性自我意识的变化。

虽然吉利根的观点和理论具有一定的开创性，但一些女权主义心理学家也对该理论提出了一些批评，这些批评反映了对道德发展研究在性别、文化和社会结构多样性方面的深入思考。这些观点强调，该理论将女性的道德观念归纳为一个单一的、同质的类别，可能会忽略不同背景下女性经验的复杂性和多样性。女性也会受到年龄、阶层、种族、文化背景，以及其他社会和个人经历的影响，这些因素都会影响个体的道德理解和决策过程。此外，一些学者对女性比男性更强调关怀和关系的说法表示担忧，认为这一强调女性在道德决策中倾向于关怀和人际关系的理论可能会在无意中强化性别刻板印象，将女性局限于照顾者的角色，并可能限制女性在社会其他领域的参与和发展。这一观点挑战了关于性别和道德推理差异的传统看法，呼吁更加关注个体经验的多样性和复杂性，而不是单一的性别身份(Wilkinson, 1997)。最后，这些批评还提出，性别在道德发展中的角色可能更多地受到社会文化因素的影响，而不是生物性别差异。这意味着，通过改变社会对男性和女性的期望和角色定义，可以促进更加平等和多元的道德发展路径。这些批评和讨论对于促进我们理解道德发展的复杂性和多样性具有重要价值,鼓励我们超越简单的分类和假设,深入探讨影响道德发展的多种因素。

尽管存在一些质疑与批评,吉利根的道德发展理论至今仍然被广泛研究和讨论。普遍接受的观点是,正如吉利根所指出的,个体展现出两种道德取向——一种基于正义,另一种则侧重关怀。研究显示,不论性别,每个人都能发展这两种道德取向,但男性倾向于强调正义伦理,而女性则更多地强调关怀伦理(Crain,2005)。

具体来说,一项研究揭示了男性与女性在商业和其他领域中处理道德难题时的差异,这一发现支持了吉利根的理论(White,1992)。同样,分析男性和女性对道德的思考方式的研究发现,男性倾向于采取更为客观、理性的处理方式,而女性则倾向于更加主观、感性的方法。尽管男性和女性能够理解对方的道德视角,但往往难以自如地采用对方的处理方式,这进一步印证了道德发展上的性别差异(Mitchell,2002)。这种分歧突出了男性和女性在强调不同道德价值时所遵循的不同轨迹,女性通常将人际关系和关怀放在规则和原则之前,这在她们的职业生涯、学术追求和个人生活中处理道德困境的方式中表现得尤为明显。这一差异导致的性别鸿沟,加之社会普遍更重视男性的观点,可能使女性和女孩感到被边缘化或被孤立。然而,吉利根的道德发展理论提醒我们,许多女性和女孩可能正以类似的方式经历这种挣扎。对于关心女性成长的人来说,理解和认可这一点至关重要,它不仅彰显了女性在道德思考上的独特性,也强调了在教育和社会互动中应更加重视和尊重这些差异。

在深入探讨道德的认知发展之后,我们得以洞察皮亚杰、科尔伯格和吉利根这三位学者对道德发展的独到见解。皮亚杰的理论揭示了道德认知在儿童成长过程中的演变,强调了道德观念的逐步构建过程。科尔伯格则进一步细化了道德发展的阶段,提出了道德推理能力随年龄增长而逐渐成熟的观点。而吉利根则从性别差异的角度出发,批判和补充了前两者的理论,强调了关怀伦理在女性道德发展中的重要性。

通过对这些理论的综述,我们不仅对道德认知的形成和发展有了更全面的理解,还认识到了在研究道德发展时考虑性别、文化和社会背景的重要性。这些理论虽然各有侧重,但共同强调了道德发展是一个复杂的认知过程,受到多种因素的影响。

最终,这些道德发展理论为我们提供了理解个体道德决策和行为背后心理机制的重要视角,也为教育实践和社会政策的制定提供了指导。在不断变化的社会环境中,对这些经典道德发展理论的持续研究和思考,将有助于我们培养具有高度道德觉悟的下一代,建设一个更加公正、包容与和谐的社会。

二、道德情绪的发展

道德情绪在个体的道德发展过程中起着重要的作用,是我们内心深处对于正义与不正义、善与恶的直观反应。道德情绪的产生和发展被认为是个体道德发展的重要方面之一,从婴儿期的基本情感体验到成年后对复杂社会道德问题的深刻感知,道德情绪的发展既是个体成长的自然轨迹,也是社会化过程的重要组成部分。如同种子在适宜的土壤中生根发芽,成长为参天大树,个体的道德情绪也需要恰当的环境和经验才能发展和成熟。这个过程不仅涉及情感的认知和理解的提升,更关乎如何将这些情绪融入日常的道德决策和行为中。在探索道德情绪发展的奥秘时,我们不仅能更深刻地理解个体如何评价和应对道德挑战,也能洞察社会文化如何影响和塑造我们的道德情感世界。

早期的道德发展研究主要关注道德认知(如推理),大多忽视了道德情绪在个体道德发展中的作用。然而,尽管这些研究揭示了个体道德发展的复杂性,道德决策和行为依然深深地根植于情感沃土中。近年来,很多研究探索了道德情绪如何影响个体的道德行为。后果性情绪(对过去事件的反应)和前瞻性情绪(对未来事件的反应)是道德行为的关键调节因素,并且越来越多地与青少年的道德决策相互影响(Malti et al.,2013)。在探索道德情绪的复杂世界时,共情和道德内疚在促进个体道德行为中处于核心地位。共情作为一种能够感知并共鸣他人情感的能力,引导我们超越自我中心的界限,与他人建立深刻的情感联系。而道德内疚则是当行为背离了我们的道德标准时所体验到的一种包含自我反省和责任感的情绪。这两种道德情绪不仅深刻影响了我们对正确与错误的判断,也在日常生活中塑造了我们的社会互动和道德决策。通过深入了解共情和道德内疚,我们可以更好地认识道德情绪在维护社会道德秩序和促进个体道德成长中不可或缺的作用。

共情指个体对他人情绪的分享和理解,被认为是个体亲社会行为的主要动机源泉(de Waal, 2008; de Waal & Preston, 2017)。然而,个体并非生来便具有这一能力。随着年龄的增长,个体的共情能力逐渐发展变化,遗传和环境等因素共同作用于个体共情的发展(黄翯青, 苏彦捷, 2012; 王启忱 等, 2021)。一项元分析研究发现,儿童的共情水平和其反社会行为呈显著负相关(Waller et al., 2020),这说明培养孩子的共情对其社会适应非常重要。

刚出生的婴儿便会表现出传染性哭泣的行为,即听到其他婴儿的哭声自己也会开始哭(Simner, 1971)。这种行为被认为是个体情绪共情的萌芽(Zahn-Waxler & Radke-Yarrow, 1990),尽管也有研究者持不同观点,认为传染性哭泣只是为了吸引抚养者的注意(Campos et al., 2008)。2~3岁,幼儿逐渐能够区分他人的悲伤和自己的悲伤,由此将自身从被传染的悲伤情绪中剥离出来,并逐渐展现和成人共情类似的三种成分的共情:对他人的情绪分享(情绪共情)、对他人情绪的理解(认知共情)和安慰他人的行为反应(共情关注)(Zahn-Waxler & Radke-Yarrow, 1990; Zahn-Waxler et al., 1992)。这三种共情成分在神经生理学研究中也得到了一定的支持和验证(王启忱, 刘赞, 苏彦捷, 2021; Decety & Holvoet, 2021)。6~9岁,随着个体认知能力的进一步发展,以及整合认知和情绪的能力的发展(MacLean, 1985),儿童能够将共情对象看作一个有独立身份的人,由此儿童对他人的共情不再局限于当下的情境和自己的观点,而是能够对一个人的生活产生广泛的共情,并从该个体的角度思考其需求(Hoffman,1987)。

黄翯青和苏彦捷(2012)综述了情绪共情和认知共情的毕生发展变化(图10.1):情绪共情的发展呈 U 形,从婴儿期到成年期逐渐下降,到老年期则再次上升;认知共情的发展呈倒 U 形,从婴儿期到成年期逐渐提高,到老年期则开始下降。这种双过程的发展在后续的研究中得到了进一步的证实。一项元分析研究发现,情绪共情和认知共情在不同发展阶段起主导作用,在学前期情绪共情占主导,在儿童中期到成年早期认知共情占主导,而在成年中期到成年晚期情绪共情再次占主导(颜志强,苏彦捷,2021)。

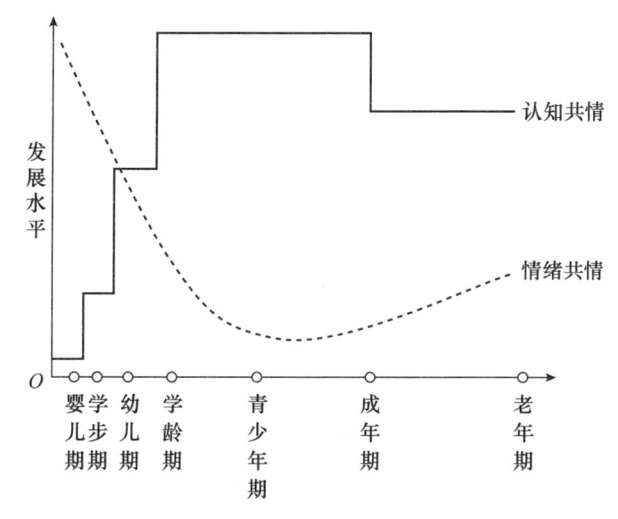

图 10.1 情绪共情和认知共情的毕生发展
(引自黄翯青,苏彦捷,2012)

以上情绪共情和认知共情的发展过程有其相应的神经生理学基础(王启忱 等,2021;Decety & Holvoet,2021;图10.2)。在个体面对共情诱发刺激时,和情绪共情相关的脑区(如脑岛、杏仁核、躯体感觉皮质和辅助运动区)在婴幼儿期和成年晚期激活较强,而和认知共情相关的脑区(如颞顶联合区、腹内侧前额皮质和背侧前额皮质)则在童年期、青少年期到成年期呈现激活的增强。此外,脑电研究也验证了上述过程的发展,从学前期到学龄期,儿童的晚期脑电成分(LPP)逐渐增强,这一成分被认为和自上而下的认知评价和共情调节有关;而早期脑电成分(EAC)则逐渐减弱,这一脑电成分被认为和早期注意分配和情绪唤起有关(Cheng et al.,2014)。

综上所述,从婴儿期到成年期,个体的共情反应越来越多地有认知参与,不再是单纯的自动化的情绪匹配过程,而是基于自上而下的认知调节的综合性反应。这种认知的参与促进了个体共情的社会功能的发展,使得共情对个体的不良影响逐渐减少(如过度的负面情绪传染减少),而对他人和自己的积极影响增加(如安慰和帮助他人等行为增多),同时促进自身与他人建立社会联结。

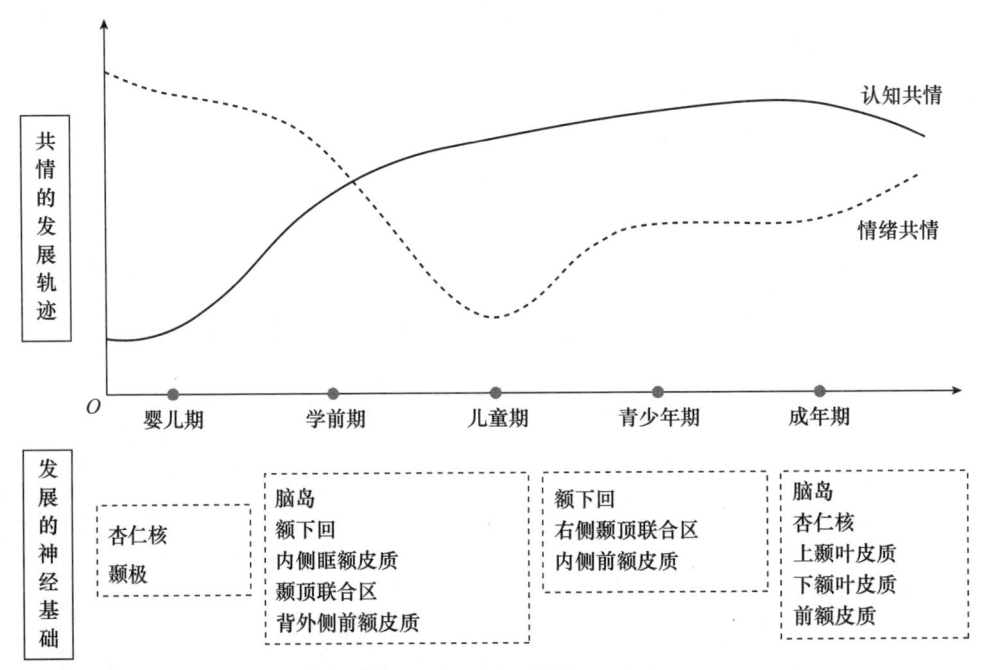

图 10.2 情绪共情和认知共情的发展及其神经基础
（引自王启忱 等，2021）

  需要注意的是，共情的发展也存在一定的个体差异。基因和环境共同作用于个体共情的发展。研究发现，父母的特质共情能够预测其 6~10 岁孩子的特质共情(Kozloff et al.，2021)。这种父母和孩子之间的共情联系一方面可能源于共情的遗传(Abramson et al.，2020；Wang & Su，2022)，另一方面则可能源于家长和孩子的互动对孩子共情的塑造(Heyes et al.，2018)。例如，当父母倾向于采用温暖和支持的方式与孩子沟通时，孩子会表现出更高水平的共情(Eisenberg et al.，2005)。

  内疚(guilt)通常发生在个体认识到自己的行为、言论或念头违背了个人的道德标准、价值观或社会规范时所产生的复杂的情绪体验。这种情绪伴随着自我责备、悔恨，以及对所造成的负面后果的深切关注(Malti，2016)。内疚感在道德发展中起着双重作用：前瞻性内疚(对未来内疚感的预期)和后果性内疚(做错事后的内疚)。前者被认为可以阻止反社会行为，后者被认为可以促进亲社会的修复行为(即在做错事后进行弥补)。需要注意的是，并不是所有的内疚都是等价的。内疚也分为道德内疚、非道德内疚和非适应性内疚等。道德内疚是对违反公平、正义或伤害原则的行为所产生的反应(Malti，2016)。相反，非道德内疚发生在违反传统规范或个人困境的情况下。此外，非适应性内疚是个体产生了非适应性的过度自责，类似于羞耻(Malti，2016)。明确道德内疚和其他形式的内疚之间的区别非常重要，因为与非道德内疚和非适应性内疚不同，道德内疚始终在道德的尺度下,反映公平、正义和关心他人福祉的内化原则。非道德内疚通常是由于担心外部制裁(如惩罚)而发生的,与内化的道德原则并不一致。非适应性内疚往往与引发内疚的情境不成比例且不一致(Colasante & Malti,2021)。道德内疚通常是以他人为导向的,这也将其与羞耻区分开来。羞耻主要以自我为导向,且被证明会引发个体的攻击行为(Heaven et al.,2009;Stuewig et al.,2015)。因此,只有道德内疚才可以说是始终适应道德发展的。过去十年的研究均表明,青少年的内疚倾向和犯错后的前瞻性道德内疚,都预示着整个青春期较低的攻击行为(Colasante & Malti,2021;Malti & Krettenauer,2013)。除了可以降低攻击行为外,道德内疚还在促进积极的道德行为方面发挥着关键的作用,例如增加公开的亲社会行为和修复性行为(Dumont & Waldzus,2014;Olthof,2012)。

综上所述,研究表明,共情和道德内疚在青少年的道德行为中起着双重作用:促进道德行为(如亲社会行为)和阻止不道德的行为(如攻击和反社会行为)。其他与道德相关的情绪,如羞耻、同情、感激和幸灾乐祸,都有可能影响与道德行为。因此,教育工作者努力培养儿童青少年的积极道德情绪可能是使年轻人拥有良好道德品质的干预措施中最有前景的领域。

第四节 道德发展的生理基础

道德发展的生理基础是一个揭示人类道德感和行为如何与我们的生物结构和大脑功能相联系的研究领域。随着神经科学和心理学的进步,研究者开始探索道德判断和行为背后的神经机制,揭示了道德发展不仅受到社会环境和文化因素的影响,还深深植根于我们的大脑和基因中。通过研究大脑中处理道德信息的区域,如前额叶皮质、杏仁核,以及与情感和决策相关的其他脑区,科学家开始理解道德认知和情感反应的生理基础。这些发现不仅提供了对人类道德行为更深层次的认识,也为道德教育和社会行为的指导提供了新的科学依据,打开了理解道德发展从分子到社会层面多维互动的新视窗。本节将进一步探讨儿童道德发展的生理基础,揭秘研究者如何从神经和基因的层面走进个体的道德发展。

一、"道德脑"的发展

研究发现,儿童在加工道德相关的情景时,会呈现不同阶段的脑电反应,且不同阶段的脑电反应能够预测不同的道德相关行为。研究者记录了儿童在观看卡通人物互动场景时的脑电反应,发现儿童主要表现出三种脑电成分(Cowell & Decety,2015;Pletti et al.,2022;Yoder & Decety,2014)。

(1)早期成分(EPN):该脑电波为负波,出现在观看情景后 150~250 毫秒(不同年龄段不完全一致),反映了自动化的注意捕获过程。3~5 岁儿童对道德场景(帮助)的

EPN 波幅显著大于不道德场景(打人),这说明 3～5 岁儿童的注意在早期更多被道德场景所吸引。相反,10 岁儿童对不道德场景的 EPN 波幅显著大于道德场景,这说明 10 岁儿童的注意在早期更多被不道德场景所吸引。

(2)中期成分(N2):该脑电波为负波,出现在观看情景后 200～400 毫秒,反映了预期违背和对突显刺激的注意分配。

(3)晚期成分(LPP):该脑电波为正波,出现在观看情景后 600～1000 毫秒,反映了自上而下的注意调节过程。3～5 岁儿童对道德场景的 LPP 波幅显著大于不道德场景,这说明在调节自身注意分配时,3～5 岁儿童会主动关注道德场景。相反,10 岁儿童对不道德场景的 LPP 波幅显著大于道德场景,这说明 10 岁儿童会主动关注不道德场景。这种变化可能和孩子逐渐增加的同情心有关,更大的孩子可能会对受害者有更高的同情,因此会主动关注不道德场景。

以上不同阶段的脑电反应能预测儿童后续的道德相关行为,早期 EPN 对道德和不道德情景反应的波幅差异能够预测儿童的道德身份(即儿童在多大程度上重视自身是否道德;Pletti et al.,2022)和第三方惩罚行为(Kim et al.,2021),这说明后两者可能是道德直觉的体现。晚期成分对道德和不道德情景反应的波幅差异能够预测儿童的分享行为,这说明儿童的分享行为可能和其深层的道德加工有关(Cowell & Decety,2015)。

二、道德的遗传基础

随着遗传学技术的进步,人们普遍认为,我们的生理特征(如身高、外貌和对各种疾病的易感性)是由基因决定或受其影响;同时,我们的某些心理特征(如智力和人格的某些方面)也或多或少能被基因预测。而在道德领域,个体与道德相关的特征(如共情)、道德判断和道德行为也可以被基因预测,不同特征具有相应的遗传基础。研究者通常从血液或唾液中获取 DNA 样本,使用分子生物学技术分析个体的基因型,进而考察基因型与道德表现之间的联系。

以往研究发现,个体的道德表现与催产素受体基因(oxytocin receptor gene,OXTR gene)、多巴胺相关基因等存在联系(Wang & Su,2022)。例如,催产素受体基因的第三个外显子(*rs53576*)是在社会认知和行为领域被研究得最多的单核苷酸多态性(single nucleotide polymorphism,SNP)之一。该 SNP 的等位基因 G 与较高的社会性有关,如更高的共情水平(Bašić et al.,2019;Rodrigues et al.,2009)、更多的信任行为(Kosfeld et al.,2005)和更多的亲社会行为(Kogan et al.,2011),以上结果得到了元分析研究的证实(Li et al.,2015)。此外,该基因的作用在儿童身上也有所发现,带有 GG 基因型的儿童比带有等位基因 A 的儿童更有可能帮助和安慰他人(Wu & Su,2015)。以上结果在一定程度上揭示了道德的遗传基础。

与此同时,个体的道德发展并不完全由基因决定,环境也会在一定程度上调节基因的作用。行为遗传学家提出了三种模式来解释基因与环境之间的交互作用。素质-压力模式提出,带有某些高风险基因的个体更有可能受到负性环境的影响,导致适应不良行为(Belsky, Bakermans-Kranenburg, & Van IJzendoorn, 2007)。优势敏感性模式提出,具有某些基因的个体对正性的环境更敏感,并且在此环境下更可能表现出正向的反应(Pluess & Belsky, 2013)。与上述两个模式不同的是,差别感受性模式提出,一些基因可以使个体对正性和负性环境都非常敏感(Caspi et al., 2002),即个体更容易受到环境的影响:正性的环境可以给他们带来更多益处,而负性的环境会对他们造成更多的伤害。

目前的研究结果对以上三种假设均有一定的支持。例如,带有rs53576 AA基因型的男孩比带有等位基因G的男孩在高压力下表现出更多的肢体攻击性行为(Shao et al., 2018)。这提示我们,在负性环境中,AA基因型成了风险基因,而等位基因G则有保护作用。类似地,带有rs6267等位基因Ser的男性青少年在高学业压力下会变得更具攻击性(Wang et al., 2018),这提示我们,紧张的环境也放大了等位基因Ser对道德表现的负面影响。

结合上述证据可见,个体的道德发展具有一定的遗传基础,并且基因和环境交互作用于个体的道德发展。

做自己的发展心理学家　家事国事天下事,事事有"心"

在本章中,我们认识了个体道德发展的过程,理解了个体的道德观念和行为是如何形成的,以及道德发展背后的生理基础。在追求全面发展的教育理念中,德育教育占据着至关重要的地位。正确认识道德的含义,是构建社会主义核心价值观的基础,它要求我们不仅满足于个体的成长和需求,还应该具备全局的视野,积极建立人类命运共同体的意识。在这一过程中,不同性别的个体都应持有基本的道德观念,以道德作为行为的指南针,引导自己在社会中做出负责任和有益于公共利益的选择。在当前社会中,家长和教育者可能过分强调技能和知识的培养,有时忽略了对孩子道德品质和人格的塑造。在这样的背景下,我们有时甚至会看到为了成功而牺牲道德原则的现象。然而,完整的个性发展是建立在道德基础之上的。通过本章的学习,我们深入探讨了道德发展的各个层面,从性别差异到社会文化的影响,旨在唤起社会对于道德教育的重视和反思。通过深化对道德发展理论的理解和应用,我们希望促进一个更加和谐、道德和有责任感的社会环境,为构建美好未来奠定坚实的基础。在此过程中,社会主义核心价值观为我们提供了宝贵的指导原则,即强调富强、民主、文明、和谐;自由、平等、公正、法治;爱国、敬业、诚信、友善。这一价值观不仅涵盖了对国家和社会的责任,也涉及个人的品德和行为准则,为我们正确认识道德的含义提供了方向。在全球化日益深化的今天,我们不仅是一个家庭或国家的成员,更是地球村的居民。因此,建立人类命运共同体意识成了每个人的责任,我们的道德判断和行为应该考虑对全人类乃至整个地球生态系统的影响。

作为自己的发展心理学家,我们不仅要在家庭和社会中实践社会主义核心价值观,更要积极促进这些价值观在全球范围内的传播和实现。通过理解和应用道德发展的理论知识,我们可以有意识地培养和弘扬诚信、公正、爱心和责任感等基本道德品质,为构建一个和谐、公正、持续发展的世界贡献自己的力量。

思 考 题

1. 如何认识和理解道德?
2. 婴儿表现出的社会评价能力是否意味着其已经发展出道德认知?
3. 道德相关的经典理论从哪些角度阐述了个体的道德发展?
4. 道德相关基因的发现是否意味着个体的道德发展是先天决定的?
5. 如何培养更有道德感的个体?

名 词 解 释

催产素受体基因(OXTR gene):负责编码催产素受体结构,与催产素受体的编码与活性有关。

道德合作理论(theory of morality-as-cooperation):该理论认为道德的主要功能是应对人类社会生活中的合作问题,道德原则的存在是为了促进和维持合作,而合作相关的行为在很大程度上是道德的。

道德基础理论(moral foundation theory):该理论认为个体生来具有一套认知模块,用于道德判断,主要包含五大基础,即关爱或伤害、公平或欺骗、忠诚或背叛、权威或颠覆、圣洁或堕落。

道德两难问题(moral dilemma):存在冲突的道德困境,任何一种选择都无法完全满足道德需求。

对应道德理论(theory of dyadic morality):该理论认为道德判断的核心成分是伤害感知,行为的伤害程度能够预测其不道德的程度,伤害感知是道德判断的终极解释。

关系调节理论(relationship regulation theory):该理论提出四种基本的社会互动模型——团结、等级、平等和比例,用以解释人们如何感知和构建社会关系。

内疚(guilty):对自我或自己的行为在道德标准、规范和价值观方面进行评估后,对自己的错误行为感到后悔,并愿意承担相应的责任。

前道德时期(premoral stage):较少关注规则,多聚焦于建构自己的规则,而不考虑大家都应遵守的规则。

他律道德时期(heteronomous morality stage):开始形成规则意识,而其规则意识主要源于权威人物的要求。

正义感(sense of justice):个体对不公的敏感程度,心理学研究常从三个角度来衡量一个人的正义感强弱,包括个体自己遭遇不公、个体看到他人遭遇不公、个体自己对他人不公。

自律道德时期(autonomous morality stage):开始意识到规则是主观的、可协商的,判断行为恰当与否不仅要根据结果,还要考虑行动者的意图。

小 结

不同理论对道德的定义不完全相同,但是绝大多数研究者均认同伤害感知在道德判断中有重要作用。

  婴儿在生命早期便拥有了偏好道德个体且回避不道德个体的倾向,与此同时,其后续道德表现依据情景逐渐复杂化,并逐渐实现道德认知和行为的统一。

  个体的共情随年龄增长而逐渐变化,情绪共情的发展呈 U 形,从婴儿期到成年期逐渐下降,到老年期则再次上升;认知共情的发展呈倒 U 形,从婴儿期到成年期逐渐提高,到老年期则开始下降。

  个体的道德发展在神经和基因层面均有所表现;随着年龄增长,个体加工道德场景时的脑电反应逐渐由关注道德场景转变为关注不道德场景;基因和环境交互作用于个体的道德发展。

第十章参考文献

11

你知道我在想什么吗：心理理论的发展

萨拉（Sarah）是一只 14 岁的黑猩猩，是研究者的老朋友。从 4 岁起，萨拉就开始接受各项认知测试和训练，是实验室的常客，有着丰富的和人类相处的经验。研究者非常好奇，基于这些经验，萨拉能否像人类一样揣测他人的想法？

为了探究这个问题，研究者录制了若干视频给萨拉看。在其中一个视频中，一个男人站在一个装有铁栅栏的房间里，栅栏另一侧的地上放着一些香蕉。男人在栅栏前尝试用各种姿势伸手去拿香蕉，但总是拿不到。看完视频后，研究者给萨拉展示了几张图片，萨拉犹豫了一会儿后，选择了那张男人捡起棍子的图片。

从天圆地方、阴阳五行，到万有引力、相对论，人类为了认识物理世界，创设了各类成体系的理论。借助这些理论，人类能够描绘四季更迭、斗转星移，能够解释天狗吞日、月盈则亏，能够预测风雪雷雨、潮起潮落，最终实现遨游太空、问道于天。无独有偶，人类在认识心理世界时，也会尝试建立"理论"来解释和预测他人的行为，以便随机应变、趋利避害。然而，人类关于他人心理的"理论"是从何时开始构建的？这一"理论"随着我们的发展又出现了哪些变化？哪些因素导致了"理论"的逐渐成熟和完善？学习本章，你能够对这些问题有一个初步的答案。

第一节 心理理论的概念及研究范式

在社会生活中，我们无时无刻不在"读心"：猜测孩子今年想要的生日礼物，试探同事是否了解公司的加薪政策，判断恋人是否还在生自己的气……我们每个人都能通过观察他人的言行举止，对他人即将采取的行动和自己应该采取的行动形成初步的推断。而这依赖于我们从小就开始发展并逐渐成熟的心理理论，即关于心理如何运作及其如何影响行为的知识和信念。

一、什么是心理理论

心理理论一词由普雷马克（David Premack）和伍德拉夫（Guy Woodruff）在 1978 年

首次提出。他们让一只黑猩猩——萨拉——观看一系列描述一个人试图解决问题的视频,每看完一段视频,萨拉需要从4张解决方法的图片中选择正确的方法,由此考察黑猩猩是否能够通过观察人类的行为而正确理解人类的目的和意图。普雷马克和伍德拉夫认为,如果萨拉能够选出正确的图片,说明它具备一个理论体系来解释人类行为和心理状态之间的关系,这种理论体系一方面能够让萨拉根据人类的具体行为推断出人类做出这些行为的目的,另一方面也能够让萨拉根据其推断出的目的预测人类之后将要做出的行为。他们同时提出,心理理论涉及的心理状态既包括目的和意图,也包括信念、知识、猜测、假装、怀疑等心理活动。普雷马克和伍德拉夫的研究被视为心理理论研究的开端,发展心理学家随后将心理理论的概念引入儿童发展研究中,为探讨人类社会性发展提供了全新的视角。

关于心理理论的研究已有40多年的历史,对心理理论的概念和术语的讨论从未停止。Baron-Cohen等人(1997)在考察孤独症儿童的心理理论时使用了读心(mindreading)的概念,用于描述儿童在眼中读心任务(reading the mind in eyes task)中通过眼部表情和姿态推断他人心理状态的过程,后来也有研究者使用读心指代个体实际使用推断心理状态信息的过程(Apperly, 2011)。此外,也有研究者倾向于使用心智化(mentalizing)来描述个体基于他人心理状态预测和解释他人行为的能力(Frith et al., 1991)。这些术语虽然有着不同的侧重点,但在所反映的概念层面有着较大的重合。总的来看,心理理论仍是最经典、使用最广泛的术语。

随着心理理论研究的不断深入,心理理论概念的内涵也在不断丰富。由于越来越多的心理状态被纳入考察范围,研究者基于心理状态的性质,将心理理论进一步划分为认知性心理理论(cognitive theory of mind)和情绪性心理理论(affective theory of mind)。认知性心理理论指对他人知识、意图和信念等心理状态的认知理解,而情绪性心理理论指对他人情绪和感受的理解和加工(Raimo et al., 2023)。研究发现,认知性心理理论和情绪性心理理论可能有着不同的发展轨迹(Gabriel et al., 2021; Pons et al., 2004)。此外,对于非典型发展个体和脑损伤患者的脑成像研究也显示,认知性心理理论和情绪性心理理论所关联的脑区也不尽相同(Brüne et al., 2011; Campanella et al., 2022)。认知性心理理论和情绪性心理理论的区分在一定程度上解释了心理理论研究中的不一致结果,为更全面地揭示心理理论的认知机制和神经基础提供了新的思路。

也有研究者从认知过程的视角将心理理论的概念进行拓展。他们认为,心理理论包括个体表征他人心理状态,以及预测他人行为的一系列认知过程,需要对不同认知过程分别进行考察,这样才能更全面地了解个体理解他人心理状态的认知机制。Apperly (2011)将个体对心理状态的认知加工过程划分为推断(inference)、储存(storage)和使用(use)三个相对独立的子过程。他认为,人们在现实生活中面对他人心理状态的信息输入时并不总是会完成全部三个子过程。例如,当他人明确告知自己的心理状态时,个体可以不进行推断的过程,而直接储存并使用他人的心理状态信息;或者当同时与多个人互动时,个体可能需要更多的认知资源去完成推断和储存的过程,但并不需要使用每个人的心理状态信息去预测每个人未来的行为。因此,对这三个子过程分别进行考察能够厘清不同认知因素对心理理论的影响,并且能够探究与各个子过程相关联的神经基础。

由于心理理论的概念广泛且涉及多种心理状态和认知过程,研究者会根据所关注的具体内容而采取不同的范式考察个体心理理论的发展水平。下面将介绍若干种目前学术界较为常用的心理理论的研究范式。

二、心理理论的研究范式

心理理论包含了对自己和他人的意图、愿望、信念、情绪等心理状态的理解,由于不同心理状态的本质和复杂程度不同,因此对不同心理状态的理解的发展轨迹也存在差异,这就使得研究者开发出多种研究范式,力图系统、全面地考察个体心理理论的发展情况。以下是研究者较为常用的考察个体心理理论发展情况的研究范式。

1. 一阶错误信念任务

一阶错误信念任务(first-order false belief task)是最经典的测量心理理论的范式,由维默尔(Heinz Wimmer)和佩纳(Josef Perner)在1983年首次设计并使用。在一阶错误信念任务中,错误信念与现实世界中的具体事件直接关联。根据错误信念的内容不同,一阶错误信念任务又可分为位置改变任务(location-transferred task)和意外内容任务(unexpected-content task)。

在位置改变任务中,目标人物的错误信念是对于某一物品所在的位置的信念和现实情境不同。Sally-Anne任务是经典的位置改变任务之一(Baron-Cohen et al., 1985),在Sally-Anne任务中,儿童了解到以下信息:Sally将一个弹珠放在篮子里之后离开了,而Anne在此时过来将弹珠拿走并放到了盒子里。此时询问儿童,当Sally回来之后会去哪里找她的弹珠。如果儿童回答Sally会去篮子里找弹珠,那么表明儿童能够理解他人的错误信念(图11.1)。因为尽管儿童自己知道弹珠现在在盒子里,但他们同时也知道Sally并不知道弹珠已经被拿走了。换言之,他们能够表征Sally的与现实情境不相符的信念,并根据这一信念预测Sally的行为。

在意外内容任务中,目标人物的错误信念是对于某一盒子或包裹中所装的物品的信念和现实情境不同。研究者给儿童呈现一个他们在日常生活中较为熟悉的巧克力豆包装盒,这个包装盒上标明了里面的物品,因此在打开包装盒之前,儿童会预期里面装有巧克力豆。这时候,研究者打开包装盒,让儿童看到盒子里装的其实是一支铅笔。这时候研究者会问儿童:"如果有另一个人过来,没有看到盒子里装的是什么,那么他会认为里面装的是什么呢?"如果儿童回答说另一个人会认为里面装的是巧克力豆,就说明儿童通过了意外内容任务(Perner et al., 1987)。

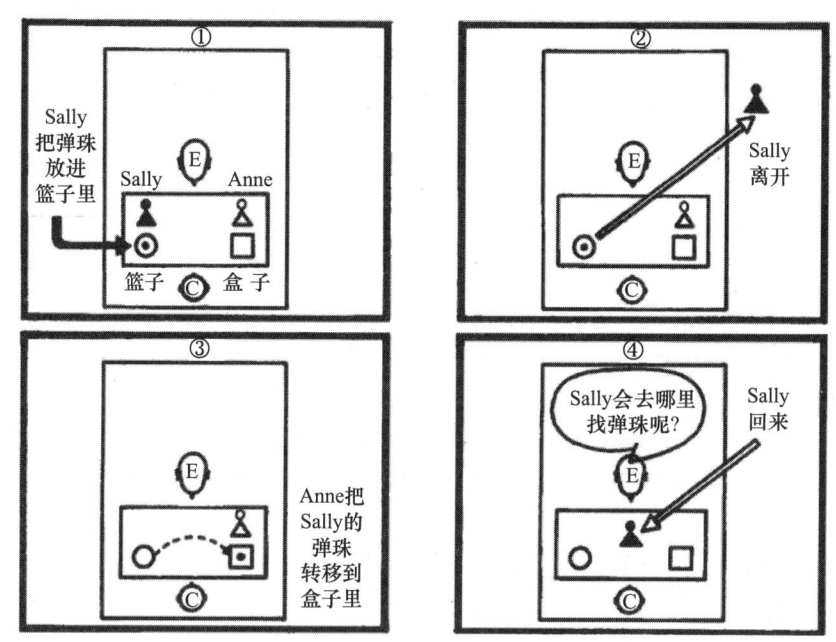

[图 11.1 Sally-Anne 任务示意]

① Sally 把弹珠放进篮子里（Sally、Anne、篮子、盒子、E）
② Sally 离开
③ Anne 把 Sally 的弹珠转移到盒子里
④ Sally 回来，Sally 会去哪里找弹珠呢？

E 表示实验者，C 表示受试儿童。

图 11.1　Sally-Anne 任务示意

（引自 Baron-Cohen et al.，1985）

2. 二阶错误信念任务

二阶错误信念任务（second-order false belief task）相较于一阶错误信念更为复杂。一阶错误信念反映的是某人对现实生活中某物的错误信念，而二阶错误信念反映的是个体对于其他人对现实生活中某物的信念的错误信念（Bianco & Castelli，2023；Miller，2009）。在逻辑上，二阶错误信念涉及一种嵌套结构，它需要个体表征"A 认为 B 认为……"的信念结构。"冰激凌车故事"是考察儿童二阶错误信念的经典范式（Perner & Wimmer，1985），故事描述了这样的情境：John 和 Mary 在公园里看到了冰激凌车，Mary 想买冰激凌但把钱落在家里了，于是 Mary 回家取钱。但此时商贩打算把冰激凌车开到学校旁边，John 知道了这一信息。后来冰激凌车在开往学校的路上时被 Mary 看到了，因此 Mary 也知道了冰激凌车去往学校的信息。后来 John 到 Mary 家里找她，但发现 Mary 已经去买冰激凌了。此时询问儿童，John 会去哪里找 Mary。如果儿童回答 John 会去公园找 Mary，则表明儿童考虑到 John 对于 Mary 错误信念的信念，即"John 认为 Mary 以为冰激凌车还在公园"，进而表明儿童能够理解故事中的二阶错误信念。

3. 表观/现实任务

表观/现实任务（appearance/reality task）一般被用于测量 3～5 岁儿童的错误信念理解的发展水平（Hashim et al.，2023）。研究者会给儿童呈现一个外表具有欺骗性的物体(如一块外表像石头的海绵),然后先询问儿童:"这个东西看上去像什么?"之后研究者让儿童摸一摸物体,再问儿童:"这个东西实际上是什么?"这两个问题用于考察儿童是否能够区分物体外表和实质的差别,在儿童回答完这两个问题后,研究者再问儿童两个问题:"如果问其他的小朋友这个东西看上去像什么,他会怎么回答呢?""如果问其他的小朋友这个东西实际上是什么,他会怎么回答呢?"后两个问题用于考察儿童是否能够采取他人的视角来判断这个物体的外表,以及儿童能否理解他人对这一物体的错误信念。

4. 失言理解任务

失言理解任务(faux pas task)考察的是个体能否觉察到有人在特定的社会情境中说了让其他人感到尴尬的话。对失言的觉察既需要个体能够理解说话人和听话人之间的知识状态是不同的,又需要意识到说话人所说的话对听话人的情绪状态有消极影响(Baron-Cohen et al., 1999)。因此,能够觉察社会情境中的失言反映了儿童心理理论的发展。

以下是常用的失言理解任务故事:James 在 Richard 生日时给他买了一架玩具飞机作为生日礼物,几个月后,当他们在玩那架玩具飞机时,James 不小心把玩具飞机弄坏了。这时 Richard 说:"没关系,反正我也不喜欢它,这是有人在我过生日时候送给我的。"在呈现故事后,研究者会问儿童若干问题:①有人说了不该说的话吗?(考察儿童是否觉察到失言。)②谁说了不该说的话?(考察儿童是否理解失言。)③他为什么不该说这些话?(考察儿童对听话人心理状态的理解。)④他为什么说了这些话?(考察儿童对说话人心理状态的理解。)儿童回答正确的题目数量越多,表明儿童对情境中人物的心理状态理解越好。

5. 奇异故事任务

奇异故事任务(strange stories test)一般被用于测量高级心理理论(advanced theory of mind)的发展。哈佩(Francesca G. E. Happé)于 1994 年首次设计并使用了奇异故事任务。在最初的版本中,奇异故事任务包含 24 个独立的故事情境,共涉及白谎(white lie)、双重欺骗(double bluff)、误解(misunderstanding)等 12 种具体的情境,以及 6 个与心理状态无关的控制情境。在听完或读完每个故事后,儿童需要解释主人公为什么做出了这种行为,研究者将对儿童的回答进行编码以判断他们在多大程度上理解了主人公的心理状态。由于原版奇异故事任务较长,后来也有研究者对奇异故事任务进行了简化(White et al., 2009),或者采用动画或录像的方式呈现故事情境,以减轻儿童在完成任务时的认知负荷(Devine & Hughes, 2013)。

6. 指示交流任务

指示交流任务(director task)需要被试基于一个已知的盛放物品的架子,听从他人的指挥从架子中拿取对应的物品(Keysar et al., 2000)。在指示交流任务中,被试和指挥者(director)站在 4×4 的架子的两侧,架子的大部分格子没有遮挡,从两侧都能够看到其中放置的物品;但其中有一部分格子只在指挥者一侧有遮挡,即被试可以看到这些格子中放置的物品,但指挥者看不到这些物品(图11.2)。指挥者会给出一系列指示,要求被试拿走或移动某样物品,这些指示大部分是关于被试和指挥者视角下都能看到的物品,但其中包含一些关键的指示,这些指示涉及的物品在被试视角下能看到,但在指挥者视角下却看不到。以图11.2为例,当指挥者说出"移动那个最小的蜡烛"的指示时,在被试视角下,最小的蜡烛是最下面一排从左数第三个蜡烛;但在指挥者视角下,这个蜡烛所在的格子被板子遮挡,因此指挥者能看到的最小的蜡烛是它旁边的蜡烛。如果被试能够站在指挥者的视角下观察架子并能够理解指挥者的意图,那么被试就会移动最下面一排从左数第二个蜡烛(在指挥者视角下的最小的蜡烛)。由此可见,这些关键指示考察了被试能否站在他人的视角下观察事物并据此推测他人的意图,被试在这些关键指示上的表现越好,表明其心理理论发展得越好。

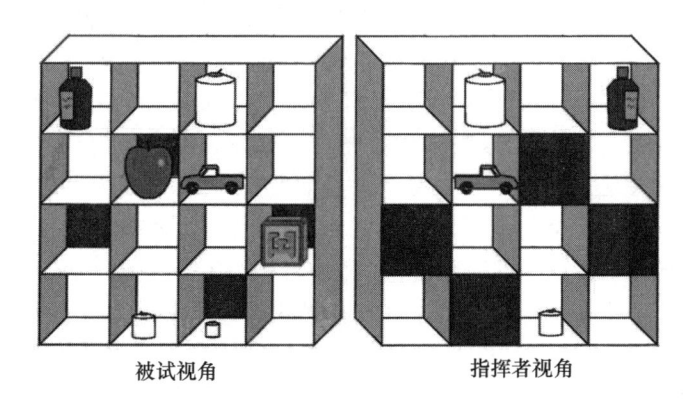

图 11.2 指示交流任务示意

(引自 Keysar et al., 2000)

第二节 心理理论的毕生发展

对心理理论的系统探究源于人类在进化上的近邻——黑猩猩。那么,人类推断他人心理状态的能力是如何发展的呢?这一能力是人类天生就具备的,还是经过后天的学习而获得的?人类何时才能具备成熟的心理理论,这一能力又会在何时开始衰退?本节将介绍从婴儿期到老年期心理理论的发展特点,从宏观视角概述心理理论的毕生发展过程。

一、婴儿期到学步儿期:内隐心理理论的发展

虽然关于人类心理理论的研究最早关注的是学前期儿童的发展情况,但近年的研

究证据表明,人类在婴儿期就已经能够理解他人的心理状态并预测他人的行为了。尽管婴儿无法通过语言来表达自己所感知到的他人的心理状态,但研究者仍然能够通过观察婴儿的注视时间等行为指标来推测婴儿是否能够推断他人的心理状态。因此,婴儿期的心理理论被称为内隐心理理论(implicit theory of mind; Sodian et al., 2020)。联合注意(joint attention)是内隐心理理论的早期表现,是指个体跟随他人的注意,与他人同时注意同一物体的过程(Grossberg & Vladusich, 2010)。联合注意使得婴儿能够注意到他人正在关注的物体,是婴儿进一步理解他人的行为意图的认知基础。3个月大的婴儿已经表现出对他人注意的初步跟随(Tremblay & Rovira, 2007);9个月大的婴儿则能够更主动地参与到联合注意的过程中,将自己和他人的目标与注意统一起来(Tomasello, 2018)。纵向研究发现,在控制了语言能力的影响后,婴儿在9~10个月大时对他人注视和姿势的理解能够预测其在2~3岁时关于心理状态的语言表达(Brooks & Meltzoff, 2015),这表明联合注意是心理理论发展的重要基础和前提。

随着联合注意的发展,婴儿首先能够逐渐理解他人的意图(intention)。5个月大的婴儿能够判断出他人移动手臂的动作是为了抓取特定的物品,而不是单纯地重复某种动作模式(Woodward, 1998),这表明此时婴儿能够理解他人行为的具体目的。6个月左右,婴儿能够区分他人在抓取物体之前是否能看到物体,表现出了对他人知觉表征和目的表征的整合(Luo & Johnson, 2009)。而在1~2岁,幼儿对他人意图的理解更加精细化,能够在推测他人行为的时候考虑到他人的信念(Baillargeon et al., 2010; Sodian, 2016)。有研究发现,15个月大的幼儿能够理解他人的信念(belief)可能和现实情况不同,并认为他人的行为应该符合其原有的信念而非现实情况(Onishi & Baillargeon, 2005)。

二、学前期:外显心理理论的发展

当儿童能够用语言表达自己对他人心理状态的理解和推断,以及对他人行为的解释时,我们称此时儿童已经表现出了外显心理理论(explicit theory of mind)。外显心理理论发展的一个重要标志是儿童能够通过一阶错误信念任务。Wimmer和Perner(1983)在其经典研究中发现,57%的4~6岁儿童和89%的6~9岁儿童能够正确地回答关于一阶错误信念理解的问题,而大部分3~4岁儿童在两次测试中均回答错误。由此他们认为,儿童在4~6岁开始表现出表征他人知识状态的能力。此外,使用意外内容任务等其他研究范式的研究发现,3岁儿童一般较难通过一阶错误信念任务,4岁儿童则在任务中表现出超过随机水平的正确率,而5岁儿童一般能够通过一阶错误信念任务(Wellman et al., 2001)。这表明4岁左右可能是儿童外显心理理论快速发展的时期。

随着社会经验的积累和递归推理(recursive reasoning)能力的发展,儿童逐渐能够理解二阶错误信念。Wimmer和Perner(1985)首先考察了5~10岁儿童对二阶错误信念的理解,他们设计了多种不同难度的故事情境。结果发现,5岁儿童在各种难度的情境下均表现不佳;而在难度较低的故事情境中,只有部分6岁儿童能够理解二阶错误信念,但大多数7~9岁儿童能够通过二阶错误信念任务。之后有研究者提出,Wimmer和Perner(1985)的任务对于儿童来说过于复杂,当使用简化的、对儿童更友好的故事情境时,5岁左右的儿童就能理解故事中的二阶错误信念了(Sullivan et al.,1994)。在此之后,更多研究者尝试采用不同的范式得到了更为一致的研究结果:总体而言,儿童在5~6岁能够理解二阶错误信念(Miller,2009)。对二阶错误信念的掌握标志着儿童外显心理理论的进一步成熟,儿童在社会生活中能够更加熟练且灵活地运用他人心理状态的信息。

然而,并不是所有儿童都能够在这一阶段成功掌握一阶和二阶错误信念,孤独症儿童的心理理论发展会出现一定程度的迟滞。孤独症是一种以语言障碍、情绪障碍和社交障碍为主要症状的心理障碍。Baron-Cohen等人(1985)考察了孤独症儿童和典型发展儿童在一阶错误信念任务中的表现,结果发现,尽管孤独症儿童的平均年龄将近11岁,但他们中的大部分人仍然不能通过一阶错误信念任务。后续研究也表明,孤独症儿童在多种心理理论任务中表现不佳(Jones et al.,2017)。

三、儿童中期到青少年期:高级心理理论的发展

在学前期,儿童已经具备了基本的推断他人心理状态的能力;而从儿童中期开始,个体所处的社会环境更加复杂,同伴关系的重要性日益凸显,与同伴的互动比例增多,儿童需要不断学习如何在复杂的社会互动中运用这一能力(Devine & Apperly,2022)。研究者使用高级心理理论(advanced theory of mind)一词指代儿童中期及之后个体随年龄增长而逐渐成熟的心理理论(Hughes & Devine,2015;Osterhaus & Bosacki,2022)。与学前期快速发展的基本的推断他人心理状态的能力不同,高级心理理论的发展主要体现在两个方面:①概念层面的发展,以及对复杂的高阶心理状态的整合(Lagattuta et al.,2016);②在不同社会情境中运用心理理论并使用这种技能与他人构建社会关系(De Lillo & Ferguson,2023)。

概念层面的发展,以及对复杂高阶心理状态的整合与儿童在这一阶段的社会推理(social reasoning)能力的发展关系密切。随着社会经验的积累,儿童此时能够对社会信息进行精细的推理,纵向研究也表明,儿童6岁时的演绎推理(deductive inference)能力能够正向预测其在9~10岁时的社会推理能力(Osterhaus & Koerber,2021)。此外,使用多种高级心理理论任务考察8~10岁儿童后发现,社会推理能力和对模糊情境的推理能力(reasoning about ambiguity)是多种任务共同反映的能力(Osterhaus et al.,2016)。这些结果共同表明了在儿童中期到青少年期,推理能力在社会情境中的运用可能是促进概念发展和复杂高阶心理状态整合的重要过程。

运用心理理论的能力的发展则体现为儿童和青少年在面对更复杂的社会情境时,

对他人心理状态的推断,以及对所推断的心理状态知识的熟练运用。儿童在9~10岁时已经能够较为准确地在失言情境中觉知到失言的出现并解释失言的原因,并且能够理解双重欺骗情境中主人公的真实意图(Osterhaus & Koerber, 2021)。他们还能够整合他人过去经历的效价不同的事件来预测他人未来的心理状态(Lagattuta & Kramer, 2019)。此外,随着运用心理状态知识能力的发展,这一时期的儿童和青少年逐渐理解心理状态之间存在相互影响,这使得他们能够更好地运用对某一心理状态的知识来预测他人的其他心理状态。他们能够基于对他人愿望(desire)的理解来预测他人的情绪状态,当个人的愿望和社会规范相冲突时,满足愿望可能会让其产生消极的情绪,而抑制自己的行为不去满足愿望会让其产生积极的情绪(Weller & Lagattuta, 2014)。他们也对想法(thought)和情绪之间的关系有了更进一步的认识,一方面,他们能够理解不同的人对同一件事的想法可能是积极的或消极的,而想法积极的人会产生积极的情绪,想法消极的人会产生消极的情绪(Bamford & Lagattuta, 2012);另一方面,他们也能够理解情绪会影响人们的想法,认为处在消极情绪状态下的个体在认知任务中的表现更差(Amsterlaw et al., 2009)。

高级心理理论的发展让儿童和青少年能够进行更复杂的社会互动,适应更复杂的社会环境,是其社会适应的认知基础。在这一阶段,心理理论发展不佳可能会导致个体难以预见自身行为对他人情绪状态的消极影响,而在社会交往中表现出更强的攻击性。一项元分析研究发现,儿童和青少年的心理理论发展越好,其攻击性越低,而且心理理论能够显著负向预测个体之后的攻击性水平(Wang et al., 2022)。这反映出心理理论发展在儿童和青少年进一步社会化过程中的重要作用。

四、成年期:心理理论的运用

进入成年期,尽管个体的心理理论已经基本发展成熟,能够熟练地推断他人的心理状态或站在他人的视角观察外部世界,但个体在完成心理理论任务时仍会出现自我中心偏差(egocentric bias),即个体在推断他人心理状态时受自身信息的干扰(Samuel et al., 2019)。例如在广泛应用的指示交流任务中,成年个体仍然会表现出一定比例的错误反应,即按照自己的视角而非指挥者的视角进行操作(Keysar et al., 2003; Wang et al., 2020)。

研究者提出了锚定调整理论(anchor and adjustment account)来解释这一现象,认为当个体在推断他人心理状态或站在他人视角进行观察时,会将自己的心理状态作为中心(锚),然后不断地进行调整;当个体没能成功调整时,就会按照默认的模式参照自己的心理状态,从而表现出自我中心偏差(Farrar & Ostojić, 2018)。然而,近年来也有研究发现,在日常交流情境中,成人能够快速且准确地推断他人的信念,而不需要在这一过程中先锚定自己的信念(Rubio-Fernández et al., 2019)。此外,有研究者尝试采用鼠标追踪(mouse-tracking)范式考察成人对他人错误信念的推断过程,结果发现,各项指标均无法支持成人在推断他人错误信念时出现自我中心偏差(O'Connor et al., 2023)。这提示我们,成人在心理理论任务中的反应错误可能是由于在推断他人心理状态并做出反应所需要的记忆负荷更高,而并非受到自己心理状态的干扰。研究同样也表明,任务的认知负荷能够影响成人运用心理理论解决问题的能力(Ferguson et al., 2015)。由此可见,成人在推断他人心理状态或运用他人心理状态信息解决实际问题的过程中仍然会受到其他认知因素的干扰,考察成人在心理理论任务中的表现能够为探究心理理论的认知机制提供更全面的视角(Apperly et al., 2009)。

五、成年晚期:心理理论的衰退

进入成年晚期,个体对社会线索的敏感程度有所提高,但心理理论开始逐渐衰退(Henry et al., 2013)。一般来说,个体对他人心理状态的推断能力从60岁左右开始降低(Cavallini et al., 2013),在80岁左右表现出更快速的衰退(Charlton et al., 2009)。有研究者考察了成年人和老年人在完成心理理论任务时所犯错误的类型,结果发现,尽管老年人整体的正确率低于成年人,但老年人所犯错误的类型与成年人不同。成年人犯的错误更多的是对心理状态的过度解释(overinterpretation)和过度归因(overattribution),而老年人所犯的错误更多的是对心理状态的推断不足,甚至没有推断心理状态(Lecce et al., 2019)。值得注意的是,在不同种类的心理理论任务中,老年人的心理理论表现出了不同的衰退过程。当使用认知性心理理论任务(如一阶错误信念任务、二阶错误信念任务等)进行施测时,老年人对他人信念或意图的推断显著差于成年人,但当使用情绪性心理理论任务(如失言任务、白谎任务等)进行施测时,老年人对他人情绪状态的推断与成年人相比没有显著差异(Wang & Su, 2013)。

那么,是什么导致了老年人在心理理论任务中的表现衰退呢?早期的观点认为,老年人心理理论的衰退与其记忆和执行功能等一般性认知能力的衰退有关(Moran, 2013)。然而,一般性认知能力的下降可能只是成年晚期心理理论衰退的部分原因。一项元分析研究发现,非心理理论相关的任务因素对心理理论年龄差异的解释力较小(Henry et al., 2013),而在控制了一般性认知能力的影响后,老年人在心理理论任务中的表现仍然比成年人差(Fernandes et al., 2021)。因此除了一般性认知因素之外,社会认知因素的影响也应该受到重视。

动机可能是影响老年人心理理论水平的重要社会认知因素。选择性投入假说(selective engagement hypothesis)提出,年龄增长伴随着认知资源的减少,老年人在利用认知资源的时候更有选择性(Hess, 2006)。Zhang等人(2013)在一项研究中操纵了老年人完成心理理论任务的动机,结果发现,高动机组的老年人在失言任务中的表现与成年人相似,但低动机组的老年人的表现显著弱于成年人。此外,也有研究发现社会关系因素能够调节老年人在心理理论任务中的表现,涉及朋友的心理理论表现显著优于涉及亲戚的心理理论表现,这可能是因为与朋友的关系是自愿建立和维持的,而与亲戚的关系则是预先确定的,不涉及动机(Lecce et al.,2017)。由此可见,老年人所表现出的心理理论"衰退"可能是其在社会交往中由于认知资源减少而采取的适应性策略的结果。

第三节　认知因素对心理理论发展的影响

理解他人的心理状态涉及一系列复杂的认知过程,那么,何种认知能力是心理理论发展的必要前提? 在表征他人心理状态的过程中,儿童需要记忆并区分他人视角和自我视角、他人视角和现实情境的区别,同时还要抑制自我视角和现实情境的影响,这需要儿童具备一定的执行功能水平。而在社会生活中,理解他人对其心理状态的表达,逻辑清晰地表达自己和他人的心理状态,需要儿童具备一定的语言理解和语言表达能力。因此,执行功能和语言的相对成熟被认为是心理理论发展的重要基础。

一、执行功能的发展

执行功能是帮助个体克服自动化想法和行为反应的一系列认知过程,主要包括抑制控制、工作记忆和认知灵活性(具体可见本书第6章)。关于执行功能和心理理论关系的思考源于对儿童不能通过心理理论任务的解释。研究者认为,在理解、表征和使用他人心理状态信息的过程中,个体需要进行一系列认知控制过程:个体需要记忆并区分情境中每一个人物的心理状态,在根据他人心理状态预测他人行为的时候需要抑制自己心理状态对预测的干扰,有时还需要不断地在他人和自己的心理状态之间进行转换(Razza & Blair,2009)。以 Sally-Anne 任务为例,如果想要成功通过任务,那么儿童需要首先记住并区分 Sally 持有的关于玩具小车位置的知识(小车在屋子里),以及 Anne 持有的关于玩具小车位置的知识(小车在后院里);然后在判断 Sally 会去哪里找小车时,儿童也要抑制根据自己的知识(小车现在在后院里)进行判断的倾向,而根据 Sally 的知识状态进行判断。因此,儿童没有通过 Sally-Anne 任务并不一定代表儿童此时的心理理论水平发展不到位,也有可能是儿童的执行功能尚未发展成熟,导致儿童难以在任务中按照自己所理解的他人的心理状态做出反应。由此可见,执行功能在儿童完成心理理论任务的过程中发挥了重要作用。

关于执行功能和心理理论的关系,研究者提出了四种可能的假说(Doenyas et al.,2018; Moses & Tahiroglu,2010)。第一种假说认为执行功能和心理理论有着共同的能力基础,如智力或认知复杂性。支持这一假说的研究者认为,儿童心理理论和执行功能任务中的表现都反映了儿童理解和运用嵌套规则的能力,这一能力让儿童能够理解复杂的条件关系(如果……如果……那么……),从而让儿童能够在不同的规则和情境之间进行转换(Frye et al.,1995)。第二种假说是元表征假说(metarepresentation account),这一假说认为心理理论的发展是执行功能发展的基础。Perner 和 Lang(2000)

提出,随着心理理论的发展,当儿童理解了心理状态是如何影响行为时,他们的心理表征能力和元表征能力将会有所提高,从而能对自己的行为进行更好的控制。第三种假说是表达假说(expression account),这一假说认为心理理论发展先于执行功能发展,但执行功能限制了儿童在心理理论任务中的表现(Carlson et al., 1998),儿童没有通过心理理论任务可以被归因为其不成熟的抑制控制能力,这使得儿童难以抑制现实世界的信息对其根据他人心理状态做出判断的影响。第四种假说是突现假说(emergence account),这一假说认为执行功能的发展是心理理论发展的基础,执行功能在个体推断他人心理状态的过程中是必要的(Razza & Blair, 2009)。

近年来,越来越多的实证证据支持了突现假说,纵向研究逐渐揭示了执行功能在心理理论发展过程中的重要性。Marcovitch等人(2015)追踪了学龄前儿童在3岁、4岁和5岁时的执行功能和心理理论水平,结果发现,在控制了语言能力等无关变量的情况下,儿童在3岁、4岁时的执行功能水平分别能够显著预测其4岁、5岁时的心理理论水平,但3岁、4岁时的心理理论水平不能显著预测其在4岁、5岁时的执行功能水平。Doenyas等人(2018)的研究也发现,3~5岁儿童的执行功能水平能够显著正向预测一年后其在错误信念理解任务中的表现;而错误信念理解任务中的表现不能显著预测一年后的执行功能水平。此外,对102个研究的元分析也发现,执行功能预测心理理论的效应量是显著的,而心理理论预测执行功能的效应量是不显著的(Devine & Hughes, 2014)。这些证据表明,执行功能的发展可能是心理理论发展的前提。不过,值得注意的是,执行功能对心理理论的影响在发展早期可能更为明显。Shahaeian等人(2023)让3~6岁儿童完成了4种心理理论任务和6种执行功能任务,结果发现,儿童的执行功能基线水平能够显著预测9个月后的第一次追踪时的心理理论水平,且第一次追踪时的执行功能水平能够显著预测6个月后的第二次追踪时的心理理论水平;而心理理论基线水平不能显著预测第一次追踪时的执行功能水平,但第一次追踪时的心理理论水平能够显著预测第二次追踪时的执行功能水平。针对6岁儿童的一项为期4年的纵向研究也发现,在控制了年龄、语言能力、社会经济地位的影响之后,执行功能水平不能显著预测4年后的心理理论水平,同时心理理论水平也不能显著预测4年后的执行功能水平(Devine et al., 2016)。这提示我们,执行功能可能在心理理论的早期发展过程中起到了重要的作用,而当心理理论较为成熟之后,执行功能的作用有所减弱。

二、语言的发展

关于语言和心理理论发展的关系的思考,同样始于对儿童在心理理论任务中的表现的分析。在经典的心理理论任务(如Sally-Anne任务)中,研究人员通过讲故事的方式介绍含有错误信念的情境,并要求儿童以口头回答问题的方式做出反应。这要求儿童具有一定的语言理解能力来理解故事中的内容和研究人员所问的问题,以及一定的语言表达能力来表述自己对他人心理状态的理解。因此,年龄较小的儿童可能已经能够理解他人的错误信念,但是语言能力的限制导致他们难以理解错误信念的故事情境和问题。Jenkins和Astington(1996)发现3~5岁儿童在错误信念任务中的表现与多种语言能力测试得分呈显著正相关(相关系数为0.61~0.64),表明儿童语言能力与心理理论水平之间存在着密切的关系。

尽管婴儿早在习得语言之前就能够表现出对他人的想法和意图的理解(内隐心理理论),这似乎表明心理理论的发展并不依赖于语言的发展。但是大量研究证据显示,语言对儿童外显心理理论的发展有着重要的促进作用。Astingtion和Jenkins(1999)在7个月内对3岁儿童进行了3次语言能力和心理理论水平的测量,发现在控制了早期的心理理论能力的影响后,早期语言能力能够显著预测后期心理理论水平;但在控制了早期语言能力的影响后,早期心理理论水平不能显著预测后期语言能力。Ebert(2020)在一项时间跨度更长的追踪研究中也发现,儿童在3岁时的语言能力能够显著预测其5岁时和12岁时的心理理论水平。Milligan等人(2007)采用元分析的方法分析了104项考察7岁以下儿童语言能力和心理理论关系的研究,发现语言能力和心理理论水平存在着中等到较大效应量的相关;此外,早期语言能力预测后期心理理论水平的效应量比反向预测的效应量更强。这些证据共同支持了语言发展对外显心理理论发展的重要作用。

那么,究竟是何种语言能力促进了儿童心理理论的发展呢?一部分研究者支持语言决定论观点(linguistic determinism perspective)。他们认为,掌握补语结构是表征错误信念的重要前提(de Villiers, 2005)。补语结构大多出现在和交流相关的动词(如"说")或和心理状态相关的动词(如"想")之后,用来表达句子主语的信念。例如,在句子"小红认为小明没有来学校"中,"认为"是心理状态相关的动词,表达了小红当下的心理活动,"小明没有来学校"是宾语补语结构,表达了此刻小红的心理状态的具体内容。而在错误信念任务中,补语结构往往用来表达故事中的人物所持有的、和现实世界有所区别的信念。与此同时,儿童在描述他人的信念时也需要用到补语结构。因此有研究者认为,补语结构为儿童提供了表征他人信念的工具,儿童只有在能够理解和使用补语结构之后才能顺利通过错误信念任务(Tompkins et al., 2019)。这种观点得到了一些研究证据的支持,de Villiers和Pyers(2002)考察了3岁儿童的心理理论水平和不同语言能力之间的关系,结果发现,儿童早期对补语结构的掌握程度能够显著预测一年后的心理理论水平。此外,对我国儿童的研究也发现,未能通过错误信念任务的3~4岁儿童在接受了补语结构相关的训练之后,在后测的错误信念任务中表现显著好于控制组(Mo et al., 2014)。

另一部分研究者则认为,一般语言能力(general language ability)对儿童心理理论的发展更重要(Slade & Ruffman, 2005)。Ruffman等人(2003)发现,当把3~5岁儿童在语法测试和语义测试中的得分合并为一般语言能力得分后,能够解释更多的错误信念理解任务得分的变异。一项纵向研究也显示,学龄前儿童的语言发展和心理理论发展可能是相互促进的,早期的一般语言能力能够显著预测4岁儿童在6个月后的心理理论任务中的表现,而早期的对补语结构的理解能力并不能显著预测后期的心理理论任务表现(Siu & Cheung, 2022)。此外,也有研究者强调儿童对表达心理状态词语(如"认为""知道"等)的掌握促进了其心理理论的发展(Thomsen et al., 2021)。

第四节 早期社会环境对心理理论发展的影响

儿童对他人心理状态的理解不仅需要内在的认知能力基础,还需要外在的社会环境提供适宜的社会性刺激和社交互动的经验。生态系统理论认为,个体处在一系列环境系统中,环境系统与个体相互作用,进而影响着个体的发展(Bronfenbrenner, 1979)。对于儿童来说,家庭是影响个体发展的重要微系统。在家庭微系统中,家庭基本状况、父母与儿童的互动,以及兄弟姐妹之间的互动构成了儿童早期主要的社会环境。探讨早期社会环境对心理理论的影响能够帮助我们厘清心理理论的发展机制,同时为心理理论的干预提供理论指导。

一、家庭基本情况对心理理论发展的影响

家庭基本情况反映了儿童早期所处的客观社会环境,主要考察维度包括家庭社会经济地位和兄弟姐妹的数量和类型。社会经济地位(socioeconomic status)是一个多层面的概念,在发展研究中一般采用家庭收入、父母职业或父母受教育程度等变量来代表家庭社会经济地位(Bradley & Corwyn, 2002)。研究表明,家庭社会经济地位高的儿童在错误信念任务中的表现显著好于家庭社会经济地位低的儿童(Shatz et al., 2003)。此外,也有研究发现家庭社会经济地位高的儿童在语言能力(Hoff, 2006)和执行功能(Noble et al., 2005)的表现上也显著优于家庭社会经济地位低的儿童,而这两种能力均与儿童心理理论的发展密切相关。Devine 和 Hughes(2018)使用元分析的方法,纳入了 50 个效应量,涉及 7320 名 3~6 岁儿童的数据,结果发现家庭社会经济地位与儿童的错误信念理解呈中等程度的正相关($r = 0.18$);而且在纵向研究中,控制了早期错误信念理解的作用后,家庭社会经济地位与错误信念理解的相关仍然显著($r = 0.12$)。

兄弟姐妹的数量和类型也会对儿童心理理论的发展产生一定的影响。Dunn 等人(1991)在考察家庭因素对 33 个月大儿童心理理论的影响时发现,那些和哥哥姐姐经常进行合作性游戏(cooperative play)的儿童在 7 个月后更容易通过错误信念任务。这提示我们,有兄弟姐妹的儿童可能有更多的机会通过谈话和游戏来学习他人的心理状态,因而在心理理论任务中表现更好。Perner 等人(1994)发现,兄弟姐妹的数量与儿童错误信念理解任务的表现呈显著正相关,但之后的研究得到了一些不一致的结果(Cole & Mitchell, 2000; Nathanson et al., 2013)。因此,也有研究者认为兄弟姐妹的数量并不是核心的因素,与哥哥姐姐的互动对儿童理解他人心理状态的影响更重要,而与弟弟妹妹的互动的影响较小(Ruffman et al., 1998)。

二、父母与儿童互动对心理理论发展的影响

根据建构主义(constructivism)的观点,与心理理论成熟的个体进行社会互动能够促进心理理论的发展(Wellman,2017)。在儿童的早期社会互动中,父母既是儿童主要的社会互动对象,也是具有成熟心理理论的社会学习对象。因此,与父母的互动是儿童学习如何理解他人心理状态的重要过程。研究者系统地考察了父母与儿童互动过程中的各项潜在因素对儿童理解他人心理状态的影响。其中,依恋、亲子交流和将心比心(mind-mindedness)对儿童心理理论的发展起到了重要作用。

依恋是指婴儿与其照看者之间形成的一种互惠且持续的情感联结,而亲子依恋关系的质量能够影响儿童是否能准确理解照看者的想法(Bowlby,1982)。安全的亲子依恋关系能够为儿童社会认知的发展提供保护和便利条件,这种安全感不仅鼓励儿童去探索物理世界,同时也鼓励儿童去探索他人的想法、情绪和意图(Fonagy et al.,2002)。Arranz等人(2002)的研究发现,3~4岁的安全型依恋儿童在错误信念理解任务中的表现显著好于非安全型依恋的儿童。此外,对15项研究的元分析也显示儿童安全型依恋的程度与心理理论任务的表现呈正相关(Szpak & Białecka-Pikul,2019)。依恋类型与心理理论发展有关可能是因为安全型依恋儿童的父母在与儿童交流时更多地使用了恰当的心理状态术语,这可能促进了儿童理解他人心理状态的能力(Meins et al.,2002)。

亲子交流影响着儿童的社会化进程,而心理状态谈话(mental state talk)是亲子交流的重要组成部分。心理状态谈话指父母与孩子谈论心理状态的过程,这是儿童从父母那里学习如何理解他人心理状态的主要途径(Taumoepeau & Ruffman,2016)。Dunn等人(1991)首先考察了父母与儿童的心理状态谈话对儿童心理理论发展的影响,基于2~3岁儿童及其母亲的数据,他们发现母亲与孩子在交流中谈论感受的频率能够预测7个月后儿童解释他人错误信念的能力。研究者还发现在母亲和孩子的交流过程中,母亲心理状态术语的使用与儿童在情绪理解测试中的表现呈显著正相关(McQuaid et al.,2008)。此外,心理状态谈话中所涉及的心理状态的性质(认知性或情绪性)、心理状态谈话的质量,以及心理状态谈话所基于的情境均会影响儿童心理理论的发展(Tompkins et al.,2018)。Tay和Ding(2022)进一步考察了心理状态谈话中心理状态术语和补语结构对3~5岁儿童心理理论发展的影响,结果发现,只有同时包含心理状态术语和补语结构的认知相关补语结构与儿童在错误信念理解任务中的表现呈显著正相关,而单独的心理状态术语或补语结构的使用与儿童的表现均无显著相关。

亲子交流具有鲜明的文化特异性,这在一定程度上能够解释不同文化下儿童心理理论发展的差异。在西方文化下,父母在与儿童交谈时会使用较多的心理状态术语;在我国文化下,父母在与儿童交谈时较少提及心理状态,而更多地提及行为和道德规则(Doan & Wang,2010)。但我国儿童的心理理论发展与西方儿童相比并没有出现迟滞,只不过在理解不同心理状态的先后顺序上表现出了差异。西方儿童是先掌握信念

理解，再掌握知识状态（知与不知）理解；而我国儿童则是先掌握知识状态理解，再掌握信念理解（Wellman et al.，2011）。为什么会出现这种差异？这是因为除了心理状态谈话外，亲子间关于行为的交谈同样能够影响儿童心理理论的发展。针对我国母子互动特点的研究发现，在控制了心理状态谈话的影响后，母亲对行为的解释同样能够预测2～4岁儿童在1年后的错误信念理解任务的表现（Liu et al.，2016）。此外，亲子交流中谈话内容的指向对象也存在文化差异。当与儿童谈论共同经历的事件时，西方的父母更倾向于谈论儿童自身，而我国的父母更倾向于谈论他人（Wang et al.，2006）。这一亲子交流特点会影响儿童的情景记忆，我国儿童在情景记忆中也会更多地谈及他人而更少地谈及自己，而谈及他人的次数能够显著预测儿童之后的错误信念理解的发展（Lu et al.，2008；陆慧菁，苏彦捷，2007）。由于我国文化下的亲子交流更注重对行为的解释，更关注对他人的描述，因此相比于西方文化下的儿童，我国儿童在心理理论发展早期可能需要经历更为复杂的认知加工过程。这使得我国儿童在心理理论发展早期可能会遇到更多困难，但随着社会经验的积累，我国儿童的心理理论会表现出更大的灵活性和迁移性（苏彦捷，刘艳春，2012）。

将心比心反映了照看者将儿童视为具有独立心理状态的个体的倾向（Meins et al.，2002）。将心比心程度高的照看者更倾向于使用心理特征相关的语言来描述儿童的行为并赋予行为特定的意义，因而在与儿童的互动中，将心比心程度高的父母会更多地和儿童谈起情绪、意图或其他心理状态，而这会促进发展中的儿童对自己和他人心理状态的理解，并且逐步建立起心理状态和行为之间的关联（McMahon & Bernier，2017）。因此，将心比心程度与儿童心理理论发展有着密切的关系。研究表明，父母将心比心程度高的儿童在心理理论任务中的表现显著更好（Meins et al.，1998），而且父母的将心比心程度对儿童的认知性心理理论和情绪性心理理论均有显著的长期影响：孩子18个月大时父母的将心比心程度能够显著预测其4岁时的二级观点采择能力（Bernier et al.，2023），而8个月大时母亲的将心比心程度能够显著地正向预测其4岁时的情绪理解能力（Fishburn et al.，2022）。

三、兄弟姐妹之间的互动对心理理论发展的影响

在儿童所处的早期社会环境中，兄弟姐妹同样扮演了重要的角色。尤其当兄弟姐妹的年龄与儿童相差不大的时候，兄弟姐妹为儿童提供了更多和同龄同伴进行社会互动的经验和机会。与兄弟姐妹或其他同龄人的社会交往能够促进儿童的社会化进程，同时也有利于儿童社交技巧的培养和社会认知的发展。

假装游戏（pretend play）是儿童与兄弟姐妹和其他同龄同伴社会互动的重要内容，儿童会假装自己和同伴是某一角色，也会指定某一物品充当其他物品，甚至会假装有一个完全不存在的人物或物体存在于当前场景（Lillard，2017）。假装游戏在幼儿12～18个月大时开始出现，开始出现用某一物品代替另一物品的行为（Haight & Miller，

1993);3～5岁儿童的假装游戏行为到达了顶峰,儿童已经可以较为熟练地假装其他身份或复杂的社会情境了;在11岁左右,假装游戏行为开始逐渐消失(Smith & Lillard, 2012)。

假装游戏能够促进儿童心理理论的发展。一方面,儿童需要在这一过程中时刻意识并区分现实和假装的区别;另一方面,儿童在进行假装游戏时,需要对现实中不存在的物体或情境进行心理表征。这就使得儿童在假装游戏的过程中获得了大量的操作心理表征的经验和练习,同时也能深入了解现实和心理状态可能存在差异,这为心理理论的发展打下了一定的基础。研究者考察了3～4岁儿童的假装游戏频率与各项社会认知技能之间的关系,结果发现儿童的假装游戏频率与心理理论任务表现和情绪理解任务表现均呈显著正相关(Jaggy et al., 2020)。Nielsen和Dissanayake(2000)考察了不同种类的假装游戏的发生频率与儿童错误信念理解发展的关系,结果发现在3～5岁儿童中,物体替代(object substitution)、角色分配(role assignment)和假想物体哑剧(imaginary object pantomimes)的发生频率都与错误信念理解任务的表现呈显著正相关;而且,心理状态术语的使用与假装游戏发生频率和错误信念理解也呈显著正相关。这在一定程度上提示我们,假装游戏可能是儿童学习如何理解和表征自己及他人心理状态的重要方式。

做自己的发展心理学家　家事国事天下事,事事有"心"

想象一下这样一个场景:4岁的小明非常喜欢吃饼干,但妈妈不允许他在晚饭后吃零食。一天吃完晚饭后,妈妈在厨房收拾碗筷,小明发现饼干盒放在客厅的桌子上,于是趁妈妈不注意偷偷打开饼干盒吃了两块饼干。这时妈妈收拾完回到客厅,问小明有没有偷偷吃饼干。小明犹豫着说没有,却不知道妈妈早就发现了他嘴角的饼干渣。

如果你是小明的妈妈,或许你会因为孩子学会了撒谎而十分惊讶,或许你会因为孩子欺骗自己而火冒三丈,或许你会赶紧抓住这一机会教育孩子诚实的重要性。但实际上,这个年龄阶段的儿童并不理解说谎和道德之间的关系,而仅仅把它当作逃避惩罚的一种策略(Talwar & Crossman, 2011)。在发展心理学家眼中,说谎是一种复杂的社会行为,尤其是对于学前期儿童来说,成功说谎反映了儿童的社会认知能力,被看作心理理论发展过程中的重要标志(Talwar & Lee, 2008)。这是因为如果儿童要成功地说谎,必须要能区分自己和对方的心理状态,而且要知道对方的信念或知识与现实情况并不相符,并且对对方的心理状态进行准确的评估(Lee, 2013)。因此,说谎和儿童心理理论发展之间存在着密切的关系。

早在儿童能够通过一阶错误信念任务之前,他们就已经开始意识到心理表征和现实情况实质上是不同的,二者可能并不一致(Wellman et al., 2001)。这种能力使得儿童能够产生不符合现实的陈述,但这一阶段的陈述可能是十分不切实际的(Evan et al., 2011)。如孩子可能会说:"我没有在墙上画画,是家里的狗画的!"而当儿童能够通过一阶错误信念任务后,他们就能更好地在说谎时考虑到他人的知识和信念,从而说出更令人信服的谎言(Lee & Imuta.,2021)。例如,孩子可能会说:"我没有在墙上画画,是妹妹画的!"

尽管儿童此时已经能够说出合理的谎言,但他们在后续的言语交流中很难掩饰自己的谎言。Talwar和Lee(2002)将一个能播放音乐的玩具放在儿童的身后,然后告诉儿童不要偷看玩具,随后研究者离开房间,通过摄像头观察儿童是否偷看了玩具。在儿童偷看玩具后,研究者返回房间,询问儿童是否偷看。结果发现,尽管3~7岁的儿童会对研究者说谎,但当研究者继续追问后("你觉得玩具是什么"),74%的儿童会给出正确的答案,这表明他们没能成功掩饰谎言。掩饰谎言的能力可能和二阶错误信念理解的发展有关,因为儿童为了掩饰最初的谎言,他们需要继续编造谎言并与最初的谎言保持一致。这就要求儿童必须能够理解最初的谎言给对方灌输了特定的错误信念,并且能够推断出他们自己应该表现出什么样的信念(Sai et al.,2021)。

在了解了说谎与心理理论之间的关系后,我们可以以一种更为开放和包容的视角看待儿童说谎这一行为。说谎是儿童的认知和社会认知发展的必然结果,是儿童在社会互动中逐渐习得的有适应意义的重要策略。当发现孩子学会说谎时,家长不用太紧张或担忧,只需加以适当的引导,陪伴孩子迈出成长过程中的重要一步。

思 考 题

1. 儿童不能通过错误信念任务的可能原因有哪些?
2. 老年人的心理理论真的出现了衰退吗?
3. 心理理论的发展是否也会促进执行功能和语言能力的发展?
4. 独生子女和非独生子女的心理理论发展存在差异吗?

名 词 解 释

高级心理理论(advanced theory of mind):儿童中期及之后个体随年龄增长而逐渐成熟的心理理论。

假装游戏(pretend play):儿童有意识、有目的地根据设想的故事情境做出模仿的一种游戏形式。

将心比心(mind-mindedness):照看者将儿童视为具有独立心理状态的个体的倾向。

心理状态谈话(mental state talk):父母与孩子谈论心理状态的过程,是儿童从父母那里学习如何理解他人心理状态的主要途径。

自我中心偏差(egocentric bias):个体在推断他人心理状态时受自身信息的干扰。

小 结

心理理论是关于心理如何运作及其如何影响行为的知识和信念。基于心理状态的性质,可以将心理理论划分为认知性心理理论和情绪性心理理论;基于对心理状态的认知加工过程,可以将心理理论划分为推断、储存和使用三个相对独立的子过程。

学前期是外显心理理论快速发展的时期,儿童在 4 岁左右能够通过一阶错误信念任务,5～6 岁能够通过二阶错误信念任务。高级心理理论在儿童中期到青少年期发展迅速。在成年期,心理理论基本发展成熟,在成年晚期表现出衰退。

执行功能可能在心理理论的早期发展过程中起到了重要的作用,而当心理理论较为成熟之后,执行功能的作用有所减弱。语言的发展能够促进儿童心理理论的发展,其中对补语结构的掌握,以及一般语言能力的发展起到了重要的作用。

家庭是影响儿童发展的重要微系统。家庭基本情况、父母与儿童的互动,以及兄弟姐妹之间的互动作为儿童早期主要的社会环境,能够影响儿童心理理论的发展。说谎是儿童心理理论发展的自然产物,是儿童在社会互动中逐渐习得的有适应意义的重要策略。

第十一章参考文献

12

在家庭中成长:父母教养与个体的社会化

家庭是社会的基本组成部分,是人生的第一学堂。家风是社会风气的重要组成部分,父母教养的影响将伴随子女毕生。不论时代如何发展,生活水平如何变化,家庭风气、父母的言传身教都是影响子女成长的重要因素。著名农业科学家、"共和国勋章"获得者袁隆平曾说:"我用一粒种子改变了世界。我知道,这粒种子,是妈妈您在我的幼年种下的。"袁隆平自幼便对土地深怀敬意,因为母亲时常教导:我们吃的粮食是土地里长出来的,土地是生命之源。正是这样的引导让他自幼立志研学农学。身为英语教师的华静也是儿子学习英语的启蒙老师。她常常将儿子抱在怀里,一字一句地用英语念儿歌,给儿子讲述英语寓言故事……对外语的熟练掌握为袁隆平查阅典籍资料、开展研究打下坚实的基础。同时,华静也不忘对儿子的品格培养。她在儿子孩童时期便通过狐狸因偷吃小鸡撑圆了肚子,难以逃出笼子的故事,告诫儿子做人要克己自律,懂得节制。

"天下之本在国,国之本在家。"根据社会生态系统理论,在影响个体发展的环境因素中,家庭因素,特别是父母对于个体发展的重要作用不容忽视。本章,我们将从父母教养方式与个体发展、父亲教养投入在个体成长中的重要作用、养育脑所涉及的神经环路,以及数字时代下的家庭教养等多个方面全面理解家庭在个体成长中的重要作用。

第一节 父母教养方式及其在个体发展中的作用

孩子会成为父母的影子吗?家庭是个体出生后最先接触的环境,是儿童社会化的第一场所,儿童各方面的发展首先是在家庭中开始和展开的。在家庭系统的作用下,儿童逐渐从一个靠本能生存的婴儿,发展成一个符合社会规范和社会需要,并被社会所接纳的个体。家庭对个体的影响从出生一直持续到成年后。在家庭系统中,父母是儿童日常生活的主要照看者,也是儿童直接接触并与之进行社会互动的个体。因此,父母的教养方式对子女的生理、认知和社会性等各方面的发展具有重要作用,也影响着子女适应环境的方式和程度。

一、父母教养方式的主要类型

父母教养方式(parenting style)类型划分的研究最早源于鲍姆林德(Diana Baumrind),其对于父母教养方式的界定主要基于家庭社会化实践研究。鲍姆林德关于父母教养方式及其与儿童个性发展关系的研究已经成为发展心理学史上具有里程碑意义的经典研究之一。其研究侧重于分析不同教养行为的特点,主要教养行为(如支持、参与、要求和监督等)的差异及其导致的儿童的不同反应和发展变化。鲍姆林德在其早期的研究中根据父母的教养行为与儿童个性成熟水平的关系,把父母教养方式划分为权威型、专制型和放纵型。Maccoby 和 Martin(1983)在此基础上又进行了扩展,根据父母对孩子的反应性和要求性,把父母的教养行为分为四类(图 12.1):权威型(authoritative)、专制型(authoritarian)、溺爱型(indulgent)和冷漠型(indifferent)。前两种类型与鲍姆林德一致,后两种则是对鲍姆林德所提出的放纵型教养方式的扩展。

	反应性 高	反应性 低
要求性 高	权威型	专制型
要求性 低	溺爱型	冷漠型

图 12.1 父母教养方式的类型

要求性是指父母对儿童的成熟度与合理行为的期望和要求程度(Steinberg,2005);反应性是指父母以接受、支持的方式对儿童的需要做出反应的程度。由于这两个维度是相互独立的,一个维度的变化不受另一个维度的影响,因此可以有多种组合方式。

对儿童既有较高的要求又有较高反应性的父母为权威型父母;对儿童有较高要求,但反应性较低的为专制型父母;对儿童有较高反应性,但要求较低的为溺爱型父母;对儿童反应性与要求性均较低的为冷漠型父母。不同的教养方式或采用不同教养方式的父母会对儿童各方面的发展产生不同的影响。但总体来说,相对于其他教养方式,权威型父母对于儿童各方面的发展具有积极的影响。

1. 权威型父母

在家庭中,权威型父母营造的氛围是温暖、友善、公正而严格的。这种家庭为儿童青少年的行为设定了指导原则和标准,这些原则和标准与儿童青少年的发展需要和能力通常是一致的,并且能够得以贯彻。同时,这些原则和标准也是灵活的,父母和儿童青少年之间可以就这些原则和标准在一种充满关怀、亲密且公正的氛围中进行阐释、探讨和执行。

虽然对于孩子的行为,父母可能拥有最终的决定权,但是对于某一件事情的最终决定一般是在经过协商和探讨之后得出的,孩子会参与协商和探讨。例如,在讨论如何安排假期时间这个问题时,父母会和孩子坐在一起,让孩子说出自己的意见,父母也会提出自己的建议并加以解释,在最终决定前认真考虑孩子的意见。

2. 专制型父母

专制型父母为孩子制订的规则是严苛的且会督促孩子按照要求执行,但他们很少向孩子进行相关的解释。他们重视子女对于家庭规约的服从性,常常倾向于使用惩罚的、专断的、强烈的管教措施。专制型父母深信,儿童应该无条件接受父母制定的规则和标准。

专制型父母不鼓励儿童的独立行为,且会对儿童的自主性给予限制。他们会将孩子表现得越来越明显的独立性视为反抗父母权威或对父母的不尊重,因此会用武断的手段拒绝孩子彰显自主性的特征。例如,当专制型父母发现子女与同龄人交往密切,同伴活动增多时,他们会严格规定孩子晚上或者活动后回家的时间,限制孩子的社会交往。这种教养方式在本质上仅考虑了成人的需要,忽视和压制了孩子的想法和独立性。

3. 溺爱型父母

溺爱型父母在管教问题上以一种和蔼和顺从的方式对待儿童。他们较少对儿童的行为提出要求,赋予儿童高度的按照自己意愿行事的自由。在溺爱型父母看来,控制是对儿童自由的侵犯,它会妨碍儿童的健康发展。溺爱型父母不是积极地塑造儿童的行为,而是把自己看作儿童利用或者不利用的资源。

4. 冷漠型父母

冷漠型父母总是尽可能减少与孩子一起活动的时间和精力。在极端情况下,冷漠型父母对儿童可能置之不理。他们对儿童在学校或与朋友在一起时的经历不感兴趣,很少知道儿童的活动和去向,很少与儿童谈心,做决策时很少考虑儿童的意见。在本质上,冷漠型父母以"父母为中心",而不是按照有利于儿童发展的信念抚养孩子,他们主要围绕自己的需要和兴趣来建设家庭生活。

鲍姆林德提出的放纵型教养方式则是一种接纳而宽松的教养方式。成人几乎不对孩子提出要求,允许孩子自由地表达自己的感受和冲动,不会密切监控孩子的活动,很少对孩子的行为施加严格的控制。这种类型的父母或者拒绝孩子,或者沉浸在自己的压力和问题中,以致没有太多的时间或精力投入儿童养育,他们对孩子的需要不予理睬或不敏感(Maccoby & Martin,1983)。

根据鲍姆林德等人划分的教养方式来描述父母对孩子的教养行为,是目前该领域研究中最有用、影响最大的方法。当然,针对父母的教养方式,还有很多其他的划分方法。例如,近年来,我国学者刘金花把家庭教养方式分为拒绝型、严厉型、溺爱型、期待型、矛盾型和分歧型(刘建榕,刘金花,2000)。权威型教养方式是将温暖与适度合理的父母控制相结合,这种教养方式与积极的发展结果有着最密切的联系。很明显,儿童不仅需要关爱,还需要一套帮助儿童建构自己的行为并对之进行评价的规则。若没有这样的引导,儿童也许不能学会自我控制,也许会变得相当自私、任性,缺乏明确的成就目标,尤其是如果他们的父母也是疏远或漠不关心的类型的话(Steinberg et al.,1994)。但是如果孩子受到过多的引导和死板的限制,他们也很少有机会变得自立,并且可能对自我决策的能力缺乏信心(Steinberg,2005;Steinberg et al.,1994)。

二、父母教养方式对于个体发展的作用

众多研究表明,不同的父母教养方式与或好或坏的生理、认知和社会性发展结果相联系。一些研究考察了父母教养方式和儿童特征之间的关系,权威型教养方式与各种积极的发展结果相关,如更高的学业成就、道德水平,以及更强的社会交往技能和社会适应性(Kilgore,Snyder,& Lentz,2000)。

而对于放纵型教养方式的研究表明,这种教养方式将会导致孩子更多的消极发展结果。例如,在这种教养方式下成长的孩子,3岁的时候就已经表现出较高的攻击性和易怒等外化的问题行为(Miller et al.,2003)。更严重的是,在童年期后期,他们往往具有破坏性,在课堂上表现得非常差(Eckenrode,Laird,& Davis,1993;Kilgore,Snyder,& Lentz,2000)。此外,这些孩子经常会表现出较低的学业成就和自我控制能力,成为怀有敌意、自私、叛逆的青少年,缺少有意义的长远目标,易于实施反社会行为和违法行为,如酒精和药物滥用、逃学及多种犯罪行为(Kurdek & Fine,1994;Pettit et al.,2001)。这些青少年的父母所表现出的对孩子的忽视(甚至漠不关心)似乎在告诉孩子:"我不在乎你,也不在乎你做什么。"这一点毫无疑问会导致孩子愤恨,并试图报复这些冷漠、铁石心肠的对手和其他权威人物。

1. 教养方式与个体的认知发展

积极的父母教养方式与儿童的认知发展,特别是执行功能密切相关。执行功能是个体有意识地对意图、情绪和动作进行目标导向性调节的一系列自我调节策略(Carlson et al.,2013),主要包括抑制控制、工作记忆和认知灵活性等主要成分(Diamond,2013)。执行功能的发展有助于儿童管理情绪和规范自身行为,促进其社会适应(Neppl et al.,2020)。研究发现,母亲对孩子表现出的温暖和支持度越高,孩子的意志控制能力越好,对负性情绪的调节能力越强。而忽视子女需求等非支持性的母亲教养方式则会导致儿童的意志控制和灵活转换注意的能力不足,甚至在步入青少年期后出现更多的外化问题(Neppl et al.,2020;Vilaseca et al.,2020)。

不仅母亲教养方式对于子女认知发展具有重要作用,父亲教养的作用也不容忽视。在子女成长过程中,父亲与母亲扮演的角色有所不同,母亲作为照料者,是子女在面对压力等负性刺激时重要的情感支持来源。而父亲更像是子女的朋友或玩伴,鼓励孩子接触新鲜多样的外界信息,帮助子女学会解决问题。权威型的父亲能够促进子女面对

问题时,抑制负性情绪,合理分配注意资源解决问题的能力(Jacques et al.,2020)。此外,父亲与母亲教养方式的一致性也对子女发展至关重要。当父亲与母亲的教养方式更一致时,子女的学业成绩更高,问题行为更少(Altenburger et al.,2020)。

2. 教养方式与个体的社会性发展

父母教养方式与个体的情绪调节、人际交往能力和社会行为等多方面的社会性发展密不可分。儿童的成熟需要一个良好的环境。儿童的情绪调节能力在出生后的第一年开始形成,并在接下来的几年中迅速发展。学龄前儿童的情绪调节能力能够预测学龄阶段甚至以后的行为方式。这一阶段,父母表现出专制型的教养方式,在养育子女过程中难以调节自己的情绪,将阻碍子女与同伴、朋友建立稳固的社交关系。特别是对于胆小内向的男孩,这种影响作用尤为明显(Eti,2023)。如果父母能够积极回应孩子需求,提供更多支持,孩子调节自身情绪能力的发展也更加健全;而如果父母采取专制、冷漠、忽视或拒绝的教养方式,子女则会表现出更多的内化症状,如悲伤、焦虑和孤独,以及外化症状,如反应过度、冲动控制能力差、不服从、攻击性和同伴关系问题(Bennett,2023)。

父母的具体教养行为与亲子间沟通谈话的内容也会影响子女的社会性发展。当缺乏父母支持时,子女罹患抑郁症的风险就会增加。与此同时,当父母与子女关系融洽,并表现出较高的支持,即采取积极的教养方式,子女罹患抑郁症的风险就会降低。此外,父母具体的养育行为也与子女情绪症状密切相关。研究发现,如果父母对孩子的温暖、顺从、接纳行为较少,而对孩子的排斥和批评较多,那么孩子就会形成不良的自我形象和消极的认知风格,进而增加抑郁症的患病风险。相反,积极的养育方式可以保护儿童免受负性情绪和同伴压力的影响。同时,由于缺少与父母的积极关系,焦虑的青少年在过渡时期的保护因素也非常有限。此外,父母在教养过程中与孩子的沟通谈话内容也可能影响孩子的社会认知的发展,研究发现,母亲在亲子谈话中对心理状态的描述与儿童心理理解能力有关,母亲谈论的心理状态越多,孩子的心理理论能力越强(苏彦捷,刘艳春,2012;苏彦捷,覃婷立,2010;Meins et al.,2002)。

三、情绪教养及其对个体发展的作用

父母的情绪教养对个体发展具有重要影响。良好的情绪教养能够帮助孩子建立健康的情绪调节能力,增强自我意识和社会适应能力。通过积极的情感支持和有效的沟通,父母可以促进孩子的情绪稳定性,提升孩子的心理健康水平和社会技能。相反,不适宜的情绪教养可能导致情感障碍和行为问题,对孩子的全面发展产生不利影响。

1. 父母情绪教养

一般来说,家庭中的情绪教养包括家庭中跟儿童情绪相关的教养行为,其与儿童的健康发展密切相关,是影响子女情绪社会化过程的直接且重要的方面(Bassett & Wyatt,2015;Eisenberg,2020;Hajal & Paley,2020)。父母情绪教养主要包括家长教养子女过程中为孩子创造的可以观察体验情绪、学习情绪表达等方面的教养方式和行为(Morelen et al.,2014)。根据情绪社会化理论,父母对子女情绪的反应、对子女情绪体验的重视程度等教养行为均对子女情绪调节的发展具有重要影响(Eisenberg,2020)。其中,父母对儿童情绪的敏感性,以及对儿童自主性的支持可能是亲子互动中涉及儿童情绪的最重要的教养行为(Han et al.,2019)。

2. 父母情绪教养对个体发展的作用

根据元情绪理论(Gottmanetal,1997)和依恋理论,家长对子女情绪充分和及时的理解和回应有利于亲子间依恋关系的建立,有助于家长在子女情绪调节过程中发挥脚手架作用,进而促进子女适应性的情绪能力的发展。研究发现,父母对子女情绪的敏感性能够正向预测儿童未来的自我调节能力(Perry et al.,2020;Seddon et al.,2024)。同时,根据自我决定理论(Ryan & Deci,2000),自主性是个体的基本心理需求之一,父母对于子女情绪性的支持,鼓励子女真实、自主地体验和表达情绪(Han et al.,2023),能够预测包括子女良好的情绪调节能力在内的积极发展结果(Laporte et al.,2021)。上述情绪相关的养育行为也可能影响儿童脑结构和脑功能的发展,从而进一步影响儿童期的情绪体验及情绪调节能力(Ratliff et al.,2024)。以往研究发现,个体在情绪调节过程中会激活在功能上相互联结的大脑系统(Ochsner et al.,2012;Tan et al.,2020)。一个是与情绪的产生和情绪知觉相关的脑区,包括杏仁核、腹中侧前额叶和脑岛。另一个是与自上而下进行认知控制相关的脑区,包括背外侧前额叶、腹外侧前额叶和前扣带回等区域。此外,儿童情绪调节能力也与杏仁核和前额叶皮层的功能连接相关(Gaffrey et al.,2021)。母亲积极养育行为(如支持、回应儿童情绪相关的需求)的程度与儿童情绪调节过程中杏仁核的活动增强相关(Butterfield et al.,2020;Pozzi et al.,2021)。此外,父母对儿童情绪较低的敏感性会增强儿童在完成情绪调节任务过程中杏仁核-前额叶皮层间负向的功能连接(Kopala-Sibley et al.,2020)。

除了父母情绪教养外,父母在教养过程中自身的情绪状态也可能影响其对子女情绪的回应方式,进而影响子女的发展。父母养育倦怠(parental burnout)是指由于养育压力与父母自身应对资源失衡而产生的倦怠情绪。产生养育倦怠的父母可能会回避或忽视子女的情绪,疏离子女,影响日常的教养或养育行为(Macuka et al.,2024;Piraino et al.,2024;Schittek et al.,2023)。研究发现,当养育者体验到较高的养育倦怠时,其对子女的负性情绪所表现出的他人指向的共情更低,具体表现为忽视子女的情绪和需求。同时,对于子女情绪及其产生原因难以进行认知加工,这一过程也将影响子女自身参与社会交往时的社会认知能力,进而表现出更少的亲社会行为(Wang et al.,2024)。养育倦怠对于养育行为和子女发展的负向影响在国内外研究中均有发现(Teuber et al.,2024)。

四、父亲参与教养对于个体发展的独特作用

不同的研究者对父亲参与教养(father involvement)的界定不一致,其中比较具有影响力的、被广泛接纳的是 Lamb(1977)提出的,将父亲参与教养这一概念分为三个子成分,即积极参与活动(positive engagement activities)、温暖回应性(warmth responsiveness)和父亲的控制(control)。

1. 父亲参与教养与个体的认知发展

研究发现,父亲与儿童的互动和交流在儿童的认知发展中发挥着重要的作用(Pancsofar et al., 2010)。父亲与儿童游戏及对儿童的照料频率越高,孩子 6 个月大时的认知能力越强,随后一年的认知能力也更强(许岩 等,2006)。还有研究发现,和父亲生活在一起的儿童的阅读和数学成绩比没和父亲生活在一起的儿童要好(Teachman et al., 1998)。另外,父亲与孩子互动交流的质量也会影响儿童认知的发展。例如,Ryan 等人(2006)的研究发现,孩子 2 岁时父母双亲支持性的亲子互动与儿童 3 岁时的贝利婴儿发展量表中智力量表的得分正相关。父亲在儿童 2 岁时的支持性互动,与儿童 2 岁和 3 岁时的智力水平有关(Cabrera et al., 2007)。Martin 等人(2007)的研究同样表明,儿童 2 岁时父亲的支持性亲子互动能够预测儿童 5 岁时的数学成绩。父亲在儿童学前期的积极控制也能够预测儿童中期个体的智力水平(Pougnet et al., 2011)。

甚至有研究发现,在控制了母亲教养行为的影响后,父亲的支持性亲子互动与儿童 2 岁、3 岁时的智力得分有关(Tamis-LeMonda et al., 2004)。在控制了母亲教养行为的影响后,儿童早期父亲的温暖及鼓励能够预测儿童小学阶段的语文成绩和数学成绩(Coley, Lewin-Bizan, & Carrano, 2011)。还有研究发现,在控制了母亲温暖的影响后,父亲的温暖能够预测儿童 2 年后的学业成就(Chen, Liu, & Li, 2000)。这些结果表明,父亲在儿童认知的发展上发挥着重要的作用,甚至是不可替代的作用。这可能是因为父亲通过游戏促进了孩子的认知功能(Pruett, 1998),或许父亲在游戏中表现出的积极教养行为增强了儿童的非言语能力。即使控制了学前期儿童的智力差异影响,父亲的积极教养行为在儿童非言语认知功能上的作用在随后 6~10 年的发展过程中也是非常显著的(Pougnet al., 2011)。

父子互动与交流也影响了幼儿语言的发展。Gleason(1975)提出的"桥梁理论"认为,父亲是连接孩子与外部世界的桥梁。和母亲相比,父亲与孩子相处的时间相对少一些,父亲与儿童共享的背景知识比母亲少,这可能导致父亲在理解幼儿的语言方面更困难,因此父亲在与孩子的互动中会使用更多的提问。儿童要对父亲的互动方式做出回应,就需要启用更多的认知资源,说话更多、更有逻辑,使得儿童的语言能力得以快速发展(Rowe, Coker, & Pan, 2004)。"桥梁理论"得到了大量研究结果的支持。例如,Pancsofar 和 Vernon-Feagans(2006)的研究发现,在中产阶级白人样本中,儿童 24 个月大时,父亲-母亲-孩子三方互动中父亲的词汇量确实能够影响儿童 3 岁时的表达性语言

能力(如发出愉悦的声音、对语言概念如复数的理解等),即使在控制了母亲在互动中的词汇量、父母双方的受教育程度、儿童照料质量等因素后,父亲互动过程中的词汇量的预测作用仍然显著。Pancsofar 等研究者(2010)考察了低收入家庭中父亲与孩子的双方互动在儿童语言发展中的独特作用。结果发现,婴儿6个月大时父子互动中的词汇量能够显著预测儿童15个月大和36个月大时的表达性语言能力,在控制了母亲相关影响后预测作用仍然显著。另外,Tamis-LeMonda 等人(2004)的纵向研究考察了父子互动质量与儿童语言能力的关系,结果发现与父亲住在一起的儿童,其3岁时反映语言能力的皮博迪图片词汇测验的得分要好于不和父亲住在一起的儿童;在控制了母亲的教养行为、母亲的教育程度及父亲的教育程度后,父亲支持性的教养行为仍然能独立解释一年后儿童语言能力测验得分。Martin 等人(2007)的纵向研究同样表明,儿童2岁时父亲支持性的亲子互动能预测儿童5岁时的语言能力。可见,在儿童语言能力的发展上,父亲同样发挥着重要的作用,甚至是不可替代的作用。

2. 父亲参与教养与个体的社会性发展

父亲与孩子互动交流的时间越多、越积极地表现出温暖,孩子越容易与父亲建立起安全的依恋关系(Brown et al.,2012)。研究发现,父子互动交流与3岁儿童的依恋关系受到父亲敏感性的调节(Brown et al.,2012)。具体来说,对于高敏感性的父亲,父亲的互动与儿童的依恋关系无关;而对于低敏感性父亲来说,父亲与儿童的互动时间越多,孩子越可能与父亲形成安全型依恋(Brown et al.,2012)。父亲参与孩子教养越多,儿童的消极情绪,如抑郁、内疚、焦虑等越少(Choi & Jackson,2011);儿童能更好地应对压力,更好地与陌生人相处,好奇心更强且乐于探索,在探索过程中更加自信(李丹等,2004);更喜欢学校,乐于参加课外活动,在校表现出较少的问题行为(Flouri,2005)。Roger 等人(2012)的研究发现,父亲和儿童互动过程中对心理状态的详述能够预测儿童的社会技能。父亲参与教养程度还与儿童的亲社会行为有关(黎志华 等,2012)。父亲参与儿童教养的程度还和学前期儿童的延迟满足能力有关,父亲参与程度越高,孩子的延迟满足能力越好(聂晋文,芦咏莉,2014)。该研究还发现,尽管母亲参与教养与儿童的延迟满足能力有关,但是当纳入父亲参与教养后,母亲对儿童延迟满足能力的预测作用不再显著,而父亲参与教养的预测作用仍然显著。Brotherson 等人(2005)的研究同样表明父亲参与儿童教养影响了儿童的社会行为,这种作用甚至超过了母亲参与教养的影响。父亲参与儿童教养的时间与儿童的社会技能密切相关,在控制了母亲教养行为的影响后,父亲参与儿童教养的时间仍能显著地预测儿童的社会技能(刘丽莎 等,2013)。

另有研究者从父子互动与交流质量的角度来探讨父亲在儿童社会性发展过程中的作用(Carlson,2006;Flouri,2007)。例如,研究发现,婴儿12~18个月大时与父亲形成的安全型依恋与儿童随后在游戏中表现出的消极情感反应负相关,与父亲形成安全依恋关系的个体在和同伴交往时更轻松,也更倾向于自己解决冲突(Suess,Grossman,

& Sroufe,1992)。学前期父亲的积极控制能够负向预测儿童中期个体的内化问题行为(Pougnet et al.,2011)及儿童的外化行为问题(Carlson,2006;Chen et al.,2000),而父亲的消极教养行为能够负向预测儿童的适应能力(Keown,2012)。Van den Boom(2014)的研究发现,父亲挑战性的教养行为,比如鼓励儿童冒险,有助于降低儿童的社会焦虑,而母亲的挑战性教养行为则增加了儿童的社会焦虑。父亲挑战性教养行为对儿童社会焦虑的独特作用,可能与父母的不同角色有关:父亲挑战性的教养行为使得儿童能够在不熟悉的情境中变得勇敢,主动探索并克服困难。母亲的教养则起到保护性和照料的作用,因此母亲的挑战性教养行为可能会转变成过度焦虑或过度卷入的教养行为,从而导致儿童更加焦虑(Paquette,2004)。

也有研究者关注了父亲与子女沟通交流的内容与子女的社会认知能力发展的关系。研究者请父亲完成父亲教养行为问卷(The Inventory of Father Involvement,IFI;Hawkins et al.,2002),儿童完成错误信念、情绪观点采择、皮博迪图片词汇测验和抑制控制等任务。结果表明,我国学前期儿童的父亲教养行为主要集中在亲子交流、规划约束、照顾鼓励和表扬支持这四个方面;控制了儿童的语言能力和抑制控制能力后,父亲的亲子交流可以预测3～4岁儿童的情感性心理理论。接下来,研究者要求父亲和儿童分享一本无字故事书以考察父子交流的特点,随后要求儿童完成错误信念、情绪观点采择和皮博迪图片词汇测验等任务。结果发现,控制了儿童的语言能力和父亲教育程度后,父亲对行为的简述可以预测儿童的认知性心理理论,而父亲对知识的简述可以预测儿童的情感性心理理论。上述结果表明,父子交流影响了儿童心理理论的发展,父亲对不同内容的简述与儿童认知性和情感性心理理论的关系不同。此外,还有研究通过纵向设计的方法考察父子交流与儿童心理理论两成分的因果关系,并比较父、母亲子交流对儿童心理理论两成分发展的不同作用。该研究在48个家庭中展开,分别在儿童3岁、4岁和5岁时要求父亲、母亲单独和儿童分享一本无字故事书,同时要求儿童完成错误信念、情绪观点采择和皮博迪图片词汇测验等任务。交叉滞后分析表明,控制了儿童早期的语言能力、认知性心理理论后,父亲早期的行为简述能够预测儿童随后的认知性心理理论,而反过来则不行。这表明父亲行为简述促进了儿童认知性心理理论的发展;控制了儿童自身变量及母亲谈话的影响后,父亲的行为简述仍然能够预测1年或2年后儿童的认知性心理理论(Liu et al.,2016)。

第二节 演化视角下的父母养育

从演化视角理解父母养育行为的一个重要概念框架是社会个体发生(Schneirla & Rosenblatt,1963)。社会个体发生解释了婴儿的成熟过程,以及每个发展阶段从环境中获得的经验,同时也描述了生存环境如何使婴儿应对进化的挑战,调整压力反应。社会个体发生的提出预示着源于生物科学的动态系统理论在人类社会发展中的应用,这一概念的提出弱化了婴儿和环境之间的区别,凸显了儿童个体和环境帮助其进化而获得的社会能力(Feldman,2015)。

一、养育行为的演化基础

社会个体发生理论强调了养育的一个重要方面——关键期。根据这一理论,发育敏感期不仅适用于感觉系统(如经典的视觉优势),还适用于父母(Feldman,2015)。Schneirla和Rosenblatt(1963)强调,在发育的关键时期,母亲必须提供一定的营养供给,以确保社会大脑的适当成熟。社会个体发生理论在最近的社会神经科学模型中得到了回应。例如,解构社会性的观点认为,社会性是从松散耦合的"模块"进化而来的,这些"模块"各自描述了每个物种的社会生活,如群居、一夫一妻制、社会等级、季节性或双亲养育(Goodson,2013)。因此,理解亲子环境及其对婴儿后期社会适应的影响和对整体社会组织的贡献必须在特定物种中进行,这与我们强调的建立基于人类养育的神经生物学的社会神经科学理论的必要性是一致的。

1. 动物模型中的母性行为

动物模型中的母性行为的第一个特征主要是启动和维持,具体包括两个阶段:第一阶段由孕激素(孕酮和雌二醇)启动,并由生育激素(催产素和催乳素)触发;第二阶段则表现为对幼崽和巢穴的持续投入(González-Mariscal et al.,2001;Jiménez et al.,2023)。尽管雌性啮齿类动物不会与它们的幼崽形成排他性的联结,但第二阶段的母性行为也是非自动化的,主要通过社会互惠或者亲子之间刺激交换实现营养传输,以此体现母性行为对社会生活的影响。Rosenblatt等人主要研究啮齿类动物的母性行为,其对仓鼠和兔子的母婴同步性研究表明,营养传输可通过多种形式出现,从轻微到强烈,从短期到长期,在单一或多种环境中实现,并在不同程度上受到嗅觉线索的引导,从而为人类营养性的广泛变异奠定了基础(Siegel & Rosenblatt,1980)。

第二个特征是在神经生物学层面对子女及哺育过程去冲突化(Rosenblatt,1994),这是一个与临床理论相呼应的观点。未经交配的大鼠对幼崽的刺激感到厌恶,因此,母性照顾的开始需要两个阶段的过程,首先抑制对幼崽的先天厌恶,然后通过视前叶内侧区-多巴胺连接增加养育幼崽的情绪奖励(Stolzenberg et al.,2007)。而人类是否也是通过这一神经过程促进养育行为仍值得怀疑。脑成像研究发现,无论是父母,还是未生育子女的成年人,均会对婴儿图片或视频等刺激做出反应,激活多巴胺奖赏环路(Caria et al.,2012;Mascaro et al.,2014)。更加全面地理解这一神经生理过程有助于构建干预措施,以解决自然联结过程被破坏带来的问题。

2. 人类的母性行为

人类母亲,就像啮齿类动物一样,在婴儿出生后立即表现出母性行为。人类物种特有的养育技能包括凝视婴儿的脸和身体、表达积极的情感、母亲式的高音发声和深情的触摸,这与啮齿类动物的舔毛或理毛等典型的养育行为相似(Feldman & Eidelman,

2007；Feldman，2013）。与啮齿类动物一样,母亲的产后功能受到催产素系统的影响,并与母乳喂养（Feldman & Eidelman，2003）和外周催产素水平（Gordon et al.，2010）等因素有关。最后,与啮齿类动物一样,母婴交互的经历促使婴儿成为其社会生态位的成员,部分是通过母性行为对婴儿催产素系统的影响（Hammock，2015；Weisman et al.，2012）,具体表现为母亲的存在和行为对婴儿应激反应、海马糖皮质激素受体分布和杏仁核激活模式的缓冲作用（Sullivan & Holman，2010）。到了儿童期,母亲的存在和母亲的行为仍会对儿童的杏仁核和皮质醇水平产生相似的作用模式（Feldman et al.，2010；Tottenham，2012）。

然而,人类的育儿经历了漫长的进化过程,而且人类的育儿行为与其他哺乳动物不仅在外显行为上有所差异,其在本质上也是不同的。人类母亲会根据婴儿自身的社交能力和反应来协调产后行为的表达。人类母亲产后行为的表达存在较大的个体差异,受到抑郁等母体因素（Feldman & Eidelman，2003；Goodman，2007）、先天调节能力或调节支持系统,如心脏迷走神经张力等婴儿神经发育因素以及文化背景等方面的影响（Feldman，2006）。对母婴互动的纵向研究描述了母亲在婴儿刚出生时的技能如何以人类特有的方式转化为婴儿 3 个月时的亲子二元同步性互动,这种转化巩固了婴儿社会脑的发展及神经内分泌和自主系统的成熟,这对支持婴儿参与社会生活至关重要（Feldman et al.，2010；Gordon et al.，2010）。

纵向研究发现,母亲产后行为的数量及其与婴儿社会能力之间的协调程度可以预测儿童在整个童年时期更好的发展结果,包括 1 岁的儿童符号游戏和执行功能等认知发展（Feldman et al.，2004）,前 5 年的情绪调节能力（Feldman，2009）,社会情感发展轨迹（Feldman & Eidelman，2009）,适应性更强的皮质醇应激反应,以及对压力更灵活的自主反应等（Feldman et al.，2014）。重要的是,研究发现人类在社会同步性发展的关键时期（3~9 个月）,母亲产后行为的数量及其与新生儿状态的协调程度可以预测母子和父子互动中更高的行为同步性（Feldman & Eidelman，2007；Endevelt-Shapira & Feldman，2023）。这一时期,从婴儿开始积极参与社会交流,到语言、非语言符号的出现,比如 1 岁前通过分享社会信号积极参与互动,尽管这时的婴儿还不能抓取、爬行或操作物体,然而这些仍标志着人类生命中社会化的高峰时期的到来（Trevarthen，1993）。这一阶段社会信号的协调促进社会脑的成熟,产生自主感和控制感,并有助于巩固婴儿的皮质醇和催产素反应（Feldman，2007；Feldman et al.，2010）。同步性为婴儿参与社会生活的能力提供了基础,并绘制了 Rosenblatt（2003）所描述的从"婴儿发育到断奶期间母亲与幼儿行为互动的同步性"到参与"社会组织"的曲线。研究发现,在 3~9 个月关键时期,更高的母婴同步性预示着从童年到青春期更高的情绪调节、安全依恋、符号能力和更强的共情能力（Beebe et al.，2015）。从同步性到社会生活的这条线,以人类特有的方式描绘了哺乳动物的一般性社会适应过程。

二、催产素与养育行为

催产素(oxytocin,OXT)是一种环状九肽分子,在室旁核(paraventricular nucleus,PVN)与视上核(supraoptic nucleus,SON)合成释放,通过垂体后部进入血液,部分OXT会扩散至下丘脑中,影响中枢催产素受体网络,OXT对于亲密关系和母性行为具有促进作用(Neumann,2008)。在动物中,催产素与社交行为、亲子关系和配偶关系相关联。例如,催产素在哺乳动物中有助于母亲和幼崽之间的亲密联系,促进母性行为和哺乳。在人类中,催产素同样扮演着重要角色。研究表明,催产素水平的升高与亲密关系、社交联系和母性行为相关联。例如,在产妇身上,催产素的释放有助于产后亲子关系的建立,同时有助于加强父母之间的情感联系。此外,催产素还与性行为和性满足感相关,有助于加强伴侣之间的亲密关系(Ferera et al.,2023)。催产素在动物和人类中都扮演着促进亲密关系、社交联系和母性行为的重要角色。它是一种非常重要的生物化学物质,有助于加强个体之间的情感联系和亲密关系。

1. 动物模型中的催产素和亲密行为

许多关于动物模型的研究强调了内分泌和神经过程的动态反馈循环,Bridges(2015)称之为支持母性护理表达的内分泌神经联结。因此,虽然下文分激素和大脑进行阐述,但很明显,它们之间是密切联系、相互影响的。同样,催产素系统也并不是单独起作用的,其与许多激素和神经内分泌系统,包括妊娠和分娩激素(雌二醇、孕酮、催乳素)、5-羟色胺、多巴胺、去甲肾上腺素、皮质醇、睾酮和抗利尿激素相互作用,以支持哺乳动物亲密关系的形成,而这些系统之间复杂的相互作用才刚刚开始被研究。

催产素对社会功能的发展具有重要作用。研究表明,在啮齿类动物和食草动物中,催产素与亲密关系和哺育行为形成有关,特别是在一夫一妻制和一夫多妻制的田鼠物种中,催产素受体分布的差异预示着物种在包括群居性、父亲参与养育、一夫一妻制的伴侣关系,以及延长亲代照顾等社会性方面表现上的不同(Donaldson & Young,2008;Insel et al.,2001)。这些研究证实了催产素在哺乳动物社会性发展中的重要作用(Carter,2014),并引导了大量将催产素与人类社会功能及与社交功能障碍相关的精神疾病(包括孤独症、精神分裂症、社交焦虑和抑郁症)关联起来的研究(Bakermans-Kranenburg & van Ijzendoorn,2013)。

2. 催产素受体基因和人类的养育行为

研究表明,催产素分子可能起源于6亿多年前有颌脊椎动物祖先的血管催产素肽。通过基因复制,催产素分子在进化过程中得以保留,并在所有脊椎动物及部分无脊椎动物中以多种变体形式存在(Beets et al.,2013;Grimmelikhuijzen & Hauser,2012)。催产素分子影响外周组织,包括从线虫到人类的生殖、体内平衡和能量平衡,以及社会行为的神经调节、压力调节和联想学习。产生催产素肽的细胞存在于不同物种和掌管神经分泌的脑中心,并具有典型的"分子指纹"特征(Chang et al.,2013)。催产素型神经元具有调控感觉整合与调节神经分泌的双重特性,提示这一古老的分子系统可能在演化过程中通过调控肽能的分泌,将外界感觉输入实时转化为适应性行为反应。同时,催产素也是早期养育行为对个体社会性产生影响的中介递质。综述研究提示,早期的触觉刺激,如母亲的触摸,可能通过触觉传入神经和许多神经肽(如催产素和内源性阿片样肽),共同促进亲密照顾者-婴儿纽带的形成和积极社会图式的发展,在触摸-亲社会联结中发挥关键作用(综述见 Su & Su,2018)。

在人类中,催产素受体基因是一个由389个氨基酸组成的多肽,具有7个跨膜结构域,属于G蛋白偶联受体,位于3p25-3p26.2(Gimpl & Fahrenholz,2001)。该基因区全长17 kB,由3个内含子和4个外显子组成。催产素受体基因一些位点上的单核苷酸多态性与人类的养育行为有关。携带 OXTR rs 53576 GG 基因型的母亲在与子女互动时表现出更高的敏感性(Bakermans-Kranenburg & van ijzendororn,2008)。OXTR rs 2254298 和 rs 1042778 上的风险等位基因都与血浆催产素降低相关,表明催产素的中枢和外周指标之间存在一定的协调。血浆催产素、催产素受体基因和 CD 38 风险等位基因的减少预示着父母接触的减少,高血浆催产素和低风险 CD 38 等位基因的相互作用预示着父母-婴儿凝视同步性持续的时间更长(Feldman et al.,2012)。在一项针对1000对双胞胎及其父母的家庭研究中,OXTR rs 53576 AA 纯合子母亲比G携带者表现出更少的情感温暖(Klahr et al.,2015)。通过对父母及其头胎婴儿从出生到3岁的队列研究发现,1个月和6个月时的亲子同步性以及母亲的 CD 38 等位基因,可以预测儿童在3岁时与最好的朋友互动时的外周催产素水平和更高的社会互惠性。最后,在一组从婴儿期到成年期的儿童中,仅在 OXTR rs 53576 GG 纯合子中发现了1~26岁依恋安全的连续性,以及从父母依恋到浪漫依恋的转移(Feldman et al.,2013)。

三、从哺乳动物到人类的养育脑网络

与养育行为有关的大脑的进化是从支持哺乳动物养育后代的皮层下结构到主导人类亲代照料的边缘、副边缘和皮层脑网络系统的广泛整合的过程。与催产素系统类似,随着进化古老的保守成分与高阶人类特异性功能相结合,使养育脑更具灵活性、可变性,以及不受时间、环境限制的独立性。

1. 动物模型中的养育脑

对于啮齿类动物母体的脑研究起源于 Rosenblatt(2003)等研究者所揭示的下丘脑内侧视前区(medial pre-optic area,MPOA)在母性行为启动中的关键作用。在妊娠激素的启动和分娩期间催产素及催乳素增加的触发下,MPOA 投射到中脑边缘多巴胺回路,增加了母亲照顾婴儿的动机;同时,这一过程为与孩子相关的刺激赋予了奖赏价值(Dobolyi et al.,2014)。MPOA 也投射到杏仁核,这增加了母亲对婴儿安全的警惕性(Been & Petrulis,2012)。这三个结构,即产生催产素的下丘脑、杏仁核和边缘多巴胺通路,以及中边缘和黑质纹状体通路,构成了支撑啮齿类动物母性护理的中枢网络,在

这个网络中,催产素作为一种调节剂发挥作用(Coria-Avila et al., 2014; Insel & Young, 2001)。然而,从比较心理学的角度来看,啮齿类动物的研究描述了母性护理主要是皮层下的、激素控制的,并受到嗅觉信号的调节。

2. 人类的养育脑

对人类父母与养育相关的大脑的研究通常使用fMRI来探测父母大脑对听觉、视觉或多模态婴儿刺激的反应,如婴儿哭声、图片或影像,通常将"自己的婴儿"与标准婴儿或对照条件进行比较(Swain et al., 2015)。大多数研究针对的是母亲,很少针对父亲,还有一些研究针对的是非父母对婴儿相关线索的大脑反应。这些研究表明,大脑中有几个脑区会对婴儿相关线索产生反应,这些区域构成了"父母养育照顾"网络,该网络整合了几个相互关联的网络的功能。这一网络中涉及的脑区环路,如杏仁核、下丘脑和多巴胺能奖赏回路,与过往研究发现的啮齿类动物养育脑网络所涉及的脑区环路具有高度重合。然而,这些结构也被证明通过多个向上和向下的投射连接到人类社会脑的几个皮层网络,从而实现自上而下和自下而上的加工过程。其中,前脑岛和前扣带皮层使父母能够对婴儿的疼痛和情绪产生共鸣(Fan et al., 2011),镜像神经元系统使父母能够在自己的大脑中表征婴儿的行为(Rizzolatti & Craighero, 2004),心智化系统中的脑区支持父母理解婴儿的非语言信号并推断其背后的意图(Bernhardt & Singer, 2012),情绪调节网络使父母进行意志控制,以实现多任务处理,并从多种选项中选择恰当的行动来实现长期的养育目标。

父母大脑中与亲子行为敏感性和同步性,以及催产素水平相关的区域的激活,凸显了人类大脑、激素和行为的内在联系。研究人员对于4~6个月大婴儿的母亲进行家庭观察,主要观测母婴同步性(母亲行为与婴儿社会准备的协调程度)和母亲过度养育行为(当婴儿发出需要休息的信号时,母亲行为的过度表达)等行为指标,同时对母亲的大脑进行扫描,并对血浆催产素浓度进行了分析。母婴同步性高的母亲的大脑边缘多巴胺回路的激活程度更高,而过度养育行为高的母亲的杏仁核反应更高,而且只有同步性高的母亲的大脑边缘结构的激活与血浆催产素浓度相关。此外,在同步母亲中,前扣带皮层在功能上与镜像区域和心智化网络相结合,表明行为同步与育儿行为具有潜在的"奖赏"性质;同时,育儿相关大脑、激素和行为之间存在一致性(Atzil et al., 2011)。Strathearn等人(2009)描述了边缘奖励区、血浆催产素浓度和母亲敏感性之间的联系,这也与母亲对自身父母的依恋表征有关。此外,分娩经历(顺产或剖宫产)、是否母乳喂养等与父母养育照顾脑网络对婴儿哭声的更大激活反应有关,在母乳喂养的母亲中,养育第一个月的激活程度预示着母亲在婴儿4个月大时更高的敏感性(Swain et al., 2008)。

少数研究考察了父亲对婴儿相关线索的大脑反应,在同一项研究中比较母亲和父亲的fMRI结果,发现母亲的杏仁核激活程度更高,父亲的皮质激活程度更高,这表明孕激素可能在母亲的养育过程中构成了一条独特的边缘路径,而父亲的这条边缘路径则是通过皮质网络和积极的照顾行为构建的。同时,要求母亲和父亲观看同一段婴儿独自玩耍的视频。通过评估父母对自己婴儿反应的脑际同步性,研究人员发现,母亲和父亲在右脑岛的活动具有同步性,而右脑岛在功能上与镜像神经元区域、共情和心智化相关的脑网络相关联。上述发现表明,父母可以实时协调大脑反应,以对婴儿的需求做出快速和适当的回应,这有助于最大限度地提高婴儿的存活率(Atzil et al.,2012)。由此可以推断,人类特有的脑间耦合机制可能在人类种族的进化中发挥了关键作用。

另有研究试图将父母性别的影响与主要照顾角色的影响分开(Abraham et al.,2014)。研究招募了三组首次为人父母的被试:母亲(主要照顾者)、异性恋父亲(次要照顾者)和同性恋父亲(主要照顾者)。其中,父亲均在没有母亲参与的伴侣关系中抚养婴儿。总的来说,父母大脑的所有网络区域在三组中都被激活,在大多数区域,父母之间没有差异。然而,母亲的杏仁核激活程度是父亲的5倍,而父亲则在颞上沟区域表现出更高的激活,这也是心智化网络的一个关键结构。有趣的是,主要照顾孩子的同性恋父亲表现出像母亲一样的高杏仁核激活,以及像次要照顾者父亲一样的高颞上沟激活。此外,只有在主要照顾孩子的父亲中,杏仁核和颞上沟之间存在功能连接,这表明在没有母亲的情况下,父亲会承担母亲的养育责任从而提高婴儿的存活率。然而,大脑激素与行为的相关性显示了父母性别的影响。在母亲身上,催产素和同步性都与杏仁核和前扣带皮层区域相关,而在父亲身上,它们与心智化网络的结构有关。这些发现支持了关于人类母亲和父亲照顾的不同神经通路的假设,并强调了人类父母大脑的灵活性,使父亲能够通过皮质调节来回应婴儿的需求,并通过每天主动参与照顾来建立育儿相关的神经通路。

人类大脑可塑性的另一种机制与灰质的增加有关,在父母养育孩子的前几个月里可以观察到。产后第1~4个月,母亲的皮层下区域(如杏仁核、下丘脑、丘脑)以及皮层结构(包括前额叶皮层、中央后回和顶下小叶)的灰质增加。这些灰质增加与母亲对婴儿的积极认知和照顾角色有关(Kim et al.,2010)。在父亲中,杏仁核、纹状体、下丘脑、前额叶皮层和颞上回的灰质增加。然而,父亲的眶额皮质、后扣带皮层和脑岛的灰质减少,眶额皮层灰质的减少与更多父亲行为的表达相关,这提示父亲的养育行为需要通过调节其皮质活动来实现(Kim et al.,2014)。

第三节 数字时代下的家庭教养

数字时代,每个家庭都与社交媒介紧密连接,成长在数字化的家庭中,子女能够正确、科学地使用社交媒体来学习、生活和娱乐的重要前提是父母对其进行积极、有效的干预,而科学合理的干预首先需要父母掌握子女使用社交媒体的特点和规律,从而展开针对性的教育和引导,而非一味地管控和阻止。

一、不同年龄个体数字媒体设备使用的特点

随着数字化时代的到来,家庭养育在很大程度上受到丰富的媒体和社交平台的影响。在这样的养育背景下,很多家庭拥有全套的包括电视、笔记本和平板电脑在内的媒体设备,以及视频游戏机、音乐播放器、智能手机和手表等个人设备。在这些媒体设备丰富的家庭中,孩子通过媒体设备学习、生活和娱乐,他们可以在社交媒体上与朋友边交谈边听流行音乐,在平板电脑上玩游戏或者观看视频,使用智能手机向朋友发送消息。根据中国互联网络信息中心发布的第 55 次《中国互联网络发展状况统计报告》显示,截至 2024 年 12 月,我国网民规模达 11.08 亿人,较 2023 年 12 月增长 1608 万人,互联网普及率达 78.6%。2023 年发布的《第 5 次全国未成年人互联网使用情况调查报告》基于对全国 31 个省(自治区、直辖市)的小学、初中、高中及职业学校 31 688 名未成年学生、11 624 名家长、787 名教师的抽样调查显示,我国未成年网民规模不断扩大,2022 年未成年网民规模已突破 1.93 亿人。未成年人使用互联网的广度和深度明显提升,使用手机上网的未成年网民比例一直保持在 90% 左右,正在使用智能手表、智能台灯、词典笔、智能屏等新型智能设备的未成年网民均超过 20%。在数字化时代的家庭中,作为面对面交流的补充,父母可以通过多种沟通平台与孩子联系,如即时通信应用程序、社交媒体、电子邮件、语音或视频通话。随着年龄的增长,子女变得更加独立,接触和使用个人媒体设备的频率也由此增高。而父母也将根据不同年龄段子女数字媒体设备使用的特点来对子女的使用行为进行适当的干预,同时也通过这些社交媒介实时与子女保持联系。

1. 学前期到儿童中期个体社交媒体的使用特点

学前期,尽管大多数幼儿还没有随身携带个人媒体设备,他们也可以通过父母的设备接触数字媒介。当幼儿在幼儿园或者由指定的看护人照顾时,他们可以通过多种方式与父母实时保持联系。对于学龄前儿童和看护者来说,父母只需打个电话或发个短信便可了解孩子的情况,一些父母甚至在家里安装了网络摄像头或闭路电视,以密切关注看护者和孩子互动的实况(Chan & Ling, 2015),甚至幼儿园也为家长提供课堂活动的直播网络摄像头(Hussain, 2016)。通过这些不同的沟通渠道,即使不在一起,父母也能够与子女保持在线联系。在家庭中,父母在构建家庭媒体使用环境方面发挥着关键作用。随着家庭媒体设备的日益普及,父母面临更加复杂和多样化的媒体设备管理模式(Jennings et al., 2017)。父母需要采取很多措施来确保子女在媒体使用过程中能够获得最大的利益、遭遇最小的风险。由于家庭环境是孩子使用媒介的第一个也是最主要的环境,父母必须在购买媒体产品、设备和服务方面做出深思熟虑的决定,帮助孩子安全地探索媒体环境,并根据孩子的需求随时监督其媒体使用情况。

对于学龄前幼儿来说,在家看电视和玩电子游戏是很典型的行为,在户外用移动设备看视频或玩游戏也越来越普遍。因此,父母必须为孩子营造一个健康的媒体环境,购

买适合他们年龄的设备,下载合适的应用程序、游戏和视频,或者安装家长控制过滤器来控制可能对幼儿的身心健康造成伤害的内容。如今,针对儿童的媒体内容多得令人难以置信,这使得父母必须基于对网络内容的调查和了解而开展科学的媒介教养(Jiow et al., 2017)。调查和了解的内容主要是适合儿童不同发展阶段的媒体内容和形式,以排除媒体使用对于幼儿的潜在不利影响。调查性育儿包括咨询教师、儿科医生和其他家长,阅读育儿博客和媒体内容评论,阅读教育科学组织发布或出版的公共教育材料、媒介产品评估声明等。因此,如果父母希望有意识地为学龄前儿童创设健康的媒体使用环境,需要提前做好多方面的准备工作。同时,这些准备也能够使幼儿家长积极参与、管理和指导子女的社交媒体使用,促进孩子的身心健康发展。

随着儿童进入小学,他们变得更加独立,越来越多的父母为了与子女保持联络而为子女购买、配备随身携带的手机或智能手表。有了自己的社交媒体设备,儿童可能会用手机与同龄人共享媒体,比如用手机看视频或一起玩平板电脑游戏,如果对游戏或娱乐内容控制不合理,很可能会对儿童产生不良影响。因此,父母一方面要积极主动地加强监督管理,另一方面也应与孩子建立信任关系,提升孩子的辨别能力,确保子女在遇到令人困惑或感到不安的媒体内容时及时向他们寻求帮助和引导。除了必须密切关注孩子的媒体使用,移动媒介也预示着父母有了新的养育任务。比如,学校可以通过应用程序与家长直接联系,监控孩子的学业进步、课堂表现、家庭作业,甚至他们在食堂购买的食物,通过家长聊天群的形式让家长们讨论与学校教育有关的事宜。讨论的范围从日常琐事,如孩子们必须提交的表格和分享家庭作业技巧,到更重要的问题,如讨论家长和孩子对于任课教师的满意度,以及学校的课程设置。尽管这种方式看起来似乎有助于父母更多、更深入地参与孩子的学校生活,但这也可能引发父母过度参与的问题,以及孩子们是否会更加依赖父母来完成本该他们自己独立完成的任务。

2. 青少期个体社交媒体的使用特点

进入青少年期,大约8~12岁,孩子们开始渴望争取更大的自主权,使用媒体的模式变得更加复杂,越来越多的青少年将争取独立管理自己所使用的媒体设备的权利。这意味着他们将作为独立的社交媒体用户,通过多个平台直接与同龄人和家长联系。同时,与成年初显期的个体相比,青少年使用短视频平台观看视频的时间和频次明显更多,从观看的视频内容来看,尤其喜欢娱乐放松类的视频。从网络平台使用特点来看,青少年为平台上他人分享的内容点赞的频率更高,而自己进行分享和表露的程度更低。相比于被动观看,主动发布分享内容更能够促进青少年的积极情绪体验和主观幸福感(Wu et al., 2021)。

青少年有了更大的独立性去探索自己的网络世界,父母可能会在关键时刻提供建议或支持,但父母已很难像子女幼儿或儿童阶段那样,监督孩子的媒体使用。父母扮演的角色更像是管理者或引导者,通常会与子女事先定好要求和规则,并时刻提醒青少年子女遵守这些既定规约(Hoffman, 2012)。尽管通过在线平台与同龄人进行交流的过程可能是愉快的,但这种愉悦的体验需要孩子认知和情感等多方面能力的成熟,以应对可能发生的沟通不畅或者矛盾的情况。例如,群聊中不断升级的争论可能会破坏友谊,造成青少年与同伴之间的关系紧张,也可能会引发网络攻击或者欺凌行为,甚至殃及线下面对面的互动。与网络空间中的陌生人互动则更加冒险,因为网络沟通对象的社会文化构成、价值观和世界观截然不同,可能会冲击青少年固有的认知,而这种认知冲突也可能进一步诱发青少年的冲动行为。

当青少年子女需要在复杂的网络媒体空间中独立面对收益和风险时,父母也有很多工作要做,父母必须积极地引导子女的网络价值观,并帮助子女提升辨别力。然而,对于父母来说,合理提供这样的指导并不容易,很多父母不得不为此投入时间和精力来熟悉复杂的媒体环境,以及日新月异的网络交流平台。父母需要与孩子交流,为孩子介绍和解释不同类型的媒体内容,与孩子共同讨论各类媒介互动形式的好处和风险,进而促使子女理解父母为其媒体使用制定的规则和约定(Jiow et al., 2017)。特别是子女进入青少年晚期阶段时,尽管孩子的独立能力有所提升,父母仍然有必要继续为孩子的移动媒体使用提供指导和支持,以避免子女过度使用移动媒体设备,以对其产生行为成瘾或依赖的问题,由此确保青少年子女的身心健康免受不合理的网络媒体使用习惯的侵害(Kwon et al., 2013)。

3. 成年初显期个体社交媒体使用的特点

进入成年初显期的个体将享有前所未有的个人独立性,离开家庭接受大学教育,开启第一次的独立生活,并开始学会对自己的日常需求与生活负责。成年初显期的个体继续使用数字媒体进行社交,他们借助社交媒体平台与同学、朋友和家人保持联系,分享生活点滴,展示个人兴趣和见解。也将通过平台信息了解世界、扩展视野,如阅读新闻、时事评论,以及获取学业知识。同时,社交媒体也是大学生展示自我、塑造个人形象的重要平台,他们通过发布照片、文字和视频来展示自己的生活方式、爱好和思想。此外,大学生通过社交媒体进行交流和互动,参与讨论话题、分享经验和观点,拓展社交圈子,甚至建立职业关系。在社交媒体上,大学生会根据兴趣爱好、专业领域等结识志同道合的群体,共同交流、学习和成长,形成小圈子或社区。

步入大学阶段,学生在社交媒体上的活跃度较之前有所提升,他们既是信息传递者也是信息接收者,通过社交媒体平台实现了社交、学习和自我表达的多重需求。尽管很多学生到外地高校求学,大学生仍然可以通过短信、QQ或微信语音、视频通话等多种方式与父母保持联络、汇报近况(Gentzler et al., 2011)。即使是对于远赴异国求学的留学生,仍可以通过上述媒介与国内的亲友沟通联系。另外,对于外籍留学生,上述网络平台也有助于他们交流和分享生活,提升主观幸福感(吕晶,单韵鸣,2023;Pham & Lim, 2015)。

二、父母干预子女社交媒体使用的方式

在数字环境中,什么样的教养方式可能是有效的?越来越多的证据表明,积极的养育对儿童发展很重要,包括儿童早期生理、认知和社会技能的发展,教育成果和信任的建立,以及冒险行为、攻击暴力行为的减少(Knerr et al.,2013;Moore et al.,2009)。通常来说,积极的教养方式赏罚分明,既有情感上的支持和鼓励,赋予子女自主权,又注重设定目标和规则,并监督子女严格执行规约的特点(de Stone,2016)。然而,面对纷繁复杂的网络环境,父母必须有相应的教养措施,确保子女在社交媒介使用方面的安全(Patton et al.,2016)。

父母媒介干预是指家长对子女所接触的互联网平台内容进行监督、指导和控制的态度和行为策略(曾秀芹 等,2020)。在早期的电视媒体时代,有研究从媒介与教育教养的关系角度提出了父母媒介干预的三种常见形式,分别是限制型干预、积极型干预或称启发型干预,以及共同使用(Nathanson,1999)。随着数字媒体时代的发展,子女对新媒体的使用广度和频率日益增加,媒介干预的范围已经由传统电视媒体转向更广泛的网络媒介平台。在此背景下,父母的媒介干预方式也更加丰富多样。2007年,世界卫生组织制定了一个框架,探讨了适用于数字时代下的积极养育方式,主要包括沟通联结(connection)、行为监管(behavioral control)、尊重个性(respect for individuality)、树立行为榜样(modelling appropriate behavior)和满足需要与保护(provision and protection)等,有研究者依此研发了测量父母网络干预的工具(吴依泠,沈熙,苏彦捷,2019;Nikken & Jansz,2019)。上述五种干预方式也是前文所述的三种主要干预方式的丰富和拓展。

1. 限制型干预

限制型干预是指父母对媒介内容和使用时间进行限制,主要表现为对子女社交媒体使用的时间、形式预先设定好规约,并监督子女遵守规定。通过限制型干预,父母可以控制子女接触不良信息和负面影响,有助于保护子女的身心健康,避免其沉迷网络、受到不良影响。父母的有效管控也可以帮助子女培养节制能力和自我控制能力,学会合理安排时间,减少干扰,让子女更专注于学习和提升自我,提高学习效率和成绩表现,而过度使用社交媒体则会影响学习和生活。

行为监管即监督和监测子女的社交媒体使用行为,制定行为规则并说明违反规则的后果,传达对子女媒体使用行为的明确期望。具体来说,这些规定包括子女在互联网上花费的时间,睡前或者吃饭时使用数字设备的规则,以及了解孩子想通过互联网做些什么和如何设置隐私控制,如分享个人信息的对象等。在全球范围内开展的针对儿童父母的在线调查发现,学龄期儿童已提早具备本应是12～14岁青少年才有的数字技能,这对于父母支持和监督孩子在线网络媒体使用行为提出了很大挑战(Phyfer et al.,2016)。然而,研究发现,9～11岁的儿童群体仍难以甄别网上哪些信息是真实的、哪些

是虚假的(Byrne et al., 2016)。这意味着,儿童使用数字媒介的技能不断提升,而辨别网络信息的能力跟不上日益提升的网络使用技能。同时,也有研究发现,父母参与儿童在线活动的比例随着儿童年龄的增长而下降,相比于儿童期,青少年父母参与子女社交媒体使用的程度下降10%(Kanchev et al., 2017)。这些研究充分说明了父母对子女的网络使用行为进行监控的重要性。此外,父母的行为监管干预也需要根据子女使用网络的特点和个体差异来调整。研究发现,对于自我表露程度低的个体,限制型的父母网络干预方式与儿童遭受网络欺凌程度呈正相关,而当儿童自我表露程度高时,父母对其网络使用的约束则与儿童遭受网络欺凌的程度呈负相关(沈熙,吴依泠,苏彦捷,2019)。

2. 积极型或启发型干预

积极型或启发型干预指父母向子女解释媒介内容,并且传递教育性、批判性的看法和意见,可发生于使用媒介的过程中或者结束后。积极型或启发型干预的父母可以帮助子女提升媒体素养,培养子女对媒体信息的理解能力、判断能力和批判思维,使其更具辨别和分析媒体内容的能力。父母解释媒体内容并传递教育性、批判性的看法和意见,有助于引导子女形成正确的价值观念和道德观念,培养子女对信息的理性态度和正确的行为准则,增强家庭成员之间的沟通,建立亲子关系和谐的家庭氛围,有利于家庭和睦发展(Georgiev et al., 2017;Logar et al., 2016)。

尊重个性和满足需要与保护也是积极型干预方式的表现。尊重个性是指父母在引导子女使用社交媒体时允许青少年发展健康的个性,倾听孩子的意见,让孩子自主选择合适的社交媒体类型,独立探索互联网。满足需要与保护是指父母为子女积极寻求网络媒介资源,确保子女能够获得适当的媒介服务,同时注重在使用过程中保护子女的安全。研究发现,随着年龄的增长,当被问及如果在网上受到伤害会优先向谁求助时,年龄较大的青少年选择首先向同龄人求助,然后才向父母求助(Byrne et al., 2016)。这提示父母一方面有必要了解子女的社交媒体使用需求,同时也应保护他们免受不良影响,实现需求与保护的平衡,使子女在使用媒体时既能获得乐趣和满足,又不至于受到负面影响。

3. 共同使用

共同使用指家长与子女一起使用媒介,如观看电视、电影等。与子女共同使用社交媒体,可以增进亲子沟通和亲子关系,促进家庭成员之间的理解和信任,加强家庭凝聚力。在共同使用社交媒体的过程中,父母可以向子女传递正确的价值观念和行为准则,引导他们在网络世界中树立正确的道德观念和行为规范。父母可以在共同使用社交媒体时,对子女进行教育引导,帮助子女认识和分析网络信息,培养批判性思维,提升媒体素养和信息素养水平,传授子女正确的网络技能和安全意识,帮助他们学习如何有效利用网络资源、维护网络安全。

父母是子女社交媒体使用的引导者,同时父母自身也是社交媒体的使用者。儿童和青少年会对父母的行为产生认同,进而模仿父母的行为方式。父母可以通过自身科学合理的网络媒体使用方式为子女树立行为榜样。如果父母把大部分空闲时间都花在网络平台上,很可能无暇顾及子女,亲子交流减少,进而影响子女的发展。研究发现,父母低头使用手机等媒体设备的频率越高,对子女的教养方式越消极;同时子女出现社交退缩和攻击等外化行为问题的概率也越高。上述研究结果提示了父母自身移动媒体设备使用对于子女心理行为适应和身心健康发展的重要性(Blum-Ross & Livingstone, 2017; Wang et al., 2022)。

三、在数字化时代采取科学的父母养育策略

在数字化时代,移动媒体扩大了育儿义务的规模和范围。在社交媒体无处不在的环境中,父母和孩子以在线的方式联系在一起,对父母的科学教养提出了新的要求。为了合理引导子女的社交媒体使用,保障子女在网络世界的身心安全,父母应从以下三个方面进行努力。

第一,科学引导子女的媒体使用。在数字化时代,家庭被日益复杂的社交媒体所包围,父母必须努力创造一个能让孩子安全且高效地使用社交媒体的家庭环境。然而,随着社交媒体内容的多样性和子女使用媒体强度的提升,监督和管理子女的媒体使用更具挑战性(Jiow & Lim, 2012)。同时,在家庭以外,父母的控制力也在减弱,因为孩子可以独立使用媒体或利用媒体平台与朋友分享信息。那么,父母如何确保他们在子女媒体使用管控方面的权威性,引导孩子接触媒体中有益的东西,并引导他们远离危险和有害的东西呢?当然,父母可能会采用相应的技术方法,如安装过滤器和监控软件来追踪子女的在线状态。但是这些措施可能会侵犯隐私,进而破坏父母和孩子之间的信任关系。因此除了使用这些生硬的监管工具,父母必须向孩子灌输使用社交媒体价值观,培养孩子的辨别能力,当孩子遇到令其困惑的内容时,这些价值观和能力可以帮助他们抵制不良网络信息的诱惑和影响。

第二,持续、密切观察子女的在线和离线状态。网络媒体时代,子女能够与同龄人实现线下和线上网络空间的无缝衔接,而父母必须实时跟进子女社交媒体使用情况,设法了解孩子所处的网络环境,掌握子女与同伴交互时所使用的媒体类型和分享的内容。由于网络上的社交互动具有特定的语言、逻辑、节奏和规范,子女可能会泛化这些语言、逻辑、节奏和规范的使用,但他们并不完全了解其含义和后果,这也需要父母对此进行实时的监督和管理。此外,由于网络去抑制带来的低自我约束和高自我表露的特点,网络环境下可能会出现滥用身份多样性,甚至欺骗对方的行为(Suler, 2004)。同时,研究也发现青少年网络去抑制性越高,网络欺凌行为程度越严重(Wang et al., 2022; Wang et al., 2023)。这均为父母的干预和引导提出了新的挑战。父母必须与孩子建立一种开放、信任的关系,并表现出对于子女的温暖和支持性。当子女在网络环境下遭遇意外,或者感到不安、困惑时,他们可以放心地向家长求助,寻求问题的解决方案。为了有

效地应对这些挑战,父母必须先了解在移动媒体环境下应如何与子女高效沟通,及时掌握子女在面对窘境时的情绪反应和焦虑程度。

第三,注重科学数字教养的持续性。数字化时代,生活节奏更快,时间节点和模块之间的界限似乎也随之变得灵活起来。沟通时间的范围也逐渐拓宽,个人保持在线和离线的状态变得越来越模糊。面对移动设备全天候的网络链接,父母的教养职责不再只限于与孩子在一起时。即使子女有看护人照管,父母也需要随时待命,等待孩子及其看护人打来的紧急电话或日常沟通,或者接收学校老师发来的班级通知或关于子女在校行为表现的记录、考试成绩等。放学后,父母要帮助孩子制定规则,约定使用社交媒体设备的时间。每晚孩子休息后,父母上网处理自己的事情时,可能也要协调与孩子有关的信息,比如次日放学后参加的社团。即使孩子离开家上大学了,数字网络媒介也能使父母继续在孩子的成长发展中发挥积极的作用。

做自己的发展心理学家　家事国事天下事,事事有"心"

家庭是社会的基本组成单位,家庭稳定关系着社会的稳定,家风优劣关乎民族的发展。不论时代如何变化,生活格局如何变化,我们都要重视家庭建设,培育优良家庭风尚,弘扬中华民族家庭美德,并将家风建设与党风政风建设、社会风气营建、文化建设紧密结合。2015年发布的《教育部关于加强家庭教育工作的指导意见》强调,要"加快形成家庭教育社会支持网络……将街道、社区(村)家庭教育指导服务纳入社区教育体系"。家风的形成不仅取决于有意识的教养与约束,也得益于良好风尚本身无意识的浸润和教化作用。这一教化功能首先体现在对于家族成员的教化。对于家族中的未成年人而言,家风是一种不必刻意训诫或传授,耳濡目染便能获得,进而得以内化的精神气质(胡剑,2018)。这一润物无声的教化功能可用弗洛伊德的无意识心理来解释。弗洛伊德认为所有的心理事件均始于无意识,只有这些无意识的心理事件通过审查,无意识的欲望才有可能变为意识。无意识能够使未成年人自然地吸收家长的教育内容,并在不知不觉中展开自我教育,最终使自己的行为形成习惯,正所谓"习惯成自然"。父母的教养不仅塑造个体的行为,也深刻影响着个体的价值观,个体如何知觉或评价他人的行为与其自身所持有的价值观密不可分,从社会认知学习理论的观点来看,儿童往往会学习表现出亲社会行为并获得正强化的榜样,做出与榜样一样的道德行为。优良家风教化下成长起来的儿童谦和礼让,在社区中与其他孩子玩耍时,往往表现出更多的分享、助人等亲社会行为,家长和旁人对于其榜样行为的表扬与肯定便是一种正性的强化,其他孩子将由此将亲社会行为与正强化建立联结,进而也表现出与榜样一样的分享、助人等亲社会行为。

思 考 题

1. 如何理解"孩子是父母的影子"这句话？
2. 简单论述人类养育行为的演化基础。
3. 数字时代下，对于青少年阶段的子女，父母应如何做到科学养育？

名 词 解 释

催产素（oxytocin）：一种环状九肽分子，在室旁核与视上核合成释放，通过垂体后部进入血液，部分催产素会扩散至下丘脑，影响中枢催产素受体网络，对于亲密关系和母性行为具有促进作用。

父母教养方式（parenting style）：父母教养态度、行为和非言语表达的集合，反映亲子互动的性质，具有跨情境的稳定性。

父母媒介干预（parental mediation）：家长对子女所接触的互联网平台内容进行监督、指导和控制的态度和行为策略。

父母情绪教养（parental emotion socialization）：家中一切跟儿童情绪相关的教养行为，主要包括家长教养子女过程中为孩子创造的可以观察体验情绪、学习情绪表达等方面的教养方式和行为。

父母养育倦怠（parental burnout）：由于养育压力与父母自身应对资源失衡而产生的倦怠情绪，这种情绪状态可能进一步对具体的养育行为产生负性影响。

小 结

父母教养对于子女多方面的发展均有重要的影响。这种影响不仅体现在认知方面，也体现在对于子女的情绪、人际交往和社会行为塑造等社会性层面。

人类的养育行为存在一定的演化基础，通过动物模型可以更全面地理解人类养育行为的演化，而催产素受体基因和养育脑环路则有助于我们深入理解养育行为演化的过程。

数字时代下，每个家庭都与数字媒体紧密连接，成长在数字化的家庭中，子女能够正确科学使用数字媒体进行学习和娱乐生活的重要前提是父母能够有效进行数字养育，科学合理的数字养育首先需要父母掌握子女使用数字媒体的特点和规律，从而展开具有针对性的教育和引导。

第十二章参考文献

13

成长道路上的同行者

"近朱者赤,近墨者黑"。欧阳修在颍州府为官时,有位名叫吕公著的年轻人在他身边学习。有一次,欧阳修的朋友范仲淹路过颍州,顺便拜访欧阳修,欧阳修热情招待,并请吕公著作陪叙话。谈话间,范仲淹对吕公著说:"近朱者赤,近墨者黑,你在欧阳修身边做事,真是太好了,应当多向他请教作文写诗的技巧。"吕公著点头称是。后来,在欧阳修的言传身教下,吕公著的写作能力很快得到了提升。

同行者对于个体的成长至关重要,正如欧阳修与吕公著的故事中所体现的那样。欧阳修作为吕公著的同行者,不仅是一个榜样和参照,更是一位启发者和引路人。

学习本章内容,你将了解从小到大的玩伴、同学、朋友如何在自己的成长道路上发挥着意想不到的作用。同时你也会明白为什么有的人特别受欢迎,有的人总会被大家冷落,有的人能和你成为无话不谈的密友,有的人却让你觉得话不投机半句多。实际上,日常我们在与人交往互动的过程中,每时每刻都在接触与发展心理学相关的事件,这些事件也是发展心理学的研究主题。接下来,让我们从发展心理学的视角来看看与同伴的交往互动如何影响我们的成长与发展。

第一节　在互动中成长:同伴活动

在本节中,我们将介绍同伴关系,以及游戏在儿童社交发展中的关键作用。同伴关系不仅是儿童社交发展的重要组成部分,也是塑造社交技能和社交认知的关键因素。我们将着重探讨同伴关系的本质,理解儿童在社交互动中的成长过程。同时,我们还将介绍与游戏相关的内容,包括游戏的理论、种类,以及对儿童发展的影响。游戏作为一种常见的活动,不仅为儿童提供了愉悦和娱乐,还在情感、认知和社交方面发挥着重要作用。深入了解游戏的种类和理论,以及游戏对儿童发展的影响,有助于我们更全面地理解儿童的成长过程,并为设计更有针对性的教育和干预方案提供指导。

一、同伴关系的性质

同伴是指儿童与之相处的具有相同或相近社会认知能力的人。同伴关系则是年龄相同或相近的儿童,由某种共同活动引发并在活动中体现出相互协作的关系,或者同龄人间或心理发展水平相当的个体间在交往过程中建立和发展起来的一种人际关系。相较于亲子关系、师生关系等垂直关系,同伴关系是一种平等、平行的关系(周宗奎 等,2015),为儿童学习技能、交流经验、宣泄情绪、习得社会规则、完善人格提供了充分的机会。

同伴关系可以分为四个水平:个体特征水平、人际交互水平、双向关系水平和群体水平。社交自我知觉处于个体特征水平是对自己社交状况的主观评价;社交退缩则处于人际交互水平;友谊质量处于双向关系水平,反映的是个体之间的情感联系;而同伴接纳或拒绝处于群体水平,反映的是群体对个体的态度,如喜欢或不喜欢、接纳或排斥。狭义上,同伴关系一般指同伴接纳和友谊质量(孙晓军 等,2009)。纵观儿童的成长历程,儿童主要与他人形成两种类型的关系——垂直关系和水平关系。垂直关系指那些比儿童拥有更多知识和更大权力的成人(父母、老师)与儿童之间形成的一种关系,这种关系强调照料和关怀,主要功能是为儿童提供安全和保护,使儿童学习知识和技能。水平关系即同伴关系,指儿童与那些和他具有相同社会权力的同伴之间形成的一种关系,其性质是平等互惠的,主要功能是为儿童提供学习技能和交流经验的机会,而这种技能和经验只有在地位平等的基础上才能获得。在这种关系中,儿童可以去实践他们在家中获得的社会技能,也可以学习在家中无法习得的技能(桑标,2003)。

二、同伴活动:游戏

游戏作为儿童阶段的主要活动形式,对于儿童的成长发展起着至关重要的作用。游戏(play)常被定义为一种自发的、自主选择的、以过程为导向的活动,其特征包括内在动机、积极情绪表达、象征性,以及现实与想象的灵活转换(Rubin et al., 1983)。在日常生活中,我们经常会看到妈妈领着孩子在公园的娱乐区欢快地荡秋千,小区里的孩子们经常凑在一块玩角色扮演游戏,有的孩子从小就在家里用积木堆起了自己的"冰淇淋店",认真地玩着"假装游戏"。各种各样的游戏为什么会产生?对于孩子的成长又起到了什么作用?

1. 关于游戏的理论

在儿童的成长过程中,游戏扮演着至关重要的角色。通过参与各种形式的游戏,儿童得以培养注意力、记忆、问题解决和决策等认知技能,从而促进认知功能的全面发展(Cornejo, 2018)。这种认知能力的培养不仅对学习和工作具有重要意义,还有助于儿童在日常生活中更加灵活和自信地应对各种挑战(吕金云 等,2022)。此外,游戏也为儿童提供了情感表达和情感调节的平台。在游戏过程中,儿童可以自由地体验各种情感,包括喜怒哀乐等,从而学会管理和表达情感的技能(Copnik et al., 2001)。这种情感的体验和调节不仅有助于个体更好地理解自己的情感需求,还可以提高情绪智力,使其更好地适应社会环境的变化。

在上述各类研究中,游戏相关的理论发挥着重要的指导作用。这些理论不仅指导着研究的方向和目标,还为研究提供了系统性和逻辑性的框架。根据相关理论发表的时间顺序,我们将游戏理论划分为早期游戏理论和当代游戏理论。这些理论有助于我们更好地理解游戏对个体成长的重要作用,为儿童的全面发展提供理论支持和实践指导。

19世纪下半叶到20世纪30年代左右,儿童游戏研究初兴,形成了一系列早期游戏理论,被称为经典游戏理论(林崇德,1995)。其中,种族复演说是一种主要理论观点,由心理学家霍尔提出。该理论认为,游戏是远古时代人类祖先的生活特征在儿童身上的重演,不同年龄的儿童以不同形式的游戏重演祖先的本能特征(Griggs,1909)。比如,8~9岁的女孩会在过家家游戏中扮演母亲的角色,复演母性本能;而6~9岁的男孩则在追逐、打闹或模拟战争游戏中复演狩猎本能。另一种观点是精力过剩说,由德国思想家席勒(F. Schiller)和英国社会学家、心理学家斯潘塞(H. Spencer)提出。他们认为,游戏是儿童发泄过剩精力的一种方式,其本身并无功利目的,游戏的过程即是目的。斯潘塞还指出,相较于进化水平较低的动物,人类及其他较高级动物更倾向于利用多余的能力或过剩能量进行游戏活动(Ellis,1973)。除此之外,其他学说也对游戏进行了相关的解释,机能快乐说由心理学家比勒(K. Bühler)提出。该理论强调了游戏作为儿童获得愉悦感的手段,强调了游戏对儿童情感体验的积极影响。在游戏中,儿童可以使机体不受现实或外界的制约而获得快乐(Bühler,1965)。生活准备说则由德国哲学家、心理学家和美学家格罗斯(K. Groos)提出。该理论认为,游戏是对未来生活的排演与练习,是儿童对未来生活的一种无意识的准备和本能的练习活动。通过游戏,儿童可以学习与现实生活相关的技能和知识,为未来的生活做好准备(祝叶 等,2009)。最后,成熟说是荷兰心理学家、生理学家伯伊坦迪克(F. J. J. Buytendijk)提出的。该理论认为,游戏不是一种本能,而是一般欲望的表现。引起游戏的三种欲望包括排除环境障碍以自由活动并发展个体主动性的欲望、适应环境与环境一致的欲望,以及重复练习的欲望(Buytendijk,1963)。早期游戏理论为我们理解儿童游戏行为提供了不同的视角,强调了游戏对儿童发展和成长的重要作用。

除了早期游戏理论以外,20世纪的许多研究者也纷纷对游戏的目的提出了不同的设想,虽然观点各异,但是这些理论使越来越多的人开始认识到游戏在儿童发展中的作用,这种认识促进了儿童游戏相关研究的开展。游戏不仅被视为"工作"的对立面,而且被当作一种对儿童发展起重要作用的核心成分,这种观点逐渐受到大多数研究者和教育家的认可和重视。当代精神分析理论、认知和学习理论从不同的角度对游戏的目的进行了阐述。首先是精神分析的理论,弗洛伊德和埃里克森等精神分析学派的代表人物对游戏的理解提供了深入而细致的分析。根据弗洛伊德的观点,游戏在儿童的心理发展中扮演着重要角色,因为它提供了一个可以释放紧张情绪和满足无法在现实生活中实现的愿望的渠道。弗洛伊德认为,儿童通过游戏可以模拟成人的行为,如晚睡、自主决策等,从而体验到一种独立和控制的感觉。此外,游戏也是儿童发泄现实生活中不被接受的危险冲动的方式,如性本能等。通过游戏,儿童可以缓解心理紧张,发展自我力量以应对现实环境。与此不同,埃里克森从新精神分析的角度解释游戏,认为游戏是一种情感和思想的健康发泄方式。在游戏中,儿童可以重新体验他们的快乐经验,并且有机会对自己的精神创伤进行修复。这种对游戏的理解强调了游戏作为一种情感和心理调节的重要手段,有助于儿童建立积极的自我认知和情感表达方式。他们的理论为我们深入理解游戏对儿童心理发展的影响提供了重要的视角。他们的观点强调了游戏释放紧张情绪、满足愿望和修复精神创伤的重要作用,为游戏疗法等心理干预方法的发展提供了理论基础。

此外,皮亚杰的认知发展理论则认为游戏是儿童认识新客体和事件的方法,是巩固和扩大概念、技能的方法,当儿童将新的事物和经验同化到已有的思维图式时,他们就成功地"控制"了周围的世界。儿童在游戏时并不发展新的认知结构(顺化),而是努力使自己的经验适应先前存在的结构(同化)。儿童认知发展阶段决定了儿童在特定时期的游戏方式,感知运动阶段的游戏是方式具体的游戏,儿童通过身体动作和摆弄有形的物体来游戏;在前运算阶段,儿童发展了象征性功能(语词和表象),可以进行"假装游戏",把眼前并不存在的东西假想为存在的,也可以在心里进行游戏。之后则可以进行简单的规则性游戏,而真正的规则性游戏则出现在具体运算阶段。

最后,以学习理论为代表的行为主义也提出了对游戏的解释,桑代克认为游戏是一种习得行为,遵循效果律和练习律。效果律强调强化会增加一种反应出现的可能性,而惩罚则会减少其出现的可能性。游戏依赖于成人对它的强化,很大程度上受社会文化和教育要求的影响。每种文化和亚文化都重视和奖励不同类型的行为,这些差别将反映在不同文化社会的儿童的游戏中。例如,在强调责任和按吩咐办事的社会中,儿童倾向于做碰运气的游戏,这些游戏是游戏者在生活中的被动性的反映,也使他们产生摆脱这种被动性生活的希望;在重视成就的社会里,儿童喜欢玩身体技能方面的竞赛性游戏,这种游戏不会让他们产生压力,因为结果并不重要。

各种理论本质上都站在了自己学派的观点上对游戏的定义、原因、作用等方面做出相应的解释,总的来看我们会发现游戏不仅为儿童提供了锻炼身体、发育四肢的机会,同时也提供了与人交往互动、发展自身认知的机会。游戏是适合儿童发展特点的一种独特的活动方法,也是促进儿童心理发展的一种最好的活动方式。在儿童的发展历程中,环境和资源的机会尤为重要,而游戏则为儿童提供了一种独特的发展环境。在游戏中,儿童可以自由地模仿成人的行为和生活场景,既能利用想象力创造各种游戏情境,又能通过已经发展出的能力完成一些力所能及的活动,建立社会关系。同时,游戏本身的趣味性也激发了儿童主动参与的意愿,使他们在兴趣中获得快乐和成长的机会。游戏在儿童整个发展历程中所起到的作用是无法被替代的,也是每一个儿童在成长过程中的必经之路。

2. 游戏的种类

游戏种类繁多，包括且不限于单独游戏、桌面游戏、户外游戏等，每种游戏都有其独特的特点和玩法，以满足不同年龄段和兴趣爱好的需求。我们根据游戏的内容、游戏的社会化程度，以及儿童参与游戏的方式，对游戏进行了大致的分类。

(1) 按照游戏的内容分类。

根据儿童游戏的内容，可以大致将游戏分成功能性游戏、活动性游戏、建造游戏和假装游戏。首先，功能性游戏指的是儿童通过简单而重复的肌肉运动，来操作物体或不操作物体，以实现某种功能或达到某种目的。通常包括摇拨浪鼓、手舞足蹈、敲打手中的物体、反复扔掷并拾起物品，以及跳跃等游戏。功能性游戏有助于儿童发展和强化身体肌肉的协调性和灵活性。通过重复的动作，儿童可以逐渐掌握并改善自己的身体控制能力，提高身体协调性，增强运动技能。

其次，我们会发现游戏中经常有追逐、跳跃等运动，我们通常把这类运动称为活动性游戏，它是一种旨在发展儿童体能的游戏。这类游戏通过各种运动，如奔跑、跳跃、攀登、投掷等，帮助儿童掌握基本动作，从而提高他们的身体素质和协调性。除了身体能力的发展，这些游戏还有助于培养儿童的勇敢、坚毅、合作和关心集体等个性品质。通过奔跑、跳跃等活动，儿童可以锻炼肌肉、增强耐力和灵活性，提高身体的协调性和灵活性。在攀登、投掷等活动中，儿童需要相互配合、共同努力，才能完成任务。这种合作不仅培养了儿童的团队意识，还加强了他们的沟通和协调能力。

再次，建造游戏在日常生活中也较为常见，是指儿童利用积木、泥土、石头等材料，搭建、构造各种建筑物或物体，创造性地反映现实生活的游戏，如用橡皮泥捏小汽车，用积木搭高楼、摆飞机、堆球等。在这类游戏中，儿童需要手脑并用，不断调控注意力和动作分配，积极回忆、重组头脑中的物体表象或故事情节，因此这类游戏可以促进儿童手部精细动作的发展，以及对物体形状、空间特征的理解，同时还能充分发挥儿童的想象力和创造力，拓展儿童的思维，提高其语言表达能力。在皮亚杰的认知发展理论中，建造游戏被视为感知运动游戏向象征性游戏转化的过渡环节，而且持续至成年期转变为建筑活动等。

最后是假装游戏，也叫象征性游戏。在学前期，儿童的主要成就是学会使用各种象征，这种成就的主要表现形式就是象征性游戏，它是指儿童使用某一物品来代替其他物品或者在设想的情境里按照自己的意愿扮演各种角色，体验角色的思想和情感，以模仿和想象创造性地反映周围的生活。皮亚杰指出，早期的假装游戏主要是用一个物品来代替另一个物品，如将一把扫帚当机关枪、扮演警察和小偷等。随着年龄的增长，学前儿童逐渐构建出越来越精巧的社会戏剧性（或称角色扮演）游戏。

角色扮演游戏完全出自想象，可以由几名儿童共同进行。儿童经常模仿成人的活动，假扮老师与学生、医生与病人等，进行"预编"的游戏片段。或者以故事或童话情节为表演内容，以自己的动作、语言、情感发展为基础，通过扮演故事中的人物角色，并以故事中人物的语言、表情和动作进行游戏活动,既体现了人物的情感和心理特征,又构建和创造了故事情节。这类游戏既能增长儿童的知识,还能提高他们的表演才能和语言表达能力。

皮亚杰曾这样描述他的女儿:她在 2 岁 7 个月零 4 天时见到一个小男孩说"我要回家"后,她也朝着同样的方向走去,边走边说"我要回家",同时还模仿小男孩走路的姿势。同一天她又"变成了"我们都认识的一位女士。在 2 岁 7 个月零 23 天时,她"变成了"与她一样大的一位表兄。在 2 岁 8 个月零 5 天时,她四肢着地爬进我的房间,说"喵呜"。

假装游戏对儿童的社会性发展起着重要作用。在游戏过程中,儿童按照自己所理解的角色要求进行行为扮演,体现了儿童对角色及其规范的认同,发展了儿童从他人角度看问题的能力。

(2)按照游戏的社会化程度分类。

根据游戏的社会化程度,我们可以将游戏分为非社会性游戏、平行游戏、联合游戏和合作游戏。这一分类方式帮助我们更好地理解儿童在游戏中的社会化过程,从孤立的个体活动到与他人互动合作的逐渐转变。在学前期,社交退缩行为的典型表现之一是非社会性游戏。非社会性游戏是指儿童在自由游戏情境中几乎不与同伴互动而独自玩耍(Coplan & Rubin,1998),主要有以下三类。首先,沉默游戏行为指的是儿童旁观同伴的游戏,有时还与正在游戏的儿童谈话、出主意、提问题,但自己并不参与游戏,处于空闲状态。这种行为反映了社交情境中的焦虑和恐惧,也反映了儿童对于社会互动的趋近-回避冲突。其次,独自-被动游戏则指儿童独自一人的建构、探索行为,相对于社交互动来说,儿童对物品(如玩具)更感兴趣,儿童常常独自一人专心玩玩具,根本不注意别人在干什么。Rubin(1982)认为在学前期,老师、家长可能会鼓励这种行为,因此独自-被动可能与社交适应不良没有关系,只是儿童对社交活动缺少兴趣的体现。最后是独自-活跃游戏,指的是儿童在独立的情境中重复进行机械身体运动或戏剧性活动的行为。这种行为常常表现为孩子独自一人时的特定举止,包括且不限于反复摆弄手指、手部或其他身体部位,或者在自己的世界里进行角色扮演和模仿活动。这种行为常常与儿童的一系列心理因素相关,如冲动、对同伴的排斥、儿童中期的外显问题行为(尤其是攻击行为),以及心理发展上的不成熟。

另一类社会化程度高一些的游戏被称为平行游戏,在进行平行游戏的情境中,儿童通常会选择与其他儿童保持一定的距离,并使用相似的玩具或以相似的方式进行游戏。然而,他们并不积极地试图影响对方的行为,也不进行真正的互动或合作。他们可能在探索和观察其他儿童的行为,同时保持自己的独立性,是儿童社交行为发展中的一个重要模式。在进行联合游戏时,儿童会一起玩同样的游戏,有时候会分享玩具,但彼此之间缺乏明确的分工或共同的目标。这种行为表明儿童在社交互动方面正在逐步发展,虽然他们选择了共同的游戏主题并参与其中,但并没有达到真正的合作水平。他们可能会交流玩具或共享游戏体验,但并没有明确的角色分配或共同的游戏目标。联合游戏通常是儿童社交发展过程中的一个重要阶段,为他们在未来形成更复杂的合作和互动关系奠定了基础。

合作游戏相较于之前几种类型的游戏社会化程度较高,在该游戏中儿童是为了共同的目标而组织起来的,各游戏者的行为服从于共同的团体目标。游戏时有领导、有组织、有分工。在学前期,通过合作游戏儿童更有可能成为朋友,而那些最受欢迎的儿童恰恰也是最具合作性的儿童(Deham & Holt,1993)。合作游戏通常是规则性游戏,即儿童按照事先制订的规则和限制进行游戏。这种游戏既可以是公认规则的游戏,如棋类游戏、体育运动等,也可以是儿童自己创建规则的游戏。规则性游戏可以发展儿童的逻辑思维能力,培养儿童遵守道德规范、社会准则的良好习惯。

随着年龄的增长,儿童的游戏行为呈现出明显的发展趋势。他们从最初喜欢独自一个人玩耍的状态逐步转变到更具社会性和合作性的游戏形式。在这个过程中,他们逐渐学会与他人协作,从不会事先分配角色到能够自行分配角色,甚至可以主动邀请其他人加入游戏,这表明了其社交能力的逐步提高。这种转变不仅反映了儿童认知和情感发展水平的提升,也显示了其组织和沟通能力的发展。同时,随着儿童的成长,他们参与游戏的时间也会逐渐延长,从最初几分钟或十几分钟延长到四五十分钟,甚至更长的时间。这种时间延长反映了他们对游戏活动的兴趣和投入程度的增加,同时也促进了他们在游戏中获得更多的学习和成长机会。

(3)按照儿童参与游戏的方式分类。

儿童在游戏中的参与方式可以分为主动参与游戏、解释游戏、建议游戏和指导游戏。这些方式反映了他们在游戏过程中展现出的不同态度和行为特点。在主动参与游戏的过程中,儿童在没有受到明确、直接邀请的情况下,自发地加入游戏活动。这种行为表明儿童具有一定的主动性和主动参与游戏的能力,他们能够自行决定加入游戏并与其他玩伴一起参与活动。这种主动参与游戏的行为反映了儿童在社交发展中的积极性和主动性,同时也表明他们对游戏活动有一定程度的兴趣和投入。主动参与游戏的儿童可能会通过自发地加入游戏来与其他玩伴互动和交流,促进社交技能和人际关系的发展。此外,解释游戏是指儿童对自己或他人的游戏活动进行描述或解释,或者对游戏中涉及的对象进行命名或贴标签的行为。这种行为反映了儿童对游戏活动的理解和认知水平,以及他们对游戏对象的认知能力。通过解释游戏,儿童能够表达对游戏活动的理解和看法,分享自己的游戏体验,同时也能够帮助他人更好地理解游戏的内容和规则。这种行为是儿童语言发展和社交技能发展的一部分,有助于语言表达能力和社会交往能力的提升。

此外,随着儿童语言能力的逐渐发育成熟,建议游戏和指导游戏在儿童游戏生活中的比例逐渐升高,建议游戏是指儿童使用语言提出建议,例如"小若,我们一起去森林公园吧",或者使用语言指派角色的行为,例如"你是医生,我是病人"。这种游戏行为反映了儿童在游戏过程中展现的主动性和创造性。通过提出建议或指派角色，儿童能够积极参与游戏活动，共同构建游戏情境，并且在游戏中扮演特定的角色。这种行为不仅有助于儿童在游戏中发挥想象力和创造力，还有助于培养他们的语言表达能力和社会交往能力。指导游戏则是指儿童清楚、直接地告诉玩伴如何使用玩具或者如何进行游戏。这种行为包括做示范，让玩伴来模仿，或者纠正玩伴的行为以确保游戏的进行符合期望。指导游戏反映了儿童在游戏过程中的主动性和领导能力。通过清楚地告知玩伴如何使用玩具或进行游戏，儿童能够促进游戏活动的进行，引导玩伴更好地理解游戏规则和目标。这种行为不仅有助于儿童在游戏中展现自己的主动性和领导能力，还有助于培养他们的社会交往能力和合作精神，促进他们的社交和认知发展。

  研究表明，主动参与游戏和建议游戏两种方式与儿童心理理论的发展存在显著相关。主动参与游戏使儿童更加关注游戏中他人的所思所想，在积极的思考中逐渐认识他人的心理状态。通过观察、推理和互动，儿童开始意识到他人可能具有不同的意图和情感，这有助于培养儿童的社会认知能力和情绪智力。而建议游戏则需要儿童区分想象中的事物和真实存在的东西，这与儿童心理理论的发展密切相关，尤其是外表-事实区分(李燕燕，桑标，2006)。在建议游戏中，儿童需要不断思考和区分游戏中的虚构情境与现实世界的真实情况，这有助于儿童逐渐理解和应用外表和事实之间的关系，促进认知能力和逻辑思维的发展。这种相关性揭示了游戏在儿童心理理论发展中的重要作用，为其认知、情感和社会性发展提供了丰富的学习和体验机会。

3. 游戏对于儿童发展的作用

  游戏作为儿童阶段不可或缺的重要活动之一，在儿童的认知发展、社会性发展等方面都起着至关重要的作用。不同种类的游戏在儿童发展中所起到的作用各不相同。以主动参与游戏为例，这种类型的游戏能够促使儿童主动探索未知的环境，从而对未知的环境形成相应的观点判断，扩大认知图式。同时，主动参与游戏还能不断锻炼儿童在面对新异问题时的解决能力、思维和决策能力等，这些都将对认知发展做出重要贡献。而假装游戏则会帮助儿童快速熟悉并适应不同的社会角色，了解不同社会角色所承担的职责，从而促进心理理论的发展(王赟，杨宁，2010)。

  游戏在儿童的心理发展中起着至关重要的作用。首先，游戏为儿童提供了自由探索的机会，他们可以在游戏中与各种客体互动，尝试解决问题。这种自主探索的过程不仅激发了儿童的好奇心和创造力，还促进了他们的认知能力的发展。其次，游戏也是儿童社会能力的重要培养场所。特别是在角色扮演游戏中，儿童通过模仿和扮演不同的角色，学会了解他人的感受和想法，培养同理心和沟通技巧。通过这种互动，他们建立了社交技能和团队合作意识，为未来的社会生活打下了坚实的基础。最后，游戏也有助于儿童处理情绪问题。在游戏的情境中，儿童可以安全地表达自己的情感，释放压力，学会面对焦虑和内心的冲突(刘金花，2006)。通过游戏，儿童逐渐发展出情绪管理和解决问题的能力，为健康的心理成长奠定了坚实的基础。

在认知能力方面，游戏会促进儿童认知能力的发展，游戏的复杂性和特殊性会促进儿童相关认知能力的发展，Berlyne（1966）曾经提出，游戏是一种激动人心的、使人愉快的活动，因为它是满足探索内驱力的一种途径。探索内驱力包括一个人对新经验、新信息、新客体和新事件的需要。儿童与生俱来的好奇心使他们需要理解环境、做出影响环境的行为，游戏可以满足儿童这种认知发展的需要。在游戏中，儿童可以进行各种各样的探索和操作活动，可以根据自己的兴趣与想象来模仿和表现周围的人和事物。同时，游戏是儿童智力发展的有效途径，有助于儿童思维能力的加强和问题解决能力的提高（王可，郭会萍，2009）。

儿童在没有外界评定的压力下，自由地对客体进行探索、观察和试验，是推动儿童认知发展的一种特殊形式。Sylva 等人（1976）曾做了一个研究：要求 3～5 岁儿童取一支粉笔，这支粉笔在一个儿童够不到的盒子里。如果要完成这个任务，先要把两根短棍夹在一起，然后伸到盒子里去拿。实验分三组进行，第一组儿童观看成人演示如何操作棍子、夹子，最后取到粉笔；第二组儿童只看到成人解决问题的部分示范；第三组儿童玩弄这些工具，在游戏中解决问题。结果表明，做游戏解决问题的儿童比看到成人部分示范的儿童完成得更好，与观看成人解决问题的第一组儿童无差异。从这个简单的实验中可以看出游戏对儿童问题解决能力的促进作用（刘金花，2006）。

在社会能力方面，游戏会促进儿童社会能力的发展，有助于培养儿童与他人互动的能力，同时帮助儿童建立新的友谊关系（Madondo & Tsikira, 2021），学前期更多的游戏经历会令儿童有更好的社交能力（Fung & Chung, 2024）。例如，游戏会促进儿童勇于承担责任、与他人合作、尊重他人、领导技能、分享、帮助、诚实、共情、沟通、倾听、自我表达和决策等技能（Cetin Dag et al., 2021；Nijhof et al., 2018；Samanci & Uçan, 2017）。在众多游戏种类中，假装游戏在儿童社会能力发展中意义非凡。儿童在假装游戏中有意识地把自己的身份转化成他人身份的过程能够促进儿童的去中心化，从而促进儿童对别人的情感、心理过程和愿望的理解。同时，儿童会因为角色分配和游戏环节的顺序等问题发生争执和矛盾，其中包含着有利于儿童社会能力发展的契机。一方面儿童可以对不同游戏同伴的观点进行讨论而达成一致；另一方面家长可以在适当的时候，教给儿童处理人际冲突的策略与方法，帮助儿童进一步体会他人的意愿和想法，并就人际冲突的解决做出恰当合理的判断，这些都有助于加强儿童之间的交往与合作行为，促进儿童社会技能的发展（王赟，杨宁，2010）。同时在游戏中有无假想伙伴也会明显影响心理理论水平更高的个体，促进其心理理论水平的发展（Lin et al., 2020）。

假装游戏约在儿童 2 岁时出现，随着年龄的增长，假装游戏的主题更鲜明，情节更复杂、完整，与社会生活结合得也更紧密。儿童喜欢玩"警察抓小偷"游戏，警察来了，小偷要躲起来。可谁来当警察、谁来当小偷呢？小伙伴会在一起商量，甚至发生争执。儿童必须学会倾听别人的意见，学会经过协商、妥协解决矛盾。逐渐地，小伙伴们在一起不仅能确定游戏的主题，而且能认识到各种假装角色之间的关系，编制游戏情节。同时,扮演者也能做出符合角色身份的行为。经常参加这种"社会戏剧游戏"的儿童,语言表达能力和与他人交往的社会能力都较强。

假想同伴在儿童生活中是一种普遍现象。研究表明,31%～65%的儿童拥有假想同伴。通常来说,独生子女或非独生子女中的长子长女更有可能拥有假想同伴(Gleason & Hohmann,2006)。有假想同伴的儿童平时能跟其他儿童一起玩得很好,只是在没人和自己玩的情况下才与假想同伴玩,这是儿童不甘寂寞的巧妙方法,正如不少儿童所认为的那样,与假想同伴的关系和与真实朋友的关系同等重要,假想同伴在儿童的世界中占据着不可忽视的地位(傅锐,李丹,2010)。另外,游戏对语言发展的影响也是巨大的。当孩子们通过游戏与同龄人一起玩时,他们可以学到更复杂的语言结构(Budak et al.,2017;Cetin et al.,2021)。

在情绪发展方面,游戏作为一种帮助儿童应对压力事件的工具,可以促进儿童的情绪发展(Cetin et al.,2021;Nijhof et al.,2018;Izci et al.,2023)。儿童可以通过游戏的方式来表达和满足他们的情绪(Cetin et al.,2021)。游戏不仅为儿童获得一定的社会能力提供了重要机会,而且在发展儿童自我控制、活动方式以及改造问题行为方面也起着重要作用。在游戏中,学前期儿童发展了情感的强度和稳定性,年龄大一些的儿童发展了自发性、幽默感以及对自我的积极情感(郭力平,许冰灵,李琳,2010)。

从精神分析的理论来看,游戏有助于缓解儿童的焦虑感,有助于消除现实生活中的压力和紧张。儿童通过游戏表达焦虑、紧张的情绪,从而得到释放,儿童可以通过在游戏中反思他们的创伤情况来应对生活中的压力(Cetin et al.,2021;Nijhof et al.,2018)。根据荣格的理论,人们能通过游戏感到快乐的秘密在于"压力的释放"。因为游戏是虚幻的,儿童在游戏中能够表达不为社会规则或成人规则所赞许的行为、情感和想法,有助于宣泄带来消极体验的心理能量。儿童在成长过程中要学会把攻击性行为与恰当的自我监控区分开,把冲动与有意义的行动区分开,把自我中心与共享区分开。儿童心理治疗师认为,游戏活动是使儿童表现这类问题并学会加以区分的重要方式,治疗师以游戏作为治疗手段,使游戏活动所表达出来的教育意义能被儿童在意识层面或潜意识层面理解和接受,从而使儿童获得真实、丰富的情感体验与感悟(毛颖梅,2006)。

儿童在游戏过程中可以反映出自身的情绪状态,这种状态不仅会影响儿童在游戏中的表现,也会影响其同伴关系。一些情绪失调儿童的游戏模式往往比较刻板、混乱,在游戏中常常出现偏差,此类儿童不受同伴欢迎,并表现出不合群、焦虑。那些在心理上承受了某种压力(如父母离婚)的儿童在想象性游戏中缺乏丰富的想象力,容易受游戏中已使用的客体的束缚,同一个客体很少在游戏中被富有变化地使用,如一块海绵被当作砖头玩过之后就很难再把它当成海绵或其他东西了。情绪失调儿童的另一个特点是喜欢担任攻击人的角色,难以承担帮助他人的角色;而且很难进入角色,一旦进入又很难使自己走出角色(刘金花,2006)。

最后,在儿童的个性发展方面,游戏对儿童具有巨大的吸引力,因此儿童在游戏情境中更能克服困难,完成角色任务,这有利于儿童形成良好的个性品质。研究指出,假装游戏可能是自我调节能力、自主性和个性发展的基础。儿童玩假装游戏的频率和复杂性的差异可能会影响他们的冲动控制、延迟满足和控制策略的发展,在假装游戏上花费时间较多的儿童比那些花费时间较少的儿童在延迟满足情境中坚持的时间更长(傅锐,李丹,2010)。同时,在游戏中儿童自然地表现其能力、兴趣及态度,表现自己的特长和缺点。因此,老师可以根据儿童的特点进行有针对性的教育,帮助儿童形成良好的个性品质。

Singer 等人(1990)的研究发现,想象力丰富的儿童往往表现出更多的耐心,同时也更容易区分想象与现实。一些研究者认为,通过鼓励儿童进行想象活动,可以有效地帮助过度活跃的儿童平静下来,并增加他们的注意广度。相关的投射测验研究也支持了这一观点,在墨迹测验中能够觉察到人的活动的儿童,通常能够更好地控制自己的行为,而难以觉察到人的活动的儿童则往往更加冲动和好动。这一发现在一定程度上印证了 Singer 等人(1990)的研究结果(刘金花,2006)。

总的来说,游戏在儿童的发展过程中扮演着重要的角色。根据 Cetin 等人(2021)和 Nijhof 等人(2018)的研究,游戏对儿童的身体发育、运动发展、语言发展、社会能力和智力发展都有积极的影响。除了扩大儿童的知识面和帮助他们掌握生活和学习技能外,游戏还能够调节和治疗儿童的情绪失调,促进其想象力、创造力、耐心、持久性、灵活性,以及社会交往能力的全面发展。因此,可以说游戏作为儿童发展中不可缺少的一部分,承担着不可替代的角色。

第二节 在互动中走向成熟:同伴社会化进程

本节将深入探讨同伴关系在儿童社会化过程中的重要性,以及同伴群体的形成和对儿童社会化的作用。同伴关系是儿童社交发展的重要组成部分,通过与同龄人的互动,儿童可以学习社会规范、情感表达和合作技能,从而逐渐适应社会环境。我们将着重探讨同伴关系如何促进儿童的社会化过程,通过对同伴关系的深入理解,我们可以更好地把握儿童社会化的本质和规律,为促进儿童的全面发展提供理论支持和实践指导。同时,对同伴群体的研究也有助于我们更好地理解群体动态和社会化机制,为建设更加和谐的社会环境提供借鉴。

一、社会化的性质

社会化是个体进入社会生活并融入其中的关键起点。这一过程标志着自然人向社会成员的转变,是在社会文化的影响下进行的。一方面,它涉及个体接受社会的信仰、价值观和行为规范,学习适应社会环境所需的技能;另一方面,个体也在影响社会,用自己的信念、价值观和人格特征塑造着他人和社会,推动着文化的更新和变革(俞国良,

2006)。在具体实践中,社会化使个体逐步成为社会和文化的合格成员,这是一个包含文化重建的广义过程。而在狭义上,社会化着重于青少年在群体互动中通过经验分享、信息交流而形成态度、价值观和行为方式的过程(刘俊升,2006)。个体的社会化是其走向成熟的必经之路,同伴、家庭、学校等在这一过程中起着关键作用。在这条道路上,个体受到的影响通常与其同伴最相似,这也意味着他们的态度、行为和价值观受到了同龄人的显著影响(Dana,2005)。

二、同伴与社会化过程

同伴关系在儿童社会化的道路上扮演着至关重要的角色。首先,同伴关系为儿童发展社会能力、获得熟练及适合的社交技巧提供了重要的背景;其次,同伴关系是儿童获得安全感、归属感和社会支持的重要源泉,促进儿童情绪的社会化,有利于培养儿童对环境积极探索的精神;最后,同伴交往经验有利于儿童自我概念和人格的发展(俞国良,辛自强,2004)。总的来看,同伴作为儿童进行社会化的动因,在儿童社会化的进程上发挥着不可替代的作用。美国心理学家Judith(1995)提出的群体社会化发展理论阐明,儿童在其社会化过程中独立地习得了两套行为系统,一套用来适应家庭内部的生活,一套用来适应在社会上的生活。家庭对于儿童年幼时最初的社会化有重要影响,但这些影响后来逐渐减弱、淡化,被群体影响所取代。每个儿童都必然参与并认同一个社会群体,在群体中学会符合社会规范的行为方式,在儿童群体中,共有的群体文化、规则和准则及其同化作用所导致的文化传递,使得群体中的每个儿童变得十分相似,同伴群体(peer group;车文博,2001)在儿童社会化的过程中发挥了重要作用(刘俊升,2006)。

1. 同伴群体的形成

同伴群体是一个由年龄相仿、具有类似社会地位的个体组成的互动性集体,通常对个体的社会化、身份认同和行为发展具有显著影响(Brown & Larson,2009)。在儿童发展的早期,同伴群体就已现雏形,儿童上幼儿园之前就已经和自己身边能接触到的兄弟姐妹或社区中的其他玩伴结成同伴群体,随着年龄的逐渐增长,儿童逐渐步入幼儿园、小学、初中、高中,同伴群体的特点也随之发生改变,同伴群体的关系趋于复杂,形式趋于多样,形成原因也趋于多元。同伴群体的形成一般会经过如下五个阶段:第一阶段是前群体阶段,即儿童期同伴群体;第二阶段是小集团阶段,由年龄和成熟程度相同的低龄青少年组成;在第三阶段,男女混合的小集团开始出现,同性小集团内地位较高的成员开始与异性交往;到第四阶段,同伴群体发生转变,并出现了异性小团体;第五阶段标志着从群体形成之前开始的循环完成(俞国良,辛自强,2004)。

青少年一般会形成两种群体:小帮派和团体。其中,小帮派(clique)的规模较小,成员之间有着频繁的社会互动,关系更亲密,凝聚力较高。而团体(crowd)的规模更大,由具有共同特征的个体组成,但彼此间可能缺乏互动,通常是因为大家对某一活动有共同的兴趣而聚在一起。例如,艺术特长生和体育特长生是具有代表性的团体。由于不同群体的凝聚力存在差异,将同伴群体按结合程度来划分可分为:①莫逆之交型,同伴间关系的发展通常达到了不可分离的程度,彼此之间有共同的理想和志向;②亲密之交型,一种规模较小、情感较为浓厚的群体,成员来自相同的社会地位或阶层;③志趣型,在亲密之交的基础上形成的人数更多的一种群体,成员们为了一个共同的理想或兴趣结合在一起,彼此之间的情感有深有浅,对新来的成员有排斥性;④团体,有正式组织形式、结构完整、持续时间较长久的一种群体。

2. 同伴群体对个体社会化的作用

同伴群体在个体的社会化过程中扮演着重要的角色。随着儿童逐渐融入同伴群体,他们开始更多地参与社交互动,通过互动建立和维系友谊关系。同伴关系的形成不仅为儿童提供了情感支持和归属感,还在很大程度上塑造了他们的社会行为和价值观。通过与同龄人相处,儿童学会了合作、分享、交流和解决冲突的技能。这些技能不仅是社会化过程不可或缺的一部分,而且对于个体未来的社会适应和发展至关重要。因此,可以说同伴群体对于个体的社会化具有深远的影响,为儿童的发展提供了重要的支持和指导。接下来,我们将从三个方面展开说明。

首先,同伴群体会促进个体人格的社会化。在人格社会化的过程中,儿童时常会体验到个人愿望与社会要求的冲突,儿童将逐渐学会采取理性的、社会群体认可的行为规范。在同伴群体中进行互动是儿童形成和发展个性特点,形成社会行为、价值观和态度的一种独特而主要的方式。它可以给儿童提供榜样、期待和强化,从而形成各种不同的社会行为、观点和态度。与幼儿期的同伴交往相比,上小学后儿童的交往频率更多,共同参加的社会性活动也进一步增加,其社会性交往也逐渐具有组织性。社会交互作用的形式和内容也日趋复杂多样和深刻。在整个小学阶段,由于儿童的社会认知能力得到发展,他们能更好地理解他人的动机和目的,能更好地对他人进行反馈,同伴间的交流更有效,从而塑造了其人格的发展(牛力军,2009)。

其次,同伴群体会促进个体道德的社会化。道德社会化就是将特定的道德准则和规范加以内化,并转化为社会要求的道德行为的过程。个体道德社会化主要表现在道德认知、道德情感和道德行为上(钟钰聆,2018)。同伴的道德准则和道德行为将给个体提供参照的标准和依据,同时个体在同伴群体中会形成一种群体规范,即大家的行为准则、观点需要保持在一定的范围内。因此,个体的道德认知、道德情感、道德行为在很大程度上与群体所认同的规范趋同。此外,我们还可以用桑代克的效果律来解释(莫雷,2007)。根据效果律,我们知道,行为出现的频率由行为所带来的结果决定,因此当个体做出违反群体规范的非道德事件之后,群体成员将会给予负面反馈,由于对行为的结果不满意,因此个体会减少做出相应行为的频率,久而久之就会塑造个体的道德认知、情感和行为。

最后,群体互动会促进个体社会化的进程。假装游戏作为儿童与同伴群体互动中最常见的游戏形式,在儿童发展过程中发挥着重要的作用,通常在假装游戏中,每一个儿童需要扮演不同的角色,并且在不同类型的假装游戏中,儿童所扮演的角色类型可能也有差异。在游戏过程中,儿童常常会模仿所扮演角色的特点从而达到游戏目的,因此在早期发展阶段,假装游戏就为儿童提供了在不同角色之间转换的能力发展空间。随着个体的生理年龄不断成熟,所需扮演的社会角色逐渐增多。例如,在学校扮演学生、同学、班长等角色;在家中扮演孩子、哥哥、姐姐等角色;在同伴群体中可能扮演着主心骨、跟随者等角色。在面对诸如此类角色时,个体很容易产生角色混乱的现象,从而影响个体在这些角色上的适应。因此,早期与同伴群体的互动游戏提供了培养能力的机会,可以帮助个体更好地应对不同角色之间的转换,从而促进个体社会化的进程。

此外,我们发现个体在社会化过程中,并非单纯受到同伴关系的影响。尽管同伴关系在儿童社会化过程中扮演着重要角色,但我们也不能忽略其他方面的影响,如家庭和学校等。儿童在一个多元且复杂的环境中完成整个社会化过程,因此我们要以多维的视角来审视整个进程。例如,研究表明,随着青少年的成长,他们的社会价值观(如友谊、个人习惯等)与同龄人更相似(Meeus et al.,2002);对于与未来有关的问题,如职业选择和学校选择,父母和青少年之间的相似程度更高(侯逸华 等,2021)。儿童身处的环境不断发展变化,而社会化的本质正是适应环境,从而帮助儿童更好地生存。因此,社会化的进程可能持续到成年期,但相对于儿童和青少年这样的社会性塑造的黄金阶段而言,成年后的发展就显得相对不那么明显。因此,研究的焦点一直在儿童和青少年阶段的社会化过程上,更关注早期的社会化塑造过程。

第三节　为什么他更受欢迎?社交能力是答案

随着儿童的成长,他们与同龄人的互动频率逐渐增加,这种互动关系也逐渐变得复杂化。在日常生活中,我们常常可以观察到一些儿童总是和朋友在一起,而另一些儿童则经常是孤身一人。这种差异是由什么原因造成的?发展心理学家试图从个体的角度来探索这一问题。

儿童在群体中是否受欢迎的一个重要影响因素是他们在群体中的地位。地位指的是群体中其他成员对角色或个体的评价。通常情况下,地位较高的儿童拥有更多的资源和机会,如参与各种游戏、使用玩具、阅读书籍和获取信息;而地位较低的儿童在获得资源和机会上可能受限(Robert,2021)。地位的评价可以通过多种方式进行测量和确定。

一、同伴关系的研究方法

社会测量技术(sociometric technique)是社会学家、心理学家莫雷诺(J. L. Moreno)于1934年提出的一种自我报告式的同伴关系评价技术。它借助量化评估方法测量个体在群体中的地位,一般建立在群体成员提供的信息基础上,即要求儿童自己来评价对他人(同伴)的喜欢程度,主要包括以下两种方法。

1. 同伴提名

同伴提名(peer nomination)是社会测量技术中最基本、最主要的一种方法。具体做法是:在一个社会群体中(如小学二年级的一个班),让儿童根据某种心理品质或行为特征的描述,从同伴群体中找出最符合这些描述特征的人来,如"你最(不)喜欢和谁玩"或"你觉得班里最(不)受欢迎的人是谁"。这种方法的基本假设是儿童在同伴之间的相互选择,实际上反映着同伴间的人际关系状况。肯定意味着接纳,否定意味着排斥。一个儿童在积极标准(如喜欢)上被同伴提名次数越多,说明被同伴接纳的程度越高;反之,说明被同伴排斥的程度越高。

根据每个儿童所得正负提名的多少来对其同伴关系的特点进行分类,可以得到该儿童的人际关系状况。这种方法可以测出同伴地位间的重要差异,但不能给出那些处于喜欢与不喜欢之间(中间段)的儿童的信息。此外,有研究表明,5 岁以前的儿童由于认知能力不成熟,他们认定的喜欢或不喜欢同伴的标准相对表浅,并没有和同伴身上固定的、深层的个性因素相结合,他们的同伴提名较为随意和多变,可能不具有区分性(桑标,徐轶丽,2006)。

2. 同伴评定

同伴评定(peer rating)要求儿童根据具体的量表对同伴群体中的每位成员逐一评定。例如,问儿童"你喜不喜欢和×××一起玩"。儿童可以根据等级评定来选择,如在"很喜欢""喜欢""一般""不喜欢""很不喜欢"几个等级中选择。这种方法被认为相对可靠有效,因为所获得的结果与实际同伴交往情况,以及同伴观察获得的数据之间有较高的相关性。然而,这种方法可能引发个人隐私等问题。让被试评价自己身边的人可能会让被试感到不舒服,尤其是在涉及年龄较大的被试时,需要特别谨慎。此外,同伴评定的一个弱点是可能存在偏见或受主观因素影响。有时候,儿童可能会受到个人喜好、社会期望或其他因素的影响,而不是客观地评价同伴。这可能导致评定结果不够准确或不公正,因此在解释和分析数据时需要谨慎。另外,一些儿童可能会因为担心得罪同伴或被认为是"坏人",而不敢对同伴进行真实的评价,这可能导致结果偏离真实情况。因此,在使用同伴评定时,研究人员需要考虑如何最大程度地减少这些偏见和主观因素的影响,以确保评定结果的准确性和可靠性。

二、同伴关系的类型

根据社会测量技术测得的结果,我们可以大致把儿童分为以下五种类型(Coie & Coppotelli, 1982),包括受欢迎型儿童、被拒绝型儿童、被忽视型儿童、矛盾型儿童和一般型儿童。

1. 受欢迎型儿童

受欢迎型儿童(popular children)是指那些在同龄群体中受到较多正向提名的儿

童。他们在同伴中很受欢迎,因为他们拥有良好的社交技能和人际关系,能够与同龄人建立融洽的关系。这些儿童通常表现出友善、合作、亲社会的特质,受到同伴的喜爱。受欢迎型儿童在社交互动中展现出积极的角色,对群体的和谐和友好关系起到了积极的促进作用。

2. 被拒绝型儿童

被拒绝型儿童(rejected children)受到同伴的负向提名较多,在同伴或群体中也很突出。此类儿童可进一步分为攻击型受拒儿童和退缩型受拒儿童两类。攻击型受拒儿童在群体中表现得调皮且不合作,有明显的攻击行为,令群体成员无法忍受,因此拒绝其加入;而退缩型受拒儿童是由于儿童自身个性特点所致,不愿意加入群体活动,喜欢独来独往,是他们自己主动拒绝加入群体,又被称为社交退缩儿童。

3. 被忽视型儿童

被忽视型儿童(neglected children)指的是在同龄群体中,既没有受到很多正向提名,也没有受到很多负向提名,似乎被其他儿童忽略和视而不见的儿童。这类儿童既不属于受欢迎的类型,也不属于不受欢迎的类型,而是处于一种被忽略的状态。他们可能在社交互动中表现出内向或者不引人注意的特质,导致同龄人对他们的关注较少。这种被忽略的状态可能会给儿童的社交和情感发展带来一定的挑战,因为他们缺乏与同龄人建立良好关系的机会。然而,被忽视型儿童通常不会表现出明显的社交问题或者情感困扰,因为他们并没有受到明显的排斥或者否定。因此,被忽视型儿童在同龄群体中相对隐蔽,但并不一定有严重的社交困扰。

4. 矛盾型儿童

矛盾型儿童(controversial children),又称有争议的儿童,是指那些受到许多儿童喜欢,同时也有许多儿童不喜欢他们的个体。这类儿童在同龄群体中引起了不同程度的争议和注意。他们可能具有一些受欢迎的特质,如领导力、幽默感或者智慧等,从而吸引了一部分同龄人的喜爱和赞赏。然而,与此同时,他们可能也表现出一些不受欢迎的特质,如好斗、自我中心或者过于自信等,导致另一部分同龄人不喜欢或者排斥他们。因此,矛盾型儿童在同龄群体中既有一定的社交影响力,受到一部分同龄人的尊重和认可,又面临着另一部分同龄人的质疑和反感。这种矛盾的社交地位可能会给他们带来一定的挑战,需要他们具备一定的应对能力和社交技巧来处理不同的社交情境。

5. 一般型儿童

一般型儿童(average children)既不是受欢迎的儿童,也不是被忽视的、矛盾的或被拒绝型的儿童。他们在同龄群体中的社交地位相对平凡,没有引起显著的积极或消极反应。这些儿童可能表现出一般的社交技能和行为,没有明显的特质或行为模式,使得他们与其他类型的儿童相比平凡和普通。一般型儿童在同龄群体中可能并不突出,也不会受到特别的关注或注意,但也不会处于明显的社交困境中。他们通常能够与同龄人建立一般性的友谊关系,但不会成为群体中的中心人物或引起极端反应。因此,一般型儿童在社交互动中表现相对平稳,没有明显的受欢迎或不受欢迎的特点。

研究表明,同伴接纳对儿童当前和未来的心理适应能力有显著的预测作用。相比于受欢迎的儿童,被拒绝型儿童往往表现出情绪低落、孤独感强烈的特点(孙晓军,周宗奎,2007);此外,他们的自尊水平也较低(赖建维,郑钢,刘锋,2008)。与被拒绝的儿童相比,受欢迎的儿童在理解和识别他人情绪方面表现更出色(李幼穗,赵莹,2009);他们通常在社交中展现出更高的社会创造性,且能够提出更有效、更恰当的问题解决策略(Cillessen & Mayeux,2007)。

三、影响同伴接纳的因素

儿童的同伴接纳受到多种因素的影响,包括家庭环境、个人性格、认知能力等。父母的教养方式对儿童的同伴关系有重要影响,温暖支持的家庭环境通常会培养出更加自信、独立的儿童,从而提升其同伴关系的质量。此外,儿童的气质特点和认知表现也会直接影响其同龄群体中的地位。性格外向、友善的儿童更容易受到同伴的欢迎,而内向、孤僻的儿童则可能面临更多的拒绝和忽视。除了个人因素外,班级环境也会对儿童的同伴关系产生影响。班级中其他同学的特点、教师对学生的期望,以及教学环境等都会对儿童的同伴地位产生影响。在一个支持友善、合作的班级氛围中,儿童更容易建立良好的同伴关系,而在一个竞争激烈或者氛围不友好的班级中,儿童可能面临更多的挑战。

此外,体貌特征和社会行为模式也是影响同伴接纳的重要因素之一。首先,关于体貌特征,在婴儿和学步期,儿童就开始显示出对身体外部特征的偏好,3~6个月的婴儿对有吸引力的成人面孔注视得更久一些(Langlois et al.,1991)。尽管"漂亮"与"不漂亮"的儿童在2~3岁时表现出来的社会行为差异并不是很大,但到了5岁,"漂亮"的儿童的确具有许多人所期望的优秀品质,而"不漂亮"的儿童则在游戏中更吵闹、攻击性更强。因此,"不漂亮"的儿童似乎形成了使同伴疏远的社会交往模式。

为什么会产生这样的现象呢?我们可以用皮格马利翁效应和刻板印象来解释。父母、教师和同伴对外貌有吸引力的儿童带着某种期望,以微妙或直接的方式进行交流,从而达到了一种自我实现预言。他们让这些有吸引力的儿童知道,别人期望他们做得更好、更受人喜欢。这类信息无疑使有吸引力的儿童变得更加自信、友好和随和;而不具有吸引力的儿童可能对那些没有赞许的反馈心存怨恨,变得更有挑衅性和攻击性。"美丽就是好的"这一刻板印象就是这样成了现实。

在预测同伴接纳方面,社会行为是最有效的因素之一。同伴往往会根据一个儿童的行为来评判他们是否受欢迎。一般来说,亲社会行为是建立良好同伴关系的重要因素之一。儿童展现出友善、合作、支持他人的行为往往能够赢得同伴的喜爱和认可。相反,儿童的欺凌行为通常会导致儿童被同龄人拒绝,不仅在西方社会中如此,在东方文化下同样适用。做出欺凌行为的儿童往往会受到同伴的排斥,降低他们在同伴群体中的地位。

然而，对于攻击行为和同伴接纳之间的关系，研究结果并不一致。一些研究表明，攻击行为与同伴接纳之间存在负相关，即攻击行为越多，儿童在同伴中的受欢迎程度越低。然而，也有研究发现，具有攻击行为的儿童并不会被同龄人拒绝，甚至在同伴中还颇受欢迎（王燕 等，2005）。这表明攻击行为对同伴接纳的影响可能受到其他因素的调节，如攻击行为的频率、社交技能、个性特点等。因此，了解不同行为特点对同伴地位的影响对于帮助儿童建立良好的同伴关系至关重要。

受同龄群体欢迎的儿童通常表现出较高水平的积极的社会技能。他们往往温和、随和、友好、合作，并且能够表达自己的观点。这些被称为"社交明星"的儿童能够成功地建立和维持友好关系，并且能够在发生冲突时以支持性的方式解决问题。他们往往富有同情心，展现出较多的亲社会行为，几乎不会表现出破坏和攻击行为。

相比之下，被同龄群体拒绝的儿童（包括攻击型受拒和退缩型受拒儿童）则展现出更多消极的社会行为。攻击型受拒儿童通常更容易出现社交、行为和学校适应方面的问题（Chen et al.，2004）；而退缩型受拒儿童则可能更害羞、焦虑，缺乏自信，在同伴交往中难以适应新环境，他们倾向于行为退缩，因此更容易成为同龄人中被欺凌的对象。

被忽视的儿童通常因为性格较为内向，不太善于与他人交流，因此在同伴中的互动较少，也较少引起他人的关注。他们可能更喜欢独自一人活动，对社交活动不太感兴趣。然而，与被拒绝的儿童不同，被忽视的儿童并不一定会因此而感到孤独或不开心。他们可能有着良好的自我调节能力，能够很好地适应独处的状态，而不会感到焦虑或不安。他们可能更多地通过内省和自我思考来度过独处的时光，因此他们的孤独感可能更多地来自其对自己社交能力的主观认知，而不是他们在同伴群体中的实际地位。这种自我认知可能会导致他们认为自己与他人相处的能力不足，从而产生一种孤独感（周宗奎 等，2003）。因此，对于这类儿童，提升其社交自我认知，培养积极的社交技能和自信心，可能是更有效的帮助方式。

矛盾型儿童的社交行为表现常常是积极与消极的混合体。他们可能在某些情境下表现出受欢迎的亲社会行为，而在另一些情境下则展现出被拒绝的攻击行为。这种行为的矛盾性可能与其个体差异、情绪调节能力以及对环境的适应程度有关。这类儿童可能在社交互动中存在着一定的不确定性和矛盾性，既希望被接受和赞许，又可能因为一些因素而表现出攻击或者消极的行为。对于这些儿童，家长和老师可以通过引导和教育来帮助他们理解自己的情绪和行为，培养更积极、合适的社交行为。例如，可以通过情绪管理训练帮助他们更好地控制自己的情绪，提升其自我认知水平，从而更好地适应社交环境（龚艺华，张富洪，2005）。此外，加强沟通交流，建立良好的互动关系，也是帮助这类儿童改善社交行为的有效途径。

第四节　从玩伴到挚友：友谊的功能与变化

同伴关系作为儿童社交生活的重要组成部分，对其社会认知、情感表达和行为习惯等方面具有深远的影响。本节将重点关注同伴关系的发展过程，从最初的亲密伙伴关系逐渐扩展到群体中的社交互动者，探究儿童如何通过同伴关系培养社交技能和人际关系。

同时，我们还将分析同伴关系对儿童发展的作用。同伴关系不仅可以促进儿童的社会化过程，还会影响其自尊心、情绪调节和认知发展等多个方面。通过深入研究同伴关系的发展和作用，我们可以更好地理解儿童社交发展的规律和机制，为提出具有针对性的教育措施提供相应的理论支持。这有助于教育者和家长更好地引导儿童发展社交，帮助他们建立健康、积极的同伴关系，从而促进其全面发展。

一、同伴关系的发展

同伴关系的发展是儿童社交发展中的重要组成部分，不仅对个体的心理健康和社会适应能力有深远影响，也是塑造个体身份认同和自我概念的重要因素。随着儿童逐渐成长，他们在同伴关系中经历了多个阶段的发展，从最初的亲密伙伴到群体中的社交互动者，这一过程不仅受到个体自身特质和家庭环境的影响，还受到学校环境、教师的支持和社会文化的影响。因此，深入探讨同伴关系的发展对于理解儿童社会化的过程和机制具有重要意义。

1. 同伴关系的发展阶段

根据发展的视角，我们将从婴儿和学步期、学前期、儿童中期和青少年期三个阶段分别描述同伴关系发展的特点。在婴儿和学步期，儿童对同伴产生兴趣是一个逐渐发展的过程。最初，他们可能只是以简单的注视和触摸对同伴做出反应，这通常发生在婴儿3～4个月大的时候。到了6个月，婴儿开始展现出更多的社交性行为，如对同伴微笑、发出"呀呀"的声音等。到了1岁，同伴间的相互交流行为更加丰富，包括微笑、打手势、模仿等。然而，在6个月之前，婴儿对同伴的反应往往还不具备真正的社交性质，他们可能将同伴视为物体或活玩具，行为可能是单向的，缺乏互惠性，比如他们可能会抓对方的头发或鼻子，而不顾及对方的疼痛。直到半岁以后，婴儿才开始展现出具有社交性质的反应。随着时间的推移，儿童同伴间相互协调的互动行为逐渐增加，其中最主要的形式是游戏中的模仿行为。到了2岁左右，儿童开始运用言语来影响和谈论同伴的行为。尽管同伴对婴儿来说是一种有趣的、能带来快乐的社交对象，但在这一时期，与父母建立的情感联结仍然是儿童最重要的社会关系，即依恋。根据这一阶段的发展特点，儿童对同伴的兴趣是逐渐增加的，他们在与同伴的交往中逐步学习社交技能，并在此过程中建立对他人的认知和理解。

到了学前期,随着儿童运动能力和交流技能的发展,他们的社交领域扩大了许多。这个阶段标志着儿童开始从家中走向社交世界的大门。他们已经能够更好地表达自己的想法,理解他人的想法,并且能够对不同的社交对象采取不同的行为。这种发展意味着儿童能够更加灵活地适应不同的社交情境,并且能够更好地与同龄人进行互动。尽管家庭仍然是一个关键的社会关系,但同伴关系已经逐渐成为学前期儿童生活中的第二重要的社会关系。与同龄人的互动不仅为他们提供了更多的社交机会,还为他们的发展提供了宝贵的学习经验和情感支持。

研究表明,从3岁开始,儿童在同伴交往中已分成了不同的类型,不同类型的儿童在同伴中的社交地位、关系不同。有的儿童在同伴中很受欢迎、容易被接纳,在同伴交往中地位较高,同伴关系也较为和谐;有的儿童则被同伴排斥、拒绝,同伴关系紧张;有些儿童被同伴忽视、冷落;有的儿童既不为同伴所接受和喜爱,也不为同伴排斥和拒绝,在同伴中地位一般(刘文 等,2006)。

对这一年龄段的儿童来说,象征性行为和假装游戏对他们具有特殊的吸引力,逐渐取代了直接的身体运动而居于主导地位,儿童社交行为的复杂性逐渐增加。研究表明,与同伴有密切关联的假装游戏的复杂性和出现频率在学前儿童中随年龄的增长而增加,4~5岁是假装游戏的高峰期,并且此时出现了最成熟、最复杂的合作式假装游戏(也称社会表演游戏;何梦燚,2005)。

进入儿童中期,儿童在学校的时间逐渐增多,他们接触到的同伴数量和广泛性都有了显著提高。研究表明,3~6年级小学生的同伴关系往往优于亲子关系和师生关系(董莉,沃建中,2005)。这个阶段,同伴互动的增加极大地促进了儿童认知能力的自然发展,并使儿童的观点采择或角色采择能力得到了飞速提高。特别是在8~9岁,规则性游戏和合作性游戏备受儿童喜爱,这些游戏具有明显的社会性特点,有助于培养儿童的合作精神和社交技能。此外,在这个阶段,具有明显社会性特点的打闹类游戏也开始出现,为儿童提供了锻炼社交能力和团队合作精神的机会。随着时间的推移,儿童的同伴交往更多地出现在真正的同伴群体中,他们基于一定的规则进行互动,有群体自身的规范,能够在群体中获得归属感和自我肯定。这种群体互动的经历对于儿童的社会发展和情感成长至关重要。

在儿童中期到青少年期,个体与同伴的交往时间明显增多,尤其是与小帮派和团体中的亲密朋友相处的时间已经超越了家庭及其他所有社会关系。同伴团体在儿童和青少年中普遍存在,它的形成是个体自发选择的结果,反映了儿童和青少年归属于某一群体的强烈需求。团体作为同伴互动的社会背景,其重要性日益增加。早期的青少年同伴团体通常由4~8名具有相似价值观和活动兴趣的同性别儿童组成;到了青少年晚期,男孩小团体和女孩小团体之间的交往更加频繁,最终形成了异性小团体(Shaffer,2005)。团体的出现使得同伴在某些情况下对儿童行为和价值观的影响可能超过父母,成为其价值观的重要来源。随着年龄的增长,同伴影响的程度也会发生变化:在青少年早期,同伴的影响力达到顶峰,随后逐渐减弱。此外,同伴影响的强度存在个体差异,那些在家庭中缺乏明确规则或指导的孩子更容易受到同伴群体的影响。然而,需要注意的是,同伴关系在这一时期也可能带来消极影响。在不良团体中,青少年可能会习得不好的价值观和行为方式。有研究者总结了青少年冒险行为的相关研究,结果发现,青少年的不良行为通常以群体的形式出现,而且通常是与同伴一起行动(郑睿,张丽锦,2009)。

2. 同伴关系发展理论

Damon 和 Hart(1988)认为,儿童的友谊发展经历了三个阶段。第一阶段是基于他人行为的友谊。大约在 4~7 岁时,儿童倾向于将那些与自己相似、愿意分享玩具或一起玩耍的人视为朋友。在这个阶段,儿童更多地根据他人的具体行为来判断谁是朋友,而不太考虑对方的个性特质。实际上,朋友就是那些能够相互提供愉悦感的人,他们倾向于疏远那些不愿意分享、不愿意一起玩或与他们发生冲突的人。

第二阶段是基于相互信任的友谊。大约在 8~10 岁时,儿童开始根据他人的个性特质以及他人能够提供的支持和奖赏来衡量友谊的价值。在这一阶段,友谊的核心是相互信任,那些在需要时能够提供帮助的人会被视为朋友。如果信任被辜负,后果通常比较严重,友谊关系难以像小时候那样通过简单的和解恢复,需要正式的解释和道歉才能修复。

第三阶段是基于心理亲密的友谊。大约在 11~15 岁时,友谊的标准转向心理上的亲密感和忠诚度。这一阶段的友谊主要特征是深厚的情感联系,儿童会通过相互倾诉分享各自的想法和感受,从而建立牢固的友谊,通常具有排他性。

二、同伴关系在儿童成长中的作用

良好的同伴关系有助于儿童获得健康的社会价值观,培养积极的社会技能,并促进自我概念和人格的健康成长。通过与同伴的互动,儿童学会了合作、分享、交流和解决冲突的技能,这些技能对于未来的社会适应至关重要。同时,更近的人际距离也更容易得到帮助(Tanna,2022)。然而,不良的同伴关系可能会带来一系列问题。例如,与不良同伴的交往可能导致儿童陷入负面行为的循环,从而导致学校适应困难,甚至可能对其成年后的社会适应产生消极影响(张文新,1999)。因此,我们应当重视并促进儿童良好的同伴关系,为他们的全面发展和健康成长提供有力支持。

同伴关系对于儿童的发展至关重要,其中之一是提供社会情感支持。在成长过程中,儿童面临各种困惑和烦恼,可能引发紧张和焦虑,此时同龄人成了重要的支持来源。他们能够倾听、安慰和理解,通过相互帮助,儿童和青少年能更好地应对情绪和心理上的挑战。对于感到疏离的青少年来说,同伴关系提供了寻求精神慰藉和获得归属感的途径,有助于缓解内心的紧张和焦虑(徐夫真 等,2009)。此外,良好的同伴关系还为儿童和青少年提供情感价值支持和信息来源。当儿童被同龄人接纳,并建立了友谊关系,受到尊重和赞许时,他们会感受到一种心理上的满足。这种满足感有助于促进儿童自尊心的发展,使其更加自信地面对生活的各种挑战,同样适用于青少年阶段。青少年感知到他人情绪性社会支持越高,其心理健康水平和社会适应性越强(Liu et al.,2023)。

同伴关系在塑造儿童行为方面扮演着重要的角色。Patterson 等人(1967)的研究揭示了同伴反馈在强化儿童攻击性行为方面的作用。通过观察幼儿园儿童之间的相互攻击行为,研究人员记录了被攻击者的反应和态度对攻击者行为的影响。结果显示,当一个儿童采取消极的反应,如哭泣、退缩或沉默,而不是立即反击,攻击者往往会继续使用相同攻击方式对待其他儿童,这种消极反馈会加剧攻击性行为。相反,当儿童受到攻击时能够及时反击,或者老师能够迅速制止攻击行为,批评攻击者并将物品归还原主,那么攻击者的攻击行为可能会减少或改变。这表明同伴之间的行为反馈会影响儿童的行为。

此外,被攻击儿童也会从这种行为反馈中学习攻击性行为。如果他们能够成功地反击别人的进攻,这可能会强化他们的攻击性行为,因为他们发现这种反击行为可以有效地阻止攻击(刘金花,2006)。因此,同伴间行为的影响是相互作用的,不仅攻击者受到影响,被攻击者也会从中获得经验,并可能在未来的互动中表现出更具攻击性的行为,还有研究表明同伴关系与个体的学习成绩也有关(Zhang et al.,2024)。随着年龄的增长,青少年在同伴关系中也会展现出更多的亲社会行为,而由于在做出亲社会行为的过程中个体更容易体验到意义感或情绪调节的效能感(Duan et al.,2022),因此亲社会倾向越高的个体体验到的主观幸福感往往也越强(Edwards et al.,2022)。研究指出,青少年在同伴群体中更倾向于表现出亲社会行为,表现为对同伴的支持、理解和关怀(Miklikowska,2017)。有趣的是,同伴报告的青少年亲社会行为与日常观察的结果一致,相较于父母的报告,同伴的反馈更贴近实际的行为表现(Padilla-Walker et al.,2012)。纵向追踪研究发现,青少年对于他人情绪线索的关注和适当反应对建立良好的同伴关系至关重要(Cao & Lin,2015)。这表明,青少年的情绪感知和情绪调节能力对于建立亲密的同伴关系具有积极的预测作用。此外,研究还表明,青少年的亲社会行为受到同伴群体中亲社会行为水平的积极影响,特别是在青少年中期阶段,这种影响尤为显著(Van Goethem et al.,2014)。这说明了同伴关系中的亲社会行为是相互影响的,而且同伴之间的亲社会行为可以相互促进,从而构建更加积极、健康的同伴关系。

同伴榜样具有改变儿童行为和态度的作用,因为儿童常常会模仿同伴的行为,并将其纳入自己的行为范畴中。例如,当儿童与那些更成熟的同伴一起玩耍时,他们可能会表现出更多的合作行为。这种同伴之间的相互影响可以促进儿童对自己的认知和评价。在同伴群体中,儿童经常与同伴进行比较,通过观察同伴的行为,他们能够更好地认识自己,从而形成正确的自我认知和评价(芦炎,张月娟,2008)。因此,同伴关系中的榜样作用对于儿童的行为塑造和社会发展具有重要意义。

同伴关系在个体的情绪调节中扮演着关键的角色。作为儿童日常交往的主要对象,同伴不仅是倾诉的对象,还在情绪调节中发挥着重要功能。通过与同伴交流,个体能够更好地表达自己的情绪,并得到情感上的支持和理解,个体更容易对自己熟悉的同伴的情绪产生趋近的调节动机。同时,同伴之间的情感交流有助于彼此情绪的调节和共鸣,促进积极情绪的表达与释放。在同伴关系中,情感交流不仅是情感的传递,更是情绪调节的重要途径。研究表明,个体与他人分享情绪的倾向性与其情绪幸福感和社交能力呈正相关。例如,Ding等人(2021)的研究发现,个体与朋友分享正性和负性情绪的倾向越高,其情绪幸福感和社会交往主动性也越强。这意味着,倾诉情感不仅能够增强个体的情感连接和社会支持,还有助于提升个体的情绪适应性和社交能力。

因此,同伴关系作为情感支持和情绪调节的重要来源,对个体的心理健康和社会适应至关重要。通过与同伴建立良好的情感关系,个体能够更有效地理解和调节自己的情绪,提升情绪应对能力,促进日常生活中情绪的积极稳定和适应能力的提高(Guendelman et al. , 2022)。

同伴关系在帮助儿童去自我中心、实现同伴间的双向尊重方面发挥着重要作用。在学前期,儿童通常具有自我中心的认知特点,只关注自己的需求和想法。通过与同伴平等的互动和交流,儿童有机会共同建立规则,并与同伴分享价值观和观点,从而逐渐摆脱自我中心。这一过程符合皮亚杰的认知发展理论,即儿童通过与同伴的互动逐步发展出对他人独特价值的认识。同伴关系中的权力关系对等性为儿童提供了平等、合作的社会交换背景,这促进了相互尊重的发展。在友谊关系中,儿童能够实践新的交往模式和技能,通过这种稳定的亲密关系,他们更容易学会相互尊重。因此,友谊不仅是一种情感的交流,更是儿童发展双向尊重和社交技能的重要场所(周宗奎 等,2006)。

最后,同伴关系在促进儿童社会化进程中扮演着关键角色。Harlow(1969)的恒河猴实验揭示了同伴关系对年幼动物情感发展的重要性。在这个实验中,没有成年猴子照看的幼猴与它喜欢的同伴之间形成了一种情感联结,同伴成了幼猴的安全基地,在面对压力和困境时,幼猴能够从同伴那里得到慰藉和支持。

安娜·弗洛伊德对孤儿的追踪研究也证实了同伴关系的重要性。在这项研究中,6名第二次世界大战后的孤儿在缺乏成人照料的情况下,同伴之间相互支持,发展出类似亲子关系中的依恋模式,从而避免了更多的问题,并在长大后成为对社会有贡献的人(王燕 等,2005)。这些研究结果表明,同伴关系不仅在人类社会中,甚至在动物世界中都扮演着重要的角色,为儿童提供情感支持、安全感和归属感,促进他们的社会化和心理健康发展。

做自己的发展心理学家　家事国事天下事,事事有"心"

"近朱者赤,近墨者黑",同伴对我们的影响显而易见,在人生发展的各个阶段,同伴都发挥着重要作用。2021年的高考,成都七中出了一个被网友称为"最强"的寝室。同一寝室中的3人高考总分均超过700分,而整个四川省700分及以上者仅49人。这3位考生是王若宁、邹宇婷、曾佳慧,他们的高考分数分别是700分、702分、704分,其中曾佳慧数学满分,邹宇婷英语满分。3位考生的分数非常接近,并且目标都是北京大学。不过,3人的理想专业不一样,曾佳慧的理想专业是工商管理专业,王若宁的理想专业是医学,邹宇婷的理想专业则是元培学院通识教育专业,最终三人成功进入各自理想的专业学习,在采访中他们也提到"我们经常会一起学习,并且寝室也有特别好的学习氛围,三个人互相影响才成就了彼此的好成绩",不仅是他们,据报道,2022年四川农业大学一女生宿舍在研究生考试中"全员上岸",诸如此类的新闻还有很多。这样的新闻背后无不体现着同伴在个体发展过程中的重要性,优秀的同伴不仅会给我们提供榜样,同时也会塑造环境和氛围。"优秀"一词不单单以成绩而评判,正如孔子所说:"三人行,必有我师焉。择其善者而从之,其不善者而改之。"我们应该汲取各家之所长,规避所短,健康全面地发展自我。

思 考 题

1. 如何看待游戏在儿童发展过程中的作用?
2. 同伴群体的特点如何影响儿童自身的发展?
3. 你认为在儿童友谊发展的过程中,影响儿童友谊结成的重要因素是什么?
4. 我们应该如何衡量儿童是否适应他所处的同伴群体?
5. 从行为主义的视角来看,同伴对于儿童的发展发挥了什么样的作用?

名 词 解 释

同伴(peer):儿童与之相处的具有相同或相近社会认知能力的人。

同伴关系(peer relation):年龄相同或相近的儿童,由某种共同活动引发并在活动中体现出相互协作的关系,或者同龄人之间或心理发展水平相当的个体之间在交往过程中建立和发展起来的一种人际关系。

同伴群体(peer group):一个由年龄相仿、具有类似社会地位的个体组成的互动性集体,通常对个体的社会化、身份认同,以及行为发展具有显著影响。

效果律(law of effect):如果一个动作跟随情境中一个满意的变化,那么在类似的情境中,这个动作重复的可能性将增加;反之,如果跟随的是一个不满意的变化,那么这个行为重复的可能性将减少。

游戏(play):一种自发的、自主选择的、以过程为导向的活动,其特征包括内在动机、积极情绪表达、象征性,以及现实与想象的灵活转换。

小 结

同伴在儿童发展过程中有着不可替代的作用,游戏作为儿童与同伴互动的重要方式,促进了儿童认知能力、社会能力、情绪,以及个性的发展。在各种游戏中,假装游戏承担的功能最多,儿童既要设计整个游戏过程,又要在游戏中扮演不同的角色,体验角色之间的转换。因此,儿童在假装游戏中往往会获得更多的锻炼机会,由此促进了儿童的社会适应能力发展,为未来走向更大、更复杂的环境做好了铺垫。

社会化是个体走向公共生活,融入现实社会的起点。儿童在早期社会化的过程中主要受到三方面的影响，即同伴、家庭、学校，本章我们侧重讨论同伴关系对于儿童社会化的影响，从情绪、道德、群体互动的视角来分析儿童在早期如何进行社会化。即便如此，我们仍不能忽略家庭与学校在儿童社会化过程中的引导作用，儿童期作为社会化的黄金阶段，需要积极、正确的引导，只有这样才能帮助儿童塑造完善的世界观、人生观。

从差异的视角来看，儿童在不同的同伴群体中，往往担任了不同的角色。在一些群体中担任着"领头羊"的角色，而在另一些群体中担任着追随者的角色。从一般性的视角来看，有的儿童无论走到哪里都备受欢迎，而有的儿童则总是被忽略的那一个，我们从体貌特征、行为模式的角度探讨了究竟为什么会有这样的差异，家长或老师也应该以各自的方式帮助那些不被接纳的儿童，保证他们的社会适应功能完好。

在人生的不同阶段，同伴关系的发展有着不同的特点。例如，婴儿会对同伴产生兴趣，而到了学前期则可以简单地表达自己的想法和理解他人的部分想法；到了儿童中期和青少年期，同伴的数量和特征都发生了变化。纵观每一时期儿童友谊的变化，我们会发现每一阶段的友谊特点都和这一阶段个体的需求息息相关，因此友谊的存在一方面满足了个体的需求，另一方面也促进了个体的成长发展。

同伴和游戏是个体发展不可或缺的条件。在个体发展的各个阶段，这两个因素都发挥着重要作用。只有正确理解并积极接纳同伴关系和游戏，个体才能实现健康和全面的发展。

第十三章参考文献

14

天才还是庸才：非典型发展

电影《自闭历程》讲述了葛兰汀（Temple Grandin）的传奇人生。作为一位动物学家、畜牧学博士，也是一名高功能孤独症患者，她的成长过程面临着种种挑战。在她的童年阶段，对于普通人而言处于正常范围的声音，会让她如同置身于轰炸现场；她会不停地重复一个新学的词，但对词背后的寓意却丝毫不理会。她拒绝说话，拒绝任何人触碰，一切事物在她的眼中都是抽象而又扭曲的。她不会表达自己，只会抖脚、尖叫，仿佛孤独的灵魂被困在一间黑暗的屋子里。虽然她的独特性给其成长带来了很大的麻烦，但是她的母亲仍旧给予她"深切的无微不至的关怀、理解、接纳、包容，并且恰如其分地对她的优势进行肯定、支持与鼓励"，而且在家里不停地给予她早期的干预和教育，最终把她从思维的泥淖中拯救了出来。

葛兰汀的发展历程不是个例。在日常生活中，我们在幼儿园会看到一些小朋友总是一个人单独玩耍，他们好像经常忽视周围人的存在，对老师说的话置若罔闻。与之相反，有的小朋友好像有着消耗不完的精力，他们总是滔滔不绝，一刻也不想坐在自己的小板凳上，并且对周围的世界充满了无限的好奇与冲动。由此可见，个体的发展并不总是一帆风顺的。在遗传和环境的共同作用下，个体的发展也会经历一些挑战和困难。

学习了前面几章，我们会发现，同龄儿童表现出的符合发展规律的一般特点属于典型发展的模式。例如，在1岁左右，儿童会对陌生的人和情境表现出恐惧，并且偏好与熟悉的照看者互动，也会使用简单的身体姿势（如摇头）来回应照看者。在幼儿园里，典型发展儿童会跟随老师的引导进行积极的互动，而且他们在课间活动中也是三五成群地一起玩耍。当一个孩子在生理、认知、社会适应和生活技能等方面落后或超越典型发展的同龄人时，就被称为非典型发展。

本章将介绍非典型发展的相关内容，重点介绍两种具有对比性的非典型发展情况，即威廉姆斯综合征和孤独症谱系障碍。学习本章，你将对非典型发展有一个初步的印象，引导你在生活中以多样性的视角去看待和理解非典型发展的个体。

第一节 非典型发展:个体发展的特殊情况

作为个体发展的一种特殊的形式,非典型发展也是发展心理学关注的一个重要话题。什么是非典型发展?学界尚未对此有一个统一的界定,但是考虑到儿童的发展是连续的,并且大多数儿童的发展处于这个连续体的"中间部分"。所以,临床工作者倾向于以大多数儿童在相应年龄段表现出的生理和心理特点作为一个发展的里程碑。一个孩子比同龄的其他孩子更早或更晚达到发展的里程碑时,就会被判定是一种非典型发展的状态(Herbert,2003)。那些较同龄人发展更快的儿童,他们在生理、认知、社会技能和适应能力方面更好,但是相比之下,那些较同龄人发展更慢的儿童在这些方面总会面临各种困难和挑战。

对于发展较慢的儿童来说,给予他们更多的关注和支持,对其发展来说是非常重要的。想要更好地理解和帮助非典型发展个体,需要搞清楚以下问题。首先,为什么个体会出现非典型发展?是先天遗传因素决定的,还是后天环境因素塑造的?其次,非典型发展有什么表现?与典型发展的里程碑存在怎样的区别?最后,哪些干预措施可用于非典型发展的个体?干预措施对非典型发展个体的影响又是怎样的?本节将对这些问题进行讨论。

一、非典型发展的原因:遗传与环境共同作用的结果

神经生物学观点认为大脑和神经系统的功能异常是个体出现非典型发展的根本原因,而基因的变异是影响大脑发育的一个重要因素。除此之外,后天的环境因素也会影响大脑发育的过程。我们将以注意缺陷多动障碍为例,阐明遗传和环境在非典型发展形成过程中的作用。

注意缺陷多动障碍(即 ADHD)是较为常见的非典型发展问题,虽然许多因素可能会导致 ADHD,但目前的研究结果表明,ADHD 作为一种神经发育障碍,遗传和神经生物学因素在其中起着核心作用(Scasselatti et al.,2012)。关于 ADHD 的家族遗传研究显示,大约三分之一的 ADHD 儿童的父母也患有这种疾病(Smalley et al.,2000),而且如果父母患有 ADHD,其子女的患病风险接近 60%(Biederman et al.,1995)。此外,同卵双胞胎的 ADHD 一致率平均为 65%,约为异卵双胞胎的两倍(Levy et al.,2006)。候选基因和全基因组关联分析已经确定了许多与 ADHD 相关的基因,其中许多都与神经传递有关,比如 5-羟色胺转运体、多巴胺 D4 受体和 D5 受体,以及 5-羟色胺 1B 受体(Hawi et al.,2015)。早期研究表明,ADHD 与多巴胺 D4 受体的一种变体之间存在关联,该基因与个体高水平的刺激寻求、冲动和探索行为相关(Bonvicini et al.,2020)。这些基因仅仅是 ADHD 风险因素的一部分,在绝大多数情况下,与 ADHD 有关的遗传成分可能是多个基因在多条染色体上相互作用的结果(Neale et al.,2010)。

在基于遗传影响来解释 ADHD 的形成过程中,需要关注环境的作用(Livingstone et al.,2016; Sonuga-Barke & Halperin, 2010)。有研究发现,环境风险因素塑造了行为的发展、情绪调节,以及 ADHD 症状随时间的表达(Froehlich et al., 2011; Nigg, 2016),而风险因素对个体的影响也遵循了几个不同的途径。首先,风险因素通过怀孕的母亲间接影响胎儿。母亲在怀孕期间接触尼古丁(Neuman et al., 2007)、酒精(Luderer et al., 2021)和某些药物(Weissman et al., 1999),均有可能增加胎儿在出生后患 ADHD 的概率,特别是对于那些具有 ADHD 特定遗传风险的家族(Braun et al., 2006)。暴露于这些风险因素中会使胎儿产生一种"可塑性"状态,这种状态与潜在的遗传因素相结合,会增加儿童对产后影响的敏感性,从而进一步影响疾病的发展(O'Donnell & Meaney, 2016)。其次,儿童出生后所处环境中的因素也会增加 ADHD 的风险。有研究表明,持续性地暴露在含有铅的环境与 ADHD 症状的出现和严重程度是相关的(Goodlad et al., 2013)。而且,铅暴露与其他风险因素结合,如母亲在怀孕期间接触尼古丁或酒精,可能进一步增加儿童患 ADHD 的风险(Nigg et al., 2016)。最后,家庭环境因素也会影响儿童 ADHD 的症状表现。由于大部分 ADHD 儿童的父母也会受到影响,父母的 ADHD 症状可能导致他们表现出无效的亲子行为,比如 ADHD 症状较严重的母亲表现出较少的亲子互动、较少的积极育儿方式,以及与子女之间很难保持一致的特点(Babinski et al., 2016)。这些发现表明,在 ADHD 儿童的家庭中,相关的 ADHD 基因影响了父母提供的养育环境,而这样的环境又反过来对儿童的 ADHD 症状产生影响。

二、非典型发展的表现:未达到预期的里程碑

尽管不同的非典型发展会有不同的症状表现,但它们也有共同点,即出现一个或多个发展领域适应失败(adaptational failure)的迹象(Rutter & Sroufe, 2000)。同样,这种失败或偏离很少由单一原因导致,通常是由个体发展和环境条件之间的持续相互作用造成的。从发展的角度来看,早期的适应模式,如婴儿对面孔的偏好、眼神接触和简单的发声,会随着时间的推移不断演变,转化为更高阶的功能,如社会性注意和语言。由此可见,儿童在相应的年龄是否达到对应的里程碑是判断非典型发展的一个重要依据。下面我们将介绍典型发展个体的里程碑特点,从运动和身体发展、社会性与情绪、语言与交流,以及认知的四个方面,来比较非典型发展与典型发展的差异。

在 1 岁左右时,典型发展儿童的里程碑式表现包括:能够在没有他人的帮助下坐起来,也能在没有辅助的情况下走几步;会在陌生人的面前表现出紧张和恐惧,当父母离开时会哭;能够通过做出简单的动作和发出声音引起父母的注意;能够模仿父母说过的词语(尽管发音可能不太清楚),而且会通过身体姿势表达自己的要求,比如用手指向自己想要的东西或者摇头表示不;能够按照简单的指令去做一些事情(比如拿起玩具),也能够将名称与物体进行匹配,并开始掌握正确使用物品的方法(Zubler et al., 2022)。

相比之下,非典型发展的儿童在这个阶段可能还不会爬行,并且在没有他人的帮助下无法站立;在面对不同的情境和人时,并没有很明显的情绪变化,也无法通过有效的方式吸引别人的注意;没有简单的肢体动作,比如摇头;也不会说最简单的词语,比如"爸爸"和"妈妈";很少用手指向自己想要的东西,也不会去搜索那些已经看到的但被父母藏起来的东西(Wisconsin Department of Health Services,2022)。

在2岁左右时,典型发展儿童的里程碑式表现包括:能够踮起脚尖,并开始学习奔跑,也会用脚踢球,可以在抓紧扶手的前提下上下楼梯;频繁地模仿同龄儿童以及成年人,与同龄儿童在一起时总是一种兴奋的状态,特别是在玩追逐游戏的时候;能够重复在他人谈话中听到的内容,会用3~4个简单的词语造句,并且知道熟悉的人和身体部位的名称;能够开始玩简单的假装游戏,并且在玩积木的过程中能够建造出更复杂的模型,也会根据颜色和形状对积木进行分类排序(Zubler et al.,2022)。但对于非典型发展的儿童来说,他们在这个阶段仍旧会出现走路不稳的现象;也不会主动模仿他人的动作和语言;无法使用两个词语来表达自己的需求(比如"喝牛奶");也不会遵循简单的指令;还未学会一些简单工具的使用方法,比如勺子等。需要注意的是,最具特点的表现是非典型发展儿童可能会丧失该阶段之前就已经掌握的一些技能(Wisconsin Department of Health Services,2022)。

到3岁时,典型发展儿童的里程碑式表现包括:运动和身体发展达到一个相对成熟的阶段,已经能够很顺利地攀爬和跑步,而且不需要借助扶手就能上下楼梯;能够对喜欢的事物和朋友表达自己的喜爱,关心那些正在哭的朋友,也开始理解"我的"和"他的"的概念;对日常生活中的重大变化感到不安;词汇量增加,而且能够简单表达自己的一些想法,甚至陌生人都能够理解他们的意思;能够玩更复杂的假装游戏,以及玩一些带有按钮、杠杆的玩具(Zubler et al.,2022)。与之相反的是,非典型发展的儿童在这个阶段会出现很明显的异常表现。他们很容易在走路的时候跌倒,并且上下楼梯对他们来说很难;还不会玩假装游戏,也很少与他人有眼神接触;不能清晰地说出一个句子,也不能理解一些简单指令背后的意思;在玩拼图或者积木的时候,相比典型发展儿童表现得更差(Wisconsin Department of Health Services,2022)。

总的来说,在1~3岁,非典型发展儿童并没有在相应的里程碑出现与同龄的典型发展儿童一样的行为。以发展里程碑作为衡量标准,能够帮助我们在生命的早期对非典型发展的情况进行鉴别和判断。

三、非典型发展的应对措施:从产前到产后

准父母在开始计划孕育下一代时就需要了解非典型发展的相关知识,这有助于他们培养应对非典型发展的意识,从而为可能出现的风险因素做好准备。基于前面关于非典型发展的原因和表现的介绍,可以看出在应对非典型发展方面需要考虑遗传和环境的双重影响。下面,我们将从产前和产后两个角度来介绍应对非典型发展的相关

措施。

促进健康发展的最佳机会之一是在产前发育期间(Hodapp & Burack,2006)。我们以非典型发展中的智力发育障碍为例,虽然并非所有形式的智力障碍都可以在产前预防,但如果采取适当的预防措施,许多与胎儿酒精综合征、铅中毒或风疹有关的致残风险都可以预防。准父母可以主动地寻求医生的建议,医生会向父母提供关于胎儿发育不同阶段的信息,并提醒他们在怀孕期间不要接触酒精、尼古丁、非处方药物和咖啡因等。在有效的指导下,准父母能够更好地考虑他们需要的额外支持,以及可能需要做出的改变。除了怀孕期间的注意事项以外,产前的基因筛查也是一个可供选择的方式,特别是对于家族中存在遗传风险的情况。羊膜腔穿刺术(amniocentesis;Devers et al., 2013)用于那些在怀孕时可能会出现某些染色体异常风险增加的女性,能够更快地诊断潜在的遗传疾病(图14.1)。遗憾的是,虽然产前的基因筛查能够为准父母提供精确的信息,但是如果知晓了自己的孩子可能存在潜在的遗传疾病,准父母在这个阶段能做的补救措施也相当有限。在这种情况下,准父母往往会在不同的应对方案中做出选择,如不做任何干预或终止妊娠。但需要注意的是,在基于检测的结果做任何重大的决定之前,要先寻求遗传学专家的建议。

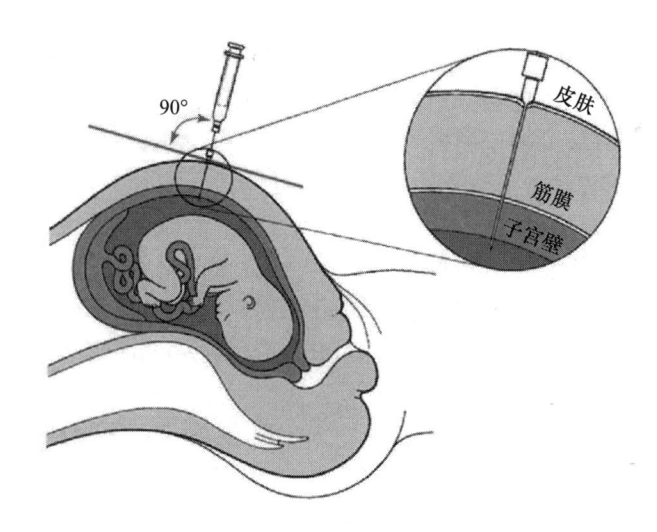

图 14.1 羊膜腔穿刺术示意

在产后阶段,早期教育是非常重要的。我们还是以智力发育障碍为例,来看看早期教育的重要意义。美国一项早期教育项目,为贫困家庭的儿童提供丰富的学习环境,从婴儿早期持续到学前期。结果发现,到2岁时,强化组儿童的考试分数已经高于对照组儿童,而且在之后10年的学习中,强化组在阅读和数学上的学习成绩也优于对照组,并且出现留级的情况较少(Campbell et al.,2012)。对于父母来说,日常生活中可以通过哪些方式进行早期干预,专家也给出了一些建议。比如,鼓励儿童自主探索,有效地引导孩子去学习一些新的技能,为其发展提供安全、可靠且丰富的环境,及时对新发展的能力予以强化,并尽可能在适当的时候给予积极的反馈(Hughes-Scholes & Gavidia-Payne, 2019)。

上述这些是相对理想的情况,生活中大部分非典型发展个体出现明显异常表现的时候,可能已经错过了进行早期教育的最佳时期,此时仍有一些干预措施可供选择。一般的干预措施包括药物干预和行为干预两种,其目的都是尽可能改善现有症状,提高儿童的适应能力。以 ADHD 为例,许多医生通常会对患有 ADHD 的儿童进行药物治疗,比如利他林(Ritalin)、右旋安非他明(dextroamphetamine),这些药物能降低过度活跃儿童的活动水平(Weissman et al., 2012; Pelham et al., 2016)。需要注意的是,尽管这些药物在短期内能够改善儿童的表现,但其副作用也引起了父母的担忧。除了药物干预,行为疗法也常被用于治疗 ADHD 儿童。行为干预主要是基于家庭和学校的环境,有助于 ADHD 儿童适应能力的发展。在家庭环境中对 ADHD 儿童进行干预,父母需要具备一定的能力和知识。父母管理训练(parent management training; Chacko et al., 2018)侧重于教授有效的育儿实践经验,以及为应对 ADHD 儿童的育儿挑战提供策略,这样的训练能够让父母了解 ADHD 的生理基础,消除父母的负罪感。同时,父母也会学到一套行为管理的原则和技巧,如识别鼓励或劝阻的行为、使用奖励和惩罚机制。对于破坏性行为,家长还会学到如何正确地使用惩罚措施,如暂时剥夺或限制儿童的特权,以及如何管理公共场所的违规行为(Owens et al., 2012)。而基于学校的干预方式则侧重于管理干扰学习的注意力不集中和过度活跃的行为,提供一个有利于儿童优势能力发展的课堂环境(DuPaul & Stoner, 2014)。教师会和儿童一起设定一系列切合实际的目标,建立一个相互认可的奖励制度,然后在课堂中仔细监控儿童的表现,对于目标的实现予以奖励,对于破坏性行为进行惩罚。这些尝试已经被证实在减少课堂破坏性行为和提高学习能力方面是有效的(Pfiffner & DuPaul, 2015)。

第二节 "社交达人":威廉姆斯综合征

在大人的印象中,乐乐是一个开朗活泼的孩子,他自出生起就非常爱笑,而且总是不断地与爸爸妈妈互动和交流,对于初次见面的亲戚和朋友显得非常友好,大家都会被他的热情所感染,觉得他是一个快乐的"小精灵"。但乐乐却经历了很多问题。在刚出生时,他特别瘦小。在成长的过程中,乐乐始终在身高体重方面和同龄的孩子存在差距。最让人担心的是,他因为呼吸困难去医院检查时,发现他存在主动脉狭窄的问题,成了医院年龄最小的病号。现在他接受了手术,恢复得很好,依然对他人特别友善,喜欢与他人交谈。在之后的生活中,乐乐的父母慢慢发现,尽管他很爱说话,而且掌握的词语甚至比同龄孩子多,但他说的话并没有逻辑,而且在使用词汇方面不那么恰当。除此之外,乐乐经常会搞不清楚方向,而且每当要下楼梯时,总是容易跌倒。父母看到他在发育方面表现出的迟缓,就去咨询了儿科医生。最后根据基因检测,确定了乐乐患有威廉姆斯综合征(Williams syndrome, WS)。

作为一种相对罕见的遗传性神经发育障碍,威廉姆斯综合征(Semel & Rosner, 2003)在非典型发展领域也受到了很大的关注。之所以选择 WS 作为非典型发展的例子进行讨论,一方面是由于 WS 个体具有独特的生理特征,另一方面是因为 WS 个体在心理学关注的认知和语言领域表现出了与其他非典型发展不一样的特点。

一、威廉姆斯综合征的生理表现

WS 最明显的临床特征就是特殊面容,包括前额宽、眉毛内侧发散生长、眼睑浮肿、斜视、鼻子上翘、人中长、嘴巴宽且嘴唇厚、下巴偏小,被称为小精灵面容。牙齿小,牙缝间隙较大,常有咬合障碍;皮肤弹性较小,容易出现异常的疤痕;指甲发育不全,头发过早发白。同时,WS 个体经常会出现一些生理疾病。其中,心血管畸形是比较常见的,主要表现为主动脉、肺动脉和冠状动脉狭窄,二尖瓣脱垂,室间隔缺损等;这些问题还会诱发高血压,严重时可出现发绀、心悸、胸痛等症状。泌尿生殖系统也存在相应的问题,WS 个体会出现肾钙沉着症,伴随肾功能不全,导致血液中钙含量的升高。他们的听觉异常敏感。部分 WS 个体还存在内分泌功能异常的可能,主要表现为甲状腺功能的减退等。诊断 WS 最常用的方法是使用荧光原位杂交法检测 7 号染色体长臂近端的 7q11.23 区域有无缺失,准确率高达 99%(Solomon, 2004)。

二、威廉姆斯综合征个体的心理发展特征

WS 个体伴随轻度的智力发育迟缓,在学习方面存在困难。研究发现,WS 个体的智商为 32～78 分,这可能是他们在问题解决,以及掌握常识性知识方面存在困难的原因(Kozel et al., 2021)。但是,与其他非典型发展不同的是,WS 个体在语言和认知上表现出了不一致的发展特点,这也是备受研究者关注的方面。除此之外,WS 个体的"社交达人"属性也是发展过程中比较经典的现象。下面我们将从语言、视觉空间认知和社交三个方面对 WS 个体的心理发展特征进行介绍。

1. 语言能力相对完整

研究人员将 WS 个体的语言能力描述为"保存得出奇的完整"(Bellugi et al., 2000)。大多数 WS 个体在交流方面不存在明显的困难,而且非常喜欢与他人交流。在交流过程中,他们可以正确地使用一些复杂的语法,并且在词汇量和讲故事的技巧上总是给人留下深刻的印象。但需要注意的是,WS 个体的语言能力发展过程与其他非典型发展个体并不一致。WS 个体的早期语言技能与唐氏综合征(Down syndrome, DS; Hultén et al., 2008)和脆性 X 综合征(fragile X syndrome, FXS; Peprah, 2011)的个体没有区别,都表现出词语和句子习得的延迟(图 14.2)。但是,WS 个体在句法习得方

面早于其他非典型发展的个体,而且随着句法的出现和使用,WS 个体的词汇量会出现"激增"的现象(Brock, 2007)。除了在语言发展速度和类型上的差异外,WS 个体在语言和非语言认知领域的发展速度与其他非典型发展个体也不同。研究发现,与 DS 相比,在手势交流方面,如指向或展示某种物品时,WS 个体的表现相对更差(Krishnan et al., 2015)。而且 WS 个体在词汇认知方面也存在问题,词汇量的"激增"远大于他们的理解能力,导致无法有效的建立词汇之间的联系(Bellugi et al., 2000)。

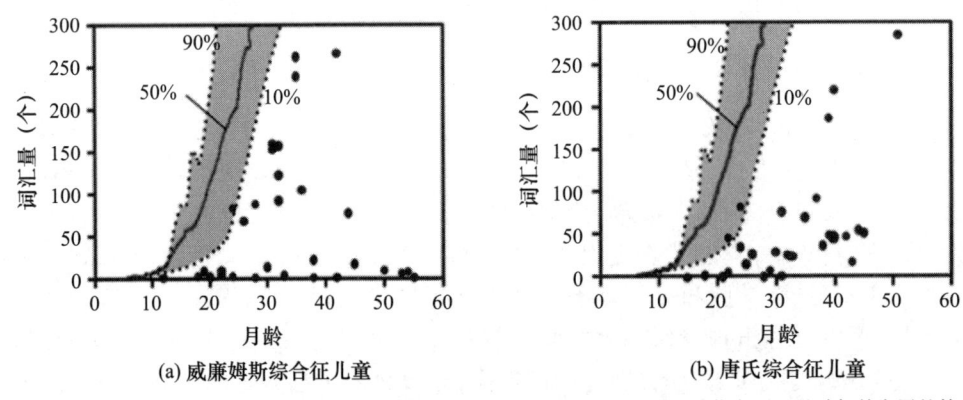

(a) 威廉姆斯综合征儿童

(b) 唐氏综合征儿童

阴影部分和线条表示在接受调查的典型发展儿童中,10%、50%和90%的儿童词汇量随年龄发展的特点,黑色圆点表示威廉姆斯综合征儿童与唐氏综合征儿童。

图 14.2　不同月龄的威廉姆斯综合征儿童与唐氏综合征儿童的词汇量比较

(引自 Bellugi et al., 2000)

WS 个体的语言能力如此令人印象深刻的另一个原因是"听起来很好",其中包含两个方面,即语音和语义。在语音方面,WS 个体的表达很清晰,特别是处于学龄期的 WS 儿童就已经能够表现出与同龄的典型发展儿童相同的发音模式,这可能与其语音记忆能力高于其他儿童有关(Weiss et al., 2021)。除了发音清晰以外,WS 个体在交谈和讲故事的时候能够有效地使用韵律,包括语调、音调和停顿,而且大多数 WS 个体可以流畅准确地进行表达。但在兴奋或压力状态下,他们的语速会加快,如果使用的词汇较为复杂就可能会出现不流畅的现象(Bellugi et al., 2000)。在语义方面,一个让人印象深刻的地方是 WS 个体会在对话中使用一些不寻常的词汇。比如他们会说"蜜蜂放弃了蜂巢",但实际上要表达的意思是"蜜蜂离开了蜂巢"。这些词的选择在语义上有点新奇,可能与他们在寻找合适的词汇方面存在困难有关(Vicari et al., 2002)。比如,当他们想说"衣架"时,却说"把衣服挂起来",这反映了他们会采用一种替代的策略来完成对话的内容。另一个比较常见的方式就是采用迂回表达的方式,比如当他们想说"铲子"时,却会说"你看院子里有很多泥土,可以用它(指的是铲子),就是像扫把一样的工具去清理一下"。总的来说,尽管在细节上存在异常的表现,但是 WS 个体在语言能力上具有显著的优势。

从目前的研究和临床观察中推断,语言方面的特点可以按照熟练程度进行排列。首先,词汇与叙述故事是最大的优势领域;其次是句法、发音和韵律;再次是早期语言延迟的普遍问题和一些语用功能的障碍;最后是复杂的句法部分和语义的抽象概念(Bellugi et al.,2000)。需要注意的是,并不是所有的 WS 个体都在语言方面有同样的天赋,该群体中同样存在着个体差异,相当一部分 WS 个体在语言方面存在障碍(Diez-Itza et al.,2023)。

2. 视觉空间认知缺陷

视觉空间认知缺陷是 WS 个体在认知层面存在的最明显的问题。在组块设计任务(block design task)中,参与者需要使用黑色、白色或半黑半白的方块按照要求构建一个二维方块模式,WS 个体往往不能按照要求完成任务(Bellugi et al.,2000;图 14.3)。根据父母报告的情况,97%的 WS 儿童在绘画方面有障碍,89%的儿童在用刀切割物体时有障碍,77%的儿童在使用剪刀时有障碍(Semel & Rosner,2003),上述证据说明 WS 个体在整合视觉空间信息和自身的运动信息方面存在明显的缺陷。这一点与背侧通路缺陷假说是一致的,该假说认为视觉空间认知方面的问题与参与视觉信息加工的背侧皮质通路的功能异常有关,该通路主要负责空间关系的加工,以及空间定向行为的视觉控制(Atkinson et al.,2001)。

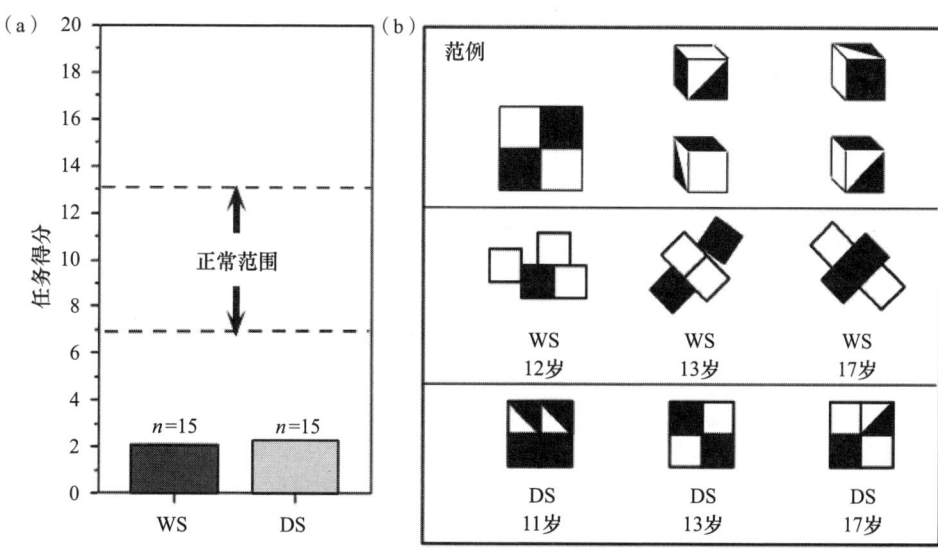

(a)WS个体和DS个体在组块设计任务中的得分。(b)不同年龄的WS个体和DS个体在组块设计任务中的具体表现。可见,尽管两种非典型发展个体在得分上没有显著差异,但具体的任务表现能够反映出他们在视觉空间认知的缺陷形式上是有差异的。

图 14.3　WS 个体和 DS 个体在组块设计任务中的不同

(引自 Bellugi et al.,2000)

WS个体在视觉空间认知方面的缺陷可能与其视觉障碍有关。WS个体经常会出现斜视，或者双眼融像障碍(Atkinson et al.，2001)，这说明他们在视觉信息输入的过程中就可能出现误差，从而影响了对视觉刺激的加工。除了生理性的因素，WS个体本身独特的加工方式也会影响视觉空间信息的加工。局部加工偏好假说认为，WS个体在加工视觉刺激时只关注部分，并且更喜欢加工局部的特征而非整体的结构(Rondan et al.，2008)。这一点在分层图形任务(hierarchical figure task)中得到了验证，WS个体通常难以描绘两层刺激的全局水平，如大的"D"字母，但会主要加工组成大"D"字母的小"Y"字母，而DS个体的表现恰好相反(Schmitt，2001；图14.4)。一个神奇的现象是，WS个体在加工面孔时却并没有表现出局部加工的倾向，而是比采用整体加工模式的DS个体表现得更好，但是相比典型发展还是会差一点。研究者认为，WS个体可能仅在处理面孔时才会采用整体的加工方式，加工面孔时的网络激活模式也证明了这一点(Key & Dykens，2011)。这种表现可能是因为面孔对WS个体有独特的吸引力，这也是他们更愿意与人交流和互动的潜在原因(Leonard et al.，2011)。

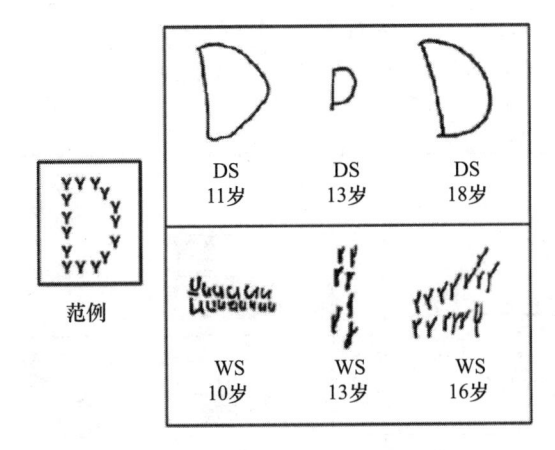

图14.4　WS个体和DS个体在整体和局部加工方面的差异

(引自 Bellugi et al.，2000)

从发展的角度来看，视觉空间认知能力的不同成分在发展模式上存在区别。研究发现，从学龄期到成年期，WS个体在加工单纯的视觉空间结构任务中(如复制几何图形)，不同年龄段的个体之间的表现不存在显著差异，而且他们的能力在青少年阶段已经达到了顶峰。但面孔加工的能力在整个阶段都在不断地发展，并且其发展速度快于语言的发展(Bellugi et al.，2000)。对于这种异常的发展模式，研究者持两种观点。一种观点认为WS个体视觉空间认知的某些部分发展相对延迟。有研究结果显示，在绘画测试中，让WS个体在9岁和12岁这两个时间点按要求画出同样的图画(如花、房子、大象等)，图画在可识别性上有了很大的提升(Bertrand et al.，1997)，这说明他们的能力会随着年龄增长有所发展,只是发展的速率相对更慢。另一种观点认为,WS 个体视觉空间认知的发展模式是异常的,最直接的证据就是 WS 个体在面孔加工与其他物体的视觉加工模式上存在差异(Mattavelli et al.,2021),即 WS 个体在视觉空间认知领域中既存在典型发展的部分,又有异常的模块。将这两种观点相结合,有助于我们更好地理解 WS 个体在不同的年龄段,以及不同能力发展上的特异性问题。

3. "社交达人"

WS 个体另一个让人印象深刻的特点是他们对所有人都会表现得过度友好。根据父母的报告,95%的 WS 个体被认为是"非常友好的",而且 98%的人"很容易与他人进行对话"(Semel & Rosner,2003)。采用评估社交能力的量表对 WS 个体进行测量,结果发现他们在社交能力方面的得分显著高于其他非典型发展的个体,这可能与 WS 个体在生命的早期就倾向于使用社交互动的"工具"有关,如眼神交流、微笑和关注他人的面部表情等(Kozel et al.,2021)。在对 WS 个体的人格特征进行评估时,他们在宜人性这一维度上的得分往往高于其他同龄的典型与非典型发展个体,这进一步证明了大多数 WS 个体更容易亲近和信任他人(Martens et al.,2008)。从更积极的角度来看,过度友好可能是 WS 个体社交能力的内在特征,反映出他们在公共场合的社交优势。但是,这种过度友好的特性可能在社交过程中会带来一些不便。比如,WS 个体在与他人交流时,会采用不适当的问候方式(如拥抱、亲吻或轻拍那些关系不是特别亲密的熟人)。如果这样的方式延伸到陌生人身上,可能会导致很多问题。这些表现与 WS 个体在语用学上经常缺乏约束有关,他们会经常出现强迫性的问候行为,而且会使用不恰当的话语去恭维他人(Bellugi et al.,2000)。好在随着年龄的增长,这种过度友好的特性也会有所缓和(Fisher er al.,2017)。

WS 个体在同伴关系方面也存在特殊性,具体表现为大部分 WS 儿童更偏好与成人交流,但在同龄的同伴关系上却面临各种问题。根据父母的报告,71%的 WS 儿童在与同龄人交朋友和维持友谊方面有困难,41%的 WS 儿童会对同龄人产生敌对情绪(Semel & Rosner,2003)。同伴关系不良与 WS 儿童语言上的部分缺陷有关,比如在话题保持和转换方面存在问题,可能会导致同伴之间交流困难(Bellugi et al.,2000)。除此之外,视觉空间认知方面的障碍,会导致在玩适龄游戏和使用体育器材方面存在困难,从而阻碍了他们有效地参与团队运动或其他游戏活动(Gillooly et al.,2021)。而且由于 WS 儿童渴望建立友谊和社会联系,但在社交过程中却表现得过于强烈,也不利于友谊的建立(Sampaio et al.,2018)。久而久之,WS 儿童会因为非典型的社交表现被同龄人排斥和拒绝。相比之下,成人通常在面对 WS 儿童时有更大包容心,进一步强化了 WS 儿童与成人互动的动机。随着年龄的增长,不良的同伴关系和孤独感问题往往会持续或变得更严重(Fisher et al.,2020)。

WS 个体在社会认知方面也有着独特的表现。与 WS 个体接触的人总是会因为他们对他人的情绪、感觉的极其敏感而感到惊讶。98%的 WS 个体有非常好的共情(Decety & Svetlova, 2012),并且对他人的感受和处境有着不可思议的知识和反应(Semel & Rosner, 2003)。而且在实验室的环境下,相比于典型发展个体和其他非典型发展个体,WS 个体表现出更多的安慰他人的行为,也会对表现出痛苦的主试给予更多的关注 (Tager-Flusberg & Sullivan, 2000)。WS 个体对他人的情绪和感觉的极度敏感,可能与他们推断他人情绪和想法的能力有关,也就是心理理论(Premack & Woodruff, 1978)。研究发现,WS 个体推测他人情绪的能力是相对完整的,这与他们在识别方面的技能是一致的。WS 青少年能够根据情绪类型对面孔进行分类(Karmiloff-Smith, 2007)。但其他研究发现,与语言心理年龄匹配的典型发展个体相比,WS 学龄儿童在情绪识别方面相对更差(Lacroix et al., 2009),这可能与社会经验的积累有关,说明他们的情绪识别能力也是在不断发展的。同样,WS 儿童在推测他人信念方面的能力也是随年龄发展的。有研究表明,年龄较大的 WS 儿童和青少年不仅能够顺利通过一阶错误信念任务,而且他们对推断过程进行解释时会自发地使用与心理状态有关的词汇,如"思考""理解""相信""希望"等(Tager-Flusberg & Sullivan, 2000)。

三、威廉姆斯综合征的治疗与干预

针对 WS 在生理上的表现,目前医学上主要采用对症治疗的方式。例如对于存在心血管问题的个体采取手术治疗;早期出现的高钙血症可以通过控制饮食中钙的摄入量来进行调整,同时也能减轻肾脏的负担;在饮食中适当地增加粗粮有助于预防便秘;对于脊背弯曲和关节的问题可以通过体型训练和矫正的方式来解决;对于斜视、注意缺乏和听觉过敏等症状也可以采用相应的矫正和治疗方法(赛燕燕 等,2002)。

对于 WS 个体在心理层面的表现,大多数干预措施主要围绕不同的问题进行有针对性的干预。在语言方面,尽管 WS 个体有充足的词汇量,但是在理解词汇之间的联系、选择恰当的词语和句法方面存在明显的困难。由于认知局限性,大多数 WS 个体只对特定的培训和指导性学习体验反应更好。可以使用适当的输入模式(即听觉、视觉或触觉)和输出模式(即口头或强迫选择)来促进学习。以有组织的方式整合要呈现的材料,对其进行解释,并通过应用多种策略将其内化,促进 WS 个体对语言的理解(Hepburn et al., 2005)。因此,结构化治疗(structured therapy)是一个不错的选择,言语治疗师会一对一地对 WS 个体进行辅导。比如,一开始会在桌面上放一些 WS 个体比较感兴趣的物品,然后围绕这些物品展开对话。在训练空间术语时,治疗师向 WS 个体发出空间指令,并执行相应的动作,例如"将小猫玩具放在桌子下面"。治疗师和 WS 个体同时做出动作,再根据最后的结果进行反馈(Semel & Rosner, 2003)。

在视觉空间认知方面,首先,WS 儿童的父母应该关注对于眼睛疾病的诊断和治疗,寻求眼科医生的帮助,以确定眼睛的健康状况。如果存在视觉方面的问题,应该先通过医学手段进行治疗和矫正。在解决了生理性的问题之后,可以在医生的指导下完成视觉训练的项目。WS 儿童可以做一些视觉追踪的练习,比如观察鱼缸中的金鱼或者看一场网球比赛,这可以促进双眼的协调运动。这些项目旨在帮助儿童更有效地使用眼睛,也会间接影响儿童处理所见事物的能力(Heiz & Barisnikov, 2016)。其次,使用心理干预技术帮助 WS 个体发展视觉空间认知。言语调节的策略有助于解决 WS 个体在视觉运动整合和空间定向方面存在的问题。父母可以在 WS 儿童完成绘画任务或者搭建积木的过程中,鼓励和引导儿童使用语言来描述完成任务的过程,包括以口头的形式标记物品,以及把每一步的动作都说出来(Brock, 2007)。还需要对训练任务的一些细节进行设定,比如,突出的视觉提示,如边框、分组和不同大小或颜色的图形,这样可以帮助孩子记住一些关键刺激的空间位置。同样,参与体育锻炼,比如拍球、投球、打羽毛球、踢足球等,帮助 WS 个体建立自身运动和空间位置之间的联系,从而促进视觉空间认知的发展(Mervis & John, 2010)。

在社交方面,首先,针对 WS 儿童对所有人过度友好的现象,需要父母和专业人士来帮助他们区分不同关系之间的差异,比如亲子关系、朋友关系、师生关系等。一些干预措施要求 WS 儿童在现实生活中观察他人在不同关系中的互动方式,然后通过模拟的形式,让他们学习如何与不同关系的人进行社交。这样的干预方式也是循序渐进的,一般会先让 WS 儿童与熟悉的人互动,然后再与不太熟悉人互动,让他们学会选择恰当的方式与不同的人交流(Lough et al., 2016)。其次,通过建立一个具有结构化的情境来解决 WS 儿童的同伴关系问题。许多 WS 儿童能够在高度结构化的情况下与同伴打交道,比如完成一次简单冒险或者课堂中一个需要小组合作的项目(Gillooly et al., 2021)。除此之外,也可以鼓励 WS 儿童参加一些有组织的团体,比如合唱团或者兴趣小组,这些团体经常会有一些既定的安排,可以为 WS 儿童提供一个相对结构化的环境。最后,WS 个体表现出的高度共情主要是因为他们对他人过于敏感,而当受到他人的情绪和感受影响后,会对 WS 个体产生负面的影响。比如,WS 个体看到有孩子在路上哭泣,他们可能会把注意力完全转向这个孩子,完全停止当下的所有活动。而且 WS 个体还倾向于担心潜在的问题或灾难是否会伤及他们关心的人,尽管这种问题和灾难发生的概率极低,他们也会一直沉浸在这种担忧和焦虑中。WS 个体容易受到他人心理状态的影响,这说明他们的自我-他人区分能力(self-other difference; Quesque & Brass, 2019)有问题。自我-他人区分能力对社会认知的加工有重要影响。在社会互动中,个体在理解他人的行为意图或心理状态之后,需要对自我和他人相关信息的表征进行区分,这样才能做出恰当的反应,而自我-他人区分的能力在这一过程中发挥了重要的作用(Deschrijver & Belgium, 2020)。行为训练研究发现,自我-他人区分训练可以提高个体在心理理论任务上的表现(Santiesteban et al., 2012)。因此,将自我-他人区分训练纳入 WS 个体社会认知的干预措施,可能会为其发展提供额外的帮助。

第三节 来自星星的孩子：孤独症谱系障碍

丽丽从一出生就受到了额外的关注，她是一个早产儿，因为脐带绕颈，医生决定采用剖宫产的方式帮助其母亲生产。在之后的生活中，父母在丽丽的养育方面碰到了很多问题。比如，丽丽总是不愿意吃东西，但会对某种食物格外地偏爱。她入睡困难，并且醒得很早。她1岁半才学会爬，显然丽丽的发展已经明显落后于同龄人。最让父母担忧的是，在2岁的时候，丽丽仍然不会说话，而且对于父母的呼唤置之不理，对周围发生的一切也浑然不觉，仿佛生活在一个透明的玻璃罩中，与外界失去了联系。唯一能吸引她注意力的是一个彩色的风车，她可以一直盯着风车看好几个小时。如果有人试图拿走这个风车，她就会发脾气，并且会尖叫。显然，这些问题给她的父母造成了很大的打击。在丽丽3岁的时候，父母带她去做了评估，她被确诊患有孤独症谱系障碍。

孤独症谱系障碍（即ASD；APA，2013）儿童被称为"来自星星的孩子"，他们就像一颗孤独的星球，独自闪烁着光芒。临床上首次描述ASD是在1943年，儿童精神科医生坎纳（Leo Kanner）报告了11名儿童的病例，并命名为早期婴儿孤独症（early infantile autism）。这些孩子均在出生后的几年里表现出了看物体多于看人的注意偏好，他们缺少社交意识，语言能力有限，并且对于保持固定的生活习惯和行为方式有着严苛的态度（Kanner，1944）。同一时期，儿科医生阿斯伯格（Hans Asperger）也描述了与之类似，但症状相对较轻的障碍，后来被称为阿斯伯格综合征（Asperger syndrome），患病儿童会表现出对某个领域的极大兴趣（Asperger，1944）。尽管在现有的诊断标准中已经取消了上述关于ASD的分类，但通过演变过程能看出我们对ASD的认知也在不断发展。比如，早期的观点将ASD儿童的问题归因于父母，这些孩子的父母在与其互动时表现冷漠、机械，并且缺少对孩子的关爱，即"冰箱父母"。如今，随着科学技术的发展，以及大众对该疾病认识的深入，ASD已经被确定为是一种有着很强的生物学基础的神经发育障碍，先天性的因素在个体早期发展过程中发挥了重要作用（Rutter，2013）。为了尽可能地帮助ASD个体获得更好的发展，提高他们的社会适应能力，研究者和教育者都强调了早期诊断和早期干预的重要性。对于父母来说，学习ASD的相关知识，有助于提高对ASD的觉知水平，从而更好地配合医生和训练师开展工作。在本节中，我们首先对ASD的流行病学与病程特点进行大致的介绍。其次，阐述ASD的两大核心症状，并对潜在原因进行解释。再次，总结现有ASD病因研究的结果，从遗传因素、神经生物学因素和环境因素三个方面进行介绍。最后，对ASD的干预措施进行讨论。

一、孤独症谱系障碍的流行病学和病程特点

20世纪末，ASD被认为是一种相对罕见的神经发育障碍，数据显示，大约2000名儿童中仅有1名患有ASD（Tanguay，2000）。进入21世纪，ASD的发病率呈现出上升

趋势(图14.5)。孤独症和发育障碍监测网络(Autism and Developmental Disabilities Monitoring,ADDM)资料显示,4岁以下儿童患病率为17‰(相当于59名儿童中有1名患有ASD;男女性别比为3.4:1),8岁以下儿童患病率为23‰(相当于44名儿童中有1名患有ASD;男女性别比为4.2:1)(Maenner et al.,2021)。在全球范围内,ASD的患病率约为1%(Lai et al.,2014)。对于ASD患病率不断上涨的趋势,研究者认为最有可能的原因是诊断技术的革新和标准的演变,以及大众对ASD认识的提高。一方面,诊断技术的提高有助于识别那些症状较轻的ASD个体,并且诊断标准的演变扩展了标准的适用范围,从而增加了共病患者(比如智力障碍、言语障碍和学习障碍等)被确诊为ASD的可能性。另一方面,尽管大众通过网络获取的一些信息尚未完全得到科学的证实,比如环境污染和辐射等可能是增加儿童患ASD的潜在风险因素,但是这也间接增加了大众对ASD问题的认识,提高了大众对儿童发育问题的警惕性。同样,文化也是一个重要的影响因素。尽管ASD的患病率在不同地区大体相同,但也存在一些差异。比如,非西班牙裔白人儿童比其他群体的患病率更高,主要原因是该文化下对其他族裔儿童的ASD身份认同不足(Maenner et al.,2021)。一项全国性的估测研究在2014~2016年对8个代表性城市的6~12岁儿童的ASD流行病学估测结果显示,中国儿童ASD的全国患病率约为0.70%,接近西方国家(Zhou et al.,2020)。

值得注意的是,ASD的患病率存在明显的性别差异,男性是女性的4~5倍,即使整体的发病率呈不断上升的趋势,但是这一比例却始终保持稳定(Maenner et al.,2021)。而这种性别差异可能受到了智力因素的调节。研究发现,在患有重度智力障碍的孤独症儿童中,男女人数持平(Dworzynski et al.,2012)。但在较大的样本中,孤独症的男女比例为4.3:1左右(Fombonne,2005)。在高功能的ASD群体中,男女比例约为5.5:1(Loomes et al.,2017),这说明在认知能力相对较高的ASD群体中,男女比例要高得多(Hull & Mandy,2017)。出现这种现象的原因包括三个方面,首先,诊断标准缺乏对女性ASD个体的特异性。与男性ASD个体症状程度相当的女性不容易被诊断为ASD,具体表现在她们的社交能力和刻板行为方面的表现并不是特别典型,如ASD女孩会表现出与他人的互动倾向,而且感兴趣的东西也和社交刺激有关,因此她们更容易被忽视(Constantino & Charman,2012)。其次,女性相比于男性更不容易受到与ASD相关的遗传问题的影响。女性保护性效应(female protective effect)理论中的男性基因先天易损假说认为,男性ASD表现出更大的遗传变异性,而女性ASD行为的出现可能仅限于特定的病理学原因(Wing,1981)。而且女性具有补偿机制,这会在一定程度上降低女性被诊断为ASD的可能性。这种补偿机制可能与女性拥有两条X染色体有关,当其中的一条X染色体的基因出现问题,另一条可以发挥补偿的作用(Dawson et al.,2002)。最后,伴随较高智力水平的ASD个体更有能力进行社交伪装(social camouflaging;Hull & Mandy,2017)。在一份报告中,成年的ASD女性直到很晚才被诊断出来,她们称自己在成长过程中"假装正常"或"戴着面具"(Bargiela et al.,2016)。

(a)

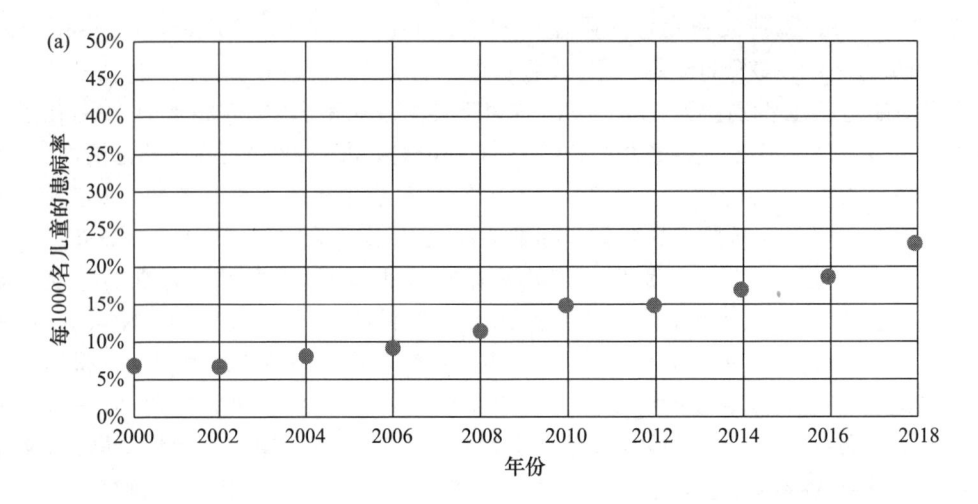

[图：美国2000～2018年每1000名儿童中ASD的患病率折线散点图，纵轴为每1000名儿童的患病率（0%～50%），横轴为年份（2000～2018）。数据点大致为：2000年约7‰，2002年约6.5‰，2004年约8‰，2006年约9‰，2008年约11.5‰，2010年约15‰，2012年约15‰，2014年约17‰，2016年约18.5‰，2018年约23‰]

(b)

分类	样本量	ASD案例	观察到的患病率 (95% CI)	预估患病率 (95% CI)
性别				
男	66 687	292	0.44(0.38,0.49)	0.95(0.87,1.02)
女	59 119	71	0.12(0.09,0.15)	0.30(0.26,0.34)
年龄（岁）				
6	15 070	43	0.29(0.20,0.37)	/
7	21 574	69	0.32(0.24,0.40)	/
8	17 796	61	0.34(0.26,0.43)	/
9	17 759	44	0.25(0.17,0.32)	/
10	19 475	65	0.33(0.25,0.41)	/
11	16 891	36	0.21(0.14,0.28)	/
12	17 241	45	0.26(0.18,0.34)	/
总数	125 806	363	0.29(0.26,0.32)	0.70(0.64,0.74)

图 14.5 (a)美国 2000～2018 年每 1000 名儿童中 ASD 的患病率；(b) 中国 6～12 岁儿童的 ASD 患病率(每 100 人)

(分别引自：Centers for Disease Control and Prevention of USA,"Autism Data Visualization Tool", accessed March 23, 2023, https://www.cdc.gov/ncbddd/autism/data/index.html; Zhou et al., 2020)

在发病年龄方面，大部分 ASD 个体通常会在学龄前阶段确诊。但是由于父母对疾病的早期认识不足，可能会在症状变得明显的时候才开始担忧 ASD(McConkey et al., 2009)。目前，12～18 个月被认为是最早能可靠检测出 ASD 的时期，这个阶段 ASD 儿童会逐渐表现出"过去习得的技能随时间不断退化"的特点(Ozonoff et al., 2009)。这就要求父母需要对儿童的早期发展保持一定的敏感性，一些早期的征兆是需要引起重视的。比如，较少使用手势进行交流，听到自己名字时没有任何回应，重复奇怪的动作。特别需要关注的是眼神交流的问题。对于典型发展儿童来说，从出生第 1 个月开始，他们与父母的眼神接触便会不断增加，但 ASD 儿童会在出生后的前 6 个月表现出眼神接触的减少(Jones & Klin, 2013)。除此之外, 大部分 ASD 儿童会在 18～36 个月时被确诊(Kim et al., 2016), 这也强调了持续监测儿童发展的重要性, 特别是对于那些智力水平正常或超长的儿童。美国儿科学会呼吁对所有 18～36 月龄的儿童进行定期的 ASD 筛查, 以实现早诊断和早干预(Hampton, 2007)。

  在病程方面, 不同 ASD 儿童的发展轨迹存在差异。一些早期确诊的 ASD 个体随着时间推移, 孤独特质明显减弱, 以至于最终不再符合 ASD 的临床诊断标准(Orinstein et al., 2015); 而也有一部分个体似乎比同龄人更晚表现出 ASD 的相关症状, 并且随着年龄增长表现出更多的适应困难(Ozonoff et al., 2018)。而且在 ASD 群体中, 可以根据孤独特质随年龄变化的特点进行分类, 分别是增长型(起初的症状较少, 但随时间推移, 症状不断增加)、下降型(起初的症状较多, 但随时间推移, 症状不断减少)、低水平稳定型和高水平稳定型(Pender et al., 2020; 图 14.6)。在某一具体阶段也会有不同的表现。比如在学龄期, ASD 儿童的执行功能、心理理论和整体加工方面的问题会趋于改善, 但在适应能力和共病方面则相对稳定(Rosello et al., 2021)。在青少年阶段, 多动、自伤、冲动等行为更明显, ASD 青少年也更容易出现焦虑、抑郁等情绪(Gray et al., 2012)。到了成年阶段, ASD 个体会面临更大的挑战, 他们会体会到强烈的孤独感, 在社交和工作方面遇到麻烦, 也有可能发展出更复杂的强迫性仪式行为(Howlin, 2013)。尽管对于不同发展轨迹背后的原因尚未有一致的结论, 但总的来说, 拥有更高的语言能力, 并且智力水平相对较高的儿童的长期预后更好, 这强调了早期诊断和干预的重要性。除此之外, 研究者也开始更多地关注成年和老年 ASD 群体的发展, 为其提供与年龄相适应的帮助与支持是很重要的(Wilczynski, 2013)。

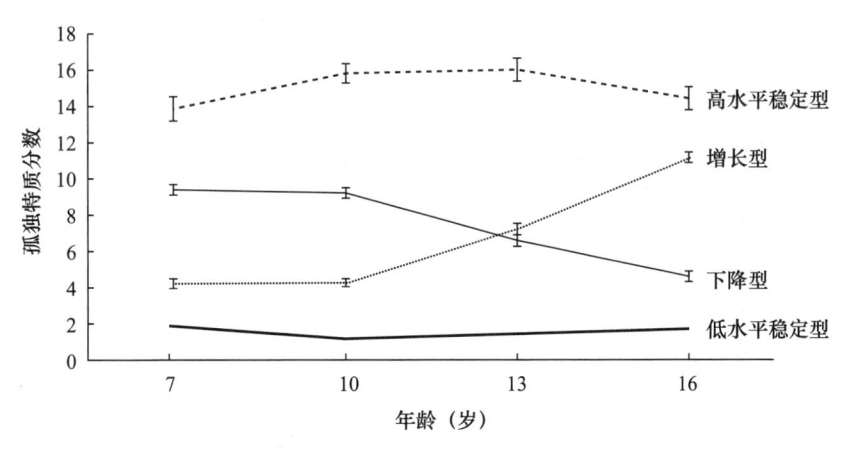

图 14.6 孤独特质随年龄发展的四种模式

(引自 Pender et al., 2020)

二、孤独症谱系障碍的核心症状及其原因

1. 社交互动与社交交流的缺陷

社交方面的缺陷是 ASD 儿童的主要表现,在智力正常或超常的儿童中同样如此。根据 DSM-5 对 ASD 的诊断标准,社交缺陷的问题主要表现在三个方面:社交情感互动缺陷,语言和非语言交流行为的缺陷,以及发展、维持和理解人际关系的缺陷。

在社交情感互动方面,主要包括异常的社交接触,社交兴趣的减少,以及不能有效地对社交互动做出回应。对于症状较轻的 ASD 个体来说,他们还会表现出一定程度的社交倾向,但是在与他人互动的过程中会出现异常的社交接触。临床观察发现,在和一个熟人打招呼时,ASD 儿童在整合互动、交流和情感行为上存在着巨大的困难。他们并不将他人看作社交互动的对象,而且在对他人做出回应时只针对身体的某一部分而不是整个人,比如 ASD 儿童只会去攻击阻止他做某事的那只手,而非那个人。并且,ASD 儿童在对父母的依恋方面也存在异常的表现。尽管他们能够表现出对母亲的依恋,但是这种依恋的方式很不寻常,而且难以理解(Naber et al.,2008)。比如,寻求安慰的典型发展儿童会主动接近父母,并寻求拥抱,但 ASD 儿童却很少表现出这些倾向,以至于父母会认为孩子完全不依恋他们。

异常的社交接触会进一步加重 ASD 个体在社会互动方面的困难,进而导致他们缺乏对社交刺激的兴趣。眼动研究发现,在观看一个社交场景时,后期被诊断为 ASD 的儿童在 6 个月大的时候就已经表现出更多地关注场景中的物体,较少关注正在互动的人物的注视偏好特点(Chawarska et al.,2013)。在视觉偏好的研究中,同时给 ASD 儿童和典型发展儿童呈现动态的几何图形和社交场景的视频,ASD 儿童注视几何图形的时间更长(Pierce et al.,2016;图 14.7,又见书后彩插)。而且,ASD 儿童对生物运动的识别能力受损,他们更倾向于关注非生物运动或非社会性运动,这也反映出他们对社会性刺激的敏感性相对较低(Annaz et al.,2012)。根据社会动机理论,ASD 个体的奖赏系统(包括杏仁核、纹状体和眶额皮质)发育异常,使得他们无法从社会性刺激中获得内部奖赏,从而表现出社会性注意的缺乏(Greene et al.,2019)。

除此之外,ASD 个体在与他人互动时存在明显的困难,不能很好地理解和回应他人,这可能有两方面的原因。一方面,ASD 个体的镜像神经系统(主要包括额下回、上顶叶、下顶叶和背侧运动前皮质等脑区)存在问题(Dapretto et al.,2006),导致他们无法有效地模仿他人的行为,这也间接影响了他们对社会性信息的理解和加工。另一方面,ASD 个体的联合注意(Mundy & Newell,2007)存在缺陷,这一能力在典型发展儿童 9~14 个月大的时候出现。然而,无论是对他人的联合注意进行反应,还是自发地开展联合注意,ASD 儿童都是相对滞后的,这也阻碍了他们对社会信息的及时加工(Nyström et al.,2019)。

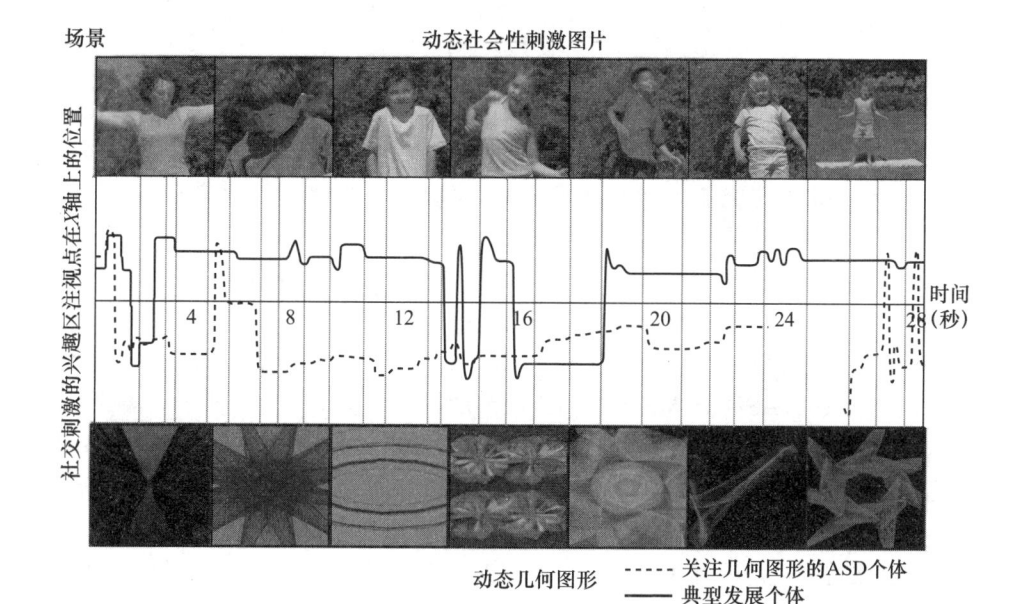

图 14.7　ASD 儿童和典型发展儿童在观看场景时注视点随时间变化的特点
（引自 Pierce et al.，2016）

在语言交流方面，大多数典型发展儿童 3 岁左右在语言的学习方面已经取得了许多里程碑式的成就。最早的成就之一就是咿呀学语。在 1 岁前，一个典型发展儿童可以说一些词，在听到自己的名字时会转向相应方向，也能通过一些简单动作明确表达自己喜欢或不喜欢什么东西。但对于 ASD 儿童来说，他们普遍表现出语言能力发展的迟滞与异常（Lazenby et al.，2016）。具体表现在三个方面，首先，ASD 儿童缺乏产生语言的自发性。他们几乎不会主动与他人进行交谈，除了和缺乏社交动机有关以外，还可能是因为 ASD 儿童并没有将语言当作社交交流的工具，所以不会在交谈中主动地发起谈话（Mash & Wolfe，2019）。其次，ASD 儿童说话时的语调和韵律是异常的。研究发现，在招募的 62 名 7～9 岁 ASD 儿童中，15 名儿童表现出明显的语音障碍（Rapin et al.，2009）。以汉语普通话为母语的 ASD 儿童在声母、韵母和音调的控制上与典型发展儿童相比存在显著差异，对于某些声母和韵母的发音准确度也显著低于典型发展儿童（Wu et al.，2020）。而且 ASD 儿童在重复一个句子和词的韵律方面也表现出缺陷（Peppé et al.，2011）。最后，ASD 儿童在语用学方面也存在问题，即在社交交流的语境下无法正确使用语言。其中一个比较典型的表现就是他们会在交谈中直接重复听到的代词，比如，一个叫月月的儿童被问道："你叫什么名字？"她会回答："你叫月月。"这种语用方面的问题，会导致 ASD 儿童在理解他人的话语以及需要根据情境调整自己的语言时表现出困难（Gernsbacher et al.，2016）。

在非语言交流方面，ASD 儿童在使用工具性手势（instrumental gesture）上存在困难,其中包括祈使性手势(protoimperative gesture;Henderson et al.,2002)和陈述性手势(protodeclarative gesture;Henderson et al.,2002),这可能与他们在联合注意方面存在的缺陷有关(Luyster et al.,2008)。而且他们也不会用表达性手势(expressive gesture)来表达自己的感受(Frith,2003),这导致父母无法对他们的情绪做出及时的回应。ASD儿童在非语言交流方面存在的困难,可能与其在接受性语言(Thije & Zeevaert,2007)和表达性语言(Gleason,2016)的发育迟缓有关(Kwok et al.,2015)。此外,异常的眼神交流模式也属于非语言交流的一部分。眼神交流是社会互动和交流的重要平台,适当的眼神接触能够帮助个体更好地开展社交活动。但是,相比于典型发展儿童,ASD儿童更少注视他人的眼睛(Simmons et al.,2009)。根据强烈世界理论(intense world theory),ASD个体表现出回避眼睛的倾向可能是因为与他人直接的眼神接触会产生更高的生理反应。在ASD个体看来,眼睛被视为一种具有威胁性的社会刺激,会激活大脑中与恐惧相关的加工区域(即杏仁核),迫使ASD儿童减少对眼睛的注视(Song et al.,2012)。

在发展、维持和理解人际关系方面,ASD儿童在同伴关系中经常会面临各种挑战。良好的同伴关系需要个体在相互理解的基础上对彼此进行回应,但ASD儿童因为语言和非语言能力发展的延迟不仅影响了他们的表达,也影响了他们对其他同龄儿童的理解。而且,在情绪加工和表达上存在的障碍,会影响ASD儿童对他人的语言、身体姿势、面部表情和声音中蕴涵的情绪信息的加工(Edey et al.,2016),这同样会对同伴关系产生负面的影响。此外,ASD儿童无法理解假装,也不会主动参与假装游戏(Stanley & Konstantareas,2007),这可能与他们的心理理论能力缺损有关,即不能理解自身或他人的信念、愿望和心理状态(Baron-Cohen et al.,2000)。大多数典型发展儿童4岁能够通过的错误信念任务,ASD儿童要到11岁左右甚至更大的年龄才能完成(Senju,2013),心理理论能力发展的延迟会影响ASD儿童同伴关系的建立。然而,需要注意的是,高功能的ASD学龄儿童和青少年拥有一定程度的心理理论能力,他们能够理解高级心理状态的基本原理,也表现出更多的互动行为,并且拥有相对较好的同伴关系,这可能是因为更好的语言能力有助于他们进行有意识的逻辑推导,从而补偿了心理理论的缺陷(Livingston & Happé,2017),但是他们在日常生活中自发地使用心理理论的能力仍与典型发展个体存在差距。

2. 刻板重复的行为及兴趣和异常的感觉模式

ASD儿童会表现出各种受限且重复的行为模式,分为两个维度。首先,重复的感觉和动作,如旋转身体,以某种固定的频率摆动身体的某一部位(如摇晃手臂)。这些行为的特点是出现的频率高,而且方式较为固定。这种重复的动作是ASD儿童的自我刺激行为(self-stimulatory-behavior)的一种表现。尽管这种行为不是ASD儿童特有的,但他们的持续时间更长(Leekam et al.,2011)。研究者认为,自我刺激行为的出现有两种可能。一方面,ASD儿童渴望这种刺激,这可以激活他们的神经系统。另一方面,这可能是 ASD 儿童为了应对外界环境而采用的一种策略,由于环境信息输入过多会造成其信息过载,而自我刺激行为可以用来阻断和控制不想要的外界刺激,为 ASD 儿童提供了一种调节情绪水平的方式(Joosten et al.,2009)。其次,对同一性的坚持。比如,ASD 儿童会坚持走相同的路线去上学,抗拒做出改变。而且,他们也会表现出程度不一的强迫行为和仪式化行为,前者出现的频率相对较高,后者在开始出现时频率低,但随着时间推移会增加(Richler et al.,2010)。有研究者认为,ASD 儿童坚持同一性也是为了应对环境而发展起来的策略。外界环境的不可预测性可能会增加 ASD 儿童的焦虑水平,为了获得对环境的控制感,他们会采用这样的方式来应对无法做出的改变(Kirchner et al.,2012)。

除了行为上的重复性,言语方面也有类似的表现。在 ASD 儿童中会观察到一种重复性言语,即模仿言语(echolalia; Patra & De Jesus,2022)。尽管模仿言语在典型发展儿童中同样会出现,但这只是典型发展儿童学习和理解语言的一种途径,而且模仿的内容与其理解程度是匹配的。但是,ASD 儿童的模仿言语大多是单纯的"鹦鹉学舌",他们并没有理解词语或者句子本身的意思(Sterponi & Kirby,2016)。

部分 ASD 儿童会表现出对不寻常的物品的极端兴趣,比如他们会花很长的时间去观察一片叶子的脉络、听雨水敲打在玻璃上的声音等,这些狭隘的兴趣通常与社会性内容无关,所以长时间沉浸在这样的兴趣中并不利于 ASD 儿童社会性的发展(Mandy et al.,2012)。有研究表明,男性 ASD 个体比女性 ASD 个体表现出更多的异常兴趣模式,而女性 ASD 个体对社会性刺激更感兴趣,而且愿意花更多的时间看他人的社交活动(Lai et al.,2015),这也是导致 ASD 女孩更不容易被确诊的原因。此外,ASD 儿童这种异常的兴趣模式与其在某些领域表现出的特殊能力是有关的。研究发现,多达25%的 ASD 儿童会表现出能力孤岛(splinter skill; Howlin et al.,2004),主要反映在数学、音乐、空间想象或者绘画方面。ASD 儿童表现出的特殊能力其实也是其异常兴趣模式的一部分,这可能与脑功能异常有关。研究者认为,因为 ASD 儿童的中心一致性(central coherence)较弱,导致他们倾向于以碎片化的方式加工信息(Happé & Frith,2006)。这种倾向促使 ASD 儿童更多地关注细节,因此他们会在特定领域表现出与典型发展个体不同的特点。但另一种观点认为 ASD 儿童更擅长形象思维,他们能够以照片式的记忆来存储信息,以至于他们在自己感兴趣的领域有异于常人的表现(Hurlbert et al.,1994)。遗憾的是,ASD 儿童表现出的特殊能力并不能帮助他们改善人际关系和生活质量。

ASD 儿童普遍存在非典型的感觉加工问题。大多数典型发展儿童觉得正常的光线、材质和气味可能会让 ASD 儿童感到痛苦,这种反应往往伴随着大脑的主要感觉区域,以及情感处理和调节区域的过度激活(Green et al.,2015)。除了对光线的亮度敏感以外,视觉方面的异常还表现在注意脱离(attentional disengagement)的困难,特别是输入的视觉信息较多时,ASD 儿童不能将注意力很快地从当前的刺激转向下一个新的刺激(Sacrey et al.，2014)。视觉注意脱离方面的困难可能与 ASD 儿童的执行功能障碍有关,比如他们在认知灵活性方面的问题可能会干扰他们对注意的分配(Corbett et al.，2009)。日常生活中比较常见的现象是,ASD 儿童会不断拉扯衣服领口处的水洗标,以免接触到自己的皮肤。而且有些 ASD 儿童拒绝穿鞋子,光脚的时候也是踮起脚走路,这些都与他们极其敏感的触觉有关(Puts et al.，2017)。葛兰汀曾说,她并不是不想和母亲拥抱,而是因为"一个拥抱的感觉超过了神经系统能负载的程度"(Grandin & Panek，2013)。对于味觉异常的 ASD 儿童来说,他们在饮食方面更加挑剔,而且可能只偏爱某几种食物,这也是导致 ASD 儿童营养不良的比例较高的原因(Chistol et al.，2018)。大约90%的 ASD 儿童在2~3种感觉通道上存在异常,以至于会出现多感觉通道协调加工的问题,比如不能同时加工说话时嘴巴的运动和发出的声音(Reynolds & Lane，2008)。

三、孤独症谱系障碍的病因

尽管我们对 ASD 的认识已经取得了重大的进展,但是在病因方面还未有统一的结论。目前研究者赞同的观点是,ASD 作为一种具有生物学基础的神经发育障碍,受到遗传和环境的交互影响(Pan et al.，2023),没有一种单一因素能够解释 ASD 的所有问题。因此,我们必须从不同的视角对 ASD 的发生和发展进行解释。结合现有研究的成果,我们将从遗传、神经生物学和环境风险因素三个角度来介绍 ASD 的潜在病因。

1. 遗传因素

在遗传学领域,目前的共识仍然是,ASD 的风险过于异质,无法通过单一的基因变异进行鉴别和诊断。相对于单个基因,有较大影响的罕见突变和几个基因中均出现的、但影响较小的常见变异(如亚微观下缺失或插入的 DNA 片段)更可能是大多数 ASD 的病因(Gaugler et al.，2014)。如今,表观遗传变异,特别是不同 DNA 的甲基化问题,已成为 ASD 基因变异研究的主要方面。比如,2%~3%的 ASD 儿童存在脆性 X 综合征,根据动物模型的研究结果发现,该问题的出现是由一个三核苷酸串联重复序列(CGG)的扩展和随后发生 X 染色体*FMR1*基因启动子区域的高甲基化造成的。这样的基因变异可能会导致大脑中未成熟树突棘数量的增加和突触处局部蛋白合成的异常升高,从而影响大脑的功能连接(Schroeder et al.，2016)。除此之外,大约25%的患有结节性硬化症(tuberous sclerosis, TSC; Randle，2017)的儿童也患有 ASD,这说明 ASD 和 TSC 在基因基础上有很强的关联性。TSC 是由于 *TSC1* 或 *TSC2* 杂合子的缺失所诱发。正常情况下 *TSC1* 或 *TSC2* 的基因产物通常形成复合物,抑制哺乳动物雷帕霉素靶蛋白(mammalian target of rapamycin, mTOR)。当抑制减少时会导致神经细胞的过度增殖,树突棘数量和髓鞘形成的减少。在动物模型中,*TSC1* 或 *TSC2* 基因突变的小鼠也会表现出社交互动受损,以及重复行为增多(Schroeder et al.，2016)。最近,研究者对于基因的表观失调(基因机能的异常,而非 DNA 序列的改变导致的基因异常)进行了大量的研究,其中 Shank 2 和 Shank 3 基因受到了额外的关注。这些基因是兴奋性突触后致密区的支架蛋白,其变异的程度与社交损伤以及重复性行为之间有密切的联系(Jiang & Ehlers, 2013)。在 Shank 2 和 Shank 3 所有的突变株中都可以发现类似 ASD 的行为表型,这是因为每个 Shank 基因及其相应的亚型会以独特的方式对突触功能产生影响,任何一个基因位点发生变异都会引发一系列问题(Schroeder et al., 2016),而这也解释了 ASD 的行为表型为何存在很大的异质性。

双生子研究发现了同卵双生子的共病率为 70%~90%,说明 ASD 存在非常高的遗传倾向(Holmboe et al., 2014)。而且,这种倾向会随着亲缘关系的增加而增加。研究发现,15%~20% 的 ASD 个体的兄弟姐妹也被确诊为 ASD(Ozonoff et al., 2011)。除此之外,在 ASD 儿童家族中,他们的家庭成员也表现出较高阈下孤独特质(sub-threshold autistic traits)的特点,比如社交的疏远、不够圆滑、呆板、较弱的言语理解能力,以及与 ASD 相似的人格和认知特征等(关文军,赵旭东,2015)。尽管这些表现的严重程度不满足 ASD 的诊断标准,但这也说明 ASD 特征在整个人群中是连续分布的,而具有较高阈下孤独特质的父母,其孩子的遗传易感性相对更强。

2. 神经生物学因素

在神经生物学方面,现有研究主要关注 ASD 异常行为表现背后的脑结构和功能异常(Hernandez et al., 2015)。相关研究得出了比较一致的结论,即 ASD 异常表现主要与大脑中特定区域的结构异常、脑网络之间的功能联结和脑内代谢及神经递质异常有关(Waterhouse & Gillberg, 2014)。

ASD 个体的大脑形态表现出异常的发展模式。在大脑灰质的形态上,灰质体积的变化特点呈现先过度增长、后加速下降的趋势。儿童期大脑的过度增长可能会对个体的行为和认知产生影响,特别是前额叶区域灰质的过度生长。前额叶参与多种认知和社会功能,如社会认知(Sadeghi et al., 2022)、执行功能、语言(Diveica et al., 2023)等,这说明早期前额叶灰质体积的过度增加可能与 ASD 的社交障碍和语言障碍有关。在大脑的白质方面,学龄阶段的 ASD 儿童白质纤维束的结构完整性和体积显著小于典型发展儿童(Wolff et al., 2012),这一特点在成年阶段的 ASD 个体中同样存在,主要表现在硬膜与额叶的连接束(Catani et al., 2016)。另一项研究提供了 ASD 儿童伏隔核与腹侧被盖区连接的奖赏通路结构异常的证据,即受损的奖励处理神经环路可能是 ASD 的潜在机制(Supekar et al., 2018)。

大脑功能连接(functional connectivity)的异常模式也是备受关注的一个方面。现有研究主要关注三个大脑功能网络,首先是突显网络(salience network, SN; Elton et al., 2016),SN 主要由前脑岛和背侧前扣带回组成,主要功能是参与检测和分配对内外刺激的注意(Uddin, 2015)。SN 局部连接的增强可能是 ASD 个体对社会性刺激的注意力降低的原因(Li et al., 2021)。而且,ASD 个体处理消极情绪刺激的能力受到影响,可能与 SN 与杏仁核的远距离连接减弱有关(von dem Hagen et al., 2013)。其次,默认网络(default mode network, DMN; Doyle-Thomas et al., 2015),包括内侧前额叶皮层、后扣带回皮层、楔前叶和颞顶叶交界处等区域,在自我相关加工、情绪调节、社会认知、自传体记忆和面向未来思维等方面发挥着重要作用(Buckner et al., 2008)。有研究发现,ASD个体DMN前后模块之间的功能连接强度降低与其社交困难有关(von dem Hagen et al., 2013),而网络内部的过度连接与症状的严重程度有关(Lynch et al., 2013)。ASD个体DMN功能连接的异常可能是因为过量的神经元导致早期大脑过度生长,增加了局部和短距离皮层相互之间的作用,从而阻碍了大脑区域之间长距离的功能连接(Courchesne et al., 2007)。最后,执行控制网络(executive control network, ECN; Abbott et al., 2016),包括背外侧前额叶、顶叶皮层等区域,在决策、工作记忆和认知控制中发挥着关键作用(Holiga et al., 2019)。研究发现,ECN的局部功能连接减弱是ASD执行功能障碍的潜在神经机制(Solomon et al., 2009),而且ECN局部功能连接的程度与ASD个体的语言交流问题和重复刻板行为之间存在显著的负相关(马增慧 等,2019)。

ASD个体大脑内代谢和神经递质异常可能是形成异常神经回路的原因之一。在脑内代谢方面,大脑内葡萄糖代谢的变化是反映大脑加工效率和激活水平的关键指标。ASD个体的杏仁核、额前运动区和顶叶表现出与任务相关的糖代谢降低,反映出这些区域在完成认知任务时较低的激活程度(Dichter et al., 2012)。在典型发展个体中,相邻的脑区之间的代谢和连接成本低于相距较远的脑区之间的代谢和连接成本(Bullmore & Sporns, 2012),但是ASD个体表现出的相邻脑区的代谢增加以及功能连接的不足,反映出了ASD个体大脑对能量的利用效率更低。除此之外,白质的糖代谢水平增加可能与ASD个体大脑中效率低下的信息传递有关,这可能是由轴突连接效率低下导致的(Yu et al., 2020)。在神经递质方面,ASD的异常神经表现与多种神经递质有关。比如,ASD个体丘脑中5-羟色胺的增加与重复、强迫行为相关,而前扣带皮层和后扣带皮层中5-羟色胺的增加与ASD的社会认知障碍相关(Beversdorf et al., 2012)。多巴胺作为一种儿茶酚胺类神经递质,参与奖励和社交动机(Chevallier et al., 2012)。在ASD个体中,额叶皮层的多巴胺浓度的升高与冲动性和攻击性行为有关(Nakamura et al., 2010)。此外,γ-氨基丁酸(γ-aminobutyric acid, GABA)在神经细胞增殖、神经元分化等方面发挥作用,GABA介导信号的受损会导致大脑功能网络的兴奋和抑制的不平衡(Owens & Kriegstein, 2002)。ASD个体左侧背外侧前额叶中GABA浓度的升高可能与工作记忆任务的表现更差有关(Luna et al., 2002)。

3. 环境风险因素

已有研究对ASD的环境风险因素进行了大量的探索,很多之前被认为与ASD有关的因素也在科学上得到了证伪。比如,目前的研究证据表明,包括疫苗接种、母亲的吸烟史、硫柳汞的接触,以及辅助生殖技术(如试管婴儿)与ASD的患病风险无关(Modabbernia et al., 2017)。而且,一些营养物质的缺乏对ASD的影响也没有得到广泛的验证。比如,一些证据表明叶酸的缺乏与 ASD 的症状存在关联,但是大多数研究的结果并不一致,这可能是受到自我报告的限制,无法对叶酸的摄入量进行量化(Castro et al., 2016)。另一个曾被视为与 ASD 有关的营养物质是 ω-3 脂肪酸(长链多不饱和脂肪酸),但没有证据支持 ω-3 脂肪酸的缺乏与 ASD 之间的关系(James er al., 2011)。除此之外,ASD 受试者维生素 D 水平明显低于对照组,但维生素 D 的缺乏是否为 ASD 的潜在风险因素还需要进一步的验证(Wang et al., 2016)。

父母的年龄是一个重要的风险因素。有研究发现,年迈的父母相对年轻的父母更有可能生出患有孤独症的孩子,而且母亲或父亲的年龄每增长 10 岁,儿童患孤独症的风险就分别增加 38% 和 22%(Gratten et al., 2016)。新的发现还表明,母亲年龄较小(小于 20 岁)和父母年龄差异较大的孩子患 ASD 的风险增加(Sandin et al., 2012)。这主要是因为基因变异、表观遗传功能障碍、共同的遗传风险等因素出现的可能性会随着年龄增加不断增长(Charman & Chakrabarti, 2016)。除了年龄以外,其他影响孕期环境的风险因素也会增加胎儿患孤独症的风险。这些因素包括孕期出血、母亲在孕期使用处方及非处方药(如抗抑郁药物)、孕期环境中存在有毒化学物质(重金属的接触),以及孕期母亲发烧、慢性高血压和孕前肥胖等(Szatmari, 2011)。在妊娠期,包括母亲感染和随后的免疫激活在内的产前损伤可能会增加 ASD 的患病风险(Meltzer & Van de Water, 2017)。需要注意的是,尽管这些因素可能不是孤独症的主要病因,但它们暗示了胎儿或新生儿的发展可能因此受损(Szatmari, 2011)。

四、孤独症谱系障碍的干预

有数据显示,在美国,ASD 儿童的医疗服务利用率和费用至少是典型发展儿童的 6 倍,而同时患有智力障碍、ADHD 或癫痫等疾病的 ASD 儿童的医疗服务利用率和费用更高(Cummings et al., 2016)。这会给家庭和社会带来很大的负担,因此,早期干预很重要。

干预的目的是通过发展和学习,提高社会技能和沟通能力,减少残疾和共病的情况,最大限度地提高 ASD 个体的功能独立性和生活质量。但需要注意的是,没有能彻底治愈 ASD 的方法。在选择干预措施时,ASD 儿童的父母经常是盲目的。ASD 儿童的父母报告他们的孩子平均尝试过 7~9 种不同的疗法,正在使用的疗法则有 4~6 种(Goin-Kochel et al., 2007)。在严格的科学检验下,其中大多数疗法并不能达到它声称的效果,如食用维生素、增加营养、特殊饮食(如不含麸质和酪蛋白的饮食)、鼻喷催产素(一种神经肽,被确定为社会行为的调节器)、音乐疗法、舞蹈或动作疗法、反复经颅磁刺激(刺激重要运动皮层区域以提升运动能力)、感觉统合训练、马辅助疗法、使用经过训练的服务犬等(Schreck et al., 2013)。因此,向 ASD 儿童的家庭提供支持,增加父母对 ASD 儿童病因的了解,将有助于干预措施的选择。下面我们将从药物干预和行为干预两个角度对 ASD 的干预措施进行介绍。

1. 药物干预

许多 ASD 儿童接受药物治疗更多的是为了减少特定的行为症状,比如对于一些儿童,抗精神疾病药物(如利培酮、阿立哌唑)可能有助于减少伴随的症状,如易怒、极端的发脾气行为、身体攻击和重复行为(Volmar et al.,2014)。5-羟色胺再摄取抑制剂可以减少强迫行为,褪黑素能够缓解 ASD 儿童的睡眠问题,ω-3 脂肪酸被用来改善注意力缺陷(Anagnostou & Hansen,2011),但其效果尚未在大范围的人群中得到验证。而且,一些治疗方法被证实对 ASD 不仅没有明显的益处,反而因为用药本身的风险可能会带来安全性问题,比如螯合物疗法(去除体内的重金属)、富氧疗法(把儿童置于密封的高压氧舱内)、静脉注射免疫球蛋白和抗真菌药物(Anagnostou & Hansen,2011)。需要明确的是,没有任何药物能够有效改善 ASD 儿童的核心缺陷(McCracken et al.,2021),这也提示 ASD 儿童的父母不要轻信一些药物的宣传,即便需要药物作为辅助治疗的手段,也要在医生的指导下规范用药。对此,临床专家建议,在用药前应该谨慎评估用药的风险、益处和可能存在的副作用,特别是对年幼的儿童更是如此(McPheeters et al.,2011)。

2. 行为干预

随着诊断技术的不断发展,ASD 儿童能在年龄更小时被确诊,早期干预也受到了更多的重视(Wallace & Rogers,2010)。早期干预之所以重要,主要是因为儿童的大脑正处于发育阶段,为其提供密集的、高度结构化的训练能够充分利用这个阶段大脑可塑性强的优势,从而达到事半功倍的效果(Dawson,2008)。在早期干预中,基于行为干预的综合方法是比较常用的。综合方法通过制订长期的计划对广泛的技能(认知、语言、感觉运动和适应性行为)进行强化,可分为应用行为分析和结构化教学。应用行为分析的干预模式通常以家庭或学校为基础,按照设计好的内容进行一对一的教学(Smith & Eikeseth,2011)。在此基础上,早期介入丹佛模式(Early Start Denver Model,ESDM;Vismara & Rogers,2010)增加了对发展框架和关系方面的部分,旨在提高儿童的社交发展、人际参与和社会性动机。研究发现,早期密集的行为干预似乎有助于智力、沟通和适应功能的发展,而且在一定程度上还有助于语言、日常生活技能和社交能力的发展(Reichow et al.,2012)。此外,在结构化教学中,孤独症及相关交流障碍儿童的治疗与教育(Treatment and Education of Autistic and Related Communication-handicapped Children,TEACCH;Virues-Ortega et al.,2013)模式也是非常有效的综合性措施,其干预的方式包括向 ASD 个体提供其能够理解的环境和活动结构,利用他们在视觉技能和兴趣方面的相对优势来补充较弱的技能,并支持和鼓励他们自主地使用有意义的沟通。

其他的措施强调对一些特定技能进行有针对性的干预。比如短期的培训课程,对特定的社会认知能力进行训练,包括联合注意、假装游戏、模仿能力、情绪识别和心理理论等。对于一些语言能力发展不好的 ASD 个体,也可以通过使用符号或图片的形式教授他们社交技能(White et al.,2007)。除了社会认知能力,研究人员也发现了对一般认知能力进行干预的效果。一项基于学校环境的执行功能干预项目,使用认知策略来减少 ASD 儿童对一致性的坚持,并在灵活性和计划能力上进行有针对性的辅导。干预后,实验组的 ASD 儿童在解决问题、灵活性、计划或组织技能方面相比于对照组儿童有显著提高。课堂观察发现,接受干预的孩子更能遵守规则,能够进行更灵活的注意转换(Kenworthy et al.,2014)。

在干预措施的实施过程中需要关注一些问题。首先是建立关系,比如,多种多样的程序可以帮助孩子在近距离接触治疗师时减轻焦虑和恐惧的情绪体验。治疗师如果模仿 ASD 儿童玩玩具的行为也会增加他们的眼神接触,以及对治疗师的发声做出的反应(Mash & Wolfe,2019)。其次,治疗过程中出现的问题要有针对性的策略。比如,ASD 儿童会经常表现出许多破坏性和干扰性行为,例如尖叫或扔东西,也包括自我刺激、攻击和自伤行为。在最初面对治疗中提出的要求时,ASD 儿童表现出的这些行为都是普遍的反应。如果儿童要学会更多的社会互动和交流的适当行为,这些破坏行为必定要被消除。很多有效的策略可以消除破坏行为,包括奖励恰当的行为、忽视和轻度的惩罚(Mash & Wolfe,2019)。最后,这些干预措施的实施要始终与儿童的实际情况相结合,已经制订好的策略也应该根据儿童个性化需求进行调整。这一点十分关键,因为这样才可能使每个 ASD 儿童发挥出自身的全部潜能。而且,干预措施必须同时兼顾改善症状和提高适应性功能两个方面,这样才能在最大程度上达到预期的效果(Scahill et al.,2016)。

第四节 威廉姆斯综合征与孤独症谱系障碍的异同

通过前两节的内容,我们对 WS 与 ASD 的特点有了比较全面的了解。关于这两种非典型发展的共同问题和某一特定症状的问题进行系统性的回顾,对于制订有针对性的补救措施和提高对非典型个体发展的认识至关重要(Barak & Feng,2016)。本节我们将以表格的形式对 WS 和 ASD 在流行病学、生理表现、心理表现上的特点进行整理和比较,让大家有更直观的认识。在此基础上,我们将讨论这两种非典型发展的比较研究的意义。

一、威廉姆斯综合征与孤独症谱系障碍的综合性比较

尽管 WS 和 ASD 都属于神经发育障碍的一种,但其在流行病学和生理表现上存在很大的差异。比如,WS 患病率更低,在病因方面已有了公认且一致的结论,并且有更多的躯体症状;而 ASD 的患病率相对更高,多基因变异与环境风险因素的相互作用可能是 ASD 的潜在原因,且 ASD 的躯体症状相对较少(表 14.1)。

表 14.1　WS 和 ASD 在流行病学与生理表现上的差异

	WS	ASD
流行病学		
患病率	1/20 000～1/7500；无性别差异。	1/100；男女比例 5∶1。
病因	7 号染色体长臂近端(7q11.23)区域的基因微缺失。	遗传变异(甲基化、DNA 片段的插入和缺失)与环境风险因素(母亲孕期接触有害物质、高龄等)的交互作用。
生理表现		
外貌特征	小精灵面容；身材瘦小。	外貌正常，甚至可能很有吸引力；头围超过平均水平。
躯体症状	心血管系统(主动脉和肺动脉狭窄、高血压、发绀、胸痛)；消化系统(牙齿发育不良、咬合不正、腹痛、便秘、呕吐)；泌尿系统(肾动脉狭窄、尿频、尿路感染)；运动系统(幼儿的肌张力偏低、年龄较大的儿童和成人有典型的肌张力增高和深肌腱反射活跃、精细运动受损、成人患者会出现小脑共济失调)；内分泌系统(甲状腺功能减退、糖耐量受损、血钙升高)；感受系统(听觉敏感)；视觉系统(斜视、双眼融像障碍、眼球运动障碍)。	神经系统(癫痫)；消化系统(腹痛、便秘、腹泻、恶心)；内分泌系统(维生素 D 缺乏)；免疫系统(过敏、自身免疫性疾病)；感受系统(视觉、听觉、嗅觉、味觉、触觉、前庭觉、本体觉都存在不同程度的异常)；运动系统(粗大运动和精细运动发育迟缓)；视觉系统(斜视、双眼融像障碍)。
睡眠状况	睡眠潜伏期增加和睡眠效率降低。	入睡困难、睡眠维持困难、早醒。

　　WS 和 ASD 在心理方面也有很多特异性的表现，比如 WS 个体会主动参与社交活动，甚至对不熟悉的人和面孔也感兴趣，但 ASD 个体在社交互动方面有缺陷，与人脸相比更喜欢无生命物体。但在其他方面也具有一定的相似性，比如执行功能的损伤，联合注意方面的困难等。需要注意的是，某些方面的特点只在加工特定刺激的时候才会表现出来。比如，WS 个体在加工物体时倾向于局部加工的方式，但却能以整体加工的方式来处理面孔信息；但是 ASD 个体在面对任何刺激时，都会采用局部加工的方式。下面我们将从智力、一般认知能力(注意力、执行功能)、特殊认知能力(视觉空间认知、社会认知)、社交、语言(词汇、语音、语法)等方面对两者作一比较(表 14.2)。

表 14.2　WS 和 ASD 在心理表现上的差异

	WS	ASD
智力	75%的个体存在智力缺陷；智商为32~78分。	70%的个体存在智力障碍，30%个体拥有平均或超高的智力水平。
一般认知能力		
注意力	社会性注意时长较长；持续性注意未受影响；联合注意受损。	社会性注意时长较短；持续性注意未受影响；联合注意损伤。
执行功能	涉及视觉加工的抑制控制、工作记忆、计划、认知灵活性受损；涉及语言加工的分类和认知灵活性相对正常；个体差异较大。	抑制控制、工作记忆、认知灵活性、流畅性、计划和决策均受损；个体差异较大。
特殊认知能力		
视觉空间认知	对空间信息进行加工的能力受损，比如无法有效地按照要求(重现或模仿)构建图形或搭积木。	不存在明显的缺陷，比如在嵌入图形任务和组块设计任务上的表现通常优于对照组。
社会认知	较高的共情能力；心理理论能力发展相对迟缓；情绪识别能力表现出随年龄发展的趋势。	共情能力损伤；心理理论能力发展相对迟缓；情绪识别能力损伤。
社交		
社交动机	对与人交往表现出极大的兴趣。	对社交活动不感兴趣。
面孔加工	面孔注视时间长，特别是眼睛；存在面孔倒置效应。	回避面孔和眼睛，更多地注视面孔的其他区域；不存在面孔倒置效应。
社交行为	更多的眼神交流；强迫性的问候行为；不恰当的互动方式(拥抱、亲吻或轻拍那些关系不是特别亲密的熟人)；较多的亲社会行为。	眼神交流较少；尽可能避免与他人打招呼；刻板的社交方式(只说单一或者自己感兴趣的话题；重复说"谢谢")。
同伴关系	建立同伴关系的动机很强；对同伴可能会表现出敌对的情绪；孤独感随着年龄增加不断升高。	建立同伴关系的动机较弱；同伴关系较差；孤独感随着年龄增长不断升高。
语言		
词汇	掌握大量的词汇，但是对于词汇的理解不足。	掌握词汇的能力相对正常，但对具体词汇的理解能力好于抽象词汇。
语音	发音相对清晰；能够有效地使用韵律，包括语调、音调和停顿。	发音清晰度方面存在较大的个体差异，高功能群体明显好于低功能群体；存在韵律方面的异常，包括奇怪的语调和停顿。
语法	发展相对迟缓或受损。	发展相对迟缓或受损。

（续表）

	WS	ASD
语用	叙事技能相对不受影响；在社交中使用不恰当的词汇，但所讲内容可以被他人理解。	叙事技能相对不受影响；社交过程中存在严重的语用问题，不能说出一段完整的句子。

二、威廉姆斯综合征与孤独症谱系障碍的比较研究的意义

WS 与 ASD 的相似性和差异性的比较研究，对理论和实践工作具有重要意义。

首先，有助于进一步提高我们对非典型发展中社交困难背后原因的理解。即使在社交上表现出的问题看起来是相似的，但是导致这些困难的发展过程在 ASD 和 WS 之间可能不同。比如，早期社会参与动机不足会导致社会经验减少，从而导致最终的社交困难和社会认知的缺陷。对于 ASD 来说，这似乎是一个合理的解释。相比之下，WS 个体对社会参与表现出足够（甚至特别）的兴趣，可能会有很多社会经验，但这并没有让他们获得更好的社交技能。因此，根据单一非典型发展的表现做出的解释可能不容易发现问题背后的主要原因。结合两种非典型发展的特点，对面部的过度兴趣（WS）和缺乏兴趣（ASD）都会导致注视跟踪技能的缺陷，在不考虑这两种非典型发展的社交动机水平的情况下，很难将他人的眼睛（或注意力）与其关注的目标联系起来，这更有可能是导致社交困难的主要原因（Asada & Itakura, 2012）。

其次，有助于揭示非典型发展个体的社会认知与神经基础之间的复杂关系。比如，杏仁核是这两种非典型发展问题研究中最深入的部分之一。ASD 个体与典型发展个体相比，在面对社会性刺激时表现出更高水平的杏仁核激活（Monk et al., 2010）。WS 个体对非社会刺激的杏仁核激活增强，但对社会刺激的激活减少（Meyer-Lindenberg et al., 2005）。这些结果说明杏仁核功能的异常可能与两种非典型发展问题的社会认知障碍和异常社交能力有关。WS 和 ASD 在一些社会认知的缺陷上存在相似性，但社交能力上却有不同的表现。因此，考察杏仁核功能的损害程度，或者与杏仁核相关的其他神经区域在这两种非典型发展中发挥的作用是有必要的。除此之外，WS 和 ASD 在社会认知上的差异性也可能有着相同的神经基础。正如前面提到的，ASD 和 WS 在共情方面的表现完全相反，但这可能都与自我-他人区分的能力不足有关。WS 的共情能力更强可能是因为无法区分自我和他人的情绪，更容易受到他人情绪的感染，再加上更强的社交指向性，促使他们表现出了更多的安慰行为。而 ASD 的共情能力更弱同样是因为无法对情绪的来源进行区分，但由于过高的情绪反应会引发 ASD 个体的不适，导致他们选择回避或者忽视。因此，研究自我-他人区分相关脑区（内侧前额叶、颞顶联合区）的受损程度可以为这两种非典型发展之间的差异性提供生理层面的解释（Deschrijver & Palmer, 2020）。

最后，为共享干预的技术提供了可能。WS 和 ASD 都存在社交困难，尽管两者的表现形式差异较大，但是帮助改善受损的社交技能和提高社会认知的干预措施对两者来说都是有益的。现有的 ASD 干预技术相对更丰富一些，将这些措施引入 WS 的干预治疗，可为临床工作者提供更多可选择的干预方式。比如，在 ASD 中针对特定认知能力的训练方式，包括联合注意、假装游戏、社交一致性、模仿、情绪识别、心理理论和有效的沟通，这些训练的目标是建立特定的社会认知能力，为典型社会沟通发展提供基础。而且，面向父母或照看者的干预策略，也可应用于家庭和社区环境，提高父母的养育效率，并使儿童能够将新发展的技能推广到现实生活环境中。需要注意的是，结合 WS 的特点对一些干预措施进行调整，并且确定每种干预方式的有效性也是十分必要的(Asada & Itakura, 2012)。

做自己的发展心理学家　家事国事天下事，事事有"心"

融合教育(又称全纳教育，inclusive education)是指把特殊儿童纳入普通学校中接受教育的一种特殊教育主张与实践，强调学校应容纳所有学生，促进积极参与，注重集体合作，满足不同需求。我国《"十四五"特殊教育发展提升行动计划》特别提到，要"积极探索科学适宜的孤独症儿童培养方式，研究制定孤独症儿童教育指南，逐步建立助教陪读制度，为孤独症儿童更好融入普通学校学习生活提供支持"。

随着时代的发展和社会的进步，人们对于非典型发展问题的认识已经取得了很大的进步，非典型发展个体的社会适应问题受到越来越多的重视。良好的社会适应既能帮助非典型发展个体获得更好的发展，又能减轻家庭和社会的负担。有效提升非典型发展个体的社会适应能力，不仅要充分考虑不同非典型发展问题的特点，尽可能地开展早期诊断和干预，还要创设更加包容的家庭和社会环境，为其毕生发展提供帮助。鉴于此，我们提出以下两点建议。

一方面，根据非典型发展儿童的个体差异灵活地开展干预工作。以 ASD 儿童为例，尽管一对一干预的形式受到广泛推崇，而且融合教育的工作也在不断深入和完善，但是如何将两者结合起来是一个关键的问题，这关系到 ASD 儿童是否能够顺利地实现从特定环境到真实环境的过渡。有研究发现，仅让 ASD 儿童进入普通班学习并不能获得成功的教育效果(Lai et al., 2020)，这可能与 ASD 儿童较大的个体差异有关。比如，与社交动机较弱的 ASD 儿童相比，社交主动性更强、对同龄人更好奇的 ASD 儿童可能会从融合教育中受益更多(Smith, 2011)。此外，ASD 儿童的社会行为，以及情感、认知和感知觉特征被认为是影响融合教育的关键因素(Larcombe et al., 2019)，这说明在 ASD 儿童的教育和干预过程中，充分考虑其特殊性是有必要的。除此之外，有研究发现在特定的干预环境和融合教育的环境中加入早期介入丹佛模式，对 ASD 儿童的沟通和社会行为的影响没有显著差异，但是花更多时间关注他人并具有较高认知技能的 ASD 儿童可能会从融合教育的环境获得更多的益处，而在特定的干预环境中却没有类似的效果(Vivanti et al.,2022)。由此可见,在融合教育中加入针对非典型发展的个性化需求的干预方式,将有助于 ASD 儿童在真实环境下获得更好的发展,提高他们的社会适应能力。

另一方面,让大众对非典型发展有更真实的了解,提高社会对该问题的理解与包容。首先,普及非典型发展的相关知识,可以让家庭和社会对非典型发展有一个大致的印象,能够提高早发现、早诊断、早干预的可能性。这样做的另一个好处是可以在很大程度上帮助非典型发展儿童的家庭在寻求治疗方法时少走一些弯路,也能够建立对于治疗效果的合理预期。其次,提高社会对非典型发展问题的理解与包容。在职业、生活和日常的交往中减少对非典型发展的刻板偏见也是非常重要的(Perry et al.,2022)。关于这一点,我们呼吁大家以发展的视角来看待非典型发展的问题,在各方面能力的发展上对其保持一种开放的态度,有助于他们更好地融入社会。同时,为特殊人群提供一些独特的发展环境也是值得推荐的。比如,为那些自理能力较好,且认知和行为受损程度较轻的个体提供简单的工作,也可以让他们参与到那些功能较差个体的照料和护理工作中来。

总的来说,非典型发展的问题不仅需要靠个体和家庭来解决,更需要全社会给予尽可能多的关注与支持。用更积极的眼光去看待非典型发展的问题,是促使他们融入社会的关键一步。

思 考 题

1. 如果你的朋友或者亲戚的孩子存在非典型发展的表现,你会如何引导他们正确地看待这一问题?
2. 如果你是一位治疗师,非典型发展儿童父母对干预治疗的效果有很高的期望,你将如何与他们进行沟通?
3. 如果你是一位老师,班中有两位非典型发展的儿童,你将如何开展日常的教学和学生工作?
4. 如果你是孩子的父母,你如何看待融合教育?

名 词 解 释

表达性语言(expressive language):通过语言、手势或符号交流思想和感情的能力。

陈述性手势(protodeclarative gesture):用来将他人的视觉注意吸引到共同感兴趣的事物上的手势或声音。

脆性 X 综合征(fragile X syndrome,FXS):一种 X 染色体遗传病。多数病例由 *FMR 1* 基因启动子(CGG)的不稳定扩增和甲基化异常导致。脑部 *FMR 1* 基因转录抑制及蛋白质水平下降。表现为中度至重度智力障碍及面部特征异常(如长脸、大耳、突颌等)。

孤独症及相关交流障碍儿童的治疗与教育(Treatment and Education of Autistic and Related Communication-handicapped Children,TEACCH):以对 ASD 儿童的思想、学习和行为特点认识为基础,采取"结构化教学"的原理,帮助儿童系统地安排教学环境、材料及程序。这种训练模式能够增加 ASD 儿童对环境的适应及理解能力,减轻焦虑,安定情绪,培养他们的独立生活能力。

孤独症谱系障碍(autism spectrum disorder，ASD)：一种神经发育障碍，其特征为明显且持续出现的社交交流和社交互动能力的缺陷，以及受限且重复的兴趣和行为模式。

接受性语言(receptive language)：通过听力或阅读等语言输入过程对传达的信息进行理解和解释的能力。

结节性硬化症(tuberous sclerosis complex，TSC)：一种常染色体显性遗传的神经-皮肤综合征，会出现脑、皮肤、周围神经、肾等多器官的受损，临床特征是面部皮脂腺瘤、癫痫发作和智力减退。

模仿言语(echolalia)：刻板地模仿周围其他人的言语，是一种非自愿、自动的行为。模仿言语并不总是与潜在疾病相关，典型发展儿童会通过重复他们听到的单词来学习。

能力孤岛(splinter skill)：ASD个体拥有一项高出一般人群平均水平及其自身总体智力水平的特殊认知能力。

祈使性手势(protoimperative gesture)：表达自己需求的手势或声音，比如指向一个拿不到的玩具。

社交伪装(social camouflaging)：ASD个体在社交场合使用的策略，其目的是尽量减少ASD症状的出现。

适应失败(adaptational failure)：未能在完成发展里程碑方面取得相应的进展。

唐氏综合征(Down syndrome，DS)：又称21-三体综合征，是在第21对染色体数量有3条时引发的遗传疾病，在新生儿里的发病率是1/500，患者会存在明显的智力障碍、特殊面容以及生长发育的障碍。

威廉姆斯综合征(Williams syndrome，WS)：由7号染色体长臂近着丝粒片段(7q11—q13)微缺失所致的综合征。人群发病率为1/20 000—1/7500。为累及多个器官系统的发育性疾病，临床特征包括轻度至中度智力障碍或学习困难、独特的性格、特殊面容和心血管畸形。

羊膜腔穿刺术(amniocentesis)：通过细针将少量胚胎细胞样本从围绕在胎儿周围的羊水中取出。一般在孕15～20周进行，可以分析胚胎细胞，识别不同的遗传缺陷，准确率接近100%。

早期介入丹佛模式(Early Start Denver Model)：由美国加州大学MIND研究所发展心理学教授罗杰斯(Sally Rogers)和孤独症之声的首席科学官道森(Geraldine Dawson)共同开发的一种针对年龄在12～48个月的ASD儿童的早期综合性行为干预方法。这个模式的主要目的是以典型发展儿童的身心成长里程作为参考，减少ASD症状的严重程度，以及提高ASD儿童的整体发展水平，尤其是在认知能力、社会情感和语言方面。

注意解离(attentional disengagement)：注意定向网络的重要组成部分，指在注意转移过程中对原刺激进行注意分离的过程。

注意缺陷多动障碍(attention deficit and hyperactivity disorder，ADHD)：发生于儿童时期，与同龄儿童相比，以明显注意集中困难、注意持续时间短暂、活动过度或冲动为主要特征的一组综合征。

自我刺激行为(self-stimulatory-behavior)：重复的身体动作或物体的重复运动。这些动作只是用来刺激自己的感官。在患有ASD的儿童和成人中最为常见。

小 结

非典型发展作为个体发展的一种特殊情况，是遗传和环境相互作用的结果。根据典型发展的里程碑，我们可以有效地对个体是否存在非典型发展做出判断。在应对非典型发展问题时，除了在产后选择相应的干预措施以外，也应该在产前阶段做好对风险因素的控制。

威廉姆斯综合征是一种基因变异导致的非典型发展问题，WS 个体特殊的外貌特征，以及心理发展方面的独特表现会让接触过他们的人留下深刻的印象。针对 WS 个体的干预，不仅要善于利用他们的行为问题进行强化，也要对其存在的劣势进行训练，提高社会适应能力。普及 WS 相关知识，将进一步提升家庭和社会对他们的理解和接纳程度，从而为其发展提供更多的可能。

孤独症谱系障碍是一种以社会交往和行为兴趣异常为特征的复杂的神经发育障碍。在全球范围内，ASD 的患病率约为 1%。ASD 对男性的影响大于女性，并且共病的问题很常见。ASD 个体异常的社交问题与其具有非典型认知特征有关，如社会认知和社会知觉受损、执行功能障碍以及非典型感知和信息处理。遗传因素在孤独症的病因中起着关键作用，并与发育早期环境因素相结合，共同对 ASD 个体的发展产生影响。早期诊断和早期干预至关重要。全面且有针对性的行为干预措施，结合药物的辅助作用，可以有效地改善 ASD 的核心问题。

WS 和 ASD 在症状方面既有相似点，也存在各自的特殊性。比较这两种非典型发展的相似性和差异性，对理论和实践工作具有重要意义。

第十四章参考文献

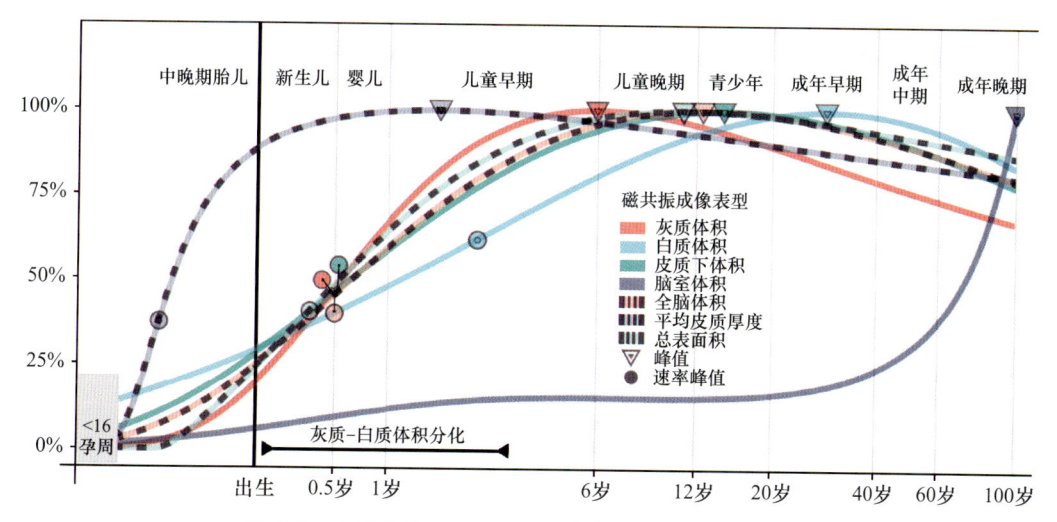

图 2.8 从出生前 115 天到 100 岁的大脑结构发育曲线
（引自 Bethlehem et al.，2022）

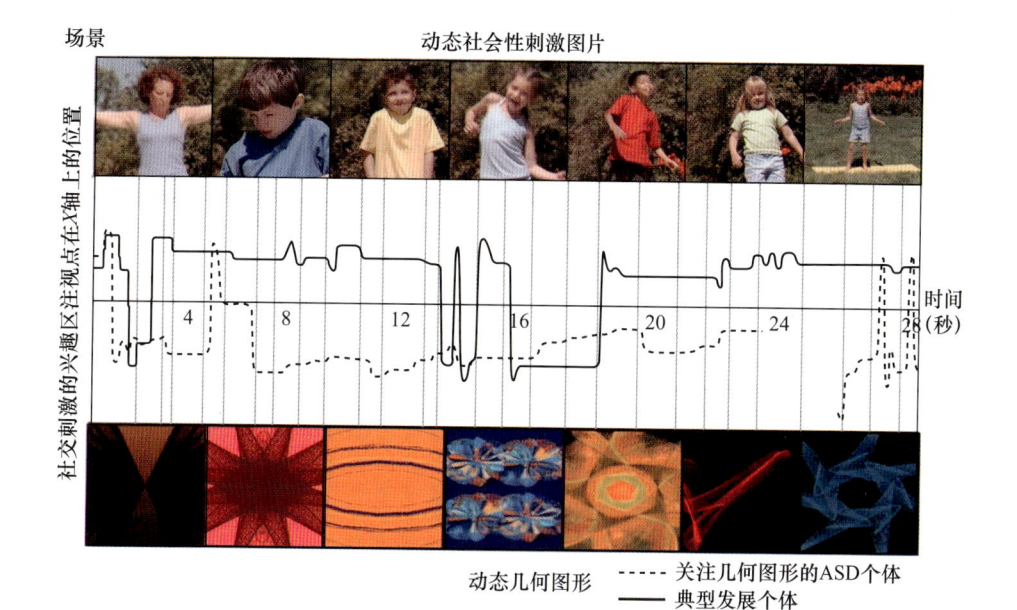

图 14.7 ASD 儿童和典型发展儿童在观看场景时注视点随时间变化的特点
（引自 Pierce et al.，2016）